有機合成化学

檜山爲次郎・大嶌幸一郎 編著

丸岡啓二・髙井和彦・松原誠二郎
野崎京子・白川英二・忍久保 洋 著

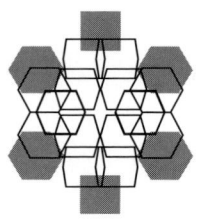

東京化学同人

まえがき

　今からちょうど 30 年前，京都大学工学部の野崎 一先生，内本喜一朗先生と檜山，大嶌の 4 名が有機合成化学の教科書を刊行した．それ以前に類似の教科書がなかったので，多くの方々から好意的に受け入れられたと記憶する．そのとき助手であったわれわれ二人も 2010 年に京都大学で定年を迎えた．この間，有機合成化学の進歩には目覚ましいものがある．

　1980 年代に Derek Barton がいみじくも予言していたように，有機合成の方法は指数関数的に増えていて，従来では予測すらできなかった新しい方法がどんどん誕生し，多くの研究者による吟味を経て，使えるものは実験室・工場において規模を問わず世界中で利用されている．この急速な進歩を促したのは，金属元素の特性を利用した反応にほかならない．いわば無機化学と有機化学の境界領域である有機金属化学の発展によって新合成反応が多数見つけられ，合成化学に飛躍的な可能性をもたらした．その結果，2001 年にはノーベル化学賞が不斉水素化研究の William Knowles と研究室の大先輩である野依良治先生，不斉酸化の K. Barry Sharpless (大嶌のポスドク時代の恩師) の 3 名に与えられ，2005 年にはメタセシス反応の機構解明と普及に貢献した Yves Chauvin, Robert H. Grubbs, Richard R. Schrock に授与された．まだ記憶に新しい 2010 年のノーベル化学賞は，パラジウム触媒を使うクロスカップリング反応に貢献した Richard F. Heck，根岸英一，鈴木 章の 3 名に授与された．これらの反応ではいずれも金属触媒が鍵であり，医薬，農薬，電子材料，有機材料の創製において，いまでは当たり前のように使われている．

　さらに，この間の分析化学の進歩により，これまで議論の対象にすらできなかった立体異性体の作り分けが可能になってきた．核磁気共鳴スペクトルが極微量の (天然物) 試料でも立体化学の判定に大きな力を発揮している．コンピューター解析の進歩によって X 線解析装置が普及して，原子の配列，相互作用も議論できるようになっている．AFM (原子間力顕微鏡) や STM (走査型電子顕微鏡) などの普及により，分子を目視することもできるようになってきた．ジアステレオマーはいうに及ばず，鏡像異性体の作り分け，すなわち不斉合成も日常的に実現でき，しかも触媒の能力がきわめて高くなってきている．かたや生物科学において，新規試料を合成して生物活性を調べる構造-活性相関と最適化の手法は，生体反応の理解と創薬における王道であり，有機合成化学の果たす役割はますます大きくなっているといってよい．

　これらの大きな進歩を概観して，わが国の強い分野である有機合成が将来もひき続き発展できる契機をつくろうと相談し，野崎先生から直接・間接薫陶を受けた同志を募って筆を起こすことを企画した．その仲間とは，われわれ二人に加えて，丸岡啓二，髙井和彦，松原誠二郎，野崎京子，白川英二，忍久保 洋の計 8 名である．どのレベルの読者を対象にしようか，どんな体裁にしようか，どの章でどの話題を取上げるか，どの程度まで解説するか，など執筆者間で可能な限り情報交換して統一を図った．何度も書き直した章も多々ある．その結果，努力目標とした "平易な解説で本質に迫る" は，程度の差はあれ盛り込むことができたと思う．これらの調整に数年を要してしまったが．編者のわがままともいえるこだわりを受けいれてもらったことについて共同執筆者に心より御礼申し上げる．

本書は21章から構成されている．1章は，置換反応やカルボニル付加など，有機合成の基本的知識と全般的な考え方についての解説を目的としている．内容が2章以降の解説と重複する部分もあるが，それは，それだけ重要な項目だと理解してほしい．つづいて2章でカルボカチオン，3章でラジカル，4章でカルボアニオン，5章でカルベン，カルベノイド，6章でベンザインを取上げる．これら炭素活性種の反応性を自在に制御することによって有用な合成手段がたくさん誕生してきたことが理解できるだろう．7, 8章は環状炭素化合物の合成を論じ，つづいて還元・酸化を9, 10章で解説する．さらに11章で官能基変換，12章で保護基の化学を紹介したのち，エノラートの化学 (13章)，転位反応 (14章)，ヘテロ元素を活用する合成反応 (15章) を取上げる．16章ではおもに典型元素の有機金属化学を概観し，17, 18章で遷移金属を使う炭素骨格形成反応，触媒反応を解説し，19章では近年進展の著しい有機分子触媒による合成反応を紹介する．20章では，工業的規模で実施されている製造法と有機合成化学とが密接に関係していることに注目し，その実際を概観する．以上の各章をよく学べば，現代有機合成の方法論はほぼマスターしたと断定してよい．有機合成のもうひとつの課題は，標的化合物の構造が決まったときに，これを合成するための戦略である．最終の21章では，この標的分子の逆合成と全合成について述べる．有機合成には必ず最終合成目標物がある．その選定が有機合成の意義を大きく左右するので，きわめて重要な作業である．高度な生物活性をもつ天然物を採取することは古くから行われてきたが，理論化学の進展により，機能を予測して構造を導出することも不可能でない時代になった．しかし，最終的にはその目標物を実際に合成してその機能を観察し検証することが不可欠である．ここはまさに有機合成化学者が主導権を握って活躍できる場である．機能材料の創製においても然りである．

　本書の内容は，有機化学の基礎を学んだ学部4年生，有機合成を少しでも研究に活用している大学院生，若手研究者を対象とするが，すでに有機化学の知識を十分習得しているけれども最新の進歩を学び直したい研究者にとっても好適である．随所に反応機構を理解するための解説を加えているので，本書をマスターすれば自分で新反応をデザインする能力すら身につくだろう．

　最後に，企画から刊行までの数年間にわたり，粘り強く励ましていただいた東京化学同人の橋本純子氏に厚く御礼申し上げる．いつもほほえみを絶やさない彼女の忍耐としっかりした展望，そして誠意あふれる綿密な調整がなければこの本は誕生できなかっただろう．平成24年正月に満90歳になられた野崎 一先生に本書を献呈できることをうれしく思う．

　平成24年2月

檜 山 爲 次 郎（東京 富坂上にて）
大 嶌 幸 一 郎（京都 吉田にて）

執 筆 者

檜山 爲次郎	中央大学研究開発機構 教授，京都大学名誉教授，工学博士
大嶌 幸一郎	京都大学特任教授，京都大学名誉教授，工学博士
丸岡 啓二	京都大学大学院理学研究科 教授，Ph. D.
髙井 和彦	岡山大学大学院自然科学研究科 教授，工学博士
松原 誠二郎	京都大学大学院工学研究科 教授，工学博士
野崎 京子	東京大学大学院工学系研究科 教授，工学博士
白川 英二	京都大学大学院理学研究科 准教授，博士(工学)
忍久保 洋	名古屋大学大学院工学研究科 教授，博士(工学)

(執筆当時)

目　　　次

1. 有機合成の基礎 ··· 1
- 1・1 本書の構成 ·· 1
- 1・2 有機合成における基本的事項 ······················ 2
  - 1・2・1 求核置換反応と立体配置の反転 ······· 2
  - 1・2・2 求電子置換反応 ······························ 4
  - 1・2・3 脱離反応 ··· 5
  - 1・2・4 付加反応 ··· 7
  - 1・2・5 転位反応 ··· 8
  - 1・2・6 立体配座と立体異性体 ···················· 8
  - 1・2・7 環形成：エンタルピーとエントロピー 11
  - 1・2・8 選　択　性 ······································ 13
  - 1・2・9 対　称　性 ······································ 14
- 1・3 反応装置 ·· 21
- 1・4 反応促進 (熱, 光, 超音波, マイクロ波) ··· 21
- 1・5 欲しいものだけつくる単一標的合成と
  コンビケム (系統的多様合成) ················ 22

不斉エポキシ化 ·· 18

2. カルボカチオンの化学 ···································· 23
- 2・1 安定なカルボカチオン ································ 24
  - 2・1・1 第三級カルボカチオン ···················· 24
  - 2・1・2 カルボカチオンの共鳴安定化 ········· 25
  - 2・1・3 置換基定数 ······································ 25
- 2・2 カルボカチオンの生成法:
  S_N1 反応, 加溶媒分解 ··························· 26
  - 2・2・1 Friedel-Crafts 反応 ······················· 26
  - 2・2・2 Lewis 酸触媒反応 ··························· 27
  - 2・2・3 ピナコール-ピナコロン転位
    (カチオンの 1,2 転位) ················ 30
  - 2・2・4 エポキシドの開環 (位置選択性) ····· 31
  - 2・2・5 光学活性アセタールを用いる
    不斉合成 ······································ 31
  - 2・2・6 カチオン環化 ·································· 33
  - 2・2・7 ステロイドの生合成と
    これに学ぶ有機合成 ···················· 34

3. 有機ラジカル反応 ·· 38
- 3・1 ラジカル反応の特徴 ··································· 38
- 3・2 ラジカルの安定性 ······································ 39
- 3・3 ラジカル開始剤 ·· 40
- 3・4 ラジカルの基本的な反応 ···························· 40
- 3・5 ラジカル反応の有機合成への応用 ············ 42
  - 3・5・1 ラジカル還元反応 ··························· 42
  - 3・5・2 不飽和結合への付加反応 ················ 43
  - 3・5・3 その他の有用なラジカル反応 ········· 47
- 3・6 立体選択的ラジカル反応 ···························· 50
  - 3・6・1 Lewis 酸および金属触媒による
    ラジカル反応の制御 ···················· 50
  - 3・6・2 有機分子触媒による
    ラジカル反応の制御 ···················· 51

安定ラジカル ·· 38

4. カルボアニオン ·· 52
- 4・1 カルボアニオンの調製法 ···························· 52
  - 4・1・1 塩基によるプロトン引抜きと pK_a ··· 53
  - 4・1・2 ハロゲン-金属交換による調製 ······· 57
- 4・2 カルボアニオンの構造と安定性・反応性 59
  - 4・2・1 構造と安定性・反応性 ···················· 59
  - 4・2・2 カルボアニオンの立体化学 ············ 60
  - 4・2・3 ポリカルボアニオン ······················· 63

5. 二価炭素, カルベンとカルベノイドの生成と反応 ··· 65
- 5・1 一重項カルベンと三重項カルベン ··········· 65
- 5・2 カルベンとその等価体 ······························· 66
- 5・3 カルベンおよびその等価体による
  アルケンのシクロプロパン化 ·············· 67

5・4 イミン，アルデヒド，ケトンへのカルベンや等価体の付加：3員環形成‥‥‥69
5・5 カルベンの挿入反応‥‥‥‥‥‥‥70
5・6 カルベンの転位反応‥‥‥‥‥‥‥71
5・7 安定なカルベンの単離とその触媒作用‥72
5・8 ニトレンの生成とその反応性‥‥‥74
NHCと等電子構造の化学種‥‥‥‥‥74
全合成におけるニトレンの利用‥‥‥75

6. ベンザインの化学‥‥‥‥‥‥‥‥‥‥77
6・1 ベンザインの構造‥‥‥‥‥‥‥‥77
6・2 ベンザインの基本的な反応性‥‥‥78
6・3 ベンザインの生成法‥‥‥‥‥‥‥79
6・4 合成反応への応用‥‥‥‥‥‥‥‥80
 6・4・1 求核付加‥‥‥‥‥‥‥‥‥80
 6・4・2 付加環化反応‥‥‥‥‥‥‥80
 6・4・3 遷移金属触媒反応への応用‥82
6・5 ヘテロアライン‥‥‥‥‥‥‥‥‥83
6・6 p-ベンザイン‥‥‥‥‥‥‥‥‥‥83
ベンザインの単離‥‥‥‥‥‥‥‥‥‥78

7. 環状炭素化合物の合成 I‥‥‥‥‥‥‥84
7・1 電子環状反応‥‥‥‥‥‥‥‥‥‥84
7・2 付加環化反応‥‥‥‥‥‥‥‥‥‥85
 7・2・1 Diels-Alder 反応‥‥‥‥‥‥87
 7・2・2 ヘテロ Diels-Alder 反応‥‥‥90
 7・2・3 [4+2]付加環化反応による7員環合成‥‥‥‥‥‥‥‥‥‥91
 7・2・4 [4+4]付加環化反応による8員環合成‥‥‥‥‥‥‥‥‥‥93
 7・2・5 [4+6]付加環化反応‥‥‥‥93
 7・2・6 [2+2]付加環化反応‥‥‥‥93
 7・2・7 1,3 双極付加反応‥‥‥‥‥95
7・3 キレトロピー反応‥‥‥‥‥‥‥‥98
 7・3・1 二酸化硫黄との付加環化反応‥98
 7・3・2 シクロプロパン化反応‥‥‥98
 7・3・3 不斉シクロプロパン化反応‥99
7・4 Dieckmann 縮合‥‥‥‥‥‥‥‥101
7・5 Baldwin 則‥‥‥‥‥‥‥‥‥‥‥101
7・6 アルキンの三量化反応‥‥‥‥‥102
7・7 メタセシス反応‥‥‥‥‥‥‥‥103
 7・7・1 開環メタセシス反応‥‥‥104
 7・7・2 閉環メタセシス反応‥‥‥104
 7・7・3 クロスメタセシス反応‥‥105

8. 環状炭素化合物の合成 II：アニュレーションと中員環・大員環合成‥‥‥‥106
8・1 アニュレーション‥‥‥‥‥‥‥106
 8・1・1 Robinson 環化‥‥‥‥‥‥106
 8・1・2 Diels-Alder 反応と1,3 双極付加反応‥‥‥‥‥‥107
 8・1・3 アリルシランによるアニュレーション‥‥‥‥‥‥107
 8・1・4 トリメチレンメタン-パラジウム錯体の反応‥‥‥‥108
8・2 中員環・大員環化合物の合成‥‥108
 8・2・1 高希釈条件下での大員環化合物の合成‥‥‥‥‥109
 8・2・2 縮合による大員環合成‥‥109
 8・2・3 置換反応による合成‥‥‥110
 8・2・4 付加反応‥‥‥‥‥‥‥‥110
 8・2・5 遷移金属触媒反応‥‥‥‥110
 8・2・6 ラジカル環化‥‥‥‥‥‥111
 8・2・7 Diels-Alder 反応‥‥‥‥‥111
8・3 鋳型合成‥‥‥‥‥‥‥‥‥‥‥111
8・4 環拡大反応‥‥‥‥‥‥‥‥‥‥112
 8・4・1 縮合環の開裂反応‥‥‥‥112
 8・4・2 Eschenmoser 開裂‥‥‥‥113
 8・4・3 アルケンの酸化的切断による環拡大反応‥‥‥‥‥‥‥114
 8・4・4 カルベン，カルベノイドを経由する環拡大反応‥‥‥‥‥‥‥‥114
 8・4・5 ラジカル中間体を経由する環拡大反応‥‥‥‥‥‥‥115
 8・4・6 骨格転位による大員環化合物の合成‥‥‥‥‥115
 8・4・7 カルボカチオンを経由する転位‥116

9. 還元反応‥‥‥‥‥‥‥‥‥‥‥‥‥117
9・1 炭素-炭素多重結合の還元‥‥‥117
 9・1・1 金属触媒を用いる水素化反応‥117
 9・1・2 ヒドロメタル化を利用した炭素-炭素多重結合の還元‥‥120
 9・1・3 溶解金属による還元‥‥‥124
 9・1・4 ジイミド還元‥‥‥‥‥‥127
9・2 カルボニル化合物の還元‥‥‥‥127
 9・2・1 官能基選択的還元‥‥‥‥127

9・2・2	立体選択的還元 …………… 129	9・3	有機ハロゲン化物, アルコール,
9・2・3	位置選択的還元 …………… 130		オキシランの還元 …………… 138
9・2・4	エナンチオ選択的還元 …………… 131	9・3・1	有機ハロゲン化物の還元 …………… 138
9・2・5	カルボン酸のアルデヒドへの還元 ‥ 136	9・3・2	アルコールの還元 …………… 139
9・2・6	ケトンのアルカンあるいは	9・3・3	オキシランのアルコールならびに
	アルケンへの還元 …………… 137		アルケンへの還元 …………… 140

10. 酸化反応 ………………………………………………………………………… 141

10・1	アルコールの酸化 …………… 141	10・2・2	アルケンのジオールへの変換 …… 154
10・1・1	クロム酸による酸化 …………… 141	10・2・3	アルケンのケトンへの変換 …… 156
10・1・2	ジメチルスルホキシドによる酸化 143	10・2・4	アルケンのアリル位の酸化 …… 158
10・1・3	遷移金属錯体を触媒とする酸化 ‥ 145	10・3	芳香環および芳香環側鎖の酸化 …… 160
10・1・4	Oppenauer 酸化 …………… 148	10・4	飽和炭化水素の酸化 …………… 161
10・1・5	微生物や酵素を利用する酸化 …… 148	10・5	ケトンの酸化 …………… 162
10・1・6	アリルアルコールおよび	10・6	脱水素反応 …………… 163
	ベンジルアルコールの酸化 …… 149		有機化合物の酸化段階 …………… 142
10・1・7	フェノールの酸化 …………… 149		飲酒運転の取締まり …………… 143
10・2	アルケンの酸化 …………… 150		ポリフェノール …………… 150
10・2・1	アルケンのエポキシ化 …………… 151		

11. 官能基変換: 縮合 ………………………………………………………………… 165

11・1	エーテル …………… 165	11・5・2	大環状ラクトン合成 …………… 172
11・1・1	トシル化 …………… 165	11・5・3	リン酸エステル形成と核酸合成 ‥ 175
11・1・2	Williamson エーテル合成 …………… 165	11・5・4	ホスホロアミダイト法 …………… 175
11・1・3	光延反応 …………… 166	11・6	アミド …………… 176
11・2	アセタール …………… 166	11・6・1	カルボン酸とアミンからアミドを
11・2・1	グリコシル化 …………… 166		つくる: 酸塩化物や酸無水物を
11・2・2	隣接基関与による		経由するアミド合成 …………… 176
	β選択的グリコシル化反応 …… 167	11・6・2	ペプチド合成の意義 …………… 176
11・3	カルボニル化合物:	11・6・3	遷移金属錯体を用いるアミド合成 181
	エノールとエノラート …………… 168	11・7	縮合反応の繰返し: 重縮合 …… 181
11・3・1	アルドール縮合 …………… 168	11・7・1	単純重縮合によるポリエステルと
11・3・2	Claisen 縮合と Dieckmann 縮合 …… 169		ナイロンの合成 …………… 182
11・4	イミン, エナミン …………… 169	11・7・2	ポリカーボネート:
11・4・1	複素5員環の合成 …………… 171		単純重縮合法とエステル交換
11・4・2	含窒素6員環の合成 …………… 171		による環境調和型プロセス …… 182
11・5	エステル …………… 172		アセチル CoA の Claisen 縮合による
11・5・1	Fischer エステル化 …………… 172		脂肪酸生合成経路 …………… 170

12. 保護基 ……………………………………………………………………………… 184

12・1	官能基別の保護基の選択 …………… 185	12・1・3	カルボン酸の保護 …………… 195
12・1・1	アルコールの保護 …………… 185	12・1・4	アミンの保護 …………… 197
12・1・2	ケトンやアルデヒドの保護 …… 193	12・2	保護基を積極的に反応に活用する …… 199

13. エノラートの化学 ………………………………………………………………… 202

13・1	エノールとエノラート …………… 202	13・2	金属エノラート …………… 203

13・3　アルドール反応の
　　　　ジアステレオ選択性 …………… 203
13・4　エノラートの生成法 ……………… 205
13・4・1　リチウムエノラート ……………… 205
13・4・2　ホウ素エノラート ………………… 207
13・4・3　その他のエノラート生成法 ……… 208
13・5　金属エノラートを用いる
　　　　アルドール反応 ………………… 208
13・5・1　リチウムエノラートを用いる
　　　　　アルドール反応 ………………… 208
13・5・2　ホウ素エノラートを用いる
　　　　　アルドール反応 ………………… 209
13・5・3　シリルエノラートを用いる
　　　　　アルドール反応 ………………… 210
13・6　エノラートの不斉合成への利用 …… 211
13・6・1　不斉補助基を用いる
　　　　　アルドール反応 ………………… 211
13・6・2　光学活性 Lewis 酸を用いる
　　　　　不斉アルドール反応 …………… 212
13・6・3　遷移金属エノラートを用いる
　　　　　不斉アルドール反応 …………… 213
13・6・4　直接的不斉アルドール反応 ……… 213
13・7　ホモエノラート …………………… 215
13・8　Mannich 反応 ……………………… 215
13・9　エノラートのアルキル化 ………… 217
13・10　活性メチレン化合物のアルキル化 … 218
13・11　エナミンのアルキル化 …………… 220
13・12　N-メタロエナミンのアルキル化 … 220

14. 転位反応 …………………………………………………………………………… 222

14・1　求核的な転位反応 ………………… 222
14・1・1　sp³ 炭素に対する求核置換反応 … 223
14・1・2　sp² 炭素に対する求核付加反応 … 226
14・1・3　カルベンに対する求核付加反応 … 227
14・1・4　酸素や窒素に対する
　　　　　求核攻撃を経る反応 …………… 228
14・2　シグマトロピー転位 ……………… 229
14・2・1　Cope 転位: 炭素のみを構成要素と
　　　　　する [3,3] シグマトロピー転位 … 230
14・2・2　Claisen 転位:
　　　　　ヘテロ原子を構成元素に含む
　　　　　[3,3] シグマトロピー転位 ……… 231
14・2・3　その他のシグマトロピー転位 …… 232

15. ヘテロ元素を活用する合成反応: リン, 硫黄, セレンの化学 ………………………… 234

15・1　リンを活用する合成反応:
　　　　Wittig 反応 ……………………… 234
15・2　硫黄を活用する合成反応 ………… 237
15・3　セレンを活用する合成反応 ……… 239

16. 金属-炭素 σ 結合を利用する炭素骨格形成 …………………………………………… 242

16・1　有機金属化合物の調製 …………… 242
16・2　アルキル金属化合物の反応性 …… 246
16・3　電子不足の有機金属化合物:
　　　　有機ホウ素およびアルミニウム
　　　　化合物の反応 …………………… 249
16・4　有機銅反応剤とアート錯体 ……… 258
16・5　アリル金属反応剤による
　　　　立体選択的な炭素骨格の形成 … 263
16・6　アルケニル金属反応剤による
　　　　立体選択的な炭素骨格形成 …… 269
16・7　有機金属反応剤による
　　　　Wittig 型アルケン合成 ………… 273
Grignard 反応剤の創製 ………………… 243
ヒドロホウ素化反応の発見 …………… 251
不純物の効用 …………………………… 270

17. 遷移金属化合物を利用する炭素骨格形成 ……………………………………………… 280

17・1　遷移金属錯体と 18 電子則 ……… 280
17・2　クロム-アレーン錯体の利用 …… 284
17・3　鉄-ジエン錯体,
　　　　鉄-オキシアリル錯体の利用 … 287
17・4　Fischer 型カルベン錯体の利用 … 290
17・5　金属-アルキン錯体および
　　　　アルケン錯体の利用 …………… 295
17・5・1　コバルトのアルキン錯体 ………… 295
17・5・2　ジルコニウム, タンタル,
　　　　　チタンのアルキン錯体 ………… 296
17・6　McMurry カップリングと
　　　　ピナコールカップリング ……… 300

18. 遷移金属触媒反応 ·· 307

- 18・1 遷移金属の代表的な素反応 ············ 307
  - 18・1・1 配位と解離 ······················· 307
  - 18・1・2 結合の組替え：σ結合メタセシス，挿入と脱離，付加環化 ············ 307
  - 18・1・3 酸化的付加と還元的脱離 ········ 308
  - 18・1・4 配位子に対する直接的反応 ······· 309
- 18・2 遷移金属触媒反応の歴史 ··············· 309
  - 18・2・1 ヒドロホルミル化：不飽和炭化水素＋合成ガス ······ 310
  - 18・2・2 アルケンの重合：不飽和炭化水素のみ ············ 311
  - 18・2・3 Monsanto 法：一酸化炭素＋メタノール＋酸触媒 ············· 311
  - 18・2・4 クロスカップリング反応：有機金属化合物＋有機ハロゲン化物 ················ 312
- 18・3 不飽和炭化水素のみの反応 ············ 313
  - 18・3・1 オリゴマー化 ···················· 313
  - 18・3・2 メタセシス ······················ 314
  - 18・3・3 炭素－水素結合の炭素－炭素多重結合に対する付加 ·········· 315
  - 18・3・4 異性化 ·························· 316
- 18・4 不飽和炭化水素と合成ガス（一酸化炭素，水素）の反応 ······· 317
  - 18・4・1 カルボニル化：不飽和炭化水素と一酸化炭素の反応 ············· 317
  - 18・4・2 不飽和炭化水素と水素の反応 ····· 318
- 18・5 有機ハロゲン化物の反応 ··············· 318
  - 18・5・1 ハロゲン化アリールおよびハロゲン化アルケニルの反応 ···· 318
  - 18・5・2 アリル求電子剤の反応 ············ 320
- 18・6 有機金属化合物の反応 ·················· 321
  - 18・6・1 クロスカップリング反応 ········· 321
  - 18・6・2 不飽和炭化水素との反応 ········· 325

19. 有機分子触媒反応 ·· 328

- 19・1 有機分子触媒による不斉アルドール反応 ················ 328
  - 19・1・1 Hajos-Parrish-Eder-Sauer-Wiechert 反応 ······················ 328
  - 19・1・2 分子間直接的不斉アルドール反応 ················ 330
- 19・2 不斉 Mannich 反応 ······················ 331
- 19・3 イミニウム塩形成による不斉 Diels-Alder 反応 ············· 332
- 19・4 不斉 Friedel-Crafts 反応 ················ 333
- 19・5 不斉アザ Friedel-Crafts 反応 ············ 334
- 19・6 相間移動触媒反応 ······················· 334
- 19・7 不斉森田-Baylis-Hillman 反応 ··········· 337
- 19・8 酸無水物の速度論的光学分割 ············ 338
- 19・9 不斉アミノオキシ化反応 ················ 339
- 19・10 不斉エポキシ化反応 ···················· 339
- 19・11 酸化反応 ································ 340
- 19・12 N-複素環状カルベンの触媒反応 ······· 342

20. 工業的に重要な化合物とその利用 ································· 344

- 20・1 C1 組成物（一酸化炭素，メタノール，ホルムアルデヒド）を原料とする化成品 ····················· 345
- 20・2 C2 組成物（エチレンおよびその酸化生成物とアセチレン）を原料とする化成品 ·········· 346
  - 20・2・1 ポリエチレン ····················· 347
  - 20・2・2 エチレンオキシドとその誘導体 ···· 347
  - 20・2・3 エタノール ························ 347
  - 20・2・4 アセトアルデヒド ················· 347
  - 20・2・5 酢酸 ······························ 348
  - 20・2・6 アセトアルデヒド，酢酸の誘導体 348
  - 20・2・7 塩化ビニル ························ 349
  - 20・2・8 アセチレン ························ 349
- 20・3 C3 組成物（プロピレンおよびその酸化生成物）を原料とする化成品 ····················· 350
  - 20・3・1 ポリプロピレン ···················· 350
  - 20・3・2 イソプロピルアルコール ··········· 350
  - 20・3・3 プロピレンオキシド ··············· 350
  - 20・3・4 アセトン ·························· 351
  - 20・3・5 アクリル酸およびアクリロニトリル ··············· 351
  - 20・3・6 ブタノール ························ 351
- 20・4 C4 組成物（ブテン，ブタジエン）を原料とする化成品 ····················· 352
- 20・5 C5 以上の組成物を原料とする化成品 ····················· 353

20·6 ベンゼン ……………………… 353
　20·6·1 エチルベンゼン ……………… 353
　20·6·2 クメン ……………………… 353
　20·6·3 シクロヘキサン ……………… 354
20·7 トルエン ……………………… 355
20·8 キシレンおよびナフタレン ……… 355

石油の大半がエネルギー源として
　消費されている ………………………… 344
プラスチックと可塑剤 …………………… 349

21. 逆合成と全合成 …………………………………………………………………………… 357

21·1 標的化合物の逆合成 …………… 357
　21·1·1 逆合成解析 …………………… 357
　21·1·2 官能基変換とその等価性 …… 358
　21·1·3 合成戦略と合成戦術 ………… 361
21·2 全合成 ………………………… 363
　21·2·1 ハリコンドリン B の逆合成 … 363
　21·2·2 天然物全合成から創薬に …… 364

略号表 ……………………………………………………………………………………… 371
参考文献 …………………………………………………………………………………… 373
章末問題の解答 …………………………………………………………………………… 377
索引 ………………………………………………………………………………………… 385

1 有機合成の基礎

有機合成 (organic synthesis) とは，最終的に目標とする化合物すなわち標的化合物があり，その構造を正確に組立てていく際に必要な技術ならびにその基礎となる科学（化学）のことである．そこには標的化合物だけでなく出発物ならびに中間体の構造と製造に関するさまざまな情報が関係する．たとえば，これらの構造が安定に存在するか，不安定で存在できないことはないか，構造・物性・反応性はどうか，また安全性，さらに生物活性はどうか，これらの化合物を単離精製して純品を得るにはどうしたらよいか，などである．さらに，その構造を構築するためにどのような反応を，また，どの反応条件・触媒を使えばよいか，あるいはどんな中間体を経由したらよいか，などの問題が関係する．したがって，有機化学だけでなく，無機化学，生物化学，有機金属化学，化学工学，分析化学など化学全般に関係する科学・技術を結集する．

別の表現をすれば，有機合成は，標的化合物の創製に関する科学・技術だといえる．また，その学問を**有機合成化学**ということもできる．標的化合物に至る合成の道筋を検討する．すなわち**合成戦略** (synthetic strategy) をたてる．ここでは，信頼できる既知の合成反応を順次実施して目標に迫る．有機天然物の全合成はこの好例である．同時に，有機合成反応の高度化（効率の向上，反応条件の改善，触媒の創製，反応場の創製），新規有機合成反応の創出など，**合成方法論** (synthetic methodology) も重要な要素となる．

合成方法論をもう少し詳しく考えると，有機分子の骨格を形成する炭素－炭素結合をいかに構築，改変，あるいは組替えるか，は歴史的に常に主要問題であった．一方，官能基は機能と深い関係があるので，これを導入したり，相互変換する方法も大きな課題である．当然ながら，酸化・還元によって目的の酸化状態に整えることは必須である．

もちろん，何をつくるか，が最大の問題として存在する．顕著な生物活性を示す天然物はわかりやすい標的化合物だが，新規機能を有する化合物の構造を設計し標的化合物に選定することがしだいに重要視されてきている．いわゆる分子設計である．有機合成は，材料創製に大きな威力を発揮して，現在ではその分野がどんどん広がっている．

1・1 本書の構成

本章，すなわち1章は，有機化学の基本的知識を再確認してもらうために設けた．今までに学んできた事項を広い視野から位置づけすることが望ましい．2章以降に，有機化合物の変換反応を詳しく解説する．炭素－炭素結合を形成するには炭素活性種の高い反応性を利用することが長らく行われてきた．まずは，カルボカチオン（2章），ラジカル（3章），カルボアニオン（4章），二価炭素種であるカルベンおよびカルベノイド（5章），ベンザイン（6章）の化学を概観したうえで，その特徴をいかした変換反応を解説する．つづいて炭素骨格の構築法，すなわち，小員環から大員環炭素化合物まで

の合成法，アニュレーション，付加環化反応，環拡大反応などを 7, 8 章で説明する．

ひきつづき，官能基変換反応のなかで最も重要な還元（9 章）と酸化（10 章）を説明し，つづいてその他の変換を 11 章で取上げる．各変換反応は望まない官能基までも影響を受けることがしばしば起こるので，不都合な官能基を一時不活性なものに変換しておく必要がどうしても生じる．保護基の活躍の場がここにある．12 章で解説する．

有機化学において古くから使われ，またわれわれの体のなかでの生合成でも重要な役割を果たしている安定カルボアニオンであるエノラートを取上げ（13 章），その反応性を制御して炭素－炭素結合生成に利用した先人の努力を紹介する．エノラートは単独に存在したり単独に反応するのではなく，常に共存する対イオンによって反応性・選択性が大きく変わるので，これらは常に協働していることに注目しよう．つづいて炭素骨格の転位（14 章）に言及する．しばしば環状遷移状態を経たり，電子の軌道によって立体化学が左右されるので，ここでも反応の立体化学の理解が重要である．炭素骨格形成において，ヘテロ元素の特徴をいかした変換は，他の方法で実現できない変換を可能にする．15 章でリン，硫黄，セレンの化学を取上げる．

前世紀において急速に進展した有機金属化学が有機合成の方法や戦略に革新をもたらしたことは記憶に新しい．16 章では炭素－金属 σ 結合をもつ有機金属化合物の化学を述べ，17 章では遷移金属および錯体の特性を述べ，これらの特徴的な反応を紹介する．遷移金属錯体はさらに触媒として幅広い変換反応においてきわめて大きな役割をすることが明らかになってきて，石油化学工業のみならず医薬品製造においても幅広く使われるようになってきた．遷移金属錯体の構造がこれらを用いる触媒反応の成否を大きく左右するので，18 章では遷移金属化学の基本をまず解説し，金属を変えるときわめて特徴的な炭素－炭素結合生成が達成できることを示す．

生体反応においても金属元素が重要な機能を担っていることが多い．ビタミン B_{12} ではコバルトが重要な役割を果たしている．しかし，ビタミン，補酵素でも金属なしで必要なエネルギーを産生する変換を行い，摂取した食物成分を分解し代謝していく変換反応をみごとに実施している．このような補酵素の働きをよく理解し，積極的に有機分子触媒としてとらえて個性的な変換反応を実現する研究が近年非常に活発である．19 章で紹介するように，単に生体機能を模倣するだけでなく，それを超える触媒反応も多数実現されていて，有機合成の力量がしだいに向上している．

目を転じて，われわれの日常生活をながめてみよう．化学工業で多量に使われているさまざまな化成品がどのようにつくられているか，意外にも知らないことが多いのではないだろうか．20 章では，日常使っている化成品がどうつくられてどう使われてどんな機能をもっているかを紹介する．ここにも合成化学の知恵が入っていることをよく認識しよう．

最後の 21 章では，複雑な構造の有機天然物化合物を合成するにはどうしたらよいか，考える．有用な生物活性を示す標的化合物の構造がいったんわかると，いかにこれを合成するか，が次の問題として浮かび上がる．さらに単に全合成するだけでなく，その合成によってどんな新しい科学が生まれるか，がしだいに注目されてきている．最後に天然物全合成によって創製された高活性医薬品の例を取上げる．有機合成がいかに創薬と関係が深いか，理解できるだろう．

1・2 有機合成における基本的事項

1・2・1 求核置換反応と立体配置の反転

標的化合物にキラル中心（chiral center）が含まれる場合，望みの立体配置を構築する必要がある．その方法の一つは，あらかじめ立体配置の明確な出発物を用い，立体配置を保持して結合を組替えたり，立体配置の反転を伴って結合を組替えることである．実際には，しばしば官能基導入とともにこ

れらの作業を行う．

信頼できる有機反応のうち，立体配置を反転させて結合を生成する反応は **S$_N$2 反応**（二分子求核置換反応）である．求核剤が脱離基と炭素との σ 結合の反結合性軌道 σ* に電子対を提供する（あるいは σ* 結合と重なる）ことによって反応が進む．反応は 1 段階で進行する．反応途中に 5 配位炭素の遷移状態を通る．これはきわめて不安定であり，反応のエネルギー座標の峠の最頂部に相当する（図 1・1）．これに対して，ケイ素やリンのような高周期元素での求核置換反応では，これが遷移状態ではなく中間体として，すなわちエネルギー座標の山あいの盆地として存在する．

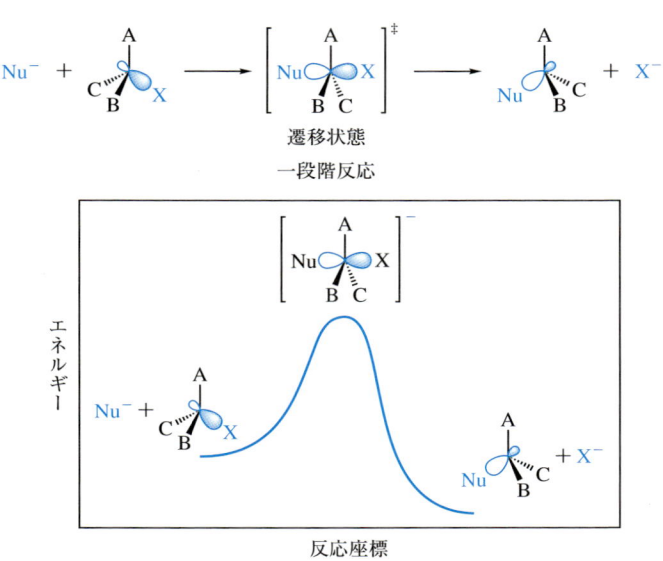

図 1・1　S$_N$2 反応のポテンシャルエネルギー図

なお，図 1・1 の S$_N$2 反応は sp^3 炭素でのみ起こるとされてきたが，特に優れた脱離基（超脱離基）であるヨードニウムイオンがビニル基の sp^2 炭素に置換していると，sp^2 炭素でも反転を伴って求核置換が起こる．

$$n\text{-}C_8H_{17}\diagdown\!\!\diagup I^+\!\!-\!C_6H_5\,\,BF_4^-\quad\xrightarrow[\text{CH}_2\text{Cl}_2,\text{室温}]{(n\text{-}C_4H_9)_4N^+Cl^-}\quad n\text{-}C_8H_{17}\diagdown\!\!\diagup Cl\quad 83\%$$

一方，あらかじめ結合切断が起こる **S$_N$1 反応**（一分子求核置換反応，図 1・2）では，カルボカチオンを生じる．この場合，この中間体を安定化するために極性溶媒（たとえば含水アセトン）を使用することが多い．カルボカチオンは平面構造をしていてアキラルであり，これが生じると，出発物におけるその炭素についての立体化学の情報が失われてしまう．第 2 段階では求核剤がカルボカチオンを求核攻撃するが，攻撃方向は他に立体化学的要因がなければ，平面カチオンの両側から同じ確率で起こるため，ラセミ体が生じる．これに対し，ハロゲン化炭化水素のような比較的極性の弱い溶媒中では，脱離した基 X$^-$ とのイオン対が反応点周辺の立体化学を規制することによって，生成物が立体選択的に得られることがしばしば起こる（2 章参照）．

ビニルヨードニウム塩を加溶媒分解すると，ビニルカチオン経由と考えられる生成物が得られる．ヨードニウム基 I$^+$(C$_6$H$_5$) が OTf と比べ 10^6 倍反応性が高く，超脱離基であることがよくわかる．

一見すると平面のカルボカチオンを経由する反応のようにみえるものでも，軌道相互作用の支配を受けて，立体化学が明確な結果になる反応がたくさんある．次に示す Wagner–Meerwein 転位はその一

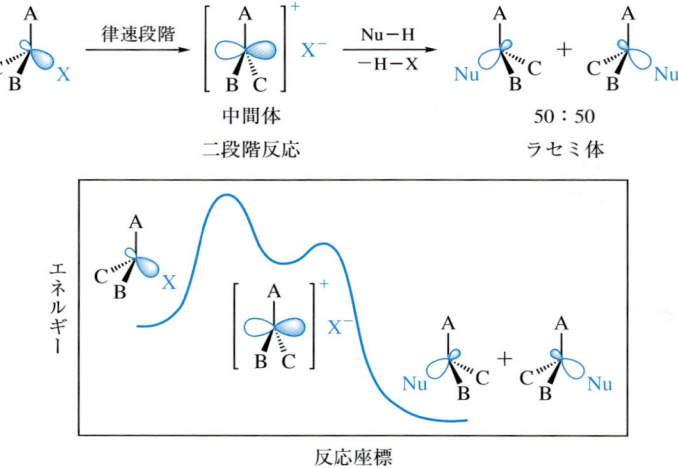

図 1・2 S_N1 反応のポテンシャルエネルギー図

例である．この反応を有機溶媒中で接触イオン対を形成する条件で行うと，立体配置の反転を伴う．

一方，転位する基の立体配置は保持されて進む反応が多い．たとえば Baeyer–Villiger 酸化（10 章），Curtius 転位（14 章）がそうである．アルキルホウ素化合物やケイ素化合物を過酸化水素で酸化する場合でも，有機基がホウ素やケイ素から酸素に立体配置保持で転位する（16 章）．

1・2・2 求電子置換反応

　正電荷をもつ化合物や反応中間体は電子不足の活性種であり，いずれも電子を求めて反応するので，求電子剤として働く．脱離基が離脱（S_N1 反応）して生じたカルボカチオンが求電子剤として働くものが典型的である．ホウ素やアルミニウムのような電子不足の金属化合物や Li^+ や Fe^{2+} のような金属イオンも中性状態と比べると電子が不足している．これらは Lewis 酸に分類されているが，本質的には求電子剤である．反応する相手は求核剤，たとえば，非共有電子対，π 電子，d 電子をもつ Lewis 塩基である．非共有電子対をもつ代表的なものは，アミンの窒素，エーテルやアルコールの酸素，カルボニル酸素，チオールやチオエーテルの硫黄，3 価のリンなど．π 電子をもつものは，芳香族化合物，アルケン，アルキンなど．さらに，d 電子をもつものとしては遷移金属，特に低原子価の錯体などがある．なかには求電子性と求核性をあわせもつ化合物がある．カルベン，カルベノイド，一酸化炭素，イソニトリルである．これらを用いる特徴的な反応はそれぞれ該当する章で解説する．

　求電子置換反応の代表的なものとして，芳香族化合物のニトロ化やハロゲン化，Friedel–Crafts 反応がある．それぞれ求電子剤として NO_2^+, X^+, RCO^+, R^+ などのカチオン中間体が関与する．これらがたとえばベンゼンに求電子攻撃すると，まず π 錯体が生じる．次の反応が置換基による立体障害のため遅い場合や起こりえない場合には，この π 錯体が安定に単離できることがある．しだいに炭素との結合ができて Wheland 中間体（ベンゼニウムイオン）になると正電荷が他の炭素に非局在化し，つづいて水素がプロトンとして脱離して生成物になる．これらの工程が最も円滑に進むように反応する位置が決まるので，電子供与基置換ベンゼンはカチオン中間体の安定化につながるオルト–パラ配向を示

す．臭素化の反応過程をエネルギー座標で示すと図 1・3 のようになる．

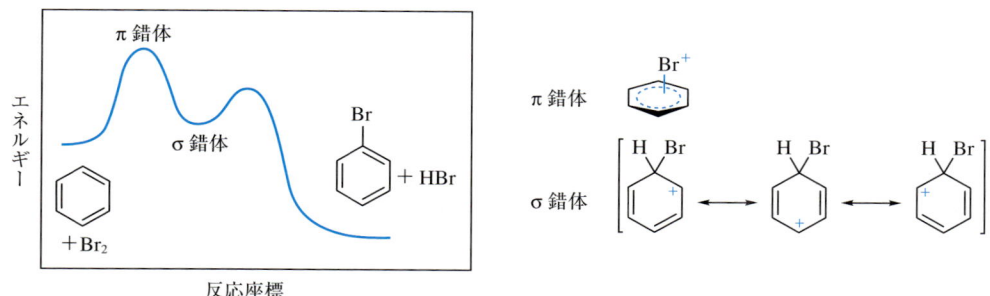

図 1・3 ベンゼンの臭素化

エチレンやアセチレンに対する反応も，電子求引基が置換していない場合，求電子剤は，まず HOMO の π 電子と相互作用をしたのち，σ 結合を形成する．一つの反応剤から求電子剤と求核剤が生じる場合はシス付加（フッ素の付加やヒドロメタル化，エポキシ化，カルベンによるシクロプロパン化など）する．一方，これら両反応剤が解離できて，求電子剤が比較的大きい場合〔Br^+, RS^+, $Hg(II)$, $Au(I)$ など〕は 3 員環型カチオンである架橋オニウムイオンの寿命が比較的長く，これに対して反対側から求核剤が炭素を攻撃して，結果的にトランス付加になる．アルケンへの臭素の付加は好例である．

1・2・3 脱 離 反 応

求核剤が脱離基と結合している炭素でなく，隣の炭素と結合する水素をめがけて攻撃すると，**脱離反応**が起こる．通常は，水素引抜きと脱離基の離脱がほぼ同時に起こる二分子反応であり，したがって，水素と脱離基が逆平行（anti-parallel, anti-periplanar）の配座をとる場合に円滑に起こる．これを **E2 反応**（二分子脱離反応）という．教科書的な例は，塩化メンチルや塩化ネオメンチルとナトリウムエトキシドとの反応である．前者では置換基がすべてエクアトリアルを占める立体配座が安定である．ここには C−Cl と逆平行の水素は見当たらない．しかし，塩素がアキシアル位を占める配座には逆平行の水素が一つあり，これらが脱離して，2-メンテンが唯一の生成物として得られる．三つの置換基がアキシアル位を占める確率は低いが，決して 0 ではないため，反応が進むにつれて配座間の平衡が順次右にずれて反応が進行する．

一方，塩化ネオメンチルでは，塩素がアキシアル位を占める配座異性体が優先していて，C−Cl 結合と逆平行の C−H 結合が二つあるため，1-メンテンと 2-メンテンとの混合物が生成する．

配座の自由度がなくて，同平行（syn-parallel, syn-periplanar）の立体化学しか存在しない特別な場合には，その配座からでも脱離が起こる．ノルボルナンのような二環構造では，しばしばみられる．

他方，脱離基がまず離脱してカルボカチオンを生じ，やがてプロトンが抜ける場合も結果的に脱離反応になる．これは一分子反応であり，**E1 反応**（一分子脱離反応）という．基質から脱離基が離脱する最初の段階が律速になる．アルコールの酸触媒脱水反応や，加溶媒分解（S_N1 反応）でアルケンが生じる場合が相当する．中間にカチオンを生じるので，当然，極性溶媒中でよく起こる反応である．

逆に，水素引抜きがまず起こり，比較的安定なカルボアニオンを生じたのち脱離基が離脱する場合も多々ある．反応の律速段階はこの離脱段階にあるので，一分子反応になる．これを **E1cB 反応**〔cB は共役塩基（conjugate base）〕という．たとえばアルドールの脱水反応や逆 Michael 反応はこの例に相当する．

以上の例では β 脱離すなわち 1,2 の位置関係で脱離が起こっているが，同じ炭素についている水素と脱離基が離脱する α 脱離も可能である．この場合には，まずカルベノイド型アニオンを生じ，つづいて脱離基が離脱して（E1cB）カルベンが生じる．5 章を参照されたい．

例は多くないが，**E2c 機構**〔c は炭素（carbon）〕で進むといわれている有機合成に有用な脱離反応がある．α-ハロケトンの脱ハロゲン化水素が好例である．極性溶媒ジメチルホルムアミド中リチウムイオンの Lewis 酸性と塩化物イオンの求核性によって，脱塩化水素が起こる．炭酸リチウムのような弱塩基共存下に行うと，収率が向上する．

昔からよく知られている脱離反応としてアルコールの酢酸エステルやジチオ炭酸エステルを熱分解させる反応（Chugaev 反応）がある．環状遷移状態を経てプロトン移動が起こる反応と考えられている．

水酸化第四級アンモニウム塩や第三級アミンオキシドの熱分解は，スルホキシドやセレノキシドと同様，[2,3]シグマトロピー反応の一種である．5 員環遷移状態を経る両反応の類似性に注目しよう．スルホキシドの場合には 100 ℃ 付近に加熱することが必要だが，セレノキシドの場合には室温で脱離が容易に起こる．

1・2・4 付加反応

不飽和結合の炭素が原子あるいは基と結合をつくり，飽和炭素になる反応を**付加反応**という．典型的な反応は，アルケンへの臭素の付加である．まず，ブロモニウムイオンがπ電子と相互作用して臭素を含む3員環カチオンをつくる．解離した臭化物イオンが反対側から炭素を攻撃する．このため，アルケンに付加する際の立体化学はトランスになる．シクロヘキセンやステロイドのアルケンへの付加は，ジアキシアル付加になる．これは，Br^+ が二重結合の一方の面から求電子攻撃し，アリル位の擬アキシアル方向の結合（青）と逆平行方向から Br^- が求核攻撃することによって反応の位置と立体化学を規制していると考えると理解できる．Br^+ が逆から攻撃しても同じである．

上の反応で，水が共存するとこれが求核剤として働き，ブロモヒドリンが生成する．また，カルボキシ基が近くにあるとカルボキシラートが求核剤となってラクトンが生じる．特に，ヨードラクトン化反応は，官能基を立体選択的に導入する方法として有効であり，プロスタグランジン類の合成に利用されている．

次に，カルボニル基への付加を考えよう．ここでも求核剤と求電子剤が協働的（concerted）に作用して，付加が起こる．まず，プロトンや金属イオンのような求電子剤がLewis酸としてカルボニル酸素の非共有電子対またはπ電子に配位し，カルボニル基のπ電子密度を下げて求核剤の接近を容易にする．ここに求核剤がカルボニル炭素をめがけて攻撃する．方向はカルボニル基の平面から107°傾いた角度（Bürgi–Dunitz攻撃角度）から起こる．言いかえると，カルボニルのπ*軌道（LUMO）に求核剤のHOMOから電子が流れ込んで結合ができる．

もし，この求核剤の攻撃経路に置換基などがあれば，立体障害となる．シクロヘキサノンへの求核剤 Nu: の付加がアキシアル付加の場合には，ケトンのアキシアル方向のC−H結合が特に大きい求核剤を邪魔するし，エクアトリアル付加の場合には両隣炭素のアキシアル方向のC−H結合が障害にな

る．大きい求核剤の場合には 3,3′ 位のジアキシアル水素による障害が大きくなり，エクアトリアル付加が優先し，小さい求核剤の場合には 3,3′ 位のジアキシアルの障害が比較的小さく，2,2′ 位のアキシアルの障害の影響が大きくなるため，アキシアル付加が優先する．

1・2・5 転位反応

転位反応とは，同一分子において，ある場所の結合が切断されて別のところに新たに結合が生じる反応である．その結果，骨格の組替えや官能基の移動が起こる．分子内反応が大部分であるが，分子間反応の場合もある．熱反応では，熱力学的に安定な生成物が優先して生じ，この熱力学的安定性が転位の駆動力である．光反応では，励起状態がエネルギーを失う過程において，エントロピー的に有利な準安定生成物を生じることが多い．転位する基が求核的挙動をする"求核転位"の例が多い．たとえば，Wagner–Meerwein 転位，ピナコール–ピナコロン転位，Beckmann 転位，Pummerer 転位，Favorskii 転位，Fries 転位，カルベンやニトレンなどの不安定中間体で起こる Wolff 転位，Hofmann 転位，Curtius 転位，Lossen 転位，Schmidt 転位などがある．一方，転位する基が求電子的な求電子転位としては Wittig 転位，Stevens 転位，Sommelet–Hauser 転位くらいである．ラジカルが関与するラジカル転位も起こる．シグマトロピー転位は基本的には電荷のない中性分子で起こる．例としては Cope 転位，Claisen 転位，ベンジジン転位などであり，いずれも軌道の対称性が強く関係している．いくつかの例については 14 章で詳しく紹介する．

1・2・6 立体配座と立体異性体

有機化合物の骨格を形成するのは炭素–炭素結合である．さらに，単結合だけでなく炭素どうし安定な多重結合を形成する．炭素骨格からなる有機化合物の形の多様性，機能を創出するおおもとはこれらの結合に由来するといっても過言でない．炭素は，メタンにみられるように，基本的に結合を四つもち，それぞれ $109°28′$ の結合角をなしている．四つの結合の先の基がすべて異なると不斉が生じる．いわゆる右手と左手の関係である．

エタンでは，炭素–炭素結合の回転による配座異性体が生じる．単結合まわりの回転により分子の形は刻々と変化するが，その形（原子の空間的配置）のことを**立体配座**という．この形の異なる分子を**配座異性体**という．エタンの立体配座を Newman 投影式で書くと図 1・4 のように手前の C–H 結合と向こう側の C–H 結合が重なる"重なり形"，最も離れた"ねじれ形"の二つが可能である．このうち，ねじれ形が 12 kJ mol^{-1} 熱力学的に有利であるが，C–H 結合の立体障害があまり大きくないので，立体障害のために重なり形が不安定だと考えるよりも，σ 電子どうしの反発によって不安定になっているうえ，ねじれ形では σ-σ* 共役が可能で，これがねじれ形配座を安定化していると考えるほうが合理的である．

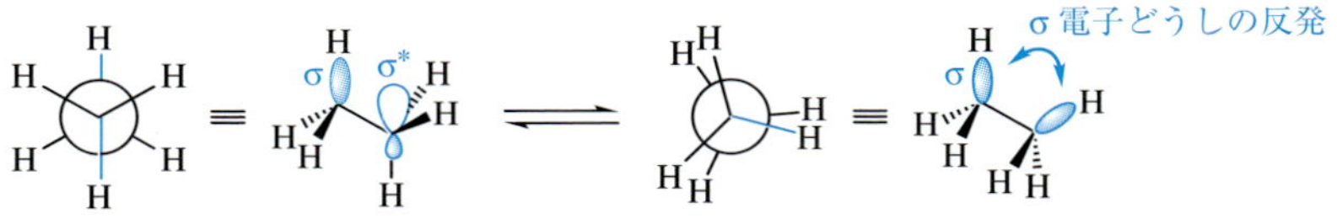

ねじれ形（σ-σ* 共役により安定化）　　重なり形（12 kJ mol^{-1} 不安定）

図 1・4 エタンの立体配座

ブタンになると 2,3 位の単結合まわりの回転による配座異性体として，重なり形（シンペリプラナーとアンチクリナルの 2 種がある）とねじれ形（アンチペリプラナーとシンクリナルまたはゴーシュの 2 種がある）が可能だが，図 1・5 に示すように立体障害の寄与がより大きくなる．

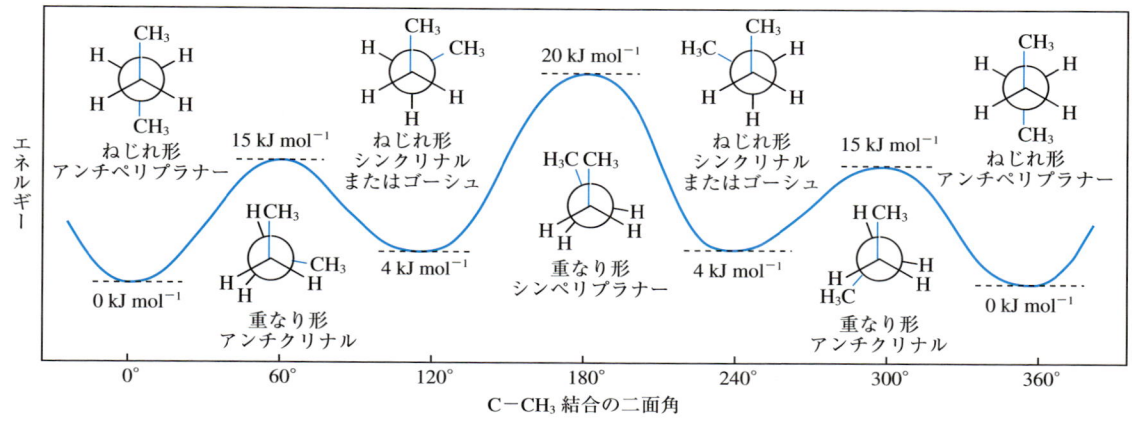

図 1・5 ブタンの立体配座とポテンシャルエネルギー

次に，環状化合物の立体配座を考えよう．環状化合物のなかでも最小の 3 員環，すなわちシクロプロパンは当然ながら平面の環構造をしている．炭素－炭素 σ 結合の回転が起こりえないので，配座異性体は生じない．しかし，炭素－炭素 σ 結合は，環ひずみのため，三角形の一辺から外にはみ出した位置の電子密度が高くなっている．求電子剤はこの σ 結合を攻撃する．

4 員環になるとパッカード (puckered) とよばれている折れ曲がった配座をとることにより，平面四角形での重なり形によるねじれひずみを少し解消している．3 員環と 4 員環化合物をあわせて**小員環化合物**とよぶ．小員環は環ひずみをもっているので，環開裂を駆動力とする有用な合成反応が多数存在する．

5 員環は次に述べる 6 員環のいす形配座から炭素を一つ省略した形をとる．これは西洋封筒の形をしているので封筒 (envelope) 形とよばれている．どの炭素が封筒ののり代のついた部分に相当するかは，予見がむずかしく，したがって配座を特定することが一般にむずかしい．

6 員環の配座はステロイド環の反応性を理解する際に D. H. R. Barton によって見つけられた歴史があり，最もよく理解されている．最も安定な配座はいす形である．ついでねじれ舟形 (21 kJ mol⁻¹) があり，舟形はいす形から 25 kJ mol⁻¹ 不安定な配座になる．いす形配座からねじれいす形に変わるときには半いす形配座を通るが，これを越えるには 43 kJ mol⁻¹ のエネルギーを要する．

いす形配座にはアキシアル位（環を平面と考えると上下の垂直方向）が六つ（上向きに三つ，下向

きに三つ）とエクアトリアル位（環を地球と考えると赤道方向）が六つあり，これらは環の反転によって互いに入れ替わる．

一置換シクロヘキサンでは置換基 R がエクアトリアル位を占める配座のほうがアキシアル位を占めるものより安定である．R がアキシアル位を占める配座では，3 位の炭素にあるアキシアル水素と 1,3-ジアキシアル相互作用をして不安定になるためである．この R···H 間の相互作用は一つのシクロヘキサンに二つ存在する．アキシアル配座とエクアトリアル配座の間の平衡のエネルギー差を表した値を A 値（$A = RT\ln K$，K は配座異性体間の平衡定数）といい，たとえば，CN 0.8，OCH$_3$ 2.5，OH 2.5～4.4，COOCH$_3$ 5.0，CH$_3$ 7.3，i-C$_3$H$_7$ 9.3，CF$_3$ 10.5，Si(CH$_3$)$_3$ 10.5，C$_6$H$_5$ 11.7，t-C$_4$H$_9$ > 20（kJ mol^{-1}）であり，置換基の嵩高さを表す指標として用いることが多い．t-C$_4$H$_9$ 置換シクロヘキサンではこの基がエクアトリアル位を占める確率が 99.9% 以上ときわめて大きいので，配座固定をする錨の役割を果たす．しかし，ここでも，t-C$_4$H$_9$ 基がアキシアル位を占める確率は 0 ではないことに注意を要する．R が CH$_3$ のときは 95% エクアトリアル位にあることが計算からわかる．

シクロヘキセンでは，3,6 位のメチレン水素が擬アキシアル位，擬エクアトリアル位を占める．4,5 位のメチレン水素はアキシアル位とエクアトリアル位を占める．こうしてシクロヘキセンへの求電子付加は擬アキシアル結合と逆平行から起こり，たとえば臭素化では §1・2・4 に示したように結果的にはジアキシアル付加が優先する．ここでも擬アキシアル結合の σ* との軌道相互作用が優先した結果と考えることができる．これについては，アルケン炭素が sp^2 から sp^3 に変わる際に Nu がアキシアル位になれば R との立体障害が生じないので，ジアキシアル攻撃が優先すると説明されている．

7 員環の立体配座は，6 員環のいす形配座の CH$_2$ 一つを CH$_2$CH$_2$ に置き換えて代用することが多い．5～7 員環化合物は**普通環**（common ring）とも総称する．

8 員環では飽和の炭化水素の場合，クラウン形配座が提唱されている．シクロオクテンはシクロヘキセンとよく似た構造をとる．*trans*-シクロオクテンは単離できる環状トランス形アルケンのうち最小のものである．C_2 対称性をもつので，光学分割が可能である．シクロオクタジエンでは浴槽（bathtub）形の配座が安定であり，金属に配位する場合もこの配座をとる．8～11 員環は**中員環化合物**とよぶ．環

の反対側が意外にも接近していて**渡環相互作用**（transannular interaction）が存在し，しばしば渡環反応をする．渡環相互作用はしばしば環ひずみの原因となる．

9員環は cis- または trans-ペルヒドロインダンの 1,6 結合を切取った形で表すことが多い．10 員環も cis- または trans-デカリンの 1,6 結合を切取った形で表すことが多い．ちなみに cis-デカリンでは鏡像体の関係にある二つの配座間の変換が容易に起こる（図 1·6）．

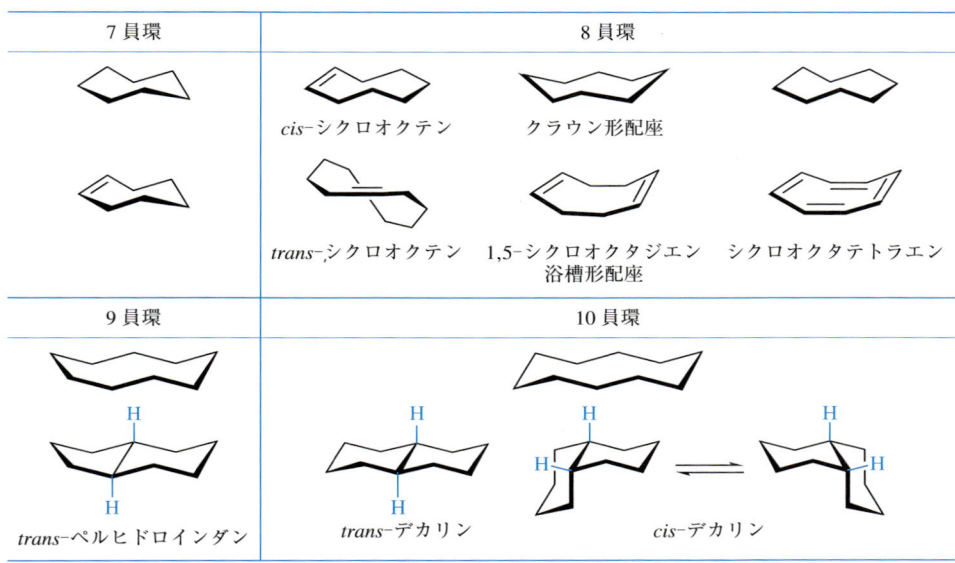

図 1·6 おもな 7〜10 員環化合物の立体配座

大員環（12 員環以上）は，飽和の縮合炭化水素の最外周部分を切取った構造をしていると考えられていて，環ひずみが小さい．しかし，官能基は環の内側を向くことが多く，この点が通常の非環状化合物とは異なる．

1·2·7　環形成：エンタルピーとエントロピー

小員環(3,4)化合物の構築法

分子内 S_N2 反応（Williamson エーテル合成，分子内アルキル化）が普通環合成（7 章，8 章参照）とともに小員環合成でもよく用いられている．生成物になると環ひずみが生じるため反応エンタルピーは不利であるが，反応点が近いことによる反応エントロピーが有利であることが大きな理由である．

3 員環合成で特に利用されている反応は［2+1］の反応，すなわち，アルケンにカルベンやカルベノイドのような求電子性と求核性をあわせもつ反応剤を作用させるものである．この両者の反応は，アルケン π 電子（HOMO）とカルベン炭素の空の p 軌道（LUMO）がまず相互作用し，これと直交するカルベン炭素の sp^2 混成軌道（HOMO）から π^* に電子が流れて環を形成する．詳細は 5 章で述べる．

4員環合成は，光反応による［2+2］の反応が有利である．反応する分子が光エネルギーを吸収できない場合には光増感剤を利用することができる．［2+2］の反応は光を用いなくても実現できる．たとえば，ジエンとジクロロケテンとの反応，ケテンジチオアセタールとアルケンとのチタン触媒反応などがある（7章参照）．

普通環(5～7)化合物の構築法

ジケトンやケトアルデヒドのアルドール環化や分子内アルキル化による環化反応に加えて，5員環の構築には［2+3］付加環化反応が利用できる．Nazarov 環化反応（§1・2・9），Pauson-Khand 反応（§17・5，§18・4・1）も使える．もちろん6員環化合物からの環縮小反応も利用できる．たとえばFavorskii 転位反応（§14・1・1）を利用するものである．一方，6員環化合物の合成には［4+2］付加環化すなわち Diels-Alder 反応（§7・2），さらにはベンゼンの Birch 還元（§9・1・3）によるシクロヘキセンやシクロヘキサジエンへの変換が一般的な合成法である．詳細は該当する章を参照されたい．

7員環化合物は6員環化合物に一炭素結合させたのちに環拡大する反応，たとえばシクロヘキサノンにジアゾメタンを作用させて環拡大させる Tiffeneau-Demjanov 反応（§14・1・1）が利用できる．［4+3］型の付加環化反応も使える（§7・2・3）．有効なのがオキシアリルカチオンと1,3-ジエンとの付加環化である．

中員環(8～11)化合物の構築法

通常の環化反応は，環ひずみが生じるため，ほとんど利用できない．例外的に成功しているのが，アシロイン縮合による環化，1,3-ブタジエンの二量化によるシクロオクタジエン合成とアセチレンの四量化によるシクロオクタテトラエンの合成である．したがって，既存の環構造を基礎に，環拡大や環縮小の方法がとられている．たとえばエナミンの付加環化と環拡大反応はきわめて有効である．

さらに，官能基導入を伴いながら実施する分解反応（フラグメンテーション fragmentation とよばれている）もきわめて有効である．Grob 分解反応の例を次に示す．もとのトシルオキシ基の立体配置が生成物のアルケンの立体配置に反映されていることがよくわかる．

中員環化合物の特徴的な挙動として**渡環反応**（transannular reaction）がある．近いだけの理由で，カチオンやラジカルなどの活性点が環の反対側の位置に移りやすい．8員環と9員環の例を次に示す．

大員環（12～）化合物の構築法

環ひずみの影響があまりないので，分子内アルドール反応，アシロイン縮合，分子内 McMurry カップリング，環拡大，特に 12 員環からの環拡大法，などが用いられている．アシロイン縮合が非常に有効であることが次の例からわかる．同様に有効な McMurry カップリング（§17・6）による大員環合成と Eschenmoser の環拡大反応（§8・4・2）を示しておく．詳しくは当該章を参照されたい．

n	4	5	6	7	8	9	10
収率(%)	81〜84	93	72〜85	68	58〜69	48	68

McMurry カップリング

Eschenmoser 環拡大反応

　最近になって，環の員数にあまり影響されずに普通環から大員環形成を達成できる方法が開発されている．それはオレフィン閉環メタセシス反応（ring-closing metathesis: RCM）である．用いるルテニウム触媒は官能基選択性に優れているので，他の官能基が存在してもあまり影響されずに合成に使える大きな利点を備えている（詳細は§7・7・2参照）．

1・2・8　選　択　性

　選択性を語らずして現代有機合成は語れない．標的分子の立体化学を整えたり官能基を望みどおりの位置に望みどおりの立体配置をもつように導入する必要があるからである．不要なものをつくれば収率は下がり，効率は低くなりコストが上昇するばかりでなく，不要物を処理するために環境負荷をも増大させてしまうからである．選択性，効率などを表現する言葉の定義を以下に解説しよう．

アトムエコノミー（atom economy）　原子効率ともいう．1991年 B. M. Trost が提唱した概念で，目的物の分子量を反応するすべてのものの分子量の総和で割って，得た小数点以下の数字に100を掛けて％で表示した値．100％のものは，廃棄物0の理想的な反応といえる．もっとも，不飽和結合への付加反応はすべての原子が生成物に組込まれるので100％になる．置換反応では必ず脱離基が生じるため，アトムエコノミーは悪くなる．したがって，脱離したものをいかに再利用するかが問題として浮かび上がってくる．

E 値（E factor）　1992年 R. A. Sheldon が提唱した概念で，廃棄物の量（重さ）を生成物の量（重さ）で割った値．副生物が生じなければ0になる．

官能基選択性（chemoselectivity）　官能基がいくつかあっても，特定の官能基と優先的に反応する場合，官能基選択性が高いという．反応剤だけでなく反応についても使う言葉である．

位置選択性（regioselectivity）　同じ官能基のなかでも反応する場所が複数ある場合には，その選択性が問題になる．これを位置選択性という．その程度が高い反応を位置選択的反応という．たとえば，非対称アルケンや非対称アルキンにおいて，ある反応剤が一方のアルケン（またはアルキン）炭素と結合するか，他方の炭素と結合するかを議論する場合に用いる．

立体選択性と立体特異性　いずれの出発物であっても，生成物のある立体異性体が優先して生じる反応は，**立体選択的反応**（stereoselective reaction）という．その程度を**立体選択性**（stereoselectivity）という．一方，出発物の特定の異性体から生成物の特定の異性体が優先して生じ，また出発物の別の異性体から生成物の別の異性体が生じる反応のことを**立体特異的反応**（stereospecific reaction）という．出発物と生成物との間で立体化学が対応しているわけで，この現象を**立体特異性**（stereospecificity）という．用語を混同しないように気をつけよう．

ジアステレオ選択性（diastereoselectivity）　ある反応によって生成物としてジアステレオマーが生じる場合，その異性体比をジアステレオ選択性という．立体異性体のなかで，鏡像異性体以外をすべてジアステレオマーというので，ジアステレオマーのなかにはアルケンの E/Z 立体異性体も含む．また，鎖状化合物における相対的なジアステレオマー関係を表現するためにエリトロ/トレオの表記が一時期よく用いられたが，最近では汎用性の高いシン/アンチの表記がよく用いられている．多置換になってくるとほかの方法では表記しにくいからである．主鎖骨格をジグザグに紙面に書いたとき，置換基が同じ側にあるものどうしはシン，反対側にあるものをアンチという．置換基の位置を番号で表記する．

　　　3,4-シン　　　　　　　　3,4-アンチ

エナンチオ選択性（enantioselectivity）　アキラルな出発物からキラルな生成物が生じる場合，生じた鏡像異性体の比率（ないし百分率）をいう．**鏡像異性体過剰率**（enantiomeric excess, 略称 ee, 両鏡像異性体の生成百分率の差）で表すことが多い．光学純度とは光学的に純品の旋光度で試料の旋光度を割ったものの百分率のことをいい，旋光度が溶媒や濃度によって変わることが多く，必ずしも一次の関係にならないので，今では用いない．一方の鏡像異性体を優先して生じる反応を不斉反応あるいは不斉合成という．キラルで光学活性な反応剤や触媒を用いたり，キラルな要素をもつ場で反応させることによって達成されている．

1・2・9　対　称　性

分子の形とともに，反応に関与する分子軌道の対称性を考慮することが反応の可否や立体化学を理

解するためにきわめて重要である．ここで酒石酸を例にとって立体異性体を考えよう．ジアステレオマーとしてメソ体とラセミ体がある．メソ体では，分子の2,3位の結合の中央に鏡をおくと鏡像が実像と重なる．すなわち，構造自身に対称面がある．この対称要素をσと表現する．これに対し，ラセミ体の一つである R,R 異性体を考えると，同じく2,3位の結合の中央に回転軸をおいて180°回転すると，もとの構造に重なる．これは第二の対称要素であり，2回回転するともとに重なるので C_2 と表現する．たとえば，クロロホルムには C_3 対称性がある．対称性をもたない不斉なものを C_1 と表記することもある．分子の対称性はここで述べた面対称と回転対称を基本とする．この両者を組合わせると S_n と示す対称要素が生じる．すなわち，n 回回転したのち回転軸と垂直の対称面で反転すると，もとの形と同じものになる場合，この化合物には S_n の対称性があるという．σ対称は S_1 に相当する．

[構造式の図: S,S D-(-)-酒石酸, R,R L-(+)-酒石酸 (ラセミ体), R,S, S,R (メソ体)]

a. 分 子 軌 道

σ結合であれπ結合であれ，各原子が互いに隣の原子と電子を供給しあい，2電子を共有して共有結合を形成する．各原子には量子化された原子軌道があり，隣り合った原子軌道が重なることによって分子軌道を形成する．関与する電子数と同じ数の分子軌道ができあがり，軌道エネルギーの低いほうから順に（スピンが対をなして）2電子ずつみたしていく．たとえば，図1・7の(a)に示すように，水素原子は球対称の **1s軌道**（電子がある確率以上存在する部分を球状で表すことが多い）に1電子入り，これが二つ対をなして水素分子の共有結合をつくる．炭素原子になると1s軌道をスピンの相反する2電子がみたしたうえで，**2s軌道**に2電子と **2p軌道**に2電子入る．$1s^2 2s^2 2p^2$ と表す．最初の数字は主量子数を表し，右肩の数字は電子数を表す．s,p は方位量子数がそれぞれ 0,1 に対応する表記である．電子のエネルギー状態は，さらに磁気量子数とスピン量子数で決まる．視覚的に表すと，p 軌道は鉄アレイのような形をしていて，2p の軌道は x 軸，y 軸，z 軸方向に分布する三つの軌道で表現できる．原点を挟んで軌道の符号が逆転することに注意しよう．図では白抜きの部分と青の部分で符号が逆になっていることを示している．軌道の符号が逆転する場所を **節** あるいは **節面** という．炭素がほかの原子との結合に使える電子は $2s^2 2p^2$ の 4 電子である．この 4 電子を空間的に等価に分布させると，必然的に 109°28′ の結合角をもつ正四面体構造ができあがる．これを **sp³ 混成軌道** とよぶ．(b)に一つだけ模式的に示す．この軌道と水素の四つの 1s 軌道が重なってメタンの四つの **σ 結合** を形成する．σ 結合とは，二つの原子を結ぶ線上に電子密度が最大になっている結合である (c)．反結合性軌

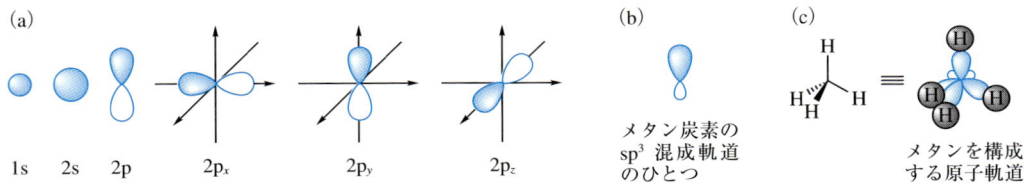

図 1・7　原子軌道の形とメタンを構成する原子軌道

道（σ*と表す）は白い小さな軌道の部分が大きくなったようなもので，結合性軌道の反対側に広がる．sp^3 混成の炭素への求核攻撃はこの空の σ* 軌道を目がけて起こることに注目しておこう．

炭素の 1 電子を p 軌道に残して 3 電子で空間的に等価な結合をつくると，**sp^2 混成軌道**ができあがる（図 1・8）．これが二つ結合するとエチレンの骨格ができる．二つの炭素で σ 結合をつくり，二つの p 軌道が横腹を接するように並び π 結合をつくる．同じ符号の軌道は重なり合って結合性軌道 ψ_1 をつくり，異なる符号の軌道どうしは反発し合って，反結合性軌道 ψ_2 になる．結合性軌道は p 軌道と比べてエネルギー的に安定になり，もとの p 軌道にあった 2 電子がスピンを対にしてこの結合性軌道をみたす．エチレンの C–C σ 結合のエネルギー準位はさらに低いので，通常 2 電子でみたされた π 結合の軌道を**最高被占軌道**（highest occupied molecular orbital, **HOMO** と略す）とよぶ．一方，反結合性軌道はこれよりエネルギーが高く，これに電子が入ると，π 結合は開裂に至るので，通常は空のままである．この軌道を**最低空軌道**（lowest unoccupied molecular orbital, **LUMO** と略す）とよぶ．ψ_1 は σ 対称であり，ψ_2 は C_2 対称であることに注目しておこう．エチレンに紫外光を照射して HOMO の 2 電子のうち 1 電子を LUMO に励起すると ψ_1 と ψ_2 いずれも 1 電子ずつ占有する状態が生じる．これがエチレンの励起状態である．1 電子だけ占有する軌道のことを**半占軌道**（singly occupied molecular orbital, **SOMO** と略す）という．SOMO はラジカル的性質の源である．

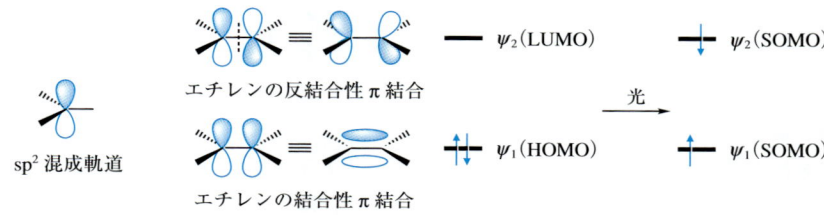

図 1・8　エチレンの π 電子軌道

求電子剤は，HOMO にある電子を求めて反応する．一方，求核剤は空の LUMO に電子を提供し，結合をつくる．このように反応に関与する軌道は HOMO, LUMO であるので，福井謙一はこれらを**フロンティア軌道**（frontier orbital）とよんで他の軌道の関与を省略してよいことを示した．後述するように，軌道の対称性が反応の方向を規定することに R. B. Woodward, R. Hoffmann, 福井が注目し，軌道対称性保存則を提唱した．Hoffmann と福井はその貢献により 1982 年ノーベル化学賞を受賞した．本書では，これらの軌道を念頭に，立体電子効果や反応性を解説する．

ここで炭素数 3 のアリルカチオン，アリルラジカル，アリルアニオンの分子軌道を解説する．sp^2 混成の炭素の原子軌道を三つ並べて分子軌道をつくるが，同符号の軌道が同じ側になる軌道 ψ_1 が一番安定になり，節（破線で示す）が一つの軌道 ψ_2 では中央炭素（ここが節になる）に電子が分布しない．

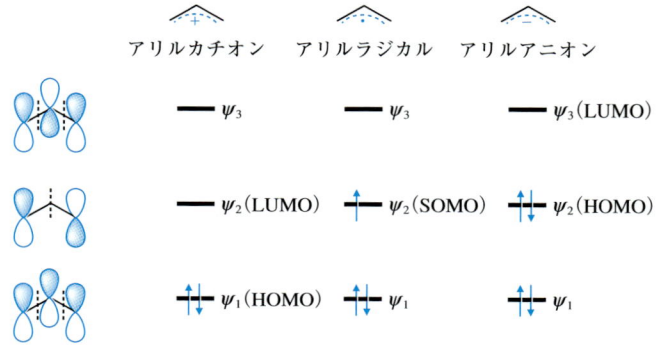

各炭素で軌道が逆転する ψ_3（節は二つある）がエネルギー的に一番高いのは容易にわかる．この順に電子がみたされていくが，アリルカチオンでは ψ_1 にのみ2電子が対になって入り，アリルアニオンでは ψ_1 と ψ_2 にそれぞれ2電子ずつ入ることがわかる．アリルラジカルでは ψ_2 に1電子入る．この不対電子が占める軌道が SOMO になる．ラジカル反応に関与するのはこの電子であり，この軌道である．ψ_1 と ψ_2 は σ 対称であり，ψ_2 は C_2 対称である．

b. 電子環状反応

σ 対称と C_n 対称の対称要素を用いて，反応するものどうしの HOMO と LUMO の軌道の対称性を調べ，HOMO-LUMO 相互の軌道の対称性をもとに案出されたのが軌道対称性保存則，すなわち **Woodward-Hoffmann 則**（ウッドワード ホフマン）である．電子環状反応，付加環化反応，シグマトロピー転位，キレトロピー反応に適用されて，これらの反応の立体化学の結果を説明したり，反応の立体化学を予測する際に大きな力を発揮した．たとえば，電子環状反応で許容されている経路は，熱反応（Δ と略称）では $4n\pi$ 電子系なら conrotatory（con，同旋），$[4n+2]\pi$ 電子系なら disrotatory（dis，逆旋）が許容であり，光反応（$h\nu$ と略称）では $4n\pi$ 電子系は disrotatory（逆旋），$[4n+2]\pi$ 電子系は conrotatory（同旋）が許容である（表1・1）．軌道の対称性に関して，詳細は§7・1で解説するので，ここでは代表的な合成反応例のみ示す．

表 1・1 電子環状反応で許容されている立体化学

反応系の全 π 電子数	熱反応	光反応
$4n$	同旋 conrotatory	逆旋 disrotatory
$4n+2$	逆旋 disrotatory	同旋 conrotatory

次の反応では，4π 電子系の3-ヒドロキシペンタジエニルカチオン中間体の閉環（Nazarov 反応）によって進むと考えられている．メチル基どうしの立体反発を避けるために，側鎖部はトランス構造をとっていて，熱反応は同旋的に閉環するので，ヒドロインダノンのメチル基二つは互いにシスになる．

ブロモシクロプロパンの加溶媒分解の例を次に示す．トランス体はシス体に比べて100倍反応が速いが，これは開環に際して (E)-アリルカチオン（シンともいえる）が生じるほうが (Z)-アリルカチオン（アンチ）を生じるより立体障害が少ないことを反映している．それは，炭素-臭素結合が解離してカチオン性 p 軌道が生じるにつれて遠い側のシクロプロパン σ 結合が切断し，空の p 軌道に電子

を供給するように開環する，すなわち，2電子系で逆旋的に開環した結果である．

オキセピンが異性化してベンゼンオキシドを生成し，つづいてフェノールを生じる反応がある．ここでは6π電子系のため熱反応なら逆旋的に起こるのでシス体のエポキシド（ベンゼンオキシド）が生じる．もちろん立体化学的に問題ないので，実際にこの反応は許容である．ベンゼンオキシドはベンゼン環が生体内で酸化されるときの中間体である．

ジアリールエテンの光による閉環・開環反応は，この分子が示すフォトクロミズムの根拠である．反応に関与する電子数は各チオフェン環の2電子とエテン部分の2電子，合計6電子であり，光により同旋閉環（紫外光 $h\nu$）・開環（可視光 $h\nu'$）することがわかる．実際，2,2′位に置換基を入れておくと，閉環体が安定に存在する．開環体は無色だが，閉環すると共役系が同一平面になって着色するため，光により着色を制御することができる．

c. 付加環化反応

付加環化反応は不飽和基質二つが環を形成して生成物になる反応で，反応機構の詳細が有機電子論では長い間説明できなかった．しかしながら，いまでは，軌道対称性保存則で理解されている．許容されている経路は，熱反応では，全π電子数が [4n] の場合，一成分はπ平面の上と下，すなわち逆面 antarafacial (a) で反応し，全π電子数が [4n+2] の場合には両成分とも同面 suprafacial (s) で反応する．光反応では逆に，全π電子数が 4n の場合は両成分とも同面，[4n+2] の場合は一方が逆面で

不斉エポキシ化

香月 勗と K. B. Sharpless は，酒石酸エステル（DET）の光学活性体をチタン触媒の不斉配位子に用いてアリルアルコールの不斉エポキシ化反応を実現した．不斉エポキシ化は図に示すように，酒石酸の絶対配置に応じて，生成物の絶対配置が一義的に決まるので，望む絶対配置のエポキシアルコールを得る際に信頼性の高い不斉触媒反応である．基質を右のように置いた場合，上面（β面）からエポキシ化するには，L-(+)-DET を用い，下面（α面）からエポキシ化するには D-(−)-DET を使えば，きわめて高い ee で生成物が得られる．詳しくは §10・2・1 参照．

反応する経路が許容になる．この様式以外は禁制である．付加環化反応については§7・2で詳しく述べるので，ここでは代表的な例に限定して紹介する．

まず Diels-Alder 反応について説明する．1,3-ジエンと求ジエン体との反応は4電子系と2電子系との反応であり，計6電子になり，熱反応では同面どうしの反応が許容されるので実際に起こる．ジエン成分の HOMO と求ジエン体の LUMO との相互作用が通常は働く．不斉合成も実現されており，次にプロスタグランジン類の不斉合成に使われた反応を示す．アミドカルボニル基はエンド側を占めるが，このカルボニル基の軌道とジエンの C2, C3 結合の π 軌道との（二次的）相互作用の結果と理解されている．光学活性アルミニウムを触媒に使っているが，これは求ジエン体のカルボニル酸素に配位し，LUMO のエネルギー準位を下げて反応しやすくすると同時に，反応するアルケン平面の上下を区別している．

ジエンの LUMO と求ジエン体の HOMO が関与する場合もあり，この反応を逆電子要請型という．

付加環化による4員環形成反応を取上げる．アルケンの光二量化は 2+2=4 電子なので，同面どうし結合して4員環が生じるのは問題ない．次の例では，ベンゾフェノンを増感剤としてシクロブテンの二量化を達成している．この例では立体化学は明らかにされていないが，つづいて熱分解により中央の σ 結合を二つ切断して8員環に環拡大し，最終生成物の立体化学は X 線解析で決められている．4電子が関与する熱反応になるので，[2s+2a] の立体化学をとるはずの開環は，二つの結合開裂が同時に起こらず，ホモリシスによって段階的に反応していると考えられる．

また，ケテンとアルケンとの熱による付加環化は $[_\pi 2_s+_\pi 2_a]$ の反応（ケテンが異面）であることが予測できる．不安定イリドを用いる Wittig 反応もこの形式の付加環化を経る（イリドの P=C とカルボニル基の間の [2+2] の反応と考えられている）．具体例については 15 章を参照されたい．

d. シグマトロピー転位

軌道対称性保存則は [i,j] シグマトロピー転位にも適用できる（表 1・2，ここで i,j は，転位によって切断する結合から数えて，新たに結合が生じる位置までの原子数を示す．s は切断する結合と同じ側で結合が形成されることを意味し，a は異なる側で結合生成が起こることを意味する）．アニオンでの転位では，i,j 系に1電子多い π 電子系，カチオンでの転位では1電子少ない π 電子系を考慮すればよい．たとえば，熱反応で [1,3] 転位は [s+s] 型は禁制だが，カチオンではこれが [1,2] 転位（Wagner-

Meerwein 転位）となり，許容になる．逆にアニオンの[1,2]転位は軌道対称性保存則からは禁制となり，起こるとすれば，段階的な反応たとえば電子移動経由の反応になる．§14・2でシグマトロピー転位について詳しく述べるので，ここでは二，三の例をあげるにとどめる．

表 1・2 $[i,j]$ シグマトロピー転位で許容されている立体化学

反応系の全電子数 $i+j$	熱反応	光反応
$4n$	a+s	s+s
	s+a	a+a
$4n+2$	s+s	a+s
	a+a	s+a

Claisen 転位（[3,3]シグマトロピー転位の一種）では 6π 電子が関与するので，熱反応によって同面（$[_\pi 2_s + _\sigma 2_s + _\sigma 2_s]$）で容易に起こる．この反応で Lewis 酸を触媒にすると，$-78\,℃$ もの低温でも転位が起こり，光学活性なアルミニウム触媒 ATBN-F を用いると高い鏡像異性体過剰率（ee）で光学活性な γ,δ-不飽和アルデヒドが得られる．

R = t-C$_4$H$_9$, 70%, 91% ee
c-C$_6$H$_{11}$, 85%, 86% ee
C$_6$H$_5$, 97%, 76% ee

(R)-ATBN-F

アリルスルホキシドの[2,3]シグマトロピー転位を利用すると（E)-アリルアルコールが合成できる．この反応はプロスタグランジンの15位ヒドロキシ基の立体化学を制御する目的に使われている．反応に関与する電子数が合計6電子になっていることを確認しよう．

シクロペンタジエンの水素が簡単に移動する反応は水素の[1,5]シグマトロピー転位として理解されている．やはり6電子系であり，熱反応では許容であることがわかる．一方，[1,3]シグマトロピー

97% ee

(R)-BINOL-TiX$_2$

転位や [1,7] シグマトロピー転位は熱反応では起こらないことが予想できる．エン反応は水素移動と炭素－炭素結合生成を同時に達成する反応であるが，$[_\sigma 2_s + _\pi 2_s + _\pi 2_s]$ であり，やはり 6 電子系の熱反応で許容である．

1・3 反応装置

実験室ではふつう，反応フラスコ中に基質，溶媒，反応剤を加え，かき混ぜながら反応させる．反応が終わると，後処理，精製して生成物を単離する．探索的には数ミリリットルの容器を用いるが，原料合成でも，せいぜい 2 ないし 3 リットル容器を用いて行うのが限界である．企業では，これをもっと大規模にして数 m³ 規模で行う．反応ごとに反応釜を用意し，最後に洗浄する．これをバッチ法という．一方，流路で連続的に基質と反応剤を仕込み，連続的に反応させたのち，生成物を連続的に単離するフローシステムがある．特に基質が気体の場合には好都合な反応装置であり，石油化学工業ではごく一般的な装置である．

最近，流路をマイクロメートル幅ほどに小さくしたマイクロリアクターが導入されている．熱管理が容易であり，拡散律速の反応でもサイズが小さいので効率よく進行する．規模を拡大するにはこのマイクロリアクターを並列に増やすだけですむのが利点である．新しい製造法として，特に不安定で寿命の短い活性種を発生させて反応相手と効率よく接触させる場合に効果的な反応装置である．

大規模の反応では，反応剤や触媒を適宜回収・再使用することを考慮して効率向上に努める．反応基質や生成物は有機溶媒に可溶であるため，これら生成物と簡単に分離できる反応剤や触媒を設計しておくことは特に工業的規模での製造において重要な意味をもつ．固相に担持させた反応剤や触媒，水溶性配位子をもつ触媒を反応後水処理によって容易に回収することは前世紀半ばごろから実施されてきた．

1994 年になって，さらにフッ素系の相 (fluorous phase) を第三相として利用することが提案されている．水とも有機溶媒とも完全には溶け合わないフッ素系炭化水素は加熱撹拌によりほかの二層と均一に混合するようになる．冷やすと相分離する．この特徴をいかし，反応剤や触媒にフッ素系炭化水素に可溶な部位をつけて，水にも有機溶媒にも溶けないがフッ素系溶媒によく溶けるようにすると，生成物の単離精製と副生する化合物や触媒の回収が容易になる．

1・4 反応促進（熱，光，超音波，マイクロ波）

有機反応を促進する駆動力は出発物に比べて生成物が熱力学的に有利である事実に基づくが，そのためには活性化エネルギーを得て，反応の山を乗越える必要がある．このエネルギーは通常熱によって供給する．したがって，反応容器を加熱して高温で反応させるのが一般的である．

光照射をすると，基質に含まれる電子が光励起されて一重項や三重項の高エネルギー状態になり，これら高活性種が反応を開始する．ここでは光が反応駆動力を提供する．最近は波長が一定のレーザーが使えるようになった．レーザー光の利用によって光励起が正確に行えるようになり，有機色素を用いて光情報記録・読取りなど有機材料の可能性が大幅に広がりつつある．

同様に超音波を照射して反応を促進させることがある．分子が振動方向に沿って振動することによって高密度部と低密度部が生じ，空洞化現象が起こる．こうして溶存ガスや溶媒蒸気を含む気泡が生じ，連続した膨張と収縮によって，局所的エネルギーを発生させ，これを駆動力とする．特に不均一の反応系での反応促進に効果的である．

電磁波であるマイクロ波を照射すると，特定の官能基の分極した結合を双極子の向きを高速で反転

させて反応を促進する．なかでも水やアルコールのヒドロキシ基は，この照射によって過加熱状態になり，速やかに反応するようになる．

1・5 欲しいものだけつくる単一標的合成とコンビケム（系統的多様合成）

有機合成には標的分子があり，その異性体の可能性がたくさんある場合，目的の化合物を効率的に得るためには，高度に選択的な合成戦略を慎重に採用する必要がある．そのためには，官能基を保護したり，その保護基を除去する必要も生じる．何よりも重要なことは，官能基選択性の高い反応を利用することである．さらに，生成物としてジアステレオマーや鏡像異性体などが生じる場合，望む異性体のみを得る合成手法が必要になってくる．ここに高選択的合成反応を開発する理由がある．

一方，最近の医薬や農薬の創製において有機合成の果たす役割が増大してくると，目的の生物活性（機能）を有する多種多様の構造を調べ，分子構造をいちはやく最適化することがきわめて重要になってくる．一方，活性を評価する手法の発展により，ごく少量の試料さえあれば，薬としての可能性を判別できるようになった．これにより，多様な構造のなかから短期間に少量の試料で最適構造を見つける創薬技術が進歩し，いかに多様な構造をもつ化合物群（ライブラリーという）を短期につくりだすかが課題になった．こうして多様な化合物を系統的に調製する技術が生まれた．これをコンビケム（combinatorial chemistry または combinatorial synthesis）という．一見多様化が目的のようにみえるが，最終的には構造の最適化を迅速に行うための手法である．ただ，仮に首尾よく最適化に成功したとしても，放棄された化合物の量とそれらの調製に要した反応剤や労力は相当量に及ぶことが多く，必ずしも効率的ではないという批判もある．

問題 1・1 次の基質が分解反応すると，どんな生成物が生じるか．

 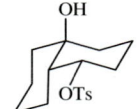

問題 1・2 cis-シクロオクテンオキシドを LiN(C₂H₅)₂ と反応させてビシクロ[3.3.0]骨格の生成物が生じる機構を説明せよ．

問題 1・3 シクロノネンの渡環反応によって生成物が二つ生じる機構を示せ．

2

カルボカチオンの化学

　正四面体構造のメタンから水素原子核（プロトン）一つと1電子，すなわち水素原子を取去る（**ホモリシス** homolysis）と炭素に1電子が残り，メチルラジカルが生じる．これはメタンとは異なり，ふつうは平面構造をとるが，置換基によっては正四面体構造もとりうる．本来，電気的に中性の活性種であるため，溶媒の極性に左右されることがなく，水の中でも十分反応性を維持している．ラジカルについては3章で詳しく解説する．

　水素原子核（プロトン）のみを一つ除く（すなわち結合電子対を炭素に残す**ヘテロリシス** heterolysis）ことによってアンモニアと等電子構造（↼⇁で表す）のメチルアニオンが生じる．これはアンモニアが室温で速やかに反転しているのとは異なり，対イオンの種類にもよるが，正四面体の立体配置が低温では十分安定に存在する．メチルアニオンはアンモニアと同様，塩基性・求核性を示す．たとえば，水や酸のようにプロトンを供給するものとただちに反応してしまう．カルボアニオンについては4章で解説する．

　ちなみに，J. N. Brønsted の定義に従うと，**塩基性**とは"2電子を供与してプロトンと結合をつくる性質"をいう．G. N. Lewis は結合をつくる相手としてプロトン以外に一般に電子不足原子（ホウ素やアルミニウム，カチオン種，Lewis酸）にも拡張している．一方，**求核性**とは"反応相手おもに炭素原子に2電子供与して結合をつくる性質"のことをいう．炭化水素の構造からわかるように，炭素は一般に水素や炭素，さらにはほかの原子と結合しており，これが外面を覆っているので，求核攻撃では立体効果が著しく現れる．そこで，電子雲を多少とも変形できる軟らかい（ソフトな）求核剤がよい求核剤になる．これに対し，水素は小さく，しばしば外側に露出しているため，融通の利かない硬い（ハードな）求核剤や嵩高い求核剤はこれを攻撃するほかなく，しかたなく塩基として働いて脱離反応

を起こしやすくなる．

さらに，メタンから水素原子核と2電子を取去ってヘテロリシスすると，メチルカチオンが生じる．このとき炭素はホウ素と等電子構造であり，メチルカチオンはボランと同様に三つの水素と炭素は同一平面にあって，空のp軌道がこの平面と直交している．メチルアニオンやラジカルと異なり，三つのC−H結合を構成するσ電子3対と反発する電子がないので，この相互作用を均等に配分すれば自然にこの構造に落ち着く，と考えれば納得がいくだろう．この空のp軌道をめがけていろいろな求核剤が求核攻撃してくる．すなわち，メチルカチオンはボランと同様，求電子性がとても強い．

本章ではカルボカチオンの化学を取扱う．ハロゲン化メチル CH_3-X からハロゲン化物イオン X^- を解離させると，メチルカチオンが生じる．このような炭素−ハロゲン結合がヘテロリシスする反応は，ハロゲン化メチルよりもハロゲン化第二級アルキルさらにはハロゲン化第三級アルキルになるに従って，起こりやすくなる．また，極性溶媒中では，カルボカチオンとハロゲン化物イオンの電荷が溶媒にも分散し，安定化（中和，非局在化といってよい）されるため，解離が起こりやすくなる．溶媒分子がハロゲンと置き替わる場合が多いので，これを**加溶媒分解**（solvolysis）ともよぶ．1章で簡単にふれた S_N1 反応に相当する．解離して生じるイオン対としては，その距離に応じて接触イオン対，溶媒介在イオン対，完全に離れた解離イオン対などに分類されている．

接触イオン対　　　　溶媒介在イオン対　　　　1:1　　S：溶媒分子

2・1 安定なカルボカチオン

2・1・1 第三級カルボカチオン

第三級カチオンが最も安定なのはなぜだろう．第三級ブチルカチオンを例にとって考えてみよう．かつての有機電子論の立場からいえば，水素が炭素より電気的にやや陽性（水素の電気陰性度は 2.1，炭素は 2.5）であるので，C−H 結合では水素が δ+ の，炭素が δ− の電荷をもっている．よって，メチル基には C−H 結合が三つあるので，隣の原子に電子を供与し（電子供与基と分類する），第三級ブチルカチオンの正電荷が中和されて安定化を受けると理解されていた．さらに，超共役の概念も導入された．あたかも正電荷をもつ炭素の隣の炭素に結合している水素がプロトンとして脱離した形との共鳴を考えるものである．超共役の考え方は一度否定されたが，そののち分子軌道の概念を適用すると，むしろσ-p 共役として合理的に説明できることが示されている．要するにカチオンの空のp軌道

C−H 結合による　　　C−Si 結合による
σ-p 共役　　　　　　σ-p 共役

は隣のC–Hσ結合と共役することによりσ電子の供給を受けるため, カチオンの非局在化が起こり, 結果的に安定化を受ける. このσ–p共役は, 水素よりも電気的に陽性のケイ素 (電気陰性度 1.74) において顕著であり, この特性がケイ素を用いる特徴的な有機合成反応に活用されている (§16・5 参照).

2・1・2 カルボカチオンの共鳴安定化

カルボカチオンを安定化するには, 正電荷をいかに中和できるか, あるいは, 非局在化できるかによって決まる. 正電荷の隣にエチレンやベンゼンのようなπ電子があると, 共鳴によって正電荷が非局在化する. したがって, アリルカチオンやベンジルカチオンはメチルカチオンに比べて格段にできやすく, 求核剤と速やかに反応する.

安定化基を三つ含むトリフェニルメチルカチオンは赤色のイオンとして安定な塩をつくる. これは染料の基本構造の一つになっている.

カチオン炭素に非共有電子対をもつヘテロ原子が置換していると, これが2電子を供給して正電荷を中和するので, 結果的にカチオンの非局在化が起こり, カルボカチオンが安定になる. XがORの場合はオキソニウムイオン, NRの場合はイミニウムイオンとよばれていて, それぞれカルボニル化合物のプロトン化で生じたり, イミンのプロトン化あるいは第二級アミンとカルボニル化合物が反応してエナミンをつくる途中に生じる. ヘテロ原子としてはOやNのほかにSやP, さらにハロゲン原子をあげることができる.

X = O, S, N, P, F, Cl, Br, I

カチオン生成には, 直接共役していないC=Cπ結合や隣のC–Cσ結合も関与する. 好例は次に例示する三中心二電子結合を含む**非古典的カルボカチオン**である.

三中心二電子結合

三中心二電子結合   1:1

このような二重結合の関与の有無が, 次の基質の加溶媒分解の速度に反映されていることがわかる.

加溶媒分解の速度比 10^{11} 10^4 1

2・1・3 置換基定数

L. P. Hammett はメタおよびパラ置換安息香酸の酸解離反応の平衡定数の対数と置換基の種類の間に一次の関係があることを認め, それぞれの置換基に定数 σ を与えた. 表 2・1 に代表的なメタおよ

表 2·1 メタおよびパラ置換基定数

置換基	σ_m	σ_p	置換基	σ_m	σ_p	置換基	σ_m	σ_p	置換基	σ_m	σ_p
CH_3	-0.07	-0.17	CN	0.56	0.66	NH_2	-0.16	-0.66	F	0.34	0.06
$i\text{-}C_3H_7$	-0.10	-0.20	$COCH_3$	0.38	0.50	$N(CH_3)_2$	-0.05	-0.83	Cl	0.37	0.23
$t\text{-}C_4H_9$	-0.10	-0.20	$COCF_3$	0.65	—	$NHCOCH_3$	0.21	0.00	Br	0.39	0.23
$CH_2Si(CH_3)_3$	-0.19	-0.22	CO_2H	0.37	0.45	NO_2	0.71	0.78	I	0.35	0.18
$Si(CH_3)_3$	-0.04	-0.07	CO_2^-	-0.1	0.00	OH	0.12	-0.37	SH	0.25	0.15
C_6H_5	0.06	-0.01	$CO_2CH_2CH_3$	0.37	0.45	OCH_3	0.12	-0.27	SO_2CF_3	0.79	0.93
C_6F_5	-0.12	-0.03	NH_3^+	1.13	1.70	$OCOCH_3$	0.39	0.31	SO_2CH_3	0.56	0.68
CF_3	0.43	0.54	$N(CH_3)_3^+$	0.88	0.82	OCF_3	0.40	0.35	SCH_3	0.15	0.00

びパラ置換基定数を示す．カルボカチオンを安定化する電子供与基は負の値をとり，電子求引基は正の値をとることがわかる．ちなみに，この置換基定数を，R 置換安息香酸エステルのアルカリ加水分解の反応速度 $k(R)$ の $k(H)$ との比の対数に適用しても一次の関係が認められ，このときの勾配 ρ を反応定数とよぶ．次の反応では ρ は $+2.265$ で正になり，電子求引基ほど反応を速めることがわかる．

$$\text{R}\underset{}{\bigcirc}\text{CO}_2\text{C}_2\text{H}_5 + \text{OH}^- \xrightarrow{k} \text{R}\underset{}{\bigcirc}\text{CO}_2^- + \text{C}_2\text{H}_5\text{OH}$$

$$\log[k(R)/k(H)] = \rho \cdot \sigma$$

2·2 カルボカチオンの生成法：S_N1 反応，加溶媒分解

§2·1で述べたように，炭素と電気的に陰性な原子（たとえばハロゲン）との結合をヘテロリシスするとカルボカチオンとアニオン（ハロゲン化物イオン）とが生じる．イオン対が生じるので，これを溶媒和して安定化する極性溶媒がこの解離を促進する．この解離に際して，炭素－ハロゲン結合が切れても溶媒に囲まれているため，前述したように，互いに自由になりきれず再結合もできる"接触イオン対"と，両イオン間を溶媒が隔てる"溶媒介在イオン対"の2種のイオンが生成する．通常カルボカチオンは溶媒と反応して生成物になる．

この解離を非極性溶媒中で促進するには，Lewis 塩基としての性質をもつ X と塩をつくる Lewis 酸（LA）を使うことがきわめて有効である．

$$\text{\Large$\diagdown$}\text{C}-\ddot{\text{X}}: + \text{LA} \longrightarrow \text{\Large$\diagdown$}\text{C}-\overset{+}{\text{X}}-\text{LA}^- \longrightarrow \text{\Large$\diagdown$}\text{C}^+ + :\text{X}-\text{LA}^-$$

2·2·1 Friedel-Crafts 反応

Lewis 酸がイオン化を促進する教科書的な炭素－炭素結合生成反応として，**Friedel-Crafts**（フリーデル クラフツ）**反応**がある．通常はベンゼンのような芳香族化合物（たいていは大過剰に用いる）に有機ハロゲン化物と塩化アルミニウムを作用させる．生じたカルボカチオンがベンゼンのπ電子を求電子攻撃する．σ中間

$$\text{R-Cl} + \text{AlCl}_3 \longrightarrow \text{R}^+ \; \text{AlCl}_4^-$$

$$\bigcirc + \text{R}^+ \longrightarrow \overset{H}{\underset{}{\bigcirc^+}}\text{R} \equiv \overset{H}{\underset{}{\bigcirc^+}}\text{R} \xrightarrow{-H^+} \bigcirc\text{-R}$$

σ中間体

体（6員環炭素のうち五つが関与したペンタジエニルカチオン）を生じ，残りの炭素にあるプロトンが脱離（この場合，塩化物イオンが塩基として働く）して，アルキル化体が生成する（§1・2・2参照）．

ほかにもカルボカチオンの生成法がある．アルコールに酸触媒を作用させて脱水する場合もカルボカチオンを生成する．また，アルケンにプロトンが付加してもカルボカチオンを生じる．したがって，これらのカルボカチオン生成法をFriedel-Craftsアルキル化反応に利用することができる．

$$R-\ddot{O}H \xrightarrow{H^+} R-\overset{+}{O}H_2 \xrightarrow{-H_2O} R^+ \qquad \underset{H}{\overset{}{\diagup\!\!\!=\!\!\!\diagdown}} \xrightarrow{H^+} \underset{H}{\overset{+}{\diagup\!\!\!-\!\!\!\diagdown}} H$$

具体例を次に示す．ベンゼンをエチレンでアルキル化して工業的規模でエチルベンゼンが製造されている．触媒にAlCl$_3$とC$_2$H$_5$Clを用いるが，塩化水素が微量生じてHAlCl$_4$となり，エチルカチオンを生じる．エチルベンゼンは脱水素により，スチレンに誘導されている．

$$C_6H_6 + CH_2=CH_2 \xrightarrow{AlCl_3, C_2H_5Cl} C_6H_5CH_2CH_3 \xrightarrow[触媒]{[O]} C_6H_5CH=CH_2$$

この反応を末端アルケンを用いて行い，生成物をスルホン化・中和するとアルキルベンゼンスルホン酸ナトリウムが得られる．これはアニオン性洗剤として衣類の洗濯に広く使われている．

一方，フェノールを酸触媒共存下アセトンと反応させると，ビスフェノールAが得られる（§20・6・2参照）．これは強力接着剤であるエポキシ樹脂やポリカーボネートの主要成分の一つである．エポキシ樹脂は航空機のジュラルミンなどの接合に使われて，機体の軽量化に役立っている．ポリカーボネートは透明性樹脂としてコンパクトディスクなどに用途がある．ビスフェノールAを用いるポリエステルも知られている．

$$2\,HO-C_6H_4-H + (CH_3)_2C=O \xrightarrow{H_2SO_4} HO-C_6H_4-C(CH_3)_2-C_6H_4-OH$$
ビスフェノールA

2・2・2 Lewis酸触媒反応

Lewis酸やLewis塩基はそれぞれ，電子対を受取る，あるいは与えて結合を生成するものと定義されている．いったん電子対を受取ると，今度は放出する側になる．すなわち電子対のやりとりができる．一方，電子を受取るだけのものは酸化剤，与えるだけのものは還元剤になるので，Lewis酸と酸化剤との違いは，電子を戻すことが可能か否かにあるといえる．

Lewis酸はLewis塩基と塩（生成物）を形成するが，これにも相性がある．硬い（ハードな）Lewis酸は硬いLewis塩基と好んで塩をつくり，軟らかい（ソフトな）Lewis酸は軟らかいLewis塩基と塩をつくりやすい．この相性を**HSAB則**（hard and soft acids and bases principle）という．一般にサイズが小さくて電荷が局在化したものは硬い性質，逆にサイズが大きくて電荷が非局在化しやすいものは軟らかい性質をもつ．たとえば，BやAlの化合物は酸素や窒素のような第2周期元素の化合物と塩をつくりやすく，遷移金属はPやAs，Sなどと結合をつくりやすい．炭素は水素と比べて軟らかく，フッ化物イオンは臭化物イオンより硬いことが特徴である．カルボアニオンで比べると，アルキルアニオンは比較的硬い塩基であるが，アリルアニオンやベンジルアニオンになると負電荷が非局在化するので，軟らかい性質が増す．エノラートアニオンもアルキルアニオンと比べると軟らかい．しかも，この場合，炭素のほうが酸素よりも軟らかいので，軟らかい求電子剤とは炭素で，硬い求電子剤とは酸素で反応する傾向がある．

求電子剤に限ると，α, β-不飽和ケトンのカルボニル炭素は，酸素と結合しているためβ炭素と比べてより硬い酸の性質をもつ．したがって，軟らかい求核剤（たとえば，マロン酸エステルのアニオン

表 2・2　HSAB 則に基づく Lewis 酸・塩基の分類

酸		塩 基	
硬い	軟らかい	硬い	軟らかい
H^+, Li^+, Na^+, K^+, Be^{2+}, Mg^{2+}, Ca^{2+}, Sr^{2+}, Sc^{3+}, La^{3+}, Ce^{4+}, Ti^{4+}, Fe^{3+}, Co^{3+}, Mn^{2+}, Cr^{3+}, BF_3, $AlCl_3$, CO_2, Si^{4+}, SO_3, RSO_2^+, HX	$Co(CN)_5^{3-}$, Pd^{2+}, Pt^{2+}, Cu^+, Ag^+, Au^+, Cd^{2+}, Hg^+, CH_2, カルベン, HO^+, RO^+, RS^+, Br_2, Br^+, I_2, I^+, $M^{(0)}$	NH_3, RNH_2, N_2H_4, H_2O, OH^-, O^{2-}, RHO, RO^-, $CH_3CO_2^-$, CO_3^{2-}, NO_3^-, SO_4^{2-}, F^-	H^-, R^-, CN^-, エチレン, アセチレン, ベンゼン, SCN^-, R_3P, R_3As, R_2S, RSH, RS^-, $S_2O_3^{2-}$, I^-

や銅アート錯体型の反応剤）は共役付加しやすく，アルキルリチウムや Grignard 反応剤は 1,2 付加しやすい．

　このような特徴を利用すると，さまざまな現象を理解することが可能であるし，選択的な変換反応を新たに創出することもできる．一般に高原子価金属は硬い Lewis 酸，低原子価金属は軟らかい Lewis 酸である．同じ属の原子を比べると，周期表の下にいくほど軟らかくなり，上にいくほど硬い性質をもつ．参考までに，表 2・2 に代表的なものを記しておく．これらはいずれも相対的な関係で成立する性質であり，絶対的な比較がむずかしいことが多い．

　アルケンやアルキンのように不飽和結合をもつ有機化合物の π 電子は軟らかい Lewis 塩基として働く．したがって，Lewis 酸の性質をもつ反応剤と特徴的な反応をする．たとえば，F_2 によってフッ素化するとシス付加体がおもに得られるが，Br_2 で臭素化するとトランス付加体が生じる．フッ素が小さいため，ブロモニウムイオンに相当する中間体がフッ素では安定に存在しないため，解離したフッ化物イオンが初めに結合したフッ素と同じ側から炭素と結合をつくるためである．

　π 電子と相性のよい軟らかい Lewis 酸は遷移金属塩である．歴史的には水銀(II)イオンがよく使われた．アセチレンを水和してアセトアルデヒドを製造するプロセスでは，硫酸水銀を触媒にしていた．不幸にしてこの触媒廃液が水俣病の原因物質になったことは長く記憶にとどめなければならない．同様の水和反応は金触媒を使うことによって安全に実施されている．

　水銀を用いると反応経路や立体化学を高度に制御できるので，ポリエン化合物や官能基をもつアルキン類のカチオン環化反応にきわめて有効である．青枠内に想定反応機構を示しておく．

有害な水銀イオンが廃液に流れ出ないよう，固体に水銀を担持させると，後処理を安全に行うことができる．次の例では，ペルフルオロスルホン酸型ポリマー（Nafion®）にHg(II)を担持させてインジイオールを反応させるとフラノンが高収率で得られる．

金，銀，銅などオリンピックのメダルやコインに使われている貴金属イオンが特にアルキンと相性がよく，カチオン環化反応の触媒に使われるようになった．まず，フラノン合成の例を示す．

Au, Ag, Cu のみならず，Ga, In, Pd, Pt, Ru の錯体も軟らかい酸触媒として使われるようになった．特に次のようなエンイン構造の基質では構造と触媒 M や反応条件に応じて，多彩な変換反応が可能になってきている．カルベン錯体中間体を経由すると考えても理解できるが，単なるカルボカチオンの環化・転位を考えるだけでも機構を理解することができる．

次の最初の反応では，塩化白金(II)があたかもカルベンを生成させたかのようにみえるが，実際はエンインを活性化して，上に示した一般的な機構の一つを経て生成物に至っている．金触媒も同様の反応をするが，銀(I)錯体と併用すると金触媒が活性化されて分子間反応によってシクロプロパン環が形成する．もう一つの例では，塩化白金(II)が環縮小とフラノン形成の触媒として働いている．

2・2・3 ピナコール-ピナコロン転位（カチオンの1,2転位）

カルボカチオンを生成させると，求核剤との反応（S_N1）やプロトンの脱離（E1）が起こるが，これらの反応の前に，プロトンや炭素骨格，置換基の移動がしばしば起こる．これらの異性化を **Wagner-Meerwein 転位**（ワグナー-メーヤワイン）という．熱力学的により安定なカルボカチオンを生じる方向に置換基が移動する．この転位では，一般に立体電子効果が働いていて，生じるカルボカチオンの空の p 軌道と逆平行（anti-parallel）の位置にある基（ないし原子）が動く．この配座をとる確率が低い非環状化合物では，予測が容易でないが，ほかの条件が同じならアリール基のほうがアルキル基より転位しやすい．しかも，電子供与基が置換しているアリール基はより転位しやすい．

フェニル基の転位では，中間に隣接基関与による架橋フェノニウムイオンの介在が考えられている．

カルボカチオン炭素の隣の炭素にヒドロキシ基が置換していると，酸素の非共有電子対が置換基の移動を促進する．このような転位反応は 1,2-ジオール（ピナコール）を酸処理したときに，しばしば起こる．ピナコールとは，ケトンを還元的二量化して生じる 1,2-ジオールのことを一般にさすが，特にアセトンをマグネシウムやアルミニウム金属で還元して生じる 2,3-ジメチルブタン-2,3-ジオールの俗称である．これを酸処理すると t-ブチルメチルケトン（ピナコロン）が生じる．この転位反応を**ピナコール-ピナコロン転位**という（§14・1・1 も参照）．

これら二つの反応を連続して行うと，次の例のように，環状ケトンからスピロ型構造を簡単につくることができる．

2・2・4 エポキシドの開環（位置選択性）

エポキシドに Brønsted 酸や Lewis 酸を作用させると，酸がエポキシ酸素に配位して，炭素－酸素結合を緩める．条件や基質エポキシドの構造によっては，この結合がヘテロリシスしてカルボカチオンを生じる．ここへ求核剤が求核攻撃してくると，結果的には開環付加が起こる．エポキシドの C−O 結合二つのうち，どちらが切断されるかは，反応条件と置換形式によって異なる．酸性が弱く，求核剤が強い場合，置換の少ない炭素側で切断が起こる（S_N2 型）が，逆の場合には，置換の多い炭素で反応が起こる（S_N1 型）．

エポキシ環への求核攻撃は，通常 C−O 結合の反対側から起こり，立体配置の反転を伴う．しかし，基質の構造（安定な第三級カチオンを生じる場合）や反応条件（求核剤が弱い場合）によって，立体化学の情報が失われる場合もあるし，脱離が起こって，E2 型反応が起こる場合（対アニオンの塩基性が大きい場合）もある．さらに骨格転位もしばしば起こる．

2・2・5 光学活性アセタールを用いる不斉合成

アセタールにエノールシリルエーテルやアリルシランのような穏和で電気的に中性の求核剤と Lewis 酸を作用させると，アセタール酸素の一つを求核剤で置換できる．中間にオキソニウムイオンを生じて，これに求核付加が起こった（S_N1）と理解されているが，立体化学の反転を伴う（S_N2）との考え方もある．

次に示すアルデヒドの光学活性な 2,3-ブタンジオールのアセタールに Lewis 酸触媒と α-シリルケトンを作用させると，Lewis 酸が一方の C−O 結合を切断してカルボカチオン中間体を生じ，これにシリルケトンが軟らかい求核剤として働いて，高いジアステレオ選択性（ジアステレオマー比，dr で表す）を伴って炭素－炭素結合が生成する．

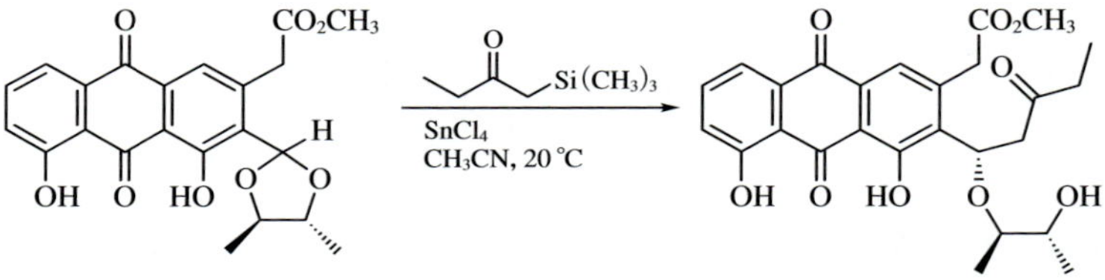

この反応を一般化すると，光学活性なジオールのアルデヒドアセタールに Lewis 酸性をもつ有機金属化合物を作用させて，光学活性置換体を得る方法になる．もとのアセタール部分は，酸化・脱離によって除去でき，結果的には光学活性アルコールが生じる．エナンチオ選択性は十分に高い．ここではジアステレオマー過剰率（de）で選択性を示している．

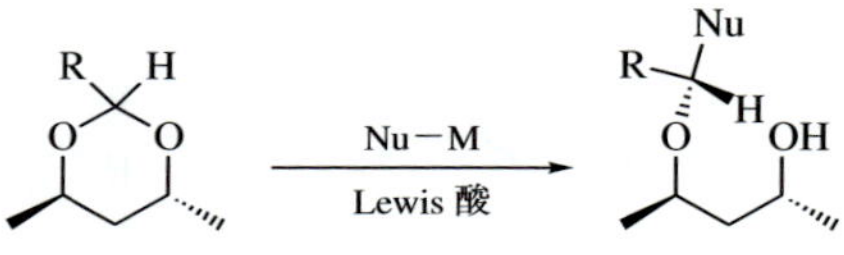

Nu−M/Lewis 酸 ＝ CH$_2$=CHCH$_2$Si(CH$_3$)$_3$/TiCl$_4$　74% de
　　　　　　　　 CH$_3$TiCl$_3$　　　　　　　　　　　　　94% de
　　　　　　　　 (CH$_3$)$_2$CuLi/BF$_3$·O(C$_2$H$_5$)$_2$　　92% de

この高い選択性を説明するのに，Lewis 酸が一方の酸素に配位し，この炭素−酸素結合の反対側から炭素に求核剤が攻撃する S_N2 型の機構が提案されている．すなわち，図 2・1 に示す接触イオン対を経由して反応すると理解されている．しかし，求核剤によっては，イオン対が離れた溶媒介在イオン対や解離イオン対も生じる．後者になれば選択性は落ちると推定されている．

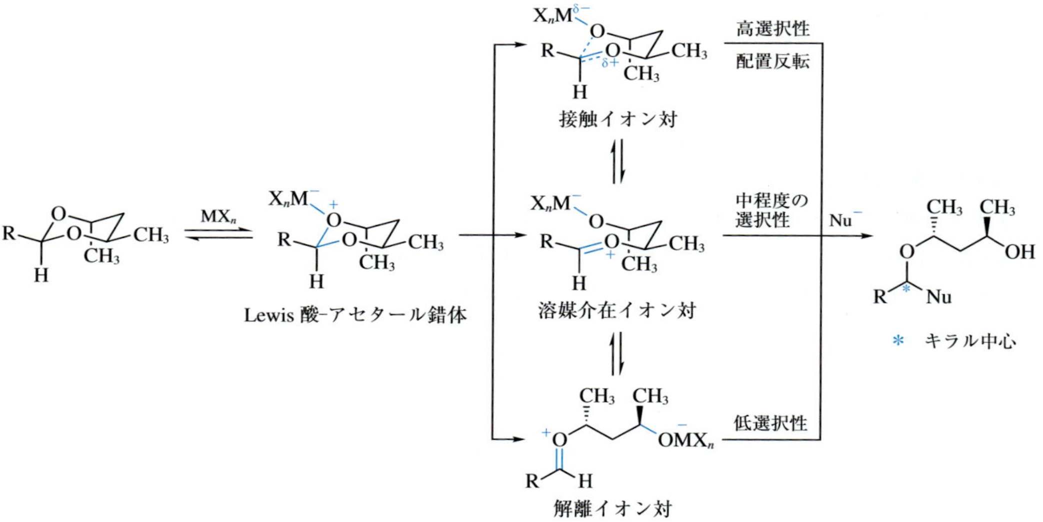

図 2・1　光学活性アセタールの Lewis 酸による置換反応

次のヒドロキシ酸アセタールでは，カルボン酸が脱離基として働くので，簡単に高選択的反応が起こる．この反応では光学活性なカルボン酸部位が常に結合しているため，その影響は無視できない．接触イオン対で反応したかどうかは明らかでなく，疑問として残る．

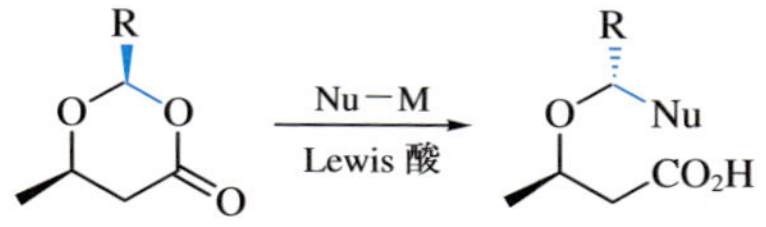
R
O
O
O
Nu−M
Lewis 酸
R
O
Nu
CO_2H

Nu−M/Lewis 酸 = $(CH_3)_3SiCN/TiCl_4$ 99% de
$C_6H_5Li/CuBr\cdot S(CH_3)_2$ 97% de

アセタール炭素のみ光学活性な基質を用いれば，この答は明らかになる．実際，図2・2のような非環状光学活性アセタールが合成され，いろいろなLewis酸触媒と求核反応剤との反応が報告されており，ほとんどの反応はラセミ化を伴って生成物が生じる．Lewis酸がないと，反応は起こらない．ところが，銅アート錯体の反応剤を $BF_3\cdot O(C_2H_5)_2$ とともに用いたときにのみ立体配置の反転を伴って生成物が得られる．すなわち，この場合だけ S_N2 型で反応するが，それ以外は平面カルボニウムイオンを経る反応であることがわかる．

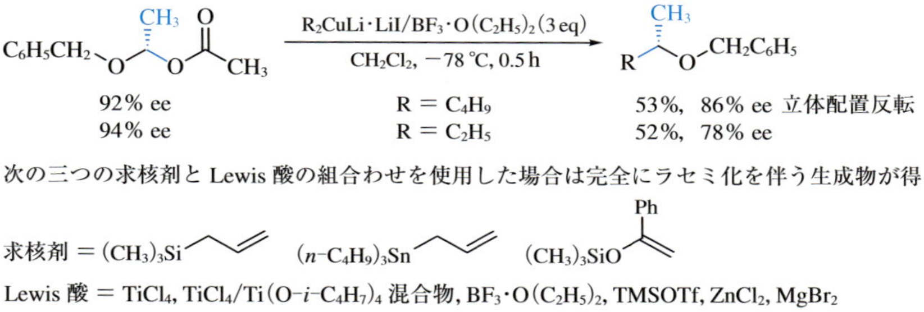
CH_3
O
$C_6H_5CH_2$
O
O
CH_3
$R_2CuLi\cdot LiI/BF_3\cdot O(C_2H_5)_2$ (3 eq)
CH_2Cl_2, −78 ℃, 0.5 h
CH_3
R
O
$CH_2C_6H_5$
92% ee
94% ee
R = C_4H_9
R = C_2H_5
53%, 86% ee 立体配置反転
52%, 78% ee
次の三つの求核剤とLewis酸の組合わせを使用した場合は完全にラセミ化を伴う生成物が得られる
Ph
求核剤 = $(CH_3)_3Si$
$(n\text{-}C_4H_9)_3Sn$
$(CH_3)_3SiO$
Lewis 酸 = $TiCl_4$, $TiCl_4/Ti(O\text{-}i\text{-}C_4H_7)_4$ 混合物, $BF_3\cdot O(C_2H_5)_2$, TMSOTf, $ZnCl_2$, $MgBr_2$

図 2・2 アセトアルデヒドの非環状光学活性アセタールの置換反応

アセタール炭素における求核置換は，通常求核置換反応は起こさないとされているトリフルオロメチル基やペルフルオロアルキル基が置換している炭素できわめて有効である．ヘミアセタールから導かれたスルホナートが通常の扱いに安定に存在することが注目に値する．これはアルミナート反応剤との反応によってはじめて効率的に S_N2 反応する．もちろん立体配置の反転を伴って起こる．

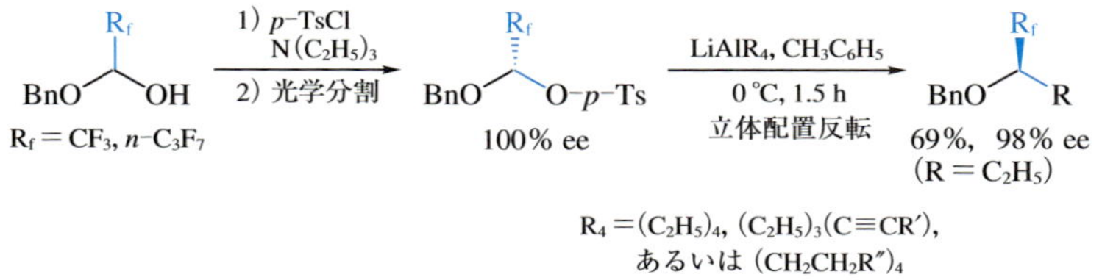
R_f
BnO
OH
R_f = CF_3, $n\text{-}C_3F_7$
1) p-TsCl
$N(C_2H_5)_3$
2) 光学分割
R_f
BnO
O−p−Ts
100% ee
$LiAlR_4$, $CH_3C_6H_5$
0 ℃, 1.5 h
立体配置反転
R_f
BnO
R
69%, 98% ee
(R = C_2H_5)
R_4 = $(C_2H_5)_4$, $(C_2H_5)_3(C\equiv CR')$,
あるいは $(CH_2CH_2R'')_4$

2・2・6 カチオン環化

アルケンπ電子もカルボカチオンに対する求核剤として働く．したがって，カルボカチオンをいかに上手に生じさせるかが有機合成の妙といえる．次に示す反応は，W. S. Johnson がポリエンカチオン環化反応によってステロイド環を一挙に構築した反応である．左の5員環は第三級アリルアルコールであるので，酸によって簡単にアリルカチオンを生じる．ちょうどいす形遷移状態を経て隣のトランス体のアルケンのπ電子がアリルカチオンを求核攻撃し，生じた第二級カチオンにさらに三置換アルケンが求核攻撃する．最後にビニルカチオンが生じるが，これに溶媒の炭酸エチレンが求核攻撃して環化が終わる．加水分解によって，カルボニル官能基となる．はじめのシクロペンテン環をオゾン分解，アルドール反応によって，シクロヘキセノン環に変換すると，女性ホルモンのひとつであるプロゲステロンが得られる．

前節で紹介したカチオン環化の生成物はラセミ体であったが，反応開始部分に光学活性ジオールのアセタールを用いると，立体選択的合成が可能である．しかし，生じたジアステレオマー比は 87：13 であり，光学活性ジオールを除くとせいぜい 74% ee にしかならない．立体化学を規制する部分とアルケン部の配座を期待どおりに制御できていないと考えられる．

光学活性なホスフィン酸アミドと N-ヨードスクシンイミドを用いると，高エナンチオ選択的カチオン環化が達成できる．I^+ がリン原子と結合をつくり，ベンゼン環で囲まれたキラル空間に配座が規制された基質のアルケンに近づくために，高いエナンチオ選択性が実現できたと考えられている．まだ触媒は多量必要だが，酵素に匹敵する選択性実現が単なる夢でなくなったといえる．

2・2・7 ステロイドの生合成とこれに学ぶ有機合成

カルボカチオンの化学の神髄は，スクアレンからラノステロールの生合成にある．まずはスクアレンの生合成から紹介しよう．スクロース（ショ糖）など炭水化物を食べると胃や腸で加水分解を受け，グルコースやフルクトースの六炭糖からいったん三炭糖になり，さらに炭素数 2 のアセチル補酵素 A（補酵素を coenzyme というので，CoA と略す）ができる．これは酵素の作用によって，炭酸ガスと反応し，マロニル CoA となって，次に Claisen 縮合によって，アセトアセチル CoA になる．酢酸エステルと同じような反応であるが，カルボキシル化によって弱い塩基でも反応するしくみがある．反応後

は脱炭酸している．

　さらにもう1分子のアセチルCoAと縮合してヒドロキシメチルグルタリルCoA（HMG-CoA）が生じる．HMG-CoA還元酵素でこの酸のアシル基が還元されるとメバロン酸になる．メバロン酸の第一級アルコールが二リン酸エステル化を受け，この形から脱炭酸と脱水が起こって，イソペンテニル二リン酸（IPP）が生じる．炭素数は5になっている．この末端二重結合が内側に異性化するとジメチルアリル二リン酸（DAPP）になる．この両者がプレニル変換酵素によって反応して，炭素数10のゲラニル二リン酸になる．反応は次のように進行する．まずアリル位の酸素が二リン酸として脱離してアリルカチオンが生じる．ここにIPPが求核攻撃して，第三級カチオンを生じ，最後に脱プロトンを経る．同じ変換がこのゲラニル二リン酸で起こると，炭素数15のファルネシル二リン酸になる．

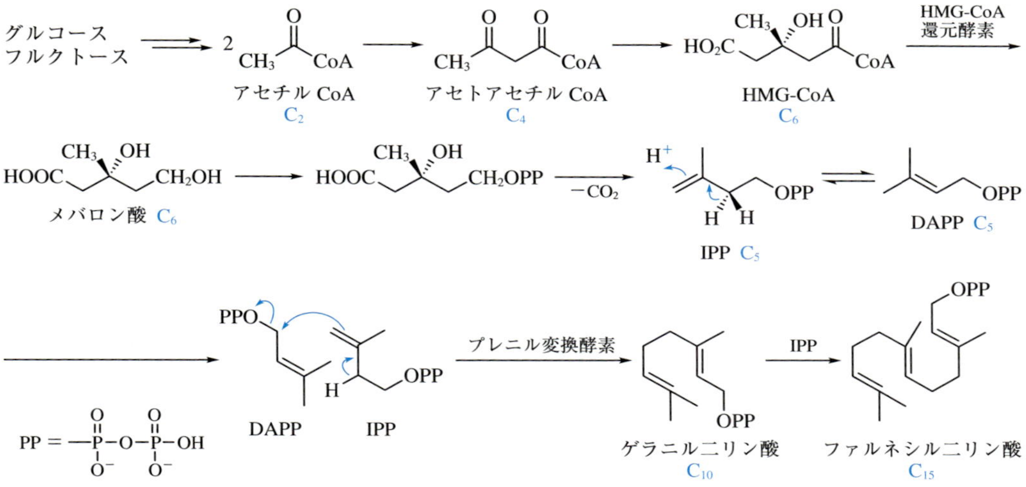

図2・3　ファルネシル二リン酸の生合成

　つづいて，ファルネシル二リン酸が二量化してまずプレスクアレンアルコール骨格ができる．ここでは，脱プロトンが起こらず，酵素の求核部が二重結合の炭素を攻撃し，別のアリル炭素で脱プロトンが起こって環化し，シクロプロピルメチル型二リン酸エステル，すなわちプレスクアレンアルコー

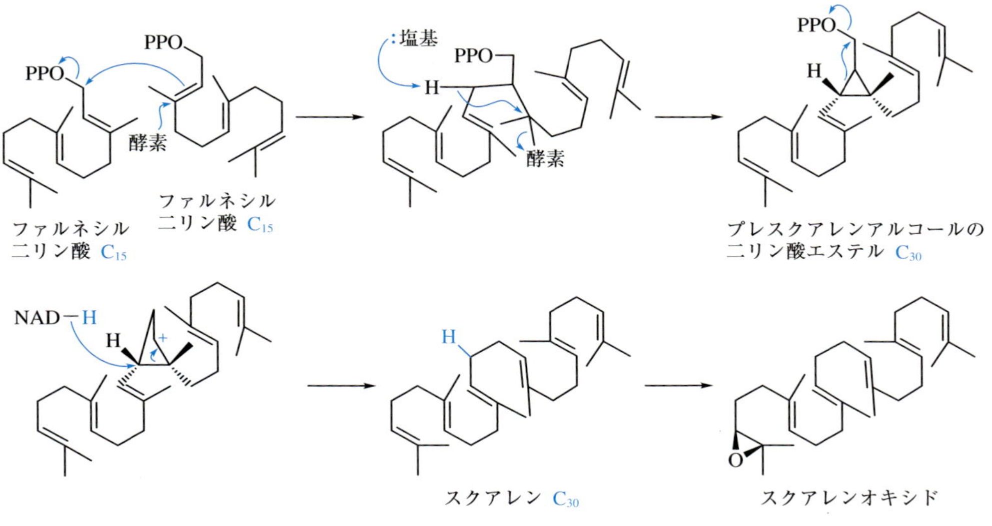

ルの二リン酸エステルが生じる．

このののち，シクロプロピルメチルカチオン－シクロブチルカチオン－3-ブテニルカチオン間の転位が起こる．簡単に記すと次のようになる．

スクアレンの生合成では，3-ブテニルカチオンに相当するものはアリルカチオンでもあり，安定化を受けている．これがNADHからヒドリドを供給されてスクアレンになる．

スクアレンの末端二重結合が酸化されてキラル中心を一つだけ含む炭素数30のスクアレンオキシドになる．これからわずか1工程で四つの環と七つの立体配置を決めるみごとな酵素反応が起こる．炭素鎖がいす形，舟形，いす形の立体配座をとり，2位に第三級カチオンが生じると，背面からアルケンπ電子が立体障害の少ない側で求核攻撃し，第三級カルボカチオンを常につくって，最終的には20位炭素にカチオンが生じる．これから，水素やメチル基がアンチの方向から1,2転位して8位にカチオンが舞い戻ってくる．この転位によって13, 14位炭素の立体配置が反転していることに注目しよう．最後に9位から脱プロトンが起こってラノステロールが生じる．これからさらに酵素反応によって，二重結合の異性化とともにメチル基が三つ除去されてコレステロールになる．

スクアレンオキシド C_{30}　　　　　ラノステロール C_{30}　　　　　コレステロール C_{27}

ここで述べたステロイドの生合成経路は，Johnsonのカチオン環化の手本になったことはいうまでもない．

現代の有機合成を利用すると，このような多環構造と立体化学を1工程で構築できる．結合を二つ以上つくり，新たに環をつくる反応は，アニュレーション法（8章）として合成手段のなかでも重要なものであるが，付加環化反応（7章参照）を利用すると，一挙にステロイド型構造を構築することができる．次の例では，ベンゾシクロブテンを熱反応によって開環（同旋）させると，不安定で反応性の高い o-キノジメタン構造が生じる．これは高活性ジエンあるいはテトラエンであり，活性化されていないアルケンでも近傍にあれば[4+2]付加環化をして6員環をつくる．

84%

脱離基とケイ素基をもつ基質にフッ化物イオンを作用させると脱離が容易に起こり，o-キノジメタンをもっと低温で発生させることができる．ケイ素の特徴を利用すれば，より簡単にステロイド環が構築できる．

ベンゾシクロブテン構造をアセチレンの三量化反応でつくると，同条件でベンゾシクロブテンの形成・開環・o-キノジメタンの環化付加の三つを同時に達成することができる．詳細は§18・3・1参照．

問題 2・1 §2・2・2 最後の三つの反応の $PtCl_2$ または Au を触媒とする環形成反応それぞれの中間体を書いて，各生成物が生じる機構を示せ．

問題 2・2 金属対イオンが Lewis 酸性をもち，塩基性の大きいリチウムアミドやアルミニウムアミドを用いると，アリルアルコールが生じる．遷移状態を書いて，どの水素がどんな配座から引抜かれるかを説明せよ．

3 有機ラジカル反応

　有機化学におけるラジカルは，反応性が高く短寿命のラジカルと反応性が低く安定で長寿命のラジカルに大別できる．このうち，安定ラジカルは構造や物性に興味がもたれており，その電子スピンに由来する磁性や光物性が期待できるため，構造化学や機能化学の面から大変重要な化合物群である．しかし，有機合成化学においては高活性なラジカルがより重要であり，ここでは，これらを活用した有機合成反応について述べる．

3・1 ラジカル反応の特徴

　アルキルラジカルなど炭素ラジカルは反応性が非常に高い化学種である．かつては反応が激しいために制御がむずかしく，高い選択性は得られないと考えられてきた．しかし，ラジカル反応の新しい手法が近年盛んに研究され，高度な反応制御が可能となり広く有機合成反応に利用されるようになった．最近ではエナンチオ選択的ラジカル反応が実現されるなど発展がめざましい．

　ラジカル反応はカルボカチオンやカルボアニオンの反応とは異なり，反応活性種であるラジカル中間体が電荷をもたず中性であることが大きな特徴である．電荷をもたないため，極性官能基と反応しないことが多い．これがラジカル反応の大きな特徴になっている．たとえば，イオン反応では活性な官能基である OH, NH, C=O などとは多くの場合反応しない．このため，これらの官能基を保護する

安定ラジカル

　安定で長寿命のラジカルは構造化学的な興味や有機磁性体への展開の可能性などから盛んに研究されている．代表的な安定ラジカルとしては 2,2,6,6-テトラメチルピペリジン-1-オキシル (TEMPO) や 1,1-ジフェニル-2-ピクリルヒドラジル (DPPH) があげられ，これらは市販されているラジカルである．DPPH は ESR 研究において標準物質として用いられている．ニトロニルニトロキシドもよく知られている安定ラジカルであり，有機磁性の研究にしばしば用いられている．炭素ラジカルは基本的に不安定なラジカルが多いが，立体障害によって反応性を下げると長寿命ラジカルが単離できる（速度論的安定化）．2,4,6-トリ-t-ブチルフェニルがその例である．一方，π共役系に広く非局在化したラジカルも安定ラジカルとなることがあり，フェナレニルが代表的である．

必要がない．また，β位に脱離基をもつ有機金属反応剤はβ脱離が速やかに起こるため安定に存在しないが，ラジカルの場合には対応するβ位に脱離基をもつラジカルでも合成目的に使える．このため，新しい合成経路を可能にし，全合成では全く異なる逆合成を可能にする．

また，カルボアニオンを用いる場合に問題になるプロトン化が起こらないため，ベンゼンやヘキサンのような非極性溶媒だけでなくメタノールやエタノールのようなプロトン性極性溶媒などさまざまな溶媒を用いることができる点も特徴である．しかし逆に，溶媒や金属上の配位子を工夫して反応制御や立体化学の制御を行うという有機合成の常套手段が使いにくいという欠点もある．

ラジカル反応の大きな特徴は，反応が**ラジカル連鎖**機構で進行することにある．合成反応に用いられるラジカル反応は拡散律速に近い速さで進行する．ラジカルの寿命は短く，反応系にはわずかなラジカルしか存在しない．たとえば，メタンの塩素化では塩素に対する光照射により塩素がホモリシスし，ごく微量の塩素ラジカルが生成する．次に，この塩素ラジカルがメタンから水素原子を引抜き，メチルラジカルを生じる．次に，メチルラジカルは塩素から塩素原子を引抜き，クロロメタンを生成するとともに，塩素ラジカルを再生する．このように微量のラジカル中間体を介して，反応が進行する．少量の活性種で反応が進行する点は触媒反応も同様であるが，触媒反応では同一分子が何度も作用するのに対し，ラジカル連鎖反応では活性分子が同一でなく，次つぎと入れ替わっていく点が大きく異なる．

3・2 ラジカルの安定性

結合解離エネルギーの定義は，ある結合をホモリシスしてラジカルを二つ生成させる際に要するエネルギーである．このときに大きなエネルギーを要するラジカルほど不安定であると考えると，ラジカルの安定性を見積もることができる．次に示す例では左側ほど結合解離エネルギーが小さいので，左側のラジカルほど安定である．すなわち，ベンジルラジカルやアリルラジカルのような共鳴安定化できるものは安定であり，共鳴できないラジカルでは置換基の多いほうが安定であることがわかる．このようなラジカルの安定性は，ある反応においてラジカルの生成しやすさやその反応性を理解するうえできわめて重要である．

3・3 ラジカル開始剤

通常，自発的にラジカルが発生することはあまりないので，ラジカル反応を行うには初めにラジカルを微量発生させる必要がある．この役割を果たすのが**ラジカル開始剤**（radical initiator）である．ラジカル開始剤として古くから利用されてきたのはペルオキシド系開始剤とアゾ系開始剤である．いずれも開裂しやすい結合をもっていて爆発性があるので，取扱いには注意を要する．

ジ-t-ブチル
ペルオキシド

BPO
過酸化ベンゾイル

AIBN

アゾ系開始剤としては AIBN（アゾビスイソブチロニトリル）が古くから用いられてきた．最近ではさまざまな温度で分解したり水に溶けるアゾ系ラジカル開始剤が市販されており，反応温度や溶媒などを考慮して適切なものを使用することができる．しかし，これらのラジカル開始剤を用いる場合には加熱が必要となる．

一方，トリエチルボランは微量の酸素の存在下に低温でもエチルラジカルを生成するので良好なラジカル開始剤となる．$-78\,°C$ の低温でも効率よくラジカル反応が開始でき，加熱の必要がある AIBN に比べ合成上非常に有用である．このため，高立体選択的ラジカル反応にはトリエチルボランが盛んに利用されている．さらに，トリエチルボランから生成するのは反応性の高いエチルラジカルなので，AIBN から生成するシアノ基で安定化されたラジカルよりも反応開始能力が高い．また，トリエチルボランは非極性溶媒中だけでなく水やメタノールのようなプロトン性極性溶媒中でも安定に存在し，効率よくラジカル反応を開始できることも特徴である．

$$(C_2H_5)_3B \xrightarrow{O_2} (C_2H_5)_2BOO\cdot + C_2H_5\cdot \longrightarrow (C_2H_5)_2BOOC_2H_5$$

ほかにも，光照射によるラジカル開始法や，低原子価金属〔たとえば Cr(II)〕による一電子還元，高原子価金属〔たとえば Mn(III)〕による一電子酸化を経るラジカル開始の方法などがある．

3・4 ラジカルの基本的な反応

ラジカル反応はさまざまな素反応過程の組合わせによってラジカル連鎖が成り立ち進行する．おもな素反応とその例を示す．

原子引抜き　ラジカルの特徴的な反応であり，ラジカルが水素やハロゲンなどの原子を C—H 結合や C—X 結合の背面から攻撃し引抜く．上述した塩素ラジカルのメタンからの水素引抜きはこれにあたる．また，水素化スズ化合物による還元反応において，スズラジカルが有機ハロゲン化物からハロゲンを引抜く過程や有機ラジカルが水素化スズから水素を引抜く過程も原子引抜き反応であり，多くのラジカル反応の素過程として重要である．

$$R\cdot\ H\!-\!Sn(n\text{-}C_4H_9)_3 \longrightarrow RH + \cdot Sn(n\text{-}C_4H_9)_3$$
$$(n\text{-}C_4H_9)_3Sn\cdot\ X\!-\!R \longrightarrow (n\text{-}C_4H_9)_3SnX + R\cdot$$

水素引抜き反応が分子内で起こることもしばしばみられ，特にラジカルからみて5位にある水素の

引抜き反応（1,5 水素移動）は起こりやすい．

1,4 移動 ⇌ [ ]‡ ⇌ 63～84 kJ mol⁻¹

1,5 移動 ⇌ [ ]‡ ⇌ 33～46 kJ mol⁻¹

付　加　ラジカルはアルケンやアルキンなどの多重結合へ容易に付加する．これを**ラジカル付加反応**という．場合によっては逆反応も存在し，平衡反応になることもある．カルボニル基に対しては付加しうるが，逆反応の脱離反応が優勢である．オキシムエーテルに対しては効率的にラジカル付加が起こる．分子内付加反応は環状化合物を生成し有機合成上有用である．

$R\cdot + X\equiv Y \rightleftharpoons \overset{R}{X}=Y\cdot$ 　　$R\cdot + \underset{}{\overset{}{C}}=O \rightleftharpoons R-\underset{}{\overset{}{C}}-O\cdot$

$R\cdot + \underset{}{\overset{}{C}}=\underset{}{\overset{}{C}} \longrightarrow R-\underset{}{\overset{}{C}}-\underset{}{\overset{}{C}}\cdot$ 　　$R\cdot + \underset{OR'}{\overset{}{C}}=N \longrightarrow R-\underset{OR'}{\overset{}{C}}-N\cdot$

転　位　カルボカチオンと同様にラジカルにおいても置換基の転位がみられる．3-ブテニルラジカルはシクロプロピルメチルラジカルを経て速やかに転位する．この一分子反応の速度定数は 1.0×10^8 sec^{-1} ($25\,°\mathrm{C}$) であるので，これを基準に反応の速度定数を決めることができる．このため，このような反応は**ラジカル時計**（radical clock）とよばれている．

$k \approx 1.0 \times 10^8\,\mathrm{s}^{-1}\,(25\,°\mathrm{C})$

分　解　アシロキシルラジカルやアシルラジカルは，それぞれ容易に二酸化炭素や一酸化炭素を放出し，分解する．また，β-スタンニルアルキルラジカルも分解し，アルケンとスタンニルラジカルを生成する．

R−C(=O)−O· ⟶ R· + CO₂ 　　　　 ∼Sn(CH₃)₃ ⟶ // + ·Sn(CH₃)₃

カップリング　ラジカルは非常に反応性が高く，その濃度が高くなるとラジカルどうしのカップリング反応を起こしやすい．ラジカルの濃度が高まる前にラジカルを効率的に捕捉する反応剤を共存させておけば，カップリング反応が問題となることは少ない．カップリングが起こるとラジカルが消失してしまうため，ラジカル連鎖反応の停止につながる．

R· + ·R ⟶ R−R

不均化 一つのラジカルが他のラジカルから水素を引抜くことによってアルカンとアルケンを生成する反応を**不均化反応**という．不均化が起こるとラジカルが消失してしまうため，ラジカル連鎖反応の停止につながる．

$$CH_3CH_2 \frown H \longrightarrow CH_3CH_3 + \text{==}$$

3・5 ラジカル反応の有機合成への応用

3・5・1 ラジカル還元反応

ラジカル中間体を経由して有機ハロゲン化物のハロゲンを水素に変換する反応を**ラジカル還元反応**とよぶ．ハロゲン化物のほかにもジチオ炭酸エステルなどをラジカル還元すると水素に変換することができる．この反応は**Barton反応**（バートン）として知られている（9章参照）．

$$R-X + (n-C_4H_9)_3SnH \xrightarrow{開始剤} R-H + (n-C_4H_9)_3SnX \qquad X = Cl, Br, I, O-\underset{\underset{S}{\|}}{C}-SCH_3$$

ラジカル還元反応は，ラジカル反応のなかでも有機合成上非常に重要な反応である．イオン反応とは異なる選択性をいかして，全合成にもしばしば用いられている．なかでも水素化トリブチルスズ $(n-C_4H_9)_3SnH$ が還元剤としてしばしば利用されてきた．しかし，スズ化合物の高い毒性や生成物とスズ残渣の分離操作が煩雑なため，近年はそれに代わるラジカル還元剤が盛んに開発されている．

ラジカル的な還元力の目安として結合エネルギーを考えるとよい．水素化トリブチルスズの Sn-H 結合の解離エネルギーは 310 kJ mol^{-1} であり，トリエチルシランでは 377 kJ mol^{-1} となり，トリエチルシランはラジカル的に水素を供与しにくいことがわかる．一方，トリストリメチルシリルシランでは 331 kJ mol^{-1} となり，良好なラジカル還元剤として働くと期待できる．事実，トリストリメチルシリルシランはさまざまなラジカル反応において還元剤として利用されている．水素化トリブチルスズよりは水素をいくぶん供与しにくいので，反応の選択性に違いがある．たとえばラジカル環化では水素供与が遅くなるので，環化体の収率が向上するなど好ましい特性がある．

	$(n-C_4H_9)_3Sn-H$	$(C_2H_5)_3Si-H$	$[(CH_3)_3Si]_3Si-H$
結合解離エネルギー (kJ mol^{-1})	310	377	331

M =			
$(n-C_4H_9)_3SnH$	83%	1.2%	15%
$[(CH_3)_3Si]_3SiH$	93%	2%	4.1%

このほか，ラジカル還元に用いる反応剤としては，亜リン酸誘導体が有用であり，有機ハロゲン化

物やチオ炭酸エステルの還元（すなわち Barton 反応の拡張）などに利用できる.

3・5・2 不飽和結合への付加反応

ラジカルは炭素－炭素二重結合，三重結合に容易に付加するので，炭素骨格形成反応に活用できる．一方，カルボニル基など分極した不飽和結合には付加しにくい．炭素－窒素二重結合では，オキシムに付加する例が多い．

a. アルキンへの付加: アルキンのラジカル的ヒドロスタンニル化 アルキンへのスズラジカルの付加によりアルケニルスズが合成できる．アルケニルスズは右田-小杉-Stille カップリング（18 章参照）に利用できる有用な中間体である．生成するアルケニルスズの立体選択性は反応温度やスズ上の置換基およびアルキン上の置換基によって変化する．分子内の適切な位置にアルケンを導入しておけば，付加に続く分子内ラジカル環化（後述）によって付加と環化を連続的に行うことができる．

アルキンへラジカルが付加してアルケンが生成するので，生成物の炭素－炭素二重結合に対してさらに付加反応が起こる可能性があり，注意を要する．たとえば，トリフェニルゲルマン $(C_6H_5)_3GeH$ のアルキンへの付加反応では，低温では Z 体が選択的に得られる．しかし，反応剤を過剰に用いると，生成したアルケニルゲルマンへさらにゲルミルラジカルが付加-脱離して，熱力学的に安定な E 体に異性化する．

b. アルケンへの付加

ラジカルのアルケンに対する反応性については，軌道相互作用を考えると理解しやすい．ラジカル側の分子軌道は電子が一つしか存在しない **SOMO**（半占軌道）を考え，これとアルケンのフロンティア軌道である **HOMO**（最高被占軌道）あるいは **LUMO**（最低空軌道）との相互作用を考えればよい（1章参照）．

ラジカルはその置換基によって二通りに分類できる．アルコキシ基など電子供与基が置換した炭素ラジカルは **求核ラジカル** とよばれていて，電子不足アルケンと反応しやすい．一方，アシル基やシアノ基など電子求引基が置換したラジカルは **求電子ラジカル** といい，電子豊富アルケンと反応しやすい．なぜだろうか．

$R-C\cdot$　　求核ラジカル　　$R=$ 電子供与基, アルキル, OR, NR_2 など
　　　　　　求電子ラジカル　　$R=$ 電子求引基, CO, NO_2 など

求核ラジカルでは電子供与基のためにその SOMO のエネルギーが上昇している．このため，アルケンの LUMO と強く相互作用できる．一方，アルケン側に電子求引基が存在するとアルケンの LUMO のエネルギーが低下し，ラジカルの SOMO との相互作用はより一層強くなる．したがって，求核ラジカルは電子不足アルケンと反応しやすい．逆に，求電子ラジカルでは電子求引基により SOMO のエネルギーが低下し，アルケンの HOMO との相互作用が強くなる．電子豊富アルケンではその HOMO が上昇しているので相互作用がより一層強くなる．こう考えると求電子ラジカルは電子豊富アルケンと

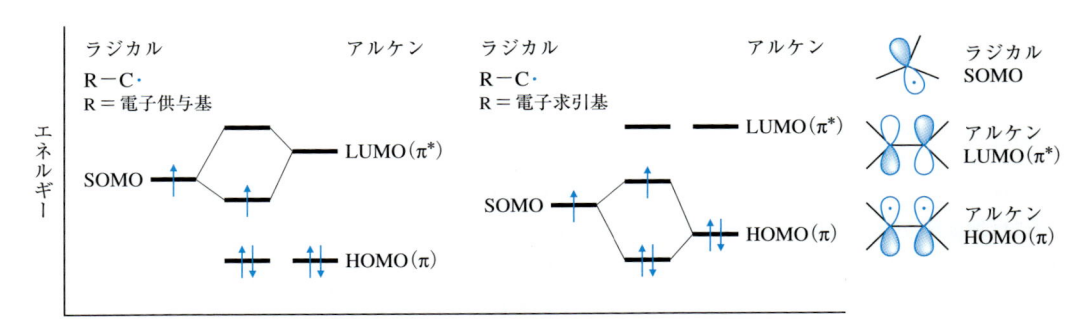

図 3・1　ラジカルの SOMO とアルケンの HOMO あるいは LUMO との軌道相互作用

実際, 求核的なアルキルラジカルはより電子不足アルケンと反応しやすいことが表 3・1 の相対速度からわかる. 反対に求電子ラジカルは電子豊富なアルケンとより速やかに反応する. プロペンと 2-メチル-1-ペンテンを比較すると, アルケンまわりの立体障害が増加するのにもかかわらず 2-メチル-1-ペンテンのほうが反応が速いのは, 2-メチル-1-ペンテンのほうが電子豊富だからである.

表 3・1 ラジカル付加反応の相対速度

	求核ラジカルの反応					求電子ラジカルの反応		
R	CHO	CN	C_6H_5	$OCOCH_3$	$n\text{-}C_4H_9$	(2-メチル-1-ペンテン)	(プロペン)	CN
相対速度	34	24	1	0.02	< 0.005	16	1	< 0.001

このようなアルケンの種類による反応性の違いを利用すれば, 異種アルケンを用いる多成分連結反応が実現できる. 次式ではアクリル酸メチルとアリルスズの 2 種のアルケンが共存する. 求核ラジカルであるシクロヘキシルラジカルは, まず電子不足なアクリル酸メチルと反応する. 付加ののちに生成するラジカルは隣接するカルボニル基のため求電子ラジカルとなる. アリルスズは炭素−スズ結合からの電子供与があるため電子豊富なアルケンであり, このラジカルと円滑に反応する.

一方, 次式のように水素化トリブチルスズの共存下で付加反応を行うと, シクロヘキシルラジカルのアルケンへの付加ののち, 生成したラジカルが水素化スズ反応剤から水素を引抜く. しかし, シクロヘキシルラジカルも水素化トリブチルスズと反応するので, これを抑える工夫が必要である. たとえば, シクロヘキシルラジカルの還元を防ぐには水素化トリブチルスズをゆっくり加える (slow addition technique) と効果的であることが多い.

$$\text{C}_6\text{H}_{11}\text{I} + \diagup\!\!\!\diagdown\text{CO}_2\text{CH}_3 \xrightarrow{(n\text{-C}_4\text{H}_9)_3\text{SnH}} \text{C}_6\text{H}_{11}\text{CH}_2\text{CH(H)CO}_2\text{CH}_3$$

$$\text{C}_6\text{H}_{11}\text{I} + (n\text{-C}_4\text{H}_9)_3\text{Sn}\cdot \longrightarrow \text{C}_6\text{H}_{11}\cdot + (n\text{-C}_4\text{H}_9)_3\text{SnI}$$

$$\text{C}_6\text{H}_{11}\cdot + \diagup\!\!\!\diagdown\text{CO}_2\text{CH}_3 \longrightarrow \text{C}_6\text{H}_{11}\text{CH}_2\dot{\text{C}}\text{HCO}_2\text{CH}_3$$

$$\text{C}_6\text{H}_{11}\text{CH}_2\dot{\text{C}}\text{HCO}_2\text{CH}_3 + (n\text{-C}_4\text{H}_9)_3\text{SnH} \longrightarrow \text{C}_6\text{H}_{11}\text{CH}_2\text{CH}_2\text{CO}_2\text{CH}_3 + (n\text{-C}_4\text{H}_9)_3\text{Sn}\cdot$$

$$\text{C}_6\text{H}_{11}\cdot + (n\text{-C}_4\text{H}_9)_3\text{SnH} \longrightarrow \text{C}_6\text{H}_{12} + (n\text{-C}_4\text{H}_9)_3\text{Sn}\cdot$$

c. 分子内付加反応

ラジカル反応のなかでも有機合成上最も有用であるのが**ラジカル環化反応**である．特に，5員環を形成する反応は効率がよい．

$$\text{5-hexenyl radical} \longrightarrow \text{cyclopentylmethyl radical} \; (2\times 10^5\,\text{s}^{-1}) + \text{cyclohexyl radical} \; (4\times 10^3\,\text{s}^{-1})$$

ラジカル環化反応の立体選択性はよく研究されている．選択性を予測するには，Beckwith 遷移状態モデルが便利である．ただし，極性置換基やヘテロ原子を導入した場合には，この予測と異なる結果になることもある．また，実際には舟形の遷移状態を経ることもありうることが理論計算によって示唆されている．

置換基	生成比
$R^1 = CH_3$	67 : 33
$R^2 = CH_3$	64 : 36
$R^3 = CH_3$	71 : 29
$R^4 = CH_3$	83 : 17

Beckwith 遷移状態モデル

ラジカル環化反応はさまざまな有機合成に活用されている．たとえば，アリルアルコールとエノールエーテルから容易に得られるハロアセタールのラジカル環化反応は5員環ラクトンの合成法として有用である．

また，不飽和アルコールのブロモメチルシリルエーテルのラジカル環化を行い，玉尾酸化を経るとジオール合成法となる．6員環と5員環が縮環した化合物ではシス体を生じやすいため，ジオールが立体選択的に得られる．炭素以外の元素が環に組込まれる場合は，結合長や結合角の変化により環化の選択性に変化がみられることがある．

ラジカル環化が連続的に起こるように基質を設計しておけば，一挙に多くの環を構築することができる（タンデムラジカル環化反応）．

3・5・3 その他の有用なラジカル反応
a. 低原子価金属を用いる反応

SmI_2 や $CrCl_2$ などの低原子価金属を用いてハロゲン化物を一電子還元してラジカルを発生させることができる．反応は低原子価金属から有機ハロゲン化物への**一電子移動**（single electron transfer: SET）により，まずラジカルアニオンが生成することから始まる．次に，ハロゲン化物イオンが脱離してアルキルラジカルが生成する．このラジカルはラジカルに特有な反応（次の例では環化反応）をする．そののち，ラジカルがさらに低原子価サマリウムによって一電子還元されて有機サマリウム種を生成し，最後にアルデヒドと反応して炭素−炭素結合が生成する．ラジカルとアニオンの両方の特性をいかした反応である．

カルボニル化合物と低原子価金属との反応では，カルボニル基への一電子移動によりケチルラジカル（ketyl radical）が生成する．これがカップリングして1,2-ジオールが生成する反応を**ピナコールカップリング**という．詳しくは§17・6で述べる．

$$\underset{O}{\overset{R}{\underset{\|}{C}}}\underset{}{R} \xrightarrow{SET} \underset{O^-}{\overset{R}{\underset{\cdot}{C}}}\underset{}{R}$$
ケチルラジカル

ピナコールカップリング

b. Kharasch 反応

低原子価金属錯体，たとえば CuCl や RuCl$_2$(PPh$_3$)$_3$ とポリハロゲン化アルキルを反応させると一電子移動を経てラジカルを生成し，これがアルケンなどに付加する．この反応は **Kharasch 反応**（カラッシュ）とよばれ，高分子合成にも活用されている．アルケンへの付加によって生成したラジカルがポリハロゲン化アルキルからハロゲンを引抜くことによってラジカルを再生する．反応の前後で原子（この場合は塩素原子）が移動しているため**原子移動型ラジカル反応**（atom-transfer radical reaction）とよばれている．

$$CCl_4 \xrightarrow{Ru^{II}} \cdot CCl_3 + Ru^{III}\!-\!Cl$$

$$\overset{}{\underset{}{=}}\!R + \cdot CCl_3 \longrightarrow CCl_3\!\!\smile\!\!\overset{\cdot}{}\!R \xrightarrow{CCl_4 \text{ または } RuCl} CCl_3\!\!\smile\!\!\overset{Cl}{\underset{R}{}}$$

c. Hunsdiecker 反応

Hunsdiecker 反応（ハンスディーカー）はカルボン酸の脱炭酸を伴って臭化物を得る古典的な方法である．不安定なアシロキシルラジカルを生成させ，これの分解によりアルキルラジカルと二酸化炭素を生成することが鍵である．従来法ではカルボン酸の銀塩を臭素と反応させていたが，最近では N-ヒドロキシ-2-チオピリドンとカルボン酸を縮合させて得られるエステル（Barton エステル）を光照射下，臭素源と反応させる．臭素源としてブロモトリクロロメタンを用いることが多い．

$$RCOOAg + Br_2 \longrightarrow R\!-\!C(=O)\!-\!O\!-\!Br \longrightarrow R\!-\!C(=O)\!-\!O\cdot \longrightarrow R\cdot + CO_2$$

Barton エステル

$$R\cdot + CO_2 \xrightarrow{Cl_3CBr} RBr$$

d. 酸化的ラジカル生成

電子豊富なアルケン，たとえばエノールを一電子酸化するとラジカルが生成するので，このラジカルを用いるとさまざまな反応が可能になる．具体的には活性メチレン化合物に酢酸マンガンを作用させると活性メチレン化合物のエノール体が酸化されてラジカルが生成する．これは次式に示すように環化反応などに利用できる．Cu(II) 塩共存下では生成したラジカルがカチオンに酸化され，脱離反応により最終的にアルケンを生成する．全合成への応用が多数報告されている．

N-ヒドロキシフタルイミド(NHPI)は酸素の存在下で容易にヒドロキシルラジカルを生成する。ヒドロキシルラジカルは非常に活性が高く，容易に水素を引抜く。アルコールが共存するとアルコールの根元の水素を引抜いて，ケトンに酸化する。炭化水素の場合には基質から水素を引抜いて炭素ラジカルを生成する。これが酸素と反応し，ヒドロペルオキシドとなるが，種々の遷移金属触媒存在下，ヒドロペルオキシドの分解を行うことで工業的に有用な生成物が得られる。

e. アシルラジカルの反応

アシルラジカルはアルキルラジカルと一酸化炭素に容易に分解する。しかし，高圧の一酸化炭素雰囲気下では，逆にアルキルラジカルと一酸化炭素からアシルラジカルを生成させることができ，これを有機合成に利用することができる。

アシルラジカルはセレノールエステルとスズラジカルからも調製できる。分子内環化反応では環化が速いので一酸化炭素の脱離を抑えることができる。タンデム環化に利用することで多環化合物を一挙に合成できる（下式，反応機構は次ページ青枠内に示す）。

3・6 立体選択的ラジカル反応

3・6・1 Lewis 酸および金属触媒によるラジカル反応の制御

Lewis 酸の配位によって基質の配座を固定する手法は，イオン反応ではよく用いられていて，しばしば高ジアステレオ選択的反応を実現する．ラジカル反応にもこの概念が適用できる．次式の例の場合，Lewis 酸が存在しないときはエステル部の立体反発を避けた安定配座で反応するのに対し，Lewis 酸存在下ではキレートを形成するので立体配座が固定され，生成物の比率が反転する．ここで注意すべきことは，このような制御が触媒量の Lewis 酸で達成できるか，である．ラジカルは元来反応性が高いので，Lewis 酸がなくても反応が起こる．無触媒で非選択的反応が競争して起これば選択性の低下につながる．このため，触媒量の Lewis 酸で制御を行うためには，Lewis 酸でラジカル反応が活性化されて反応速度を大幅に向上させる工夫が必要である．

ここで求核ラジカルのアルケンへの付加において，アルケンの LUMO が重要であったことを思い出そう．Lewis 酸の配位によりアルケンの LUMO が一層低下すれば求核ラジカルの付加は加速されるはずである．次式の例では，Lewis 酸である Yb(OTf)$_3$ によって配座固定と同時に基質の活性化も行われるため，触媒量でも制御が可能になっている．

エナンチオ選択的ラジカル反応も報告されている．たとえば Kharasch 反応では，付加反応によって生じたラジカルに金属錯体から臭素が供与されるため，金属上に不斉配位子を導入しておけば不斉誘起が可能になる．光学活性な Lewis 酸を利用してラジカル付加反応をエナンチオ選択的に達成した例も

ある.

[reaction schemes]

3·6·2 有機分子触媒によるラジカル反応の制御

近年,有機分子触媒を用いる不斉合成の進展が著しい(19章参照)が,その展開がラジカル反応にも及んできている.次の例では,光学活性第二級アミンとアルデヒドから生成するエナミンが硝酸セリウムアンモニウム(CAN)やフェロセニウムイオンによって一電子酸化され,ラジカルカチオンを生じる.これと求核剤やオキシルラジカルであるTEMPOが反応し,生成物をエナンチオ選択的に生成する.関与する化学種のなかで,エナミンが最も酸化されやすいことが鍵である.

[reaction schemes]

問題 3·1 アリルスズを利用したラジカル的アリル化の反応機構を示せ.

問題 3·2 右に示すタンデムラジカル環化の反応機構を示せ.

4

カルボアニオン

　カルボアニオンとは，負電荷をもった炭素イオン種の総称であり，炭素に σ, π を含む共有結合三つと非共有電子対一対が存在する形で書く．オクテット則をみたすが，負電荷をもっているため，電子豊富な反応性の高い活性種である．アルキル基が電子供与性であるため，カルボアニオンの安定性は，メチル > 第一級 > 第二級 > 第三級の順に低下する．この負電荷がいくつかの炭素に非局在化したり，誘起効果により分散したりすると，カルボアニオンはより安定になる．

　カルボアニオン炭素の非共有電子対は電子不足の炭素を求核攻撃して炭素－炭素結合を形成する．この結合形成は直接的できわめて単純明快であるため，カルボアニオンは現在の有機合成において中心的な役割を果たしている．

　しかし，実際の有機合成ではカルボアニオンといっても，気相中での遊離したカルボアニオンを扱うことはなく，通常は何らかの溶媒中，金属カチオンが対イオンとして安定に存在する形で利用する．したがって溶液中あるいは固体の中でカルボアニオンとは炭素－金属結合をもつ有機金属化合物をさす．その炭素－金属結合は金属の電気陰性度が小さいほど分極が大きくなり，カルボアニオンの求核性と塩基性が強くなる．対カチオンがリチウムやマグネシウムのものと比べると，カリウムやナトリウムのものはカルボアニオン性が強い．カルボアニオンがより裸になるといってもよい．逆にチタン，クロムなどの遷移金属になるとその炭素－金属結合の共有結合性が増し，アニオンとしての反応性は低くなる．このため，同じカルボアニオンでもその性質は金属対カチオンにより大きく異なる．たとえば，カルボアニオン性が小さくなる金属では反応性が低くなり，金属のまわりの配位子の立体的な影響や，対イオンの Lewis 酸性が反応性の微妙な制御に利用できるようになる．このことが後で述べる金属交換により種々の対イオンをもつカルボアニオン（有機金属化合物）を調製して，合成反応に用いる理由の一つである．

$$[\text{R}-\text{M} \longleftrightarrow \overset{\delta-}{\text{R}}-\overset{\delta+}{\text{M}}]$$

　本章では有機リチウム化合物を中心にアルカリ金属化合物を対象とするが，他の金属に代えた有機金属化合物の求核的な反応に関しては 16 章で詳しく述べる．

4・1 カルボアニオンの調製法

　カルボアニオンは負電荷をもつ反応活性種なので，その生成法は大きく三つに分類できる．第一は，電荷をもたない中性の有機分子から正電荷をもつ化学種を引抜くものである．引抜く化学種としてはプロトン H^+ が一般的である．塩基を作用させて脱プロトンを行い，カルボアニオンを調製する方法がこれにあたる．第二は，ある有機分子に電子豊富な還元剤を作用させ，1 ないし 2 電子注入する手法である．有機ハロゲン化物や不飽和化合物の還元によるカルボアニオンの生成などがある．第三は，

不飽和化合物への金属－ヒドリドの付加（不飽和化合物の金属－水素結合への挿入）である．また，あらかじめ調製したカルボアニオンの対イオンを交換して，別の金属－炭素結合をもつカルボアニオンを調製する方法もある．

実際の合成反応においては，カルボアニオン等価体として，有機リチウム化合物や有機マグネシウム化合物を用いることが多い．有機マグネシウム化合物は 17 章で詳しく述べる．入手しやすい市販品の有機リチウム化合物としては，CH_3Li，$n\text{-}C_4H_9Li$，$s\text{-}C_4H_9Li$，$t\text{-}C_4H_9Li$，C_6H_5Li などがあり，それぞれヘキサンやトルエンのような炭化水素あるいはエーテル溶液として市販されている．有機リチウム化合物の典型的な調製法には，1) これらの化合物自身，あるいはこれらから調製した塩基を用いて脱プロトンする方法と，2) ハロゲン-リチウム交換による方法がある．

4・1・1　塩基によるプロトン引抜きと pK_a

水素をプロトンとして引抜くには，何を塩基として使えばよいか，どの位置の水素が引抜かれるか，が問題となる．その第一の指標となるのは，当該 C－H 結合の pK_a の値である．反応は，調製したいカルボアニオンの共役酸に，より強い塩基を作用させて脱プロトン反応を行う．この方法は基本的に平衡反応だが，pK_a に 3 以上の差があるとほとんど 100% 右に偏ると考えてよい．

$$Li-R^1 + H-R^2 \rightleftharpoons R^1-H + R^2-Li$$

有機化学の一般の教科書に掲載されている pK_a は水溶液中での値である．カルボアニオンの共役酸（炭素酸）の pK_a は一般に水（15.7）よりも大きく，水溶液中では水酸化物イオンより強いアニオンが調製できないため，カルボアニオンは非プロトン性溶媒（aprotic solvent）中で発生させて用いる．また，無極性溶媒中では有機リチウム化合物が会合により多量化しているので反応性が低下することがある．このため，リチウムに配位できる極性の高い非プロトン性溶媒，たとえばジエチルエーテル，テトラヒドロフラン（THF），1,2-ジメトキシエタン（DME），1,4-ジオキサンなどのエーテル系溶媒や，ジメチルホルムアミド（DMF），N,N-ジメチルアセトアミド（DMA），ジメチルプロピレン尿素（DMPU）などのアミド系溶媒のほか，ジメチルスルホキシド（DMSO）などを用いることが多い．表 4・1 に炭素酸の pK_a を示す．

カルボアニオンの塩基としての強さを考えると，対カチオンが共存しない裸のアニオンが最も強い．しかし，これは気相中でしか存在できない．実際の反応では対イオンが共存し，溶液中ではこれに極性溶媒が非共有電子対を提供して配位するのがふつうである．そのようなカルボアニオン（R^-，対イオンが M^+）の塩基としての強さは，共有結合構造 R－M を考えたときに，炭素－金属間が分極しているほど，言いかえれば金属が陽性なほど（電気陰性度が小さいほど）強くなる．したがって，同じ有機基であればその塩基としての強さは，K＞Na＞Li＞Mg の順になる．極性溶媒が非共有電子対を供して金属イオンに強く配位すると，金属イオンがカルボアニオンから引き離されるので，塩基性（求核性*）がさらに強くなる．つまり溶媒の分極率（比誘電率で表す）が大きいほど求核性は増す．したがって，配位力の強い配位子を加えると，その求核性が一層向上する．よく使う配位子は，N,N,N',N'-テトラメチルエチレンジアミン（TMEDA）や 1,4-ジアザビシクロオクタン（DABCO）である．たとえば，ベンゼンの C－H を引抜くときに，TMEDA をブチルリチウムに加えると，リチウムイオンがカルボアニオンから引き離され，塩基の強さが裸のブチルアニオンの強さに近づき，塩基としての反応がより速やかに進行する．なお，配位子として過去によく用いられたヘキサメチルリン

---

* 2 章で述べたように，塩基性と求核性とは，それぞれ水素あるいは炭素原子に対し，非共有電子対が求核攻撃する性質を示すので，それぞれの強さは非共有電子対をもつ原子が同じであればおおむね比例する．

表 4・1 炭素酸の pK_a（溶媒 DMSO）

炭素酸	pK_a[†1]	炭素酸	pK_a[†1]	炭素酸	pK_a[†1]
炭化水素		インデン	20.1	δ-バレロラクトン	25.2
CH_3CH_3	51(DMF), 50(H_2O)	シクロペンタジエン	18.0	$CH_3COOC(CH_3)_3$	30.3
CH_4	56[†2], 48(DMF)	カルボニル化合物		その他	
シクロヘキサン	49(DMF)	アセトン	26.5	CH_3NO_2	17.2
シクロプロパン	46(H_2O)	アセトフェノン	24.7	CH_3CN	31.3
$CH_2=CH_2$	44(H_2O)			$NCCH_2CN$	11.0
ベンゼン	43(H_2O)			$C_6H_5CH_2SC_6H_5$	30.8
$HC≡CH$	24～25(H_2O)	シクロヘキサノン	26.4	$CH_3SO_2CH_3$	31.1
$C_6H_5C≡CH$	28.7, 23(H_2O)			CH_3SOCH_3	35
$CH_2=CHCH_3$	44[†2], 38(DMF)			$C_6H_5SCH_3$	42[†2]
$C_6H_5CH_3$	43[†2], 39(DMF)	アセチルアセトン	13.3	$(C_6H_5)_3\overset{+}{P}CH_2CO_2C_2H_5$	9.2(CH_3OH)
$(C_6H_5)_2CH_2$	32.2, 31(DMF)	アセト酢酸エチル	14.4	$C_6H_5OCH_3$	49[†2]
$(C_6H_5)_3CH$	30.6	マロン酸ジエチル	16.4		
フルオレン	22.6				

[†1] 溶媒が DMSO 以外の場合は（ ）に溶媒を示す．
[†2] 推定値．
出典：F. G. Bordwell, *Acc. Chem. Res.*, **21**, 456 (1988).

酸トリアミド（HMPA）は発がん性が疑われたため，代替物質として N,N'-ジメチルプロピレン尿素（DMPU）などが用いられている．

　対カチオンのない裸のカルボアニオンを溶液中で発生させることはむずかしいが，対カチオンとの相互作用を抑えると，求核性の強いカルボアニオンが調製できる．$(n-C_4H_9)_4N^+$ や $(R_2N)_3S^+$ を対カチオンとするカルボアニオンがそれにあたる．アリルシランやエノールシリルエーテルにそれらのカチオンのフッ化物塩を加えて発生させる高反応性アリルアニオンやエノラートを合成反応に使うことがある．

　共鳴安定化や電子求引基による誘起効果がない単純なカルボアニオンでは，その炭素の s 性が大きいほど安定になる．これは，2s 軌道の電子が 2p 軌道の電子に比べて電気的に陽性な原子核のより近傍に分布するので s 性の大きな軌道に電子が存在するほうが安定になるためである．アセチレン（s 性 50%）の pK_a は 25 であり，エチレン（33%）は 44，エタン（25%）は 50 である．シクロプロパンが 46 ということは，シクロプロパンはエチレンとエタンとの中間の s 性をもっていることを示している．なお，^{13}C NMR においてこの s 性と $^{13}C-^1H$ 間のカップリング定数との間には $^1J_{C-H}$ ＝ 5×s 性(%) Hz の関係が成立する．

　プロペンの pK_a が 38，トルエンの pK_a が 39 であることからもわかるように，アリルアニオンやベンジルアニオンは，共役により負電荷が非局在化して安定化される結果，プロペンやトルエンの pK_a は小さくなる．^{13}C NMR 測定におけるシグナルは，炭素の電子密度が高いほど核は遮蔽され高磁場にシフトする．アリルアニオン等価体またペンタジエニルアニオン等価体として，対応するカリウムおよびリチウム化合物の ^{13}C 化学シフトを図 4・1 に示す．それぞれの共鳴構造式からわかるように，こ

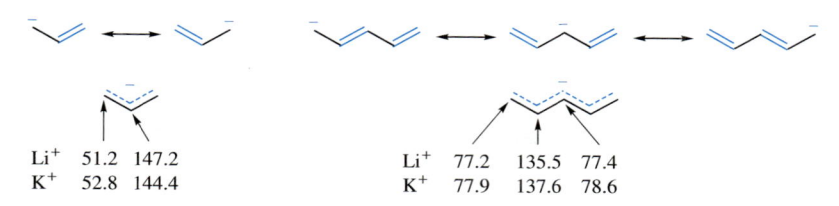

図 4・1 ^{13}C NMR 化学シフト（ppm，THF 中）

の負電荷が炭素骨格に沿って交互に分布していることが ^{13}C NMR の化学シフトから確認できる．

シクロペンタジエンが pK_a 18 もの酸性度を示すのは，その共役塩基であるカルボアニオンが Hückel 則の 6π 電子系になり，芳香族性を有し，共鳴安定化することに起因する．インデンの pK_a 20.1，フルオレンの pK_a 22.6 のように，ベンゼン環がシクロペンタジエン環に縮環するとカルボアニオンが生成しにくくなる．これは，シクロペンタジエニルアニオンでは 6π 電子が芳香族性にすべて寄与するのに対し，インデン，フルオレンではベンゼン環の芳香族性維持に奪われてしまい，シクロペンタジエニルアニオンの芳香族安定化への寄与が少なくなるためと理解することができる．

	シクロペンタジエニルアニオン	インデニルアニオン	フルオレニルアニオン
共役酸の pK_a	18.0	20.1	22.6

負電荷を非局在化できる電気陰性度の大きいヘテロ原子がアニオン炭素に置換していると，これが pK_a を小さくし，カルボアニオンを安定化する．安定化に対する官能基の効果はおおよそ次に示す順序になる．ニトロ基，カルボニル基，スルホニル基，シアノ基などが特に大きい効果をもつ．

$$-NO_2 > -\underset{R}{\overset{O}{C}}- > -\underset{OR}{\overset{O}{C}}- > -\underset{O}{\overset{O}{S}}-R > -CN \approx -\underset{NR_2}{\overset{O}{C}}-$$

共役していると共鳴構造式が書けるので，その効果は理解しやすい．このとき共鳴だけでなく，ヘテロ原子による誘起効果も働いていることを忘れてはならない．

塩基を作用させてプロトンを引抜くときに，目的の水素よりも pK_a の小さい水素が存在するときには，その水素が先に引抜かれるので対策が必要となる．たとえば，プロピンではアルキン末端の水素の pK_a が小さく，アルキニルアニオンが生じるが，その水素をトリメチルシリル基に代えると，プロパルギル位のカルボアニオンが調製できる．

$$CH_3-C\equiv C-Si(CH_3)_3 \xrightarrow[\text{THF}, -28\,°C, 30\,\text{min}]{t-C_4H_9Li,\ TMEDA} LiCH_2-C\equiv C-Si(CH_3)_3$$

カリウムを対イオンとするカルボアニオンは，リチウムを対イオンとするカルボアニオンよりもイオン性が強く，塩基性が高くなる．これを調製するには，水素化カリウム KH を使う方法以外に，M. Schlosser の開発した**超塩基**（superbase）を用いる方法がある．これは n-C$_4$H$_9$Li と t-C$_4$H$_9$OK を組合わせたものである．この両者が錯形成して超塩基性を発揮する．後で述べるように，この Schlosser の

超塩基は芳香族化合物の位置選択的脱プロトン反応に利用できる．また，アリルホウ素化合物の立体選択的な調製（16章）でも威力を発揮する．

脱プロトン反応では，対象とする炭素酸の最も酸性度の高い水素が塩基によって引抜かれると予想できる．しかし，脱プロトンに用いる塩基自体が有機金属化合物なので，目的のカルボアニオン（基質である炭素酸の共役塩基）の"熱力学的安定性"だけではなく，基質上の官能基や立体的な嵩高さが引抜反応に与える影響，つまり塩基（有機金属化合物）の基質へのアプローチのしやすさなど"速度論的"な要因も重要になる．

カルボアニオンの熱力学的安定性と速度論的な因子の違いを表す典型的な例は，非対称ケトンからの熱力学支配エノラートと速度支配エノラートのつくり分けである．この問題については13章で述べる．ここでは芳香族化合物の脱プロトン反応における配向基の利用について紹介する．

リチウムイオンはLewis酸なので，引抜かれる水素の隣の位置に非共有電子対をもつ官能基（配向基）があると，その電子対が有機リチウム化合物のリチウムに配位して遷移状態が安定化される．そのため，ちょうどよい位置で速度支配の脱プロトンが進行する．この配位する基はリチオ化の位置を決める配向基となる．この変換を一般に**位置選択的メタル化**（directed metalation）という．配向基が熱力学的に安定化する場合は，後述のキラル中心のラセミ化を抑えたり，アリルリチウムにおけるリチウムの位置を決めることができる．

配向基の効果について，アニソールを例に位置選択的リチオ化反応を紹介する．アニソールをブチルリチウムで処理すると，通常はオルト位で脱プロトンが起こる．それはブチルリチウムがアニソールの酸素原子に配位し，その結果，塩基であるブチルアニオンの近傍にあるオルト位の水素が引抜かれるためである．アニソールのメトキシ基が配向基となり，オルトリチオ化反応が選択的に進行する．

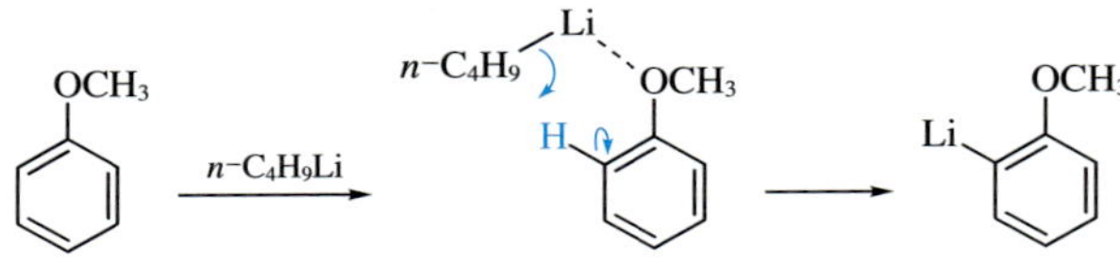

このような配向基としてのオルト配向性には強弱がある（図4・2）．配向の強さを比べると，配位して近づけるだけでなく，電子求引基としての作用も重要であり，速度論的な因子だけでなく，生成するカルボアニオンの熱力学的安定性も影響していることがわかる．

脱プロトン反応における位置選択性は，使用する塩基を代えるだけでも制御できる．先に述べた"速

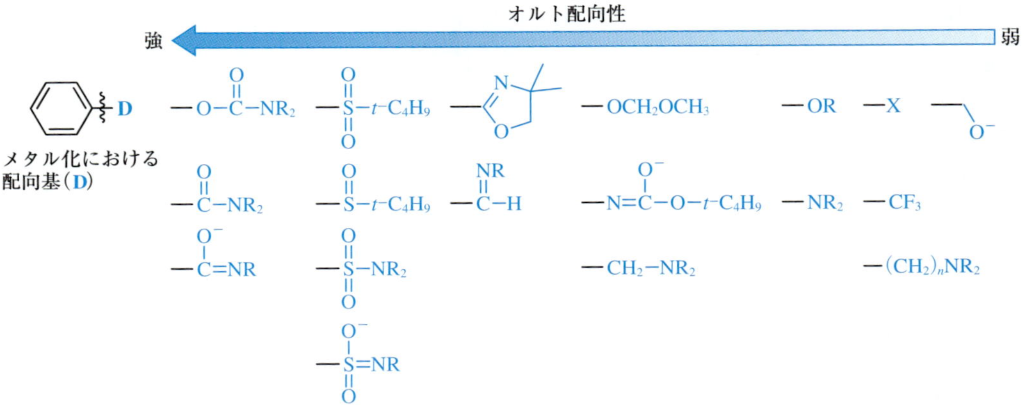

図4・2 オルト配向基の配向性の強弱

度支配" と "熱力学支配" のプロトン引抜きのどちらが優先するかを考えると理解できる. たとえば, 3位に置換基のあるピリジンに, ブチルリチウムを作用させると, ピリジン窒素のリチウムへの配位を経てブチルリチウムが近づくので, 2位が選択的にリチオ化される. これは速度論的制御である. しかし, アニオンとして熱力学的安定性をみると, 窒素の非共有電子対との電荷の反発があるので4位のほうが安定である. 相対的な酸性度も700倍異なる.

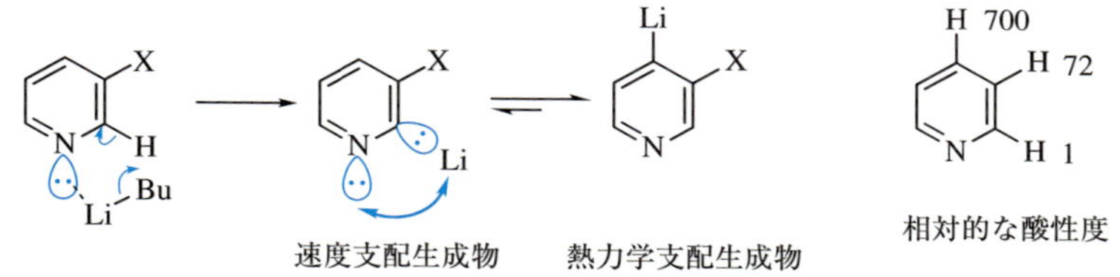

速度支配生成物　　熱力学支配生成物　　　相対的な酸性度

実際の反応では, エーテル溶媒中であれば速度支配で2-リチオピリジンが生成するが, THF 溶媒にかえるだけで, 4-リチオピリジンに異性化する. このことは, 上記の選択性が微妙な因子の釣合によっていることを示している. なお, 超塩基の組合わせを用いて対イオンをリチウムからカリウムにかえると, 炭素のアニオン性がより強くなり, 電子対どうしの反発のため $-78\,°C$ でも熱力学的により安定な4位がアニオン化されたピリジンに速やかに異性化する.

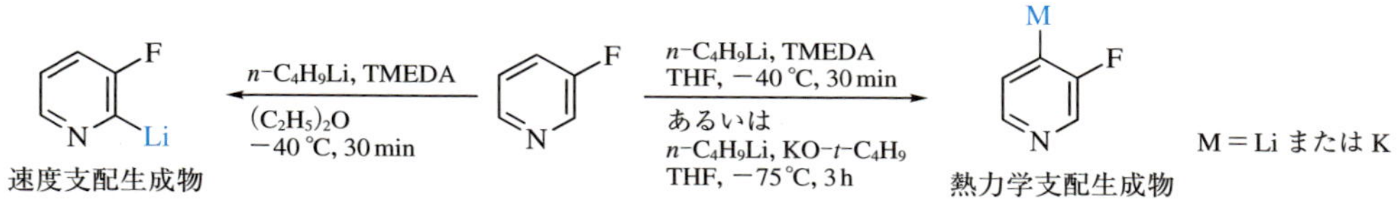

速度支配生成物　　　　　　　　　　　　　　　　熱力学支配生成物

$M = Li$ または K

脱プロトンの条件を変えると, リチオ化位置 (下図の青太矢印) の異なるカルボアニオンを選択的に調製することができる. 超塩基の場合にはフッ素原子が非常に強い配向基として働いていることがわかる.

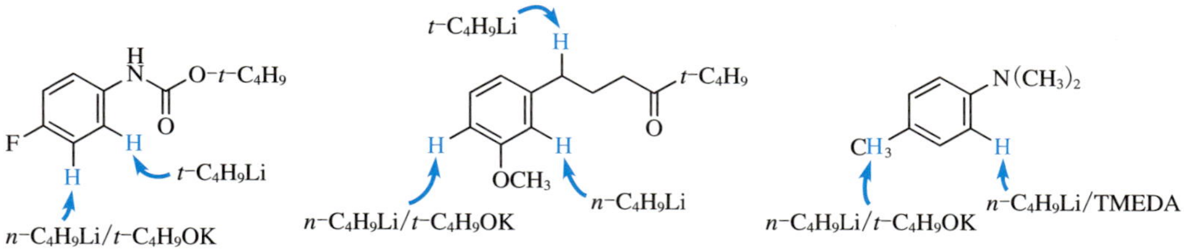

4・1・2　ハロゲン-金属交換による調製

ハロゲン-金属交換反応は, 脱プロトンと同様頻繁に用いる有機リチウム化合物の調製法である (図 4・3). 有機ハロゲン化物にアルキルリチウムを作用させて有機リチウム化合物を調製するもので,

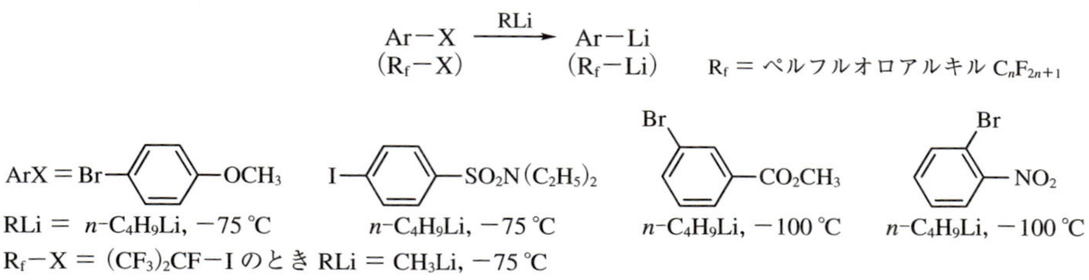

$$Ar-X \xrightarrow{RLi} Ar-Li$$
$$(R_f-X) \quad\quad (R_f-Li)$$

$R_f =$ ペルフルオロアルキル C_nF_{2n+1}

$ArX =$
$Br-\langle\rangle-OCH_3$　　$I-\langle\rangle-SO_2N(C_2H_5)_2$　　$\langle Br \rangle-CO_2CH_3$　　$\langle Br \rangle-NO_2$

$RLi = n\text{-}C_4H_9Li, -75\,°C$　　$n\text{-}C_4H_9Li, -75\,°C$　　$n\text{-}C_4H_9Li, -100\,°C$　　$n\text{-}C_4H_9Li, -100\,°C$

$R_f-X = (CF_3)_2CF-I$ のとき $RLi = CH_3Li, -75\,°C$

図 4・3　ハロゲン-金属交換反応で調製できる有機金属化合物

1930 年代に G. Wittig や H. Gilman らが発見した。この方法では，有機ハロゲン化物にアルキルリチウムを低温で作用させるので，金属リチウムを有機ハロゲン化物に作用させる還元法に比べて，反応条件が一般に穏和であり，官能基を有する有機金属化合物調製方法として有用である。また，芳香族化合物では，先に述べた脱プロトン法ではオルトリチオ化のように配位基に隣接する C–H が反応するが，この方法ではハロゲンの置換した炭素でのみハロゲン–リチウム交換が進行する。

言いかえれば，あらかじめハロゲンを望みの位置に導入しておく必要があり，その方法と一緒に反応設計する必要がある。このハロゲン–金属交換でも，求核性の高い有機金属反応剤を作用させることになるので，求核付加などの副反応が起こることがある。これに対し，銅や亜鉛，マグネシウムのアート錯体を用いると，交換反応を選択的に行うことができる。詳しくは 16 章のアート錯体参照。

なお，ハロゲン–金属交換反応に t-ブチルリチウムを用いると，t-C_4H_9Li によって生じた t-C_4H_9Br がもう 1 分子の t-C_4H_9Li により E2 脱離反応するため，t-C_4H_9Li は 2 当量必要であるが，n-C_4H_9Li ではこの脱離反応が遅いので，n-C_4H_9Li は 1 当量でよい。もし，生成した n-C_4H_9Br が他の副反応を誘発する場合には，t-C_4H_9Li を使うほうがよい。

有機ハロゲン化物を低原子価の金属で還元する手法もハロゲン–金属交換による調製法の一つである。Grignard 反応剤の調製（16 章）と同様，金属リチウムやリチウムナフタレニドやリチウムジ(4-t-ブチル)ビフェニル（Li-DBB）を還元剤として用いても有機リチウム化合物が調製できる。この低原子価金属による還元では，途中に一電子移動を経て炭素ラジカルが生じる。したがって，光学活性な有機ハロゲン化物から光学活性なカルボアニオンをつくる方法には適さない。

フェニルスルホンやスルフィドにリチウムナフタレニドを作用させると，C–S 結合が還元されて対応するリチウム化合物になる。

フェニルスルホニル基はカルボアニオンを安定化するので，リチウムジイソプロピルアミドによってその α 位の C–H 結合でプロトン引抜きが起こる。同一の基質から出発しても還元的なスルホン–リ

チウム交換反応とは異なる生成物が生じる．

適当な位置に二重結合があるアルケニルリチウム化合物は，環化して 3～6 員環化体との平衡が生じ，より安定な環化体が生じる場合は完全に異性化する．たとえば，第二級アルキルのリチウム化合物は安定な第一級アルキルリチウム化合物を生じるように環化する．また，π 結合と σ 結合を比べると σ 結合のほうが強いため，5, 6 員環形成の場合にはそれを駆動力として環化する．逆に，3, 4 員環では環ひずみのエネルギーを含むので，低温では比較的ゆっくりと平衡が開環体に偏る．

これまで有機リチウム化合物を中心に解説してきたが，有機マグネシウム化合物や有機亜鉛化合物も合成反応によく用いる．また，それらに金属塩を加えて金属交換させ，異なる有機金属化合物を調製して選択的な反応にも使う．不飽和結合への有機金属化合物の付加などを含めそれらのカルボアニオン合成法は，16 章で詳しく述べる．

4・2 カルボアニオンの構造と安定性・反応性

4・2・1 構造と安定性・反応性

カルボアニオンは炭素酸の共役塩基であり，ほとんどの炭素酸の pK_a は水の 15.7 よりも大きい．水が共存するとその間での平衡により，強い塩基はすべて水酸化物イオンになってしまう．したがって，反応剤の取扱いは基本的には厳密な無水条件下で行う．しかし，例外もある．先に述べたように，カルボアニオンといっても対イオンにより大きく反応性は異なり，R−M の金属 M の電気陰性度が炭素に比較的近く，共有結合性の大きい炭素−金属結合が生じる場合には多少の水が共存していても反応に問題ないことがある．16 章で述べるアリルインジウムはその典型的な例である．また，カルボアニオンは分子状酸素とも反応するので，カルボアニオンを用いる反応はふつう不活性なアルゴンあるいは窒素中で行う．

有機リチウム化合物のリチウムはオクテットを形成できないため,電子不足の状態にある.したがって,有機リチウム化合物は炭化水素溶媒中で会合して多量体（四量体,二量体など）を形成している.種々の有機リチウム化合物は炭化水素系溶液として市販されているが,反応に用いるときには一般に,エーテル系溶媒を用いる.有機リチウム化合物の溶解度を増すだけでなく,溶媒の非共有電子対がリチウムに配位するので有機リチウム化合物の会合度を下げ,反応性が向上するからである.ところが有機リチウム化合物は,0 °C 以上で,これらエーテル系溶媒と反応して,分解する.下式に示すように,ジエチルエーテルでは β 位の脱プロトンが起こる.また THF では α 水素を引抜いてアセトアルデヒドエノラートとエチレンに分解する.その半減期（有機リチウム化合物の濃度が 1/2 に減る時間）は,n-C_4H_9Li では THF 中,20 °C で 1.78 時間,0 °C で 17.3 時間である.s-C_4H_9Li,t-C_4H_9Li はもっと速く,t-C_4H_9Li は THF 中だと -20 °C で半減期はわずか 45 分である.エーテル系溶媒中でこれらを使うときは,さらに低温で反応を行うか,THF よりもより比較的分解しにくいジエチルエーテルにかえる必要がある.

一般に同じ元素の非共有電子対についていえば,水素に対する塩基性と炭素に対する求核性はほぼ比例する.より強い塩基,すなわち,より弱い酸の共役塩基ほど求核性は強い.逆にいうと,強い求核剤は強塩基としても働く.つまり,目的の求核反応が塩基による副反応と競争して起こる.

pK_a で表す塩基性は,プロトンのやりとりの熱力学的平衡における平衡定数から導いた値である.一方,求核性は,おもに炭素への攻撃における反応速度の差について述べた速度論の値である.したがって,求核性は立体的な嵩高さによる影響をより受けやすい.

4・2・2 カルボアニオンの立体化学
a. sp^2 カルボアニオンのシス-トランス異性化

対カチオンがリチウムの場合のカルボアニオンについて考えよう.ヨウ素が sp^2 炭素に結合したヨウ化アルケニルに -78 °C で t-C_4H_9Li を 2 当量加えるとハロゲン-リチウム交換反応が起こる.この反応は立体配置保持で進行する.トランス体に比べ熱力学的に不安定なシス体の化合物でもトランス体への異性化反応は起こらず,立体化学を保持したまま $(CH_3)_3SiCl$ での捕捉や求核的な環化反応が進行する.

同じ sp^2 炭素にリチウムとアルキル基が置換している場合には,その立体配置は安定だが,アルキル基の代わりにフェニル基やトリメチルシリル基が置換していると様相は異なる.次に示す例のよう

にそれぞれ 20 ℃ あるいは 0 ℃ でも異性化が速やかに起こる.

b. sp³ カルボアニオンにおける立体化学

カルボアニオン炭素が sp³ の場合にはキラリティーが問題になる．注目している炭素の立体配置の変化は，次の三つの各段階で考察する必要がある．第一は，有機リチウム化合物の調製段階，第二は，生成した光学活性カルボアニオンの立体配置の安定性，第三に，実際に反応するときの立体化学すなわち立体選択性（立体配置の保持・反転）である．

第一の問題である有機リチウム化合物を調製する段階で，キラルで光学活性な有機ハロゲン化物に金属リチウムやリチウムナフタレニドを作用させて還元すると，ほぼ完全にラセミ化が起こる．この還元が一電子移動によるラジカル反応機構を経ているためである．したがって光学活性有機リチウム化合物を調製するには，たとえばキラルで光学活性な有機スズ化合物のスズ－リチウム交換を利用する．まず安定な有機スズ化合物を光学分割し，光学活性有機スズ化合物を一度単離して鏡像異性体過剰率を調べておく．これにブチルリチウムを低温で作用させるとスズ－リチウム交換が立体保持で進行し，光学活性な有機リチウム化合物が得られる．

生成したカルボアニオンのキラル中心の立体配置は，炭素が sp³ 混成をした正四面体構造である．これがどのように反転するのか，またどの程度反転が起こりやすいのかを考えよう．カルボアニオンの立体配置の反転の機構については図 4・4 に示す経路が考えられている．1) 系内にリチウム塩が共存すると，リチウムイオンが炭素－リチウム結合の反対側から反転を伴って求電子攻撃する．2) リチウムイオンに対する溶媒和が強いとイオン対を形成する．裸になったカルボアニオンが反転し，再びリチウムと結合する．3) 二量体や多量体などの会合体を形成し，反転する可能性もある．これらの機構を考えると，塩が共存しているか，どのような溶媒を使うのかなどの要因が，立体配置の反転に影響

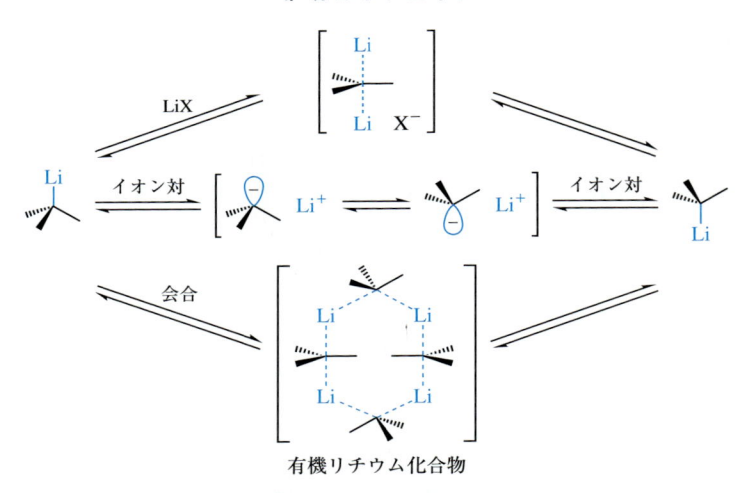

図 4・4　有機リチウム化合物の立体反転の機構

を及ぼすと予想できる．

　光学活性有機リチウム化合物のラセミ化が起こる温度は，アニオンの構造によって大きく異なる（表 4・2）．ベンジル位やアリル位のカルボアニオンは π 電子と共役しており，低温でも速やかにラセミ化する．また，一般に窒素置換有機リチウム化合物のほうが酸素置換有機リチウム化合物より低温でラセミ化する．

　スズ-リチウム交換を利用すると光学活性な有機スズ化合物から光学活性なカルボアニオン等価体である有機リチウム化合物が調製できるが，エナンチオトピックなメチレン水素を選択的に引抜いても光学活性な有機リチウムが調製できる．よく利用するのは，脱プロトンする際に天然の光学活性アミンであるスパルテイン（sparteine）を加える方法である．スパルテインとブチルリチウムを混ぜる

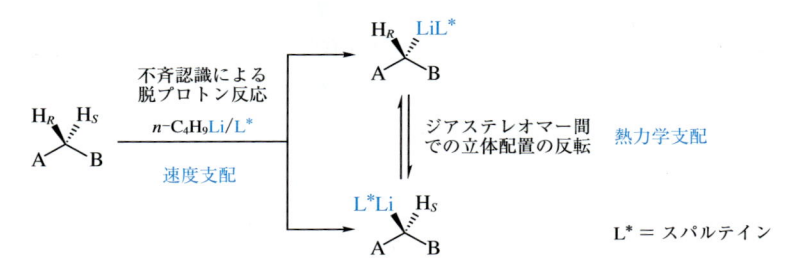

図 4・5　スパルテインを用いる光学活性カルボアニオンの調製法

表 4・2　窒素および酸素置換光学活性有機リチウム化合物のラセミ化開始温度

−100 ℃	−75 ℃	−50 ℃	−25 ℃	0 ℃

と，まずスパルテインが配位した光学活性アミン-ブチルリチウム錯体が生成する．この光学活性な塩基がエナンチオトピックなメチレン水素を認識して引抜く．この認識の速度が異なるとき，生じる有機リチウム化合物は光学活性になる（図 4・5）.

この不斉認識による脱プロトン反応で生じた有機リチウム化合物は，その部分だけで考えると鏡像異性体の一方を反応速度の違いでつくりだした（速度支配）ことになるが，実際にはこの化合物は光学活性なスパルテインと錯体を形成しており，錯体としてみると，2 種類の生成物はジアステレオマーの関係になる．したがって，ジアステレオマーの関係にある錯体間での立体反転による熱力学的平衡が不斉認識による脱プロトン反応の速度に比べて遅いときには脱プロトンの反応速度比（速度支配）で鏡像異性体過剰率（ee）が決まるが，逆に速いときにはジアステレオマーの安定性の違いに基づく熱力学的平衡（熱力学支配）で有機リチウム化合物の ee が決まる．

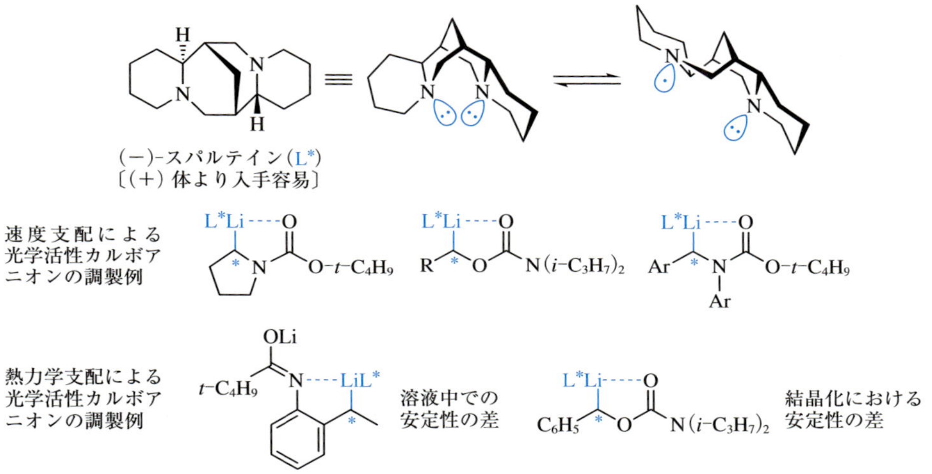

光学活性な有機リチウム化合物と求電子剤との反応では，カルボアニオン炭素にある置換基や求電子剤の種類によって立体配置保持あるいは反転を伴って進行する．例を図 4・6 に示す．温度や溶媒などの条件にも反応経路は影響を受けるので，最終生成物の立体化学の予測は注意を要する．

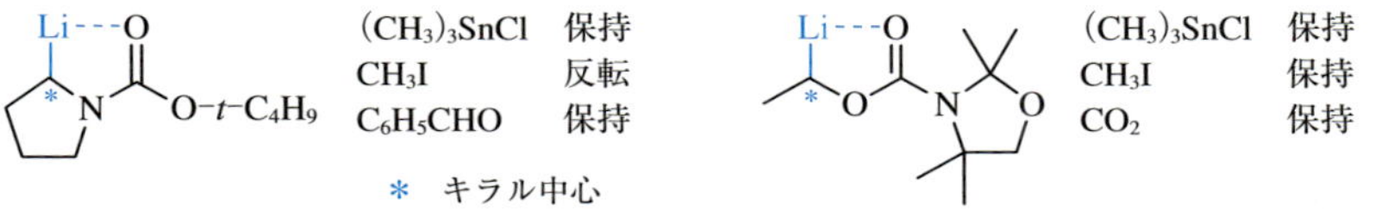

図 4・6　光学活性な有機リチウム化合物の求電子剤との反応における立体化学

4・2・3　ポリカルボアニオン

同一分子にカルボアニオンが複数あるポリカルボアニオンは，電子間の反発により，不安定になると予想できる．しかし，金属－炭素結合が複数ある有機金属化合物はいくつも合成されている．なかでも同じ炭素に金属が複数置換したものや，同じ分子の複数の異なる炭素がそれぞれ金属と結合するものなどが知られている．例を次に示す．

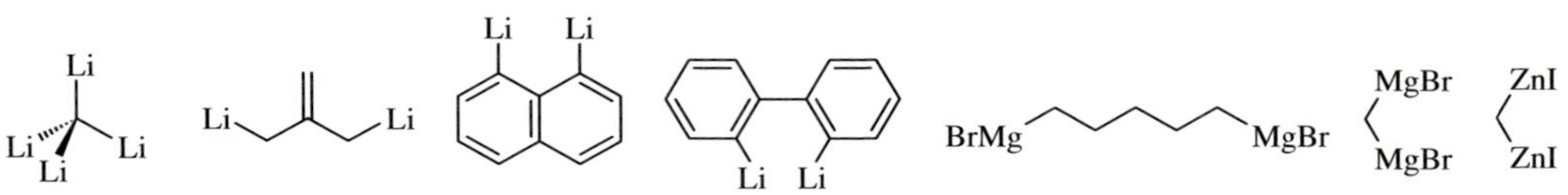

これらのポリアニオン等価体は"モノアニオン"と異なる反応性をもつ．たとえば，1,2-ジケトンに対しメチレン二亜鉛を作用させると，シクロプロパンジオールのシス体が立体選択的に得られる．この反応では，二つの亜鉛原子がジケトンの二つの酸素原子にそれぞれ配位し，ジケトンの二つのカルボニル基の間の単結合の回転を阻害して立体配座を固定する．その結果，生成するシクロプロパン環上でフェニル基とメチル基はシスの配置をとる．

問題 4・1 6-ヨード-1-ヘキセニルシクロプロパンに $-78\,°C$ で t-ブチルリチウムを作用させ，ヨウ素-リチウム交換を行った．次に TMEDA を加え $20\,°C$ で 1 時間かき混ぜ，後処理したところ，1-ブテニルシクロペンタンの Z 体と E 体の混合物が得られた．なぜこの 5 員環化合物が得られたのか．リチウム化合物が途中に生じると想定して理由を説明せよ．

問題 4・2 ピバル酸 2-エチニルアニリドに s-C_4H_9Li を作用させジアニオンにしたのち $(-)$-スパルテインを $-78\,°C$ あるいは $-25\,°C$ で加えた．$(CH_3)_3SiCl$ でアニオンを捕捉したところ，どちらの場合も R 体の生成物が得られた．その ee は $-78\,°C$ で 21% ee, $-25\,°C$ で 82% ee であった (a)．
この生成物の Si を Sn に代えたベンジルスズ化合物の R 体 66% ee に s-C_4H_9Li を作用させると R 体 66% ee と考えられるベンジルリチウム化合物が生じるが，この化合物に (a) と同様に，$(CH_3)_3SiCl$ を加えてアニオンを捕捉したところ，温度により生成物の立体化学と ee が (b) のように異なった．これらの結果をどのように考えればよいか．なお，ベンジルリチウムの $-78\,°C$ での $(CH_3)_3SiCl$ による捕捉は立体配置の反転を伴って進行する．

5

二価炭素，カルベンとカルベノイドの生成と反応

　電荷をもたない 2 価の炭素化学種を総称して**カルベン**（carbene）とよぶ．カルベン炭素には価電子として 6 電子あり，そのうち 4 電子は結合を二つ形成するのに使われ，残りの 2 電子は反応に関与する．不飽和で反応性の高い炭素活性種だが，実際には有機合成において大きな役割を果たしている．本章ではその基礎的性質と合成反応を紹介する．

5・1　一重項カルベンと三重項カルベン

　カルベンの結合に関与しない 2 電子のスピンが対をなして同じ軌道に入っている状態を**一重項**（singlet），スピンの配向が同じで別の軌道に 1 電子ずつ入っているものを**三重項**（triplet）という．一重項状態は空の p 軌道と電子の詰まった sp^2 軌道をもつので，カルボカチオンのような求電子性とカルボアニオンのような求核性をあわせもつ．三重項状態はビラジカルとしての性質を示し，ラジカル反応をひき起こす．基底状態においていずれの状態が安定かは，炭素上の置換基によって決まる．たとえば，無置換のカルベン $H_2C:$ は基底状態で三重項が安定であり，塩素置換のカルベン $Cl_2C:$ は一重項が安定である．

　ジアゾメタンを光分解すると一重項カルベンを生じる．このときの H–C–H のなす角度は，電子線スペクトルによって 102°であることがわかっている．一重項カルベンは，項間交差（系間交差ともいう）により，より安定な三重項カルベンになる．このときの H–C–H のなす角度は，ESR 測定により 136°と実測されている．この三重項状態においては不対電子の一つが p 軌道に，もう一つが sp^2 軌道に存在している．ジクロロカルベンのようなヘテロ原子置換のカルベンでは，ヘテロ原子の非共有電子対が空の p 軌道に電子を供与するため，一重項状態が安定化されることになる．一方，芳香環が置換したカルベンでは，p 軌道の不対電子が芳香環に非局在化できるため，三重項が安定化になる．芳香環が二つ置換したジフェニルカルベンでは直線に近い構造をとるようになる．

　　　　　　　一重項カルベン　　　　　　三重項カルベン

　カルベンの最も一般的な生成法は，加熱または光照射によるジアゾアルカンやジアジリンからの窒

素の脱離である．ジアゾアルカンやジアジリンは対応するアミンやカルボニル化合物から簡便に合成可能であり，後者のほうが熱的に安定である．そのためジアジリンは，カラムクロマトグラフィーによる単離が可能な場合もあるが，本質的に爆発性を有しているので注意が必要である．ジハロカルベンはトリハロメタンから強塩基によってハロゲン化水素を引抜いて調製する．

$$CHCl_3 + NaOH \longrightarrow Na^{+}CCl_3^{-} \xrightarrow{-Cl^{-}} Cl\ddot{C}Cl + NaCl + H_2O$$

5・2 カルベンとその等価体

溶液中で遊離のカルベンが生じるわけではないが，あたかもカルベン等価体としてふるまう化学種を**カルベノイド**（carbenoid）とよぶ．α-ハロ有機金属化合物は，最も一般的なカルベノイドである．炭素－金属結合が炭素の求核性を提供し，炭素－ハロゲン結合が求電子源として働く．一般には対応するハロゲン化炭化水素からの脱プロトンまたは金属-ハロゲン交換によって合成する．

$$CH_2Cl_2 + n\text{-}C_4H_9Li \longrightarrow \underset{Cl\ Cl}{\overset{H\ Li}{C}} \qquad CH_2I_2 + Zn\text{-}Cu \longrightarrow H_2C\underset{I}{\overset{ZnI}{}}$$

カルボアニオンが，隣接するヘテロ原子上のカチオンによって中和されて安定化されている**イリド**（イリドとは，正電荷をもつ原子と負電荷をもつ原子が隣接している化学種の総称である）も，カルベン等価体として挙動する．すなわち，カルボアニオンが求核剤として働くとともに，隣の正に荷電したヘテロ原子が脱離基になる際に炭素原子が求電子的に挙動する．イリドは，硫黄やリンなどのヘテロ原子のオニウム塩から，α水素を塩基で引抜いて合成する．また，求電子性の高い一重項カルベンを窒素，酸素，硫黄などのヘテロ原子をもつ化合物と反応させることによっても合成できる．なかでも酸素のイリドであるオキソニウムイリドはあまり安定ではなく，分解しやすい．

一重項カルベンが sp² の σ 軌道に 2 電子をもち，この 2 電子を金属に供与して配位すると金属カルベン錯体ができる．このさい，金属が d 電子をもてば，d 軌道から空の p 軌道へ逆供与することによっ

て，錯体がより安定になる．金属－炭素間の二重結合の構造で示すことができる．

　金属カルベン錯体は，カルベン炭素の反応性によって 2 種類あり，炭素が求核性を示すものを Schrock 型，求電子性を示すものを Fischer 型とよぶ．低原子価の前周期遷移金属では，d 軌道のエネルギー準位が高く，イレン型の二重結合の電子が炭素寄りに局在化し，イリド型で示す共鳴構造の寄与が大きくなる．これが Schrock 型カルベン錯体である．一方，後周期遷移金属では d 軌道のエネルギー準位が低く，イレン型の二重結合の電子は金属のほうに局在化し，逆イリド型の寄与が大きくなる．特に，X，Y が非共有電子対でカルボカチオンを安定化できるヘテロ原子である場合には，この構造が安定化されることになる．これが Fischer 型カルベン錯体である（17 章参照）．

5・3　カルベンおよびその等価体によるアルケンのシクロプロパン化

　カルベンの最も特徴的な反応に，アルケンのシクロプロパン化がある．cis-2-ブテンに遊離のカルベンを反応させると，カルベンが一重項から反応するか三重項から反応するかによって，生成物の立体化学が異なる．すなわち，一重項カルベンであれば，新たに生じる二つの炭素－炭素結合はほぼ同時に生成する．このため，メチル基どうしはシス配置を保つ．しかし，三重項カルベンの付加では，ビラジカルであるカルベンの両電子が平行なスピンをもつため，炭素－炭素結合が一つ生じた段階で，残りの 2 電子は同符号のスピンをもつため，即座に結合できない．スピンの反転を待つうちに炭素－炭素結合が回転し，メチル基どうしがトランスになる生成物も生じる．

　次に具体例を示そう．cis-2-ブテンとジアゾメタンを光照射下反応させると cis-シクロプロパンが立体特異的に得られるが，同じ反応をペルフルオロプロパン溶媒中で行うと，望ましいシス体に加えトランス体も混入してくる．この場合，三重項カルベンが生成していると考えられている．

　ジアリールカルベンは三重項になりやすいので，ジアゾフルオレンは，cis-2-ブテンと反応させるとトランス付加体の副生が多くなる．

また，§5・1で述べたように，クロロホルムを塩基と反応させるとジクロロカルベンが容易に生成し，アルケンが存在するとジクロロシクロプロパンが得られる．

$$HCCl_3 \xrightarrow{NaOH} :CCl_2 \xrightarrow{シクロヘキセン} \text{[ジクロロノルカラン]}$$

各種の 1,1-ジヨードアルカンを亜鉛-銅合金のような活性化された亜鉛で処理すると，亜鉛カルベノイドが生成する．これを分解させるとカルベンが生じ，アルケンと反応してシクロプロパンが生成する．この反応を **Simmons-Smith 反応**(シモンズ スミス)という．この亜鉛カルベノイドによるシクロプロパン化反応は有機合成化学でよく用いられている．

$$I-CH_2-I \xrightarrow{Zn-Cu} I-CH_2-ZnI \rightleftharpoons I-CH_2-Zn-CH_2I + ZnI_2$$

基質としてアリルアルコールやアリルエーテルを用いると，シクロプロパン化が立体選択的に起こり，ヒドロキシ基やエーテル酸素と同じ側からシクロプロパン化されたシス体が高収率で生成する．

また，ジハロカルベンのアルケンに対する付加によって生成するジハロシクロプロパンを還元することにより，炭素骨格の転位を経由してアレンを形成させることが可能である．この反応は炭素−炭素二重結合に対する炭素 1 原子の挿入反応とみなすこともできる．不斉シクロプロパン化については§7・3・3で述べる．

硫黄のイリド，特にジメチルスルホキソニウムメチリド（Corey-Chaykovsky 反応剤）は α,β-不飽和カルボニル化合物に Michael 付加したのち，ジメチルスルホキシドが脱離し，二重結合を立体配置保持でシクロプロパン化する．環化の際に，置換基の立体化学を反映したジアステレオ選択的な反応が進行することがある．たとえばタキソール誘導体の合成に利用されている．

[反応スキーム図]

95%

タキソール誘導体 69%

5・4 イミン，アルデヒド，ケトンへのカルベンや等価体の付加：3員環形成

カルベンは，炭素−炭素二重結合だけでなく，カルボニル基にも付加してエポキシドを生じる．たとえばジアゾ化合物の光分解で生成させたジフェニルカルベンとアセトフェノンとの反応では，カルボニルイリド中間体を経由してエポキシドを生じる．

[反応スキーム図：カルボニルイリド]

イミンとの反応では同様に対応するアジリジンが生成する．実際，クロロホルムに塩基を作用させて生成させたジクロロカルベンをジアリールイミンと反応させると，イミニウムイリドが生じ，環化してジクロロアジリジンが得られる．カルベンだけでなく，カルベン等価体も同様の反応をして，それぞれ炭素−ヘテロ原子二重結合へ付加する．こうして対応する3員環生成物が得られる．

[反応スキーム図：イミニウムイリド]

ジアゾメタンとシクロヘキサノンの反応では，エポキシドの生成と環拡大反応が競争する．これは，ホスホニウムメチリドとシクロヘキサノンの反応において，Wittig反応が進行してアルケンを生じるとともにリンが酸化されることと対照的である．一方，ジメチルスルホニウムメチリドをシクロヘキセノンと反応させると，エポキシドが生成する．これに対し先に述べたように，ジメチルスルホキソニウムメチリドはシクロヘキセノンと反応してシクロプロピルケトンを生じる．

[反応スキーム図：副生成物，主生成物]

5・5 カルベンの挿入反応

2価炭素であるカルベンは，酸素－水素結合などの分極した結合に挿入する．アルコールやフェノールからはそれぞれアルキルエーテルや，アリールエーテルが得られ，カルボン酸からはエステルが得られる．

$$R^1OH + CR^2_2N_2 \longrightarrow R^1OCHR^2_2$$
$$ArOH + CR^2_2N_2 \longrightarrow ArOCHR^2_2$$
$$R^1COOH + CR^2_2N_2 \longrightarrow R^1COOCHR^2_2$$

いくつかの反応機構が想定されており，1) 三中心遷移状態を経由して一挙に挿入反応が進行するもの，2) カルベンが塩基として働き，プロトン移動によって生じたカルボカチオンへアニオンが求核攻撃するもの，3) ヘテロ原子のカルベンに対する求核攻撃によってイリドが生じたのち，分子内1,2転位するもの，があげられる．反応経路はおもにカルベンの性質に大きく依存する．求核カルベンは2)のプロトン移動の経路をとり，求電子カルベンは3)のイリド経路をとる．

カルベノイドであるジアゾアルカンは，その分極構造を反映して，窒素の脱離を伴いながら2)のプロトン移動経路に似た反応機構で，分極したヘテロ原子－水素結合へ挿入する．最も広く使用されているのはジアゾメタンであり，これのエーテル溶液をカルボン酸と混合するだけで，瞬時に窒素の脱離を伴って対応するメチルエステルを生成する．ただしジアゾメタンは毒性が高く，爆発の危険性があるため，取扱う場合は磨りや傷のないガラス器具を使用するなどの格別な注意が必要である．最近ではジアゾメタン等価体として，毒性が低く安定で取扱いが格段に容易なトリメチルシリルジアゾメタン $(CH_3)_3SiCHN_2$ の溶液も市販されている．

アルケンのヒドロホウ素化によって生じた炭素－ホウ素結合に対してカルベノイドを挿入させると一炭素だけ増炭（homologation）できる．カルボアニオンのホウ素に対する求核攻撃により sp^3 型ボラートが生成し，つづいてホウ素に結合した炭素官能基が1,2転位する．こうして，脱 LiCl を伴う段階的機構で生成物を生じる．

5・6 カルベンの転位反応

アルキルカルベンやα-ケトカルベンでは 1,2 転位反応が進行し，それぞれアルケン，ケテンを生じる．一般式を次に示す．これらの反応は隣接する C–Z 結合に対するカルベンの挿入ととらえることもできる．転位する置換基 Z の転位能は，アルキルカルベンの場合，RS ＞ H ＞ アリール ＞ アルキル ＞ RO ＞ R_2N の順である．

アルキルカルベンからアルケンへの異性化の具体例を次に示す．隣の炭素－水素結合への挿入が優先するが，さらに遠い炭素－水素結合にも分子内挿入する．重水素標識実験により，このアルケンの生成は E2 脱離機構ではなく，カルベン生成とこれに続く 1,2 転位反応によることが示されている．遊離カルベンの反応は一般に選択性に乏しく，有機合成的利用価値は低い．カルベノイドから発生させる金属アルキリデン錯体を用いるほうが，選択性は高い．

α-ケトカルベン（カルボニル基の α 位カルベン）が生じると，カルボニル基の反対側の置換基がカルベン炭素に転位（Wolff 転位）し，ケテンになる．この反応は，酸塩化物から一炭素増炭したカルボン酸への変換にしばしば用いられている．

また，ジアゾメタンを用いると，ケトンあるいはアルデヒドを一炭素増炭した結果になる．この反応は，カルボアニオンの求核付加，つづいて窒素の脱離を伴ったベタインからの 1,2 転位反応であると考えられている．

R^1 ＝ アルキル，アリール
R^2 ＝ H，アルキル，アリール

5・7 安定なカルベンの単離とその触媒作用

イミダゾール-2-イリデンはカルベン炭素に窒素原子が二つ隣接し，これが炭素原子の空のp軌道に電子対を供与する．カルベン炭素は一重項状態が安定になり，炭素は求核性を示すようになる．この状態で5員環のπ電子数は6であり，芳香族安定化を受けている．さらに窒素に嵩高い1-アダマンチル基を結合させてカルベン炭素を立体的に保護すると，融点240℃の安定な固体として単離できる．これは対応するイミダゾリウムカチオンの脱プロトン反応によって合成できる．これらイミダゾール-2-イリデンは含窒素複素環状カルベン（N-複素環状カルベン，以下 NHC と略）と略称され，種々の金属錯体において，電子供与性の中性配位子として用いられている．

R = 1-アダマンチル, CH_3, 2,4,6-$(CH_3)_3C_6H_2$

イミダゾール-2-イリデン
NHC

NHC は，よい求核剤であるとともに，よい脱離基として働く．このため，NHC それ自身が種々の反応の触媒として用いられている．たとえば，NHC（R = CH_3）がホルムアルデヒドに付加すると，アルデヒド水素が酸素に 1,2 移動する．こうしてヒドロキシベタインが生じ，これがエノンに 1,4 付加したのちに NHC の脱離を伴って生成物を生じる（Stetter 反応）．この生成物はエノンに対するホル

ヒドロキシベタイン
（アシルアニオン等価体）

参考：シアン化物イオンによるベンゾイン縮合

アシルアニオン等価体

5・7 安定なカルベンの単離とその触媒作用

ミルアニオンの 1,4 付加生成物に相当するので，中間に生成しているヒドロキシベタインはアシルアニオン等価体であるとみなせる．反応は，シアン化物イオン触媒によるベンゾイン縮合と同様の機構で進行する．ベンゾイン縮合では，シアン化物イオンがアルデヒドに付加したのちにプロトン移動によって生じたアシルアニオン等価体が，もう 1 分子のアルデヒドに付加し，プロトンが移動してカルボニル基を形成するとともにシアン化物イオンを再生するため，反応は触媒的に進行する．

最近では，光学活性な NHC を用いて，第三級アルコールを立体選択的に合成する不斉ベンゾイン縮合が達成されている．いずれもカルベン触媒を単離せずに前駆体のトリアゾリウム塩を塩基と系内で混合して発生させ，目的の反応を達成している．詳細は 19 章参照．

嵩高い NHC〔R = 2,6-(CH$_3$)$_2$C$_6$H$_3$〕を用いると，α,β-不飽和アルデヒドとアルデヒドからラクトンが得られる．アシルアニオン等価体が生じるところまでは上記の反応と同じだが，アシルアニオン等価体がアルデヒドに 1,2 付加するベンゾイン縮合型の反応は進行しない．複素環にある置換基が嵩高いため，カルボニル基の β 位で求核付加が起こる．生じたオキシアニオンが再生したカルボニル基を求核的に攻撃することによって環形成とともにカルベンの脱離によってラクトンが生成する．

NHC〔R = 2,6-(CH$_3$)$_2$C$_6$H$_3$〕を用いる，ラクトンやラクチド（環状乳酸ジエステル）の開環重合が可能である．この反応では最初に NHC がラクチドを開環して生成したベタインが連続的にラクチド

を開環して，最終的にはNHCの脱離を伴って環状のポリ乳酸が生成する．

5・8 ニトレンの生成とその反応性

カルベンに対応する1価の窒素を**ニトレン**（nitrene）とよぶ．これはカルベンと等電子構造である．やはり三重項と一重項をとりうる．ニトレンは，カルベンの場合と同様に，窒素でのα脱離や，アジドの熱または光分解によって生成する．

一重項ニトレンは（特に第三級）炭素-水素結合に炭素の立体配置を保持したまま挿入する．また，アルケンへの付加もカルベンと同様に進行し，アジリジンを生成する．

また，ニトレンはカルベンと同様に1,2転位反応をする．たとえばフェニルアジドを光分解すると，発生したフェニルニトレンで環拡大反応が起こり，7員環のケテンイミン中間体を生成する．アミン

NHCと等電子構造の化学種

14族元素の2価化学種は，カルベン以外にもシリレン，ゲルミレン，スタンニレンが単離されている．15族元素は14族元素に比べて価電子が一つ増えるため，等電子構造の化学種はカチオンになる．たとえばホスフェニウムイオンが報告されている．反対に13族ではアニオンとなる．ホウ素とガリウムのアニオンが単離されている．

M = B, Ga
R = t-C$_4$H$_9$,
2,6-(i-C$_3$H$_7$)$_2$C$_6$H$_3$

M = C, Si, Ge
R = t-C$_4$H$_9$,
2,6-(i-C$_3$H$_7$)$_2$C$_6$H$_3$

R = t-C$_4$H$_9$

が共存すると，これがひずんだ C=N 結合に付加する．

アミド RCONH$_2$ の窒素に脱離基が存在すると，α脱離とともに R が転位し，R が窒素と結合をつくってイソシアナートが生成する．これを加水分解するとカルバミン酸になり，これはただちに脱炭酸して第一級アミンになる．水の代わりにアルコールやアミンを共存させておくと対応するカルバミン酸エステルや尿素誘導体が得られる．この一連の反応では，遊離のニトレンが発生するわけではないが，形式的にニトレンがカルボニル基の隣に挿入したとみなすことができる．したがって，N に脱離基をもつアミドはアシルニトレン R−CO−N̈:の等価体である．

カルベンと同様，ニトレンは遷移金属に配位するので，金属ニトレノイドとして有機合成反応に利用されている．金属ニトレノイドは金属−窒素の二重結合をもつ共鳴構造の寄与が大きく，対応する高原子価の金属イミド錯体として反応すると考えてもよい．

全合成におけるニトレンの利用

テトロドトキシン（フグ毒）の全合成に，ロジウム触媒を用いてカルバマート基からニトレンを生成させ，これを隣接する C−H 結合に挿入させる反応が窒素官能基の立体選択的導入に利用されている．[詳細は *J. Am. Chem. Soc.*, **125**, 11510 (2003) を参照するとよい．]

(−)-テトロドトキシン

遷移金属ニトレノイドは金属錯体にニトレン源としてスルホニルアジドや高原子価ヨウ素イミド反応剤を反応させても生成させることが可能である．また，アミンと酸化剤を組合わせてニトレンを反応系内で生成させることもできる．

$$L_nM \xrightarrow[\substack{\text{あるいは} \\ C_6H_5-I=NSO_2(p\text{-}CH_3C_6H_4)}]{N_3-SO_2(p\text{-}CH_3C_6H_4)} L_nM=N-SO_2(p\text{-}CH_3C_6H_4) + N_2$$

こうして発生させた金属ニトレノイドは C−H 結合へ挿入したり，アルケンをアジリジン化する．遷移金属の配位子を適切に選択すると，高エナンチオ選択的な反応が達成できる．

触媒 A

触媒 B

問題 5・1 一重項カルベンと三重項カルベンの違いを述べよ．

問題 5・2 金属カルベン錯体には，カルベン炭素が求核性のものと求電子性のものがある．どのような違いにより，こうした反応性の差が生じるのか．

問題 5・3 次の反応の主生成物を立体化学も含め予想せよ．また，その根拠を述べよ．

問題 5・4 次の反応の機構を示せ．

6

ベンザインの化学

　ベンザイン（benzyne）はベンゼン C_6H_6 から水素原子を二つ取除いた化学種であり，o-ベンザイン，m-ベンザイン，p-ベンザインの三つがある．しかし，通常ベンザインという場合には o-ベンザインを示すことがほとんどである．芳香族化合物（arene）の環上の水素原子を二つ取除いたベンザイン類縁体を一般にアライン（aryne）と総称する．ベンザインはきわめて不安定な化学種であり，高活性反応中間体としてのみ存在することが知られている．しかし，その高い反応性のためさまざまな興味ある反応を起こし，有機合成において有用な中間体として利用できる．

6・1　ベンザインの構造

　ベンザインはアルキンを含む6員環構造として書くことが多い．しかし，通常のアルキンは sp 混成の炭素からなる直線状分子であるから，ベンザインの炭素－炭素三重結合は明らかに異常である．
　三重結合のうち二つのπ結合の一つは6員環平面に対して垂直に位置したp軌道によって形成されており，ベンゼンの6π芳香族系をなしている．もう一つのπ結合は環外周方向を向いた sp^2 混成軌道によって形成されている．しかし，この軌道は平行ではなく，その重なりが効果的ではないため，このπ結合は弱い．

通常のアルキン　　ベンザイン　　ベンザインの分子軌道　p 軌道　　sp^2 混成軌道

　DFT法（密度汎関数法）を用いた分子軌道計算によると，ベンザインはベンゼンと同様に平面状の分子である．C1－C2 の結合長は 0.1245 nm と典型的な二重結合（エチレン 0.134 nm）と典型的な三重結合（アセチレン 0.120 nm）の中間の値である．一方，C2－C3 の結合長は 0.1382 nm，C3－C4 の結合長は 0.1410 nm，C4－C5 の結合長は 0.1405 nm と計算されている．このためベンザインの構造としては，シクロヘキサジエンイン（**A**）や環状クムレン（**B**）よりも非局在化した構造（**C**）を考えるのが適当である．

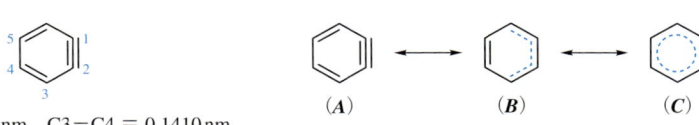

C1－C2 = 0.1245 nm　　C3－C4 = 0.1410 nm
C2－C3 = 0.1382 nm　　C4－C5 = 0.1405 nm
（B3LYP/6-311+G**）

(**A**)　　(**B**)　　(**C**)

6・2 ベンザインの基本的な反応性

ベンザインの LUMO は外周方向の三重結合の π^* 軌道であり，エネルギー的に低い位置にある．このため，ベンザインは求核付加反応を受けやすい．また，Diels-Alder 反応においては，よい求ジエン体として作用し，フランやアントラセンなどジエンとしての反応性が比較的低い化合物に対しても反応する．ベンザインと反応する相手が存在しない場合には，ベンザイン自身が二量化してしまう．このように，ベンザインは [2+2] 付加反応も起こす．

ベンザインはハロベンゼンの求核置換反応の中間体として重要である．ハロベンゼンに強塩基であるナトリウムアミドを作用させると，アニリンが生成する．ハロゲンがナトリウムアミドによって求核置換されたようにみえるが，実際はそうではない．ハロベンゼンの脱プロトンによりカルボアニオンが生成し，1,2 脱離によりベンザインを生成する．ここにナトリウムアミドが求核付加することによりアニリンが生成する．このような反応機構を経るため，ハロゲンのついた炭素を ^{13}C で標識($*$)して反応させると，生成するアニリンの C1 と C2 が等しく標識された結果になる．ベンザインの生成で

ベンザインの単離

ベンザインは非常に不安定であり，気相中や低温マトリックス中での観測例はあるものの，単離することは大変むずかしかった．しかし，ヘミカルセランドを分子カプセルとしてベンゾシクロブテンジオンを取込ませ，下記の光反応によって脱炭酸すると，カプセル中でベンザインが生成する．このとき，カプセル中では 1 分子が孤立し反応する分子が近づけないため比較的安定に存在する．NMR 測定の結果，ベンザインが基底三重項ビラジカルでなく，基底一重項であることが明らかになっている．

は脱離の段階が律速段階であり，優れた脱離基を用いるほどカルボアニオンからベンザインが生成しやすい．

6・3 ベンザインの生成法

　ベンザインは不安定であるため，生成したベンザインをすぐに捕捉できるよう反応相手を共存させて生成させる．おもな生成方法は二つある．一つはすでに述べたように脱離基のオルト位にカルボアニオンを生成させ，1,2 脱離によりベンザインを生成させるものである．この方法が最も一般的に利用されているが，生成するベンザインの反応性が高いため，カルボアニオンを生成させるための塩基や，カルボアニオン自身がベンザインに求核付加しないよう工夫する必要がある．たとえば，クロロベンゼンのオルト位の水素をナトリウムアミドで引抜く方法では，生成したベンザインがすぐにナトリウムアミドと反応してしまう．よって，この方法では，ベンザインを別の反応剤と反応させることはむずかしい．また，オルト位水素が複数ある場合には位置異性体が生じる．このような問題を回避し，効率的かつ位置選択的にベンザインを生成させるためには，カルボアニオンの生成法や脱離基を適切に選ぶ必要があり，これまで種々の方法が開発されてきた．

　強塩基を用いない穏和な条件でベンザインを生成するには，o-トリメチルシリルフェニルトリフラートを前駆体とする方法がよい．この前駆体にフッ化テトラブチルアンモニウムやフッ化セシウムを作用させるとやはり 1,2 脱離によってベンザインが生成する．ここでは，まずフッ化物イオンがシリル基を求核攻撃し，高配位ケイ素を形成する．次に，炭素—ケイ素結合が切断されカルボアニオンを生成した後，トリフラート基が脱離してベンザインを生じる．フッ化物イオンと高い親和性をもつシリル基の特性がいかされている．また，ヨウ化物を低温でリチウム-ヨウ素交換反応させる方法も非常に効果的である．1 当量のブチルリチウムによるリチウム-ヨウ素交換反応は低温でも非常に速く進行するため，生じたベンザインにブチルリチウムが付加することはない．また，1,2-ハロベンゼンを金属マグネシウムで処理する方法も反応によっては有用な場合がある．これらの方法では前駆体を選択的に合成できればベンザインを位置特異的に生成できる．

　第二の方法では光や熱分解により置換基を二つ脱離させる．アントラニル酸のジアゾ化により生成するベンゼンジアゾニウムカルボキシラートや過酸化フタロイルを利用する．ベンゼンジアゾニウムカルボキシラートは窒素と二酸化炭素を放出して，過酸化フタロイルは二酸化炭素を 2 分子放出して

ベンザインを生成する*．1-アミノベンゾトリアゾールは，酢酸鉛(IV)の存在下，−80℃でもベンザインを生成する．

[アントラニル酸からのベンザイン生成反応式：アントラニル酸 + RONO → ジアゾニウム中間体 → ベンザイン + N_2 + CO_2]

[光照射によるベンザイン生成：無水フタル酸過酸化物 → ベンザイン + 2 CO_2]

[1-アミノベンゾトリアゾール + $Pb(OAc)_4$ → 中間体 $\xrightarrow{-2N_2}$ ベンザイン]

6・4 合成反応への応用

6・4・1 求核付加

ベンザインへの求核付加反応は芳香環に置換基を導入する方法として有用である．ベンザインに対するアニオンの付加により置換フェニルアニオンが生成するが，非プロトン性溶媒中で反応させると，生成したアニオンをさまざまな求電子剤で捕捉することができる．反応条件によっては，生成した置換フェニルアニオンがさらにベンザインに付加することもあるので注意を要する．次の例では，ビフェニルホスフィン配位子の合成に利用している．このような嵩高いホスフィン配位子はパラジウム触媒反応に非常に有効である．また，1,3-ジクロロベンゼンから調製できるリチウム反応剤にアリールGrignard 反応剤を 2 当量作用させて加熱すると，二つの塩素をアリール基で置換できる．これもベンザイン経由の反応と考えられ，ターフェニル誘導体が効率よく合成できる．

[反応スキーム：(2-(CH$_3$)$_2$N-C$_6$H$_4$)MgCl + 2-ブロモクロロベンゼン + Mg → ビフェニル中間体 → (c-C$_6$H$_{11}$)$_2$PCl → ビフェニルホスフィン生成物]

[反応スキーム：1,3-ジクロロベンゼン $\xrightarrow[-70℃]{n-C_4H_9Li}$ 2,6-ジクロロフェニルリチウム $\xrightarrow{2\ ArMgBr}$ 2,6-ジアリールフェニル-MgBr $\xrightarrow{I_2}$ 2,6-ジアリールヨードベンゼン]

ベンザインは求核性の低い電気的に中性な求核種とも反応する．このような反応性をよく理解すると，ベンザインに求核剤と求電子剤の両方を付加させることが可能になる．

[反応スキーム：2-(トリメチルシリル)フェニルトリフラート + R^{1}CH=NR^2 + CO_2 $\xrightarrow{KF,\ 18-クラウン-6}$ ベンゾオキサジノン誘導体]

6・4・2 付加環化反応

前述したようにベンザインは Diels-Alder 反応における求ジエン体となることがよく知られていて，

---

* アントラニル酸から出発する方法は安価だが，しばしば急激に反応が起こりガラス容器の破裂をまねくことがあるので要注意である．

6・4 合成反応への応用

天然物合成でも多用されている．次の例ではベンザインとメトキシフランとの位置選択的 Diels-Alder 反応が合成の鍵段階となっている．

また，ベンザインとシクロペンタジエノンの Diels-Alder 反応は多置換芳香族化合物の合成法として有用である．

ベンザインはビニルエーテルやケテンシリルアセタールなどの電子豊富なアルケンに対して容易に [2+2] 付加環化反応して，ベンゾシクロブテンを生じる．ベンゾシクロブテンは高い反応性をもち，さまざまな有機合成に利用できるため，このような [2+2] 付加環化反応は有用である．注目すべきことに，アルコキシ置換ベンザインを反応に用いると，可能な二つの位置異性体のうち一方のみが高選択的に生成する．[2+2] 付加環化反応を繰返すと，ひずみをもった芳香族化合物であるトリシクロブタベンゼンが合成できる．

また，ベンザインはフラーレン類とも [2+2] 付加環化反応をする．この反応は，フラーレン類の有用な修飾法である．

6・4・3 遷移金属触媒反応への応用

遷移金属触媒反応において，アルキンはきわめて重要な基質である．炭素-炭素三重結合が金属中心に配位し，効果的に活性化され，さまざまな反応に関与する．ベンザインを炭素-炭素三重結合の一種とみて，ベンザインの関与する遷移金属触媒反応の開発が盛んに行われている．

ここで，問題となるのはベンザインの不安定性である．ベンザインが金属に配位し，金属-ベンザイン錯体が生成すればベンザインは安定に存在しうるが，金属が触媒量しか存在しないため，ベンザインの生成速度が重要である．このような反応には，フッ化物イオンでシリル基を脱離させるベンザイン生成法を利用することが多い．フッ素源や溶媒によりフッ化物イオンの濃度を制御すると，適切な速度でベンザインが生成するよう工夫することができる．

アルキンはさまざまな遷移金属触媒の存在下に [2+2+2] 環化反応を起こし，置換ベンゼンを生成する．同様にベンザインもパラジウム触媒の存在下では三量化する．アルキンとの共三量化も可能である〔(1),(2) 式〕．また，アラインの炭素-炭素三重結合に対してアルキニルスズのカルボスタンニル化反応〔(3) 式〕や環状ジシランによるビスシリル化が進行する〔(4) 式〕．これらの反応では，通常のアルキンを用いた場合と同様に，生成したベンザインがパラジウムに配位して π 錯体を生成し，反応が進行すると考えられている．

6·5 ヘテロアライン

芳香族複素環のベンザイン類縁体も知られており，一般に**ヘテロアライン**（heteroaryne）とよばれている．5員環のヘテロアラインの例は，ひずみが大きすぎて不安定になるためか，ほとんど知られていない．6員環のヘテロアラインについては，ピリジン環の例が知られている．

6·6 p-ベンザイン

p-ベンザインはエンジイン類の正宗-Bergman 環化により生成する．o-ベンザインと異なり，三重項を基底状態とするビラジカルであり，ラジカル的な水素引抜反応を起こす．カリチェアミシンのような抗腫瘍性抗生物質は環状エンジイン構造をもつ．環化によりp-ベンザインが生成し，このビラジカルが DNA のリボース部から水素を引抜き，DNA の二本鎖を切断する．一般にエンジインの正宗-Bergman 環化には加熱が必要である．しかし，エンジイン系の抗腫瘍性抗生物質は高度にひずんだ環状エンジイン構造をもっており，二つのアルキン部分が近接しているため，環化によるビラジカル生成が速やかに進行する．

問題 6·1 o-ヨードフェニルトリフラートにブチルリチウムを作用させるベンザインの生成法において，なぜブチルリチウムが生成したベンザインに付加することがないのか説明せよ．

問題 6·2 次の反応の機構を示せ．

問題 6·3 次の反応の機構を示せ．

7

環状炭素化合物の合成 I

　炭素環は多くの有機化合物に含まれており，環状炭素化合物の合成は有機合成化学で最も重要な合成反応のひとつである．環化反応は環状炭素化合物を合成するために有力な手段だが，ここでは段階的に環を形成する反応よりは，むしろ一挙に環形成が起こる反応を扱う．代表的な環化反応は，**ペリ環状反応**（pericyclic reaction）あるいは周辺環状反応とよばれており，π電子系を含む複数の結合が環状の遷移状態を経て，反応中間体を生成せずに結合生成と結合切断が同時に起こる反応様式である．この種の反応は，形式に応じて，電子環状反応，付加環化反応，キレトロピー反応，シグマトロピー転位，エン反応の五つに大別できる．このうち，本章では環形成に関与している前の三つの反応を取上げる．

7・1　電子環状反応

　電子環状反応（electrocyclic reaction）は，分子内で反応に関与する共役π電子系の両端でσ結合を形成して閉環する反応またはその逆過程の開環反応である．ブタジエンや 1,3,5-シクロヘキサトリエンが環化して，それぞれシクロブテンや 1,3-シクロヘキサジエンのような環状π電子系化合物を生成する反応が該当する．反応中間体を経由することなく，環状の遷移状態を経由して 1 段階ですべての結合生成と切断が進行する反応である．

　最も単純なブタジエン-シクロブテンの変換を考えよう．ブタジエンの分子軌道は図 7・1 に示すように ψ_1 から ψ_4 になることは量子化学の初歩を学び行列式を解いて理解できるだろう．熱反応は HOMO で起こるので，ψ_2 を考える．両端の炭素における分子軌道の位相の符号はブタジエン分子平面の上下で異なる．熱閉環によって結合ができる際，同じ符号の部分が重なって結合性のσ結合ができなければならないので，ブタジエンの両末端の軌道は同じ方向（同旋，conrotatory）に回転する必要がある．そうすると，ブタジエンの 1,4 位の置換基の立体配置が生成物の立体配置と特異的な関係が生じる．すなわち，同旋ではブタジエンの置換基 **a** と **b** はトランスになることがわかる．

　一方，光を照射すると 1 電子が ψ_2（HOMO）から ψ_3（LUMO）に励起される．この場合は逆旋（disrotatory）になる．すなわち **a** と **b** はシスになる．実際この結果になる例が多数報告されている．

　対称性を使ってもう少し詳しく説明しよう．出発物と生成物の軌道を考え，同旋（C_2 対称の操作）に対して軌道の位相が対称になる分子軌道を S とし，非対称のものを A とすると，図 7・1(a) の各分子軌道の横に記したように A または S になる．反応の前後で軌道の対称性が保持されるとすると，基底状態の分子軌道 ψ_1 と ψ_2 で生成物の基底状態 σ と π の分子軌道と関係づけられるので，この対称操作すなわち同旋的閉環反応が熱反応で進むことがわかる．結合性と反結合性の境となる破線のレベルを超えていないことに注目しよう．

　一方，逆旋は σ 対称の操作に相当し，これに関して出発物と生成物の分子軌道が対称になる（S）

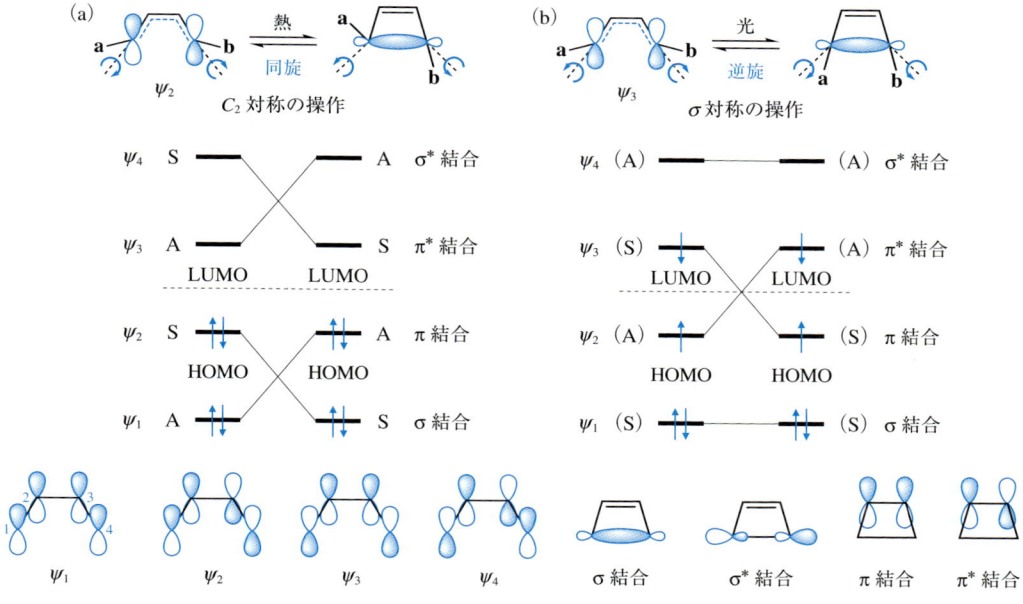

図 7・1 ブタジエンの閉環反応での立体化学とエネルギー相関関係

か，非対称になる（A）かを考慮すると，図 7・1(b) の関係図ができあがる．生成物の π 結合（S）ができるには出発物の HOMO から 1 電子が励起されて LUMO である ψ_3(S) の軌道に遷移し，これと重ならなければならない．したがって，ψ_2 から ψ_3 への光励起が必要になることがわかる．

π 電子系がもう一つ伸びた 1,3,5-ヘキサトリエンの分子軌道を図 7・2 に示す．ここでは ψ_3 が HOMO になる．熱閉環でシクロヘキサジエンが生じる (a) の場合，回転方向が逆旋でなければならないことが，1,6 位の軌道の位相の符号を考慮するだけで理解できる．すなわち，生成物では置換基 **a** と **b** はシスになる．一方，光反応 (b) では励起状態である LUMO すなわち ψ_4 が関与して生成物の HOMO を形成するため，同旋でなければならず，生じるシクロヘキサジエンの置換基 **a** と **b** はトランスになる．ブタジエン-シクロブテンの変換の場合と同じ考察をすれば，出発物と生成物間で軌道の対称性が保存された関係になっていることがよくわかる．

以上をまとめると，電子環状反応の立体特異性は鎖状共役電子系の場合には対称性が交互に進行するため，表 7・1 に示す選択性が成り立つ（§1・2・9 も参照）．

表 7・1 電子環状反応の選択性

電子数	同旋	逆旋
$4n$	熱反応	光反応
$4n+2$	光反応	熱反応

7・2 付加環化反応

π 電子系どうしの反応によって新たに σ 結合を二つ形成して環状化合物を生成する反応を**付加環化反応**（cycloaddition reaction）といい，m 個の π 電子系と n 個の π 電子系による反応を [$m+n$] 付加環化反応という（m と n の数字は電子数を表す）．代表的な例は，[4+2] 付加環化反応の **Diels-Alder 反応**である．そのほか，アルケン二つが反応する [2+2] 付加環化反応，カルベンとアルケンとの反応に

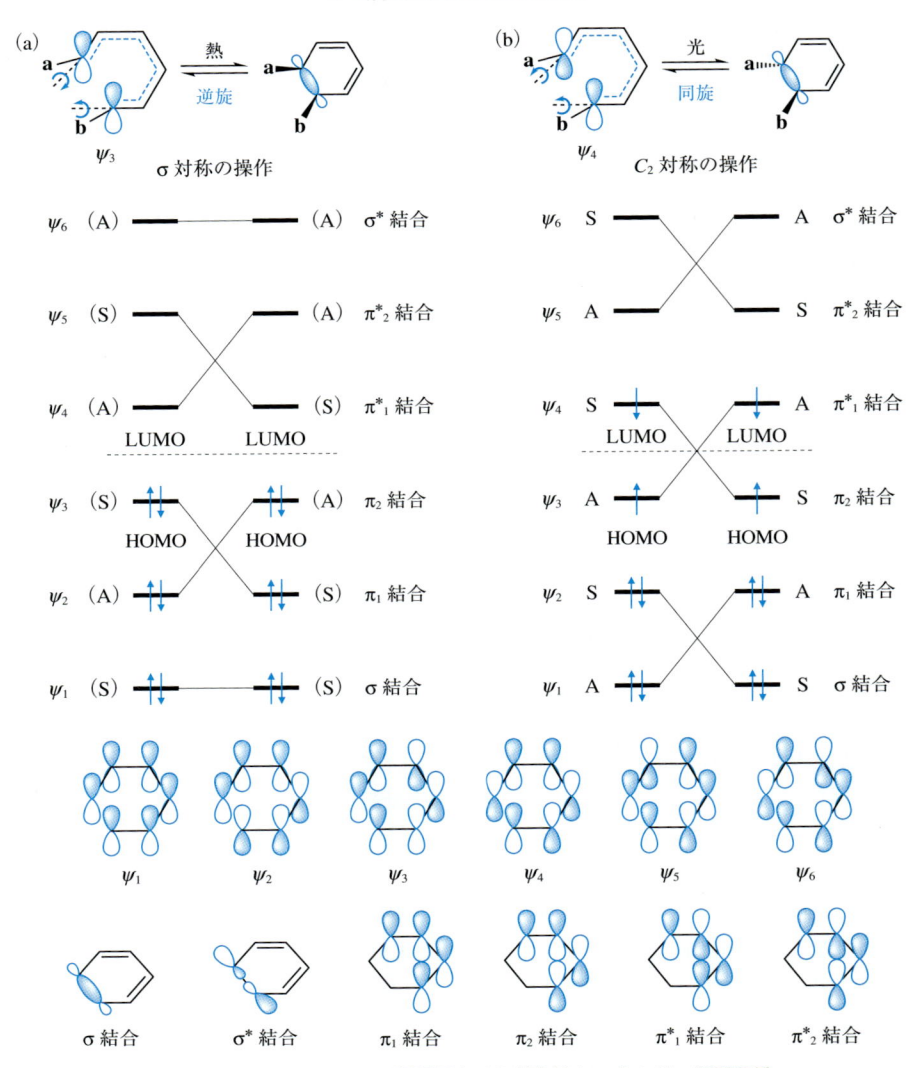

図7・2 ヘキサトリエンの閉環反応での対称性とエネルギー相関関係

よる3員環形成反応や1,3双極付加反応がある．これらは反応する原子の数から[2+1]付加環化反応といったり[3+2]付加環化反応ということがあるが，電子数でみるとそれぞれ[2+2]，[4+2]であることに注意しよう．

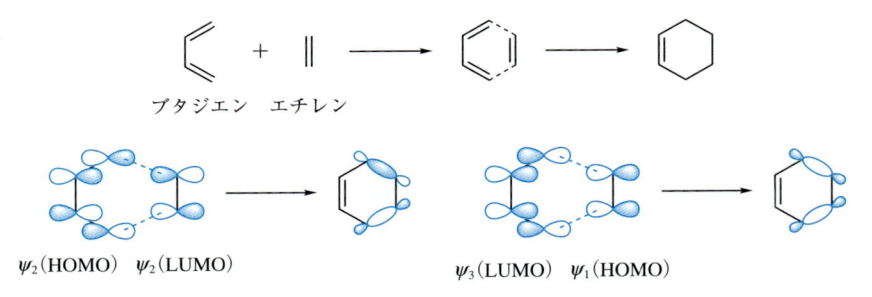

図7・3 ブタジエンとエチレンの Diels-Alder 反応

7・2・1 Diels-Alder 反応

　Diels-Alder 反応はジエンとエチレンが熱的に 6 員環遷移状態を経由して進行する反応である（図 7・3）．まず，ブタジエンとエチレンの Diels-Alder 反応（熱反応）を考えよう．ここでは，ブタジエンの HOMO の分子軌道 ψ_2 における両端の p 軌道とエチレンの LUMO の分子軌道 ψ_2^* の間で σ 結合を二つ形成する場合と，ブタジエンの LUMO の分子軌道 ψ_3 における両端の p 軌道とエチレンの HOMO の分子軌道 ψ_1 で二つの σ 結合を形成する場合の二通りがある．いずれも軌道の符号が合致するので，この反応は許容の反応であることがわかる．

　図 7・3 の Diels-Alder 反応で，エチレンの代わりに無水マレイン酸を用いると，反応がかなり速くなる．この系では，無水マレイン酸は電子受容体として挙動し，ブタジエンの HOMO の分子軌道 ψ_2 から電子が供給されて，無水マレイン酸の炭素－炭素二重結合の LUMO の分子軌道 ψ_2^* で電子を受容する．Diels-Alder 反応では，一般的にブタジエン類は**ジエン成分**，または**求エン体**（enophile）といい，無水マレイン酸は**求ジエン体**（dienophile）とよばれている．

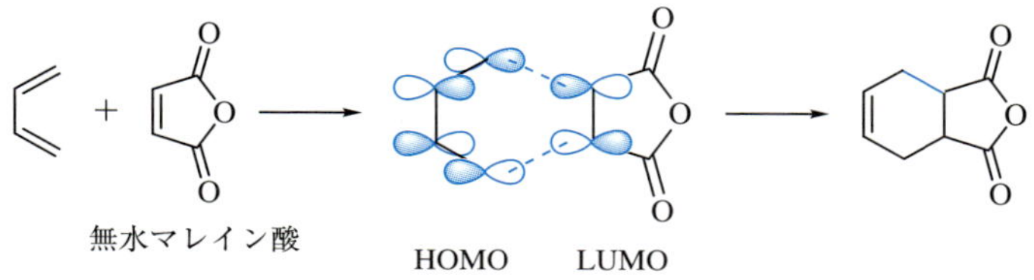

　一般的に求ジエン体はエチレンに強い電子求引基がつくほど活性が高くなる．したがって，無水マレイン酸は求ジエン体として，アクリル酸エステルよりも活性である．

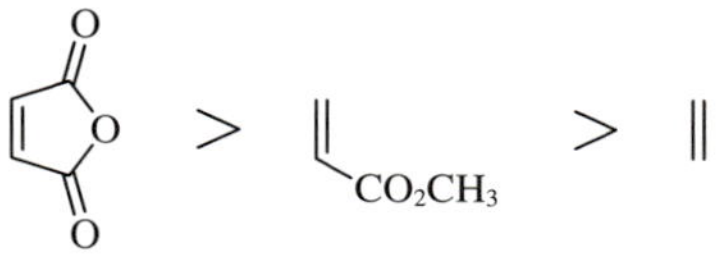

　一方，HOMO が関与するジエン成分は，電子豊富なものほど反応性が高くなる（図 7・4）．また，Diels-Alder 反応では 6 員環の遷移状態を経由するため，鎖状のジエンでは，熱力学的に安定な s-トランス配座から，より不安定な s-シス配座をとって反応が進行する．したがって，s-シス配座に固定されている環状ジエンは，ジエン成分としてより活性になり，その逆に s-トランス配座に固定されているジエンは反応しない．

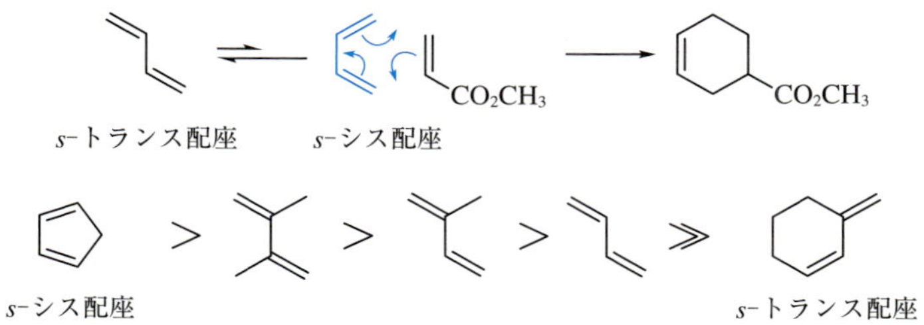

図 7・4　ジエンの反応性

　Diels-Alder 反応では 6 員環の遷移状態を経由するため，顕著な立体選択性がみられる．たとえば，マレイン酸ジメチルを求ジエン体に用いると，二つのエステル基が互いにシスにあり，遷移状態でもその配置が厳密に保たれるため，生成物はシス体のみになる．一方，フマル酸ジメチルを求ジエン体

に用いると，二つのエステル基がトランスにあるため，トランス付加体のみが生成する．

ジエンの立体異性体を使っても，立体配置の異なる Diels-Alder 生成物が得られる．たとえば，*trans*, *trans*-ジエンとアセチレンジカルボン酸ジメチルを反応させると，シス環化体のみが得られる．

ジエンおよび求ジエン体いずれにも置換基がある場合には，Diels-Alder 反応によって生成する炭素－炭素結合に関する相対的な立体異性体が生じる．たとえば，シクロペンタジエンと無水マレイン酸との Diels-Alder 反応では，エンド体とエキソ体が生成する可能性がある．しかし，実際にはエンド体のみが得られてくる．

このエンド選択性が優先する理由は，分子軌道法によって理解できる．いま，シクロペンタジエンに対してはブタジエンの HOMO の分子軌道を使い，また，無水マレイン酸には，エチレンあるいは 1,3,5-ヘキサトリエンの LUMO の分子軌道で近似すると，エンド選択性が認められる遷移状態に対しては，シクロペンタジエンの 2 位，3 位の軌道と無水マレイン酸のカルボニル基の軌道との二次相互作用が可能で，これによって安定化されると考えられている．

7・2 付加環化反応

一般に，1位あるいは2位に電子供与基をもつジエンでは，求ジエン体との Diels-Alder 反応が位置選択的に進行し，1,2 置換体（オルト体）あるいは 1,4 置換体（パラ体）のみを生じる．

分子内 Diels-Alder 反応では，上記のエンド則よりも立体効果のほうが上回る．したがって，同じような炭素骨格をもつ化合物の分子内 Diels-Alder 反応では，カルボニル基の有無によって生成物の立体配置は逆転する．

Diels-Alder 反応では，溶媒が反応の加速効果や選択性の向上をもたらすことがある．たとえば，水中でシクロペンタジエンとメチルビニルケトンとの Diels-Alder 反応を行うと，有機溶媒に比べ 700 倍もの加速効果が観測され，またエンド選択性も 4:1 から 24:1 にまで向上する．疎水性の有機化合物が水中に分散していると，水の凝縮効果によって分子どうしが接近するからだと理解されている．しかし，水は一般に有機化合物を溶解しないので，水に難溶性の有機物を用いると期待したほどの加速効果が得られない場合もある．

溶媒	相対速度	エンド：エキソ
イソオクタン	1	80：20
水	700	96：4

一般に，求ジエン体に比べてジエン成分は無極性のものが多いので，水に溶けにくく，水中での Diels-Alder 反応には不向きである．そこで，ジエン部分にカルボン酸塩やアンモニウム塩などの水溶性基をもつ基質を水に可溶なジエンとして使うと効果がある．

Diels-Alder 反応は，Lewis 酸触媒が共存すると加速されるだけでなく，位置選択性や立体選択性も向上することが多い．たとえば，イソプレンとメチルビニルケトンとの Diels-Alder 反応は，触媒を使わないと，封管中高温でないと進行しないし，位置選択性も低い．ところが，Lewis 酸触媒として四塩化スズを用いると，反応は 0 °C でも進行し，また位置選択性は 93：7 にまで向上する．

封管中　　　　120 °C　71：29
SnCl$_4$·5H$_2$O　0 °C　93：7

同様の傾向が分子内 Diels-Alder 反応でもみられ，Lewis 酸触媒が共存しないときには高温を要するうえ，シス-トランス選択性が低い．これに対して，アルミニウム系の Lewis 酸触媒を加えると，室温で環化反応が進行し，下右に示す反応ではトランス異性体のみが生成する．

シス：トランス＝70：30

7・2・2　ヘテロ Diels-Alder 反応

ヘテロ原子（O, N, S, P など）の多重結合を含むジエンや求ジエン体を用いる Diels-Alder 反応を，特に**ヘテロ Diels-Alder 反応**とよぶ．ヘテロ基として酸素原子や窒素原子を含む場合，オキソ Diels-Alder 反応やアザ Diels-Alder 反応とよぶこともある．

S. J. Danishefsky は，4-メトキシエノンから活性の高いジエンとしての 4-メトキシ-2-トリメチルシロキシ-1,3-ブタジエンを合成して，これを各種のアルデヒドとのヘテロ Diels-Alder 反応に利用している．非常に汎用性の高いジエンであり，この活性ジエンは，**北原-Danishefsky ジエン**（ダニシェフスキー）ともよばれている．

このジエンを用いるヘテロ Diels-Alder 反応において，キラルなアルデヒドを求ジエン体に使うと，ヘテロ Diels-Alder 反応がジアステレオ選択的に進行する．さらに，Lewis 酸触媒の存在下では，選択性が大幅に向上する．

アルデヒドの代わりにイミンを用いると，アザDiels-Alder反応が可能になり，ジヒドロピリドンが生成する．共役イノンとヨウ化トリメチルシリルから調製した活性ヨードジエンは，ヨウ化マグネシウム存在下，イミンと速やかに反応し，相当するジヒドロピリドンを生じる．

リン原子を含むヘテロ基も使える．たとえば，セレンの存在下，イソプレンと[1,4,2]ジアザホスホロ[4,5a]ピリジンが反応して位置選択的にヘテロDiels-Alder生成物を生じる．

ヒドロキサム酸の酸化により反応系内で生成するアシルニトロソ化合物は，ジエンと速やかに[4+2]付加環化反応を起こして，1,2-オキサジン化合物を生成する．このヘテロDiels-Alder反応は天然物合成に有用で，(−)-プミリオトキシンCの立体選択的合成に活用されている．

7・2・3 [4+2]付加環化反応による7員環合成

ジエンとアリルカチオンの付加環化反応は電子状態からいえば[4+2]の反応だが，生じる炭素環はシクロヘプタジエンである．7員環合成の優れた方法である．形式的には4原子と3原子の反応なので[4+3]付加環化反応とよばれる場合もある．アリルカチオンを発生させるための前駆体としてヨウ化アリルや臭化アリル，あるいはトリフルオロ酢酸アリルなどが使われており，さらに二重結合を活性化させた系と組合わせてアリルカチオンをより発生させやすくする場合もある．触媒として，銀塩やLewis酸を用いハロゲン化アリルを活性化させると効果的である．分子間，分子内反応いずれでも円滑に進行する．

ジブロモケトンは鉄カルボニル錯体あるいは亜鉛-銅合金と反応してオキシアリルカチオンを生成する．このカチオンは，ジエンと反応して7員環化合物を生じる．フランやピロールなどとの付加環化反応では，ビシクロ[3.2.1]環が生成する．特にピロールの場合，トロパンアルカロイドの基本骨格が一挙に得られる．

また，フランとの付加環化反応で生成する二環性化合物は，容易にしかも立体選択的にリファマイシンSの側鎖の部分構造などに変換できる．

リファマイシンSの側鎖部

7・2・4 [4+4]付加環化反応による8員環合成

トリフェニルホスフィンの存在下，ニッケル触媒 Ni(cod)$_2$ を用いると，1,3-ジエン 2 分子が [4+4]付加環化反応をして，1,5-シクロオクタジエンを生成する．この反応は，ブタジエンの二量化による 1,5-シクロオクタジエンの工業的合成法として使われている．また，分子内[4+4]付加環化反応は，セスキテルペンである (+)-アステリスカノリドの全合成に利用されている．

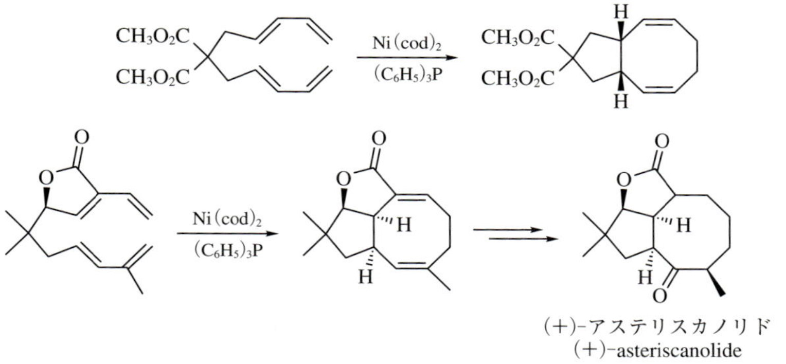

7・2・5 [4+6]付加環化反応

[4+6]付加環化反応は熱的に起こり，特に分子内反応の場合には付加環化生成物が収率よく得られる．

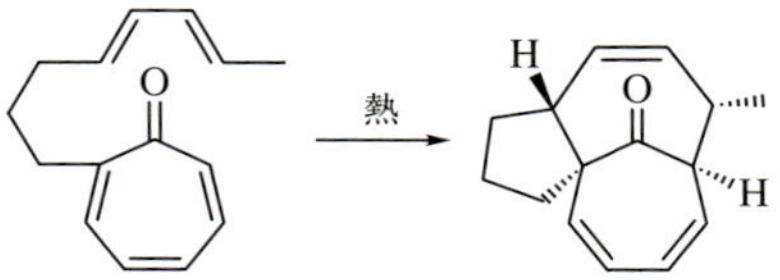

7・2・6 [2+2]付加環化反応

アルケンどうしの熱反応では，ψ_1(HOMO) と ψ_2(LUMO) の分子軌道の対称性が合致しないため，結合形成ができない．ところが，光照射により一方の ψ_1 の軌道にある 1 電子が ψ_2 に昇位して SOMO になり，基底状態では ψ_2(LUMO) であった軌道が反応に関与することになる．こうして，ψ_2(SOMO) と ψ_2(LUMO) 間の反応により，アルケンどうしの [2+2]付加環化反応が可能になる（図 7・5）．

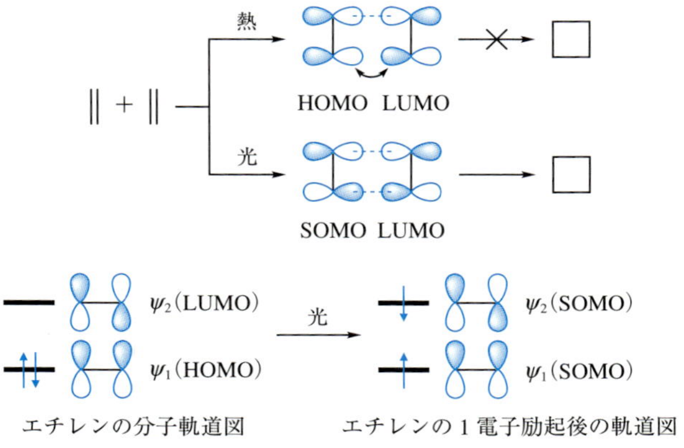

図 7・5 エチレン 2 分子の [2+2]付加環化反応

この [2+2] 付加環化反応はいろいろな基質に適用でき，4員環化合物が容易に合成できる．

イソブテンとシクロヘキセノンとの [2+2] 付加環化反応では，位置異性体が二つできる可能性があるが，軌道の大きい炭素どうしが結合するので，一方の位置異性体のみが生成する．

アルケンどうしの熱反応では HOMO と LUMO の分子軌道の対称性が合致しないために炭素－炭素結合が形成できないことはすでに述べたが，ある種の求電子アルケン，たとえば，ケテン $H_2C=C=O$ のように累積二重結合をもつ化合物では，アルケンと [2+2] の熱反応が可能になる．ここでは，アルケンの HOMO の位相が異なる軌道とケテンの LUMO 軌道の位相は分子が交差する形で近づくと合致するため，環形成が可能になる．同様の熱的[2+2]反応は，イソシアナートを使っても，進行することが認められており，β-ラクタム骨格の簡便な合成法となっている．

通常，反応性の高いケテン分子を発生させるには，高温での熱分解反応を必要とする．ところが，ジクロロケテンなど電子求引基をもつケテンは比較的安定なため，溶液中，穏和な条件で発生させることが可能になる．二つのクロロ基は，酢酸中，金属亜鉛と反応させることにより，除去できる．

熱的[2+2]反応は，アルケンとイソシアナートからβ-ラクタム骨格を合成するための簡便な方法で

あることはすでに述べたが，同様のβ-ラクタム骨格は，ケテンとイミンからも合成可能である．

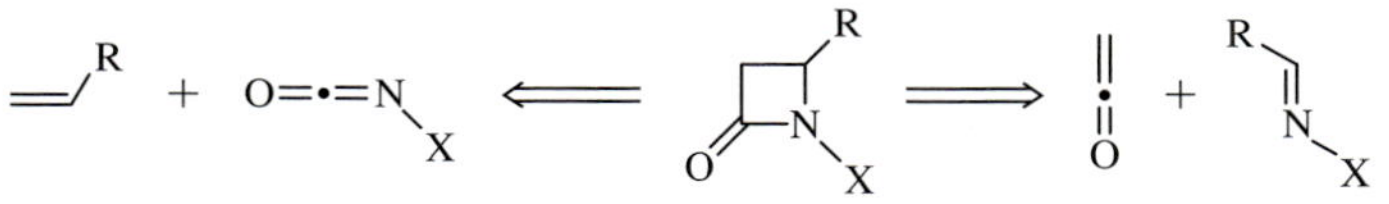

たとえば，塩化フェノキシアセチルから発生させたフェノキシケテンとイミノ化合物を反応させると，トランス体のβ-ラクタムが生成し，これはβ-ラクタム系抗生物質に変換できる．

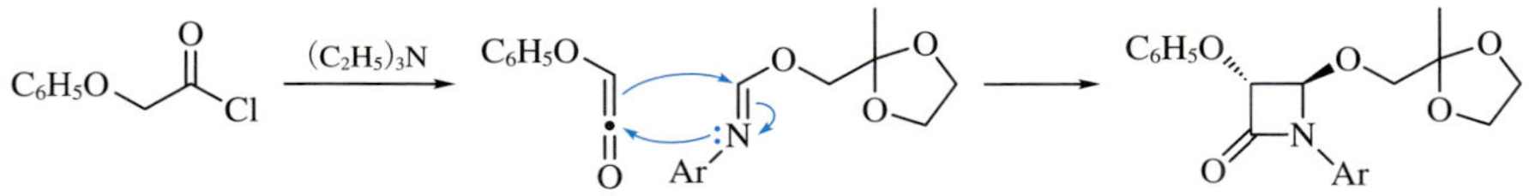

7・2・7 1,3 双極付加反応

1,3 双極子（1,3-dipole）とは，次のような形式の共鳴構造式で表せる構造をもち，電気的に中性な化合物のことである．

$$[\overset{+}{X}-Y=\overset{-}{Z} \longleftrightarrow \overset{+}{X}=Y-\overset{-}{Z}]$$

X 原子が正電荷，Z 原子が負電荷を帯びた共鳴構造の寄与があるため，1,3 双極子とよばれている．反応に関与する電子数は 4 である．

このような 1,3 双極子には，アゾメチンイリド，ニトリルイリド，アゾメチンイミン，ジアゾアルカン，アジド，ニトロン，ニトリルオキシド，オゾンなどがある（図 7・6）．

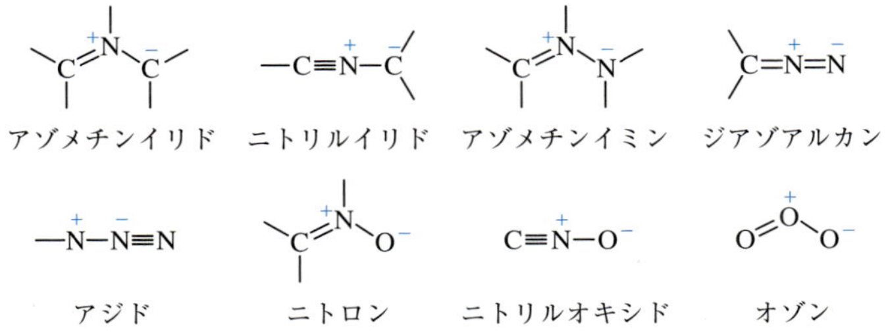

図 7・6 種々の 1,3 双極子

1,3 双極子は二重結合に対して原子 X と原子 Z を反応点とした付加反応を行い，5 員環化合物を生成する．この反応を，**1,3 双極付加反応**（1,3-dipolar addition）とよんでおり，複素 5 員環化合物を合成するのに有用な反応である．形式的には 3 原子と 2 原子の反応であるので，[3+2] 付加環化反応と

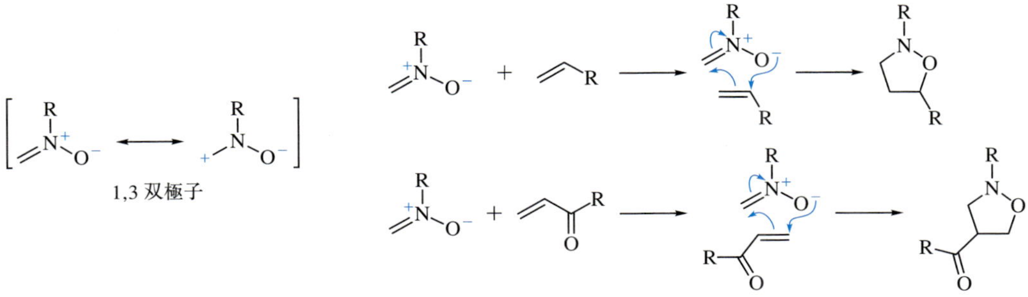

表現する場合もある．この反応では，結合が二つほぼ同時に生成する．そのため，[4+2]付加環化反応の一種である Diels-Alder 反応と同様のシス形の立体選択性を示す．1,3 双極付加反応では，電子不足アルケンを Diels-Alder 反応の求ジエン体にならって，**求双極子体**（dipolarophile）とよぶ．

環状の 1,3 双極子とアルケンの付加環化反応では，二つの環が縮合した縮合環生成物ができる．このさい，立体障害を避けて反応が進行するため，アルキル基がエキソ側を占めたエキソ生成物が選択的に生成する．また，これらの官能基が同一分子にある場合には，分子内 1,3 双極付加反応によって，σ 対称性の三環化合物が選択的に生成する．

生成物の窒素−酸素結合は容易に還元できるため，1,3 双極付加反応生成物は合成中間体としても有用である．生成物の窒素−酸素結合を選択的に切断するには，たとえば，水素化アルミニウムリチウムや亜鉛-酢酸による還元法，さらには接触水素化の条件を用いればよい．こうして，アミノ基とヒドロキシ基の二つの官能基が生成する．

1,3 双極付加反応は天然物合成にも頻繁に用いられている．たとえば，(−)-デオキシハリングトニン〔(−)-deoxyharringtonine〕の合成において，中間体からアゾメチンイリドを発生させ選択的にピロリジン環を形成する段階に適用されている．複雑な縮環構造をもつ天然物の選択的な合成における強力な戦略法のひとつである．

アゾメチンイリドの 1,3 双極付加反応は，フラーレン C_{60} への官能基導入法としても非常に優れている．一例を次に示す．

[反応式: H₂C=O + HN(R)CH₂COOH → (−H₂O, −CO₂) → アゾメチンイリド (R-N⁺=CH₂ / CH₂⁻) + C₆₀ → トルエン還流 → C₆₀-ピロリジン付加体]

　直線状の 1,3 双極子のうち，最も汎用されているのがニトリルオキシドである．通常，相当するアルデヒドからオキシムを経由して塩素化・塩基処理を経て合成する．また，ニトロ化合物をフェニルイソシアナートと処理しても，相当するニトリルオキシドが合成できる．

[反応式: RCHO → (H₂NOH) → RCH=N-OH → (Cl₂) → RC(Cl)=N-OH → ((C₂H₅)₃N) → R-C≡N⁺-O⁻]

[反応式: RCH₂NO₂ + O=C=N-C₆H₅ → 中間体 → 中間体(環化) → R-C≡N⁺-O⁻]

　ニトリルオキシドとアルケンとの 1,3 双極付加反応では，二つの結合生成がほぼ同時に進行するため，アルケンのシス体およびトランス体を用いるとそれぞれ立体配置を保持したまま反応して，相当する付加体が得られる．また，アルケンの代わりに末端アルキンを用いても，同様の反応が進行し，二つの置換基が 1,3 位を占めるイソキサゾールが生じる．

[反応式: R-C≡N⁺-O⁻ + cis-アルケン → シス体イソキサゾリン]

[反応式: R-C≡N⁺-O⁻ + trans-アルケン → トランス体イソキサゾリン]

[反応式: R¹-C≡N⁺-O⁻ + HC≡C-R² → 3-R¹, 5-R² イソキサゾール]

　ニトロンの場合と同様，ニトリルオキシドの環化生成物の窒素−酸素結合は容易に還元できるため，1,3 双極付加反応生成物はいろいろな合成中間体として有用である．なかでも，ニッケル触媒を用いる水素化を適用すると，生成物の炭素−窒素二重結合は反応せず，窒素−酸素結合だけが選択的に還元されて，相当するアルドール体が生成する．したがって，上記の 1,3 双極付加反応のシス生成物およびトランス生成物をそれぞれ水素化すると，相当するシン- およびアンチ-アルドール体が得られる．

直線状 1,3 双極子の典型的なものは，アジド化合物である．特にアジドとアルキンとの 1,3 双極付加反応によってトリアゾールを生成する反応は，**Huisgen 環化**（ヒュースゲン）として知られており，他に官能基が存在していても高選択的に反応が進行する，いわゆる官能基選択性に優れている．K. B. Sharpless は，この反応をクリックケミストリーの中心的な反応として利用した．それは，1) アジドやアルキンは有機化合物に導入が容易な官能基である，2) アジドやアルキンは，他の官能基とほとんど反応せず，お互いどうしでだけ選択的に反応する，3) この 1,3 双極付加反応はいろいろな有機溶媒のみならず，水中でも進行する，4) 銅触媒の存在下では反応速度が 100 万倍に加速され，また位置選択性も大幅に向上する，5) トリアゾールは安定な官能基である，6) 付加反応が収率よく進行するため，再結晶やカラムクロマトグラフィーなどの精製操作を必要としない，などの理由による．

7・3 キレトロピー反応

キレトロピー反応（cheletropic reaction）は，ある分子の一つの原子が別の π 電子系分子の両端に同時に付加して環を形成する反応およびその逆反応をいう．付加環化反応の一方の π 電子系が 1 原子に由来すると考えてよいので，[m+1] 付加環化反応と分類することも可能である．代表的反応として，1,3-ブタジエンや 1,3,5-ヘキサトリエンへの二酸化硫黄の付加反応やカルベンのアルケンへの付加反応をあげることができる．

7・3・1 二酸化硫黄との付加環化反応

1,3-ブタジエンや 1,3,5-ヘキサトリエンと二酸化硫黄との付加反応は，1,3-ブタジエンでは同面（suprafacial，スプラ）型，1,3,5-ヘキサトリエンでは逆面（antarafacial，アンタラ）型で反応することが知られている．これらの逆反応も容易に進行する．これらは原子数の視点からいうと [4+1] 付加環化反応ならびに [6+1] 付加環化反応とみることもできる．

7・3・2 シクロプロパン化反応

ジアゾアルカンを光照射によって分解させると，カルベンを生成する．カルベン炭素の価電子数は 6 であり，それらのスピンの状態により一重項カルベンと三重項カルベンに分類できる．一重項カルベンのうち安定なものは，sp^2 軌道三つにそれぞれ 2 電子ずつ配置されて空の p 軌道が一つ残る状態をとる．一方，三重項カルベンは，sp^2 混成軌道型と sp^3 混成軌道型があり，たとえば後者では四つの sp^3

混成軌道のうち二つがそれぞれ2電子でみたされ，残りの二つのsp³混成軌道にはそれぞれに同じ符号のスピンが1電子ずつ配置された構造が相当する．一重項カルベンになるか三重項カルベンになるかは，置換基の電子的要因と構造的要因が左右する．電子配置からわかるように，一重項カルベンは求電子的な反応性を示し，三重項カルベンは不対電子によるビラジカル的な反応性を示すことが多い．カルベンの構造と反応性については，5章で説明した．カルベンはアルケンと容易に反応して，シクロプロパン化合物を生成する（5章参照）．この反応は原子数からいえば[2+1]付加環化反応になる．

7・3・3 不斉シクロプロパン化反応

光学活性銅錯体の存在下，アルケンをジアゾ酢酸エステルと反応させると，光学活性シクロプロパンカルボン酸エステルが得られる．この反応ではきわめて高いエナンチオ選択性が得られ，菊酸の不斉合成に応用されている．菊酸には異性体が4種類あるが，殺虫剤として最も効力の高いものは，(+)-トランス体である．たとえば，α-アミノ酸から誘導された光学活性アミノアルコールのSchiff塩基を配位子とする銅錯体を光学活性触媒とし，2,5-ジメチル-2,4-ヘキサジエンの不斉シクロプロパン化反応でジアゾ酢酸メンチルを用いると，次に示すようにトランス体が92.6%を占め，そのうち有効成分である(+)-トランス体の鏡像異性体過剰率（ee）は94%に達する．

菊酸の4種類の異性体をそれぞれ相互変換させることが可能である．たとえば，C1の触媒的なエピマー化，C3のエピマー化およびラセミ化を組合わせることにより，工業的にも効率のよい菊酸の製造が実現されている．

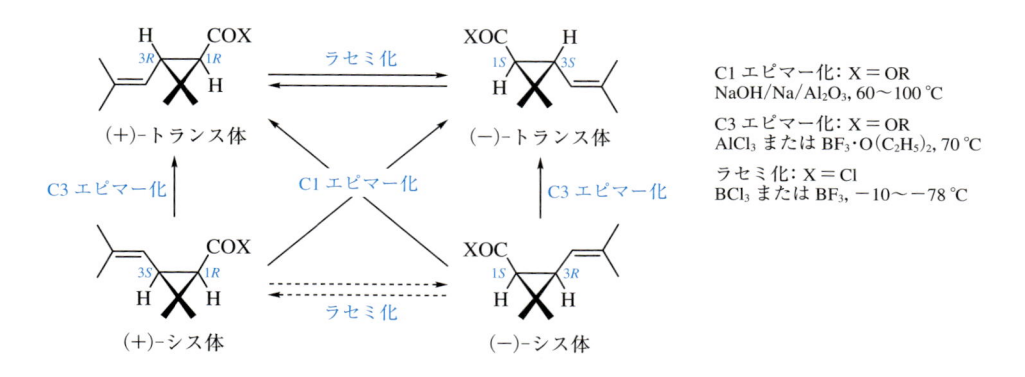

C1 エピマー化: X = OR
NaOH/Na/Al₂O₃, 60〜100 ℃

C3 エピマー化: X = OR
AlCl₃ または BF₃·O(C₂H₅)₂, 70 ℃

ラセミ化: X = Cl
BCl₃ または BF₃, −10〜−78 ℃

同様に，2-メチル-5,5,5-トリクロロ-2-ペンテンとジアゾ酢酸メンチルを光学活性銅錯体の存在下で反応させると不斉シクロプロパン化が進行し，菊酸より高活性のペルメトリック酸の前駆体である *cis*-シクロプロパンカルボン酸エステルが93%もの高いeeで合成できる．

さらに，この不斉シクロプロパン化反応はシラスタチンの製造プロセスの鍵段階に使われている．シラスタチンは，イミペネムが腎臓で酵素によって加水分解を受けるのを可逆的かつ効果的に阻害する．イミペネムとシラスタチンの合剤は有効な抗菌剤として使われている．シラスタチンの前駆体である(S)-2,2-ジメチルシクロプロパンカルボン酸エチルは，イソブテンとジアゾ酢酸エチルから前述の光学活性 Schiff 塩基配位子をもつ光学活性銅錯体を触媒として用いて，92% ee で合成されている．

プロリン由来の光学活性配位子にロジウムを組合わせた錯体を触媒として用いる不斉シクロプロパン化の例が多く開発されている．

最近になって，光学活性ジヒドロインドール-2-カルボン酸を有機分子触媒に用いて，α,β-不飽和アルデヒドをエナンチオ選択的にシクロプロパン化する方法が開発されている．

7・4 Dieckmann 縮合

塩基によってエステル2分子からβ-ケトエステルが生成する反応は，**Claisen 縮合**とよばれている．これの分子内反応が **Dieckmann 縮合**である．Claisen 縮合と同様に各過程は可逆的である．Dieckmann 反応あるいは Dieckmann 環化ということもある．

Dieckmann 縮合では，生成物は反応後に安定なエノール形で存在するため，塩酸で反応を止める前にハロゲン化アルキルを加えると，アルキル化反応が速やかに進行してα位がアルキル化された環状β-ケトエステルが生成する．

Dieckmann 縮合を，第一級アミンのアクリル酸エステルへの二重共役付加反応ののちに行うと，複素環が容易に形成する．一例として，ピペリジン環合成を次に示す．

Dieckmann 縮合は，天然物合成において環形成にしばしば利用されている．いくつかの例を示す．

7・5 Baldwin 則

環化反応の起こりやすさは，環形成反応点の軌道の方向と大きく関係する．J. Baldwin は分子内求

核反応を次の3項目に分類し，環化の起こりやすさに対する経験則を打ち立てた．すなわち，

1) 遷移状態での環員数を数字で表記
2) 求核攻撃で切断される結合が環の外側（exo）あるいは内側（endo）で起こるかを表記
3) 求核攻撃を受ける原子の混成として，sp^3 混成では正四面体（tetrahedral, tet），sp^2 混成では三角形（trigonal, trig），sp 混成では直線（digonal, dig）と表記

この場合，経験則は表 7・2 のようにまとめられている．

表 7・2 Baldwin 則

環形成反応点	
sp^3 混成	1) 3〜7-Exo-Tet は環化しやすい 2) 5〜6-Endo-Tet は環化しにくい
sp^2 混成	1) 3〜7-Exo-Trig は環化しやすい 2) 3〜5-Endo-Trig は環化しにくく， 　6〜7-Endo-Trig は環化しやすい
sp 混成	1) 3〜4-Exo-Dig は環化しにくい， 　5〜7-Exo-Dig は環化しやすい 2) 3〜7-Endo-Dig は環化しやすい

環化しやすい例： 3-Exo-Tet，3-Exo-Trig，4-Exo-Trig，6-Endo-Dig
環化しにくい例： 6-Endo-Tet，3-Exo-Dig

この法則は，求核反応がうまく起こるときには，求核剤が，脱離する基に対し適切な角度で置換する炭素を攻撃しなければならないことに起因している．Tet 型反応では，切断される結合に対して 180°反対側の方向から求核攻撃する必要がある．Trig 型反応では，二重結合に対して 105°程度の角度から求核付加する必要がある．Dig 型反応では，三重結合に対して約 120°の角度で求核攻撃する必要がある．いずれも σ*あるいは π*軌道に求核剤が攻撃することによって起こるので，これらの軌道の向いている方向から求核剤が接近できるかどうかによって決まる規則である．

実際の反応例を次に示す．たとえば，4-ヒドロキシ-2-メチレンブタン酸メチルの環化反応では，5-*Exo-Trig* 型で環化したラクトンが得られ，5-*Endo-Trig* 型に相当する共役付加したテトラヒドロフラン化合物は得られない．

7・6 アルキンの三量化反応

ニッケル，ロジウムなどさまざまな遷移金属錯体が，アルキンの環化三量化触媒として働く．なかでもシクロペンタジエニルコバルト触媒 CpCo(CO)$_2$ は最も広範に使われている触媒である．残念ながら，分子間での環化三量化反応では，位置選択性の問題が常に付随するため，末端アルキンを用いると，置換ベンゼンが 2 種類得られる．

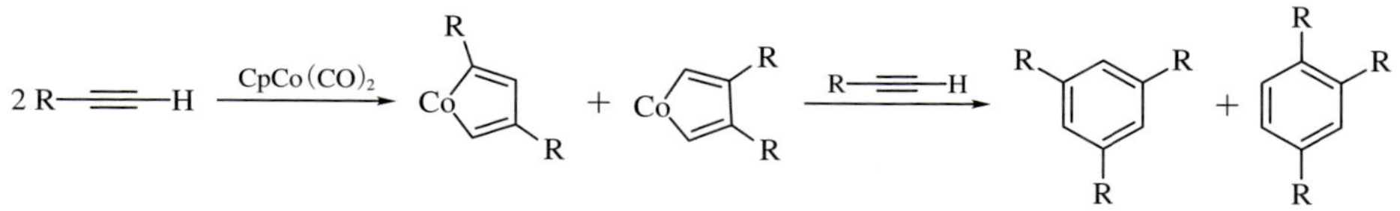

7・7 メタセシス反応

メタセシス（metathesis）という言葉は，"位置を交換する"という意味のギリシャ語に由来している．したがって，メタセシス反応とは，たとえば，2種類のアルケン間で結合の組替えが起こる触媒反応をさす．

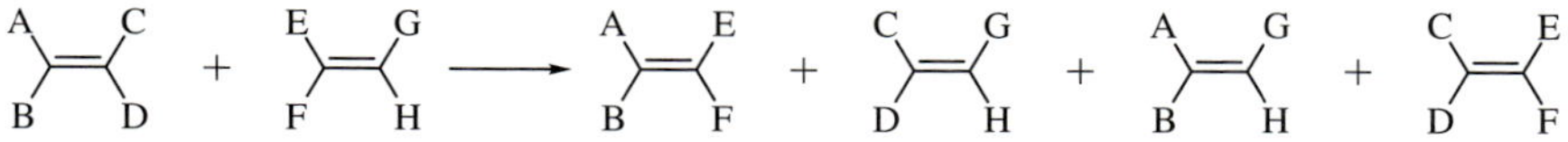

アルケンどうしの交換反応は，**アルケンメタセシス**（alkene metathesis）または**オレフィンメタセシス**（olefin metathesis）といい，アルカンやアルキンが関与するメタセシス反応の場合，アルカンメタセシスやアルキンメタセシス反応とよぶ．

1964年にG. Nattaらは，環状アルケンであるシクロブテンやシクロペンテンが塩化モリブデン-トリエチルアルミニウム，塩化タングステン-トリエチルアルミニウムなどの一連のZiegler-Natta触媒によって，開環重合することを見つけた．しかし，その当時はこれらがメタセシス反応によって進行する重合反応であるとは気づかれていなかった．その後，1967年にN. Calderonが，塩化タングステン-塩化ジエチルアルミニウム触媒によって，2-ペンテンを3-ヘキセンと2-ブテンに変換できることを見つけ，メタセシス反応の存在を明らかにした．

$$CH_3CH=CHCH_2CH_3 \xrightarrow{WCl_6-(C_2H_5)_2AlCl} CH_3CH_2CH=CHCH_2CH_3 + CH_3CH=CHCH_3$$

メタセシス反応の中間体になるカルベン錯体は，1964年にE. O. Fischerによって単離されている．その後，R. R. Schrockは，1980年にタンタルのカルベン錯体がメタセシス反応を触媒することを見つけ，さらに，モリブデンのカルベン錯体が高い活性を示すことを1990年に明らかにした．これらのカルベン錯体を用いると，反応は共通の機構で進行することが知られている（図7・7左）．

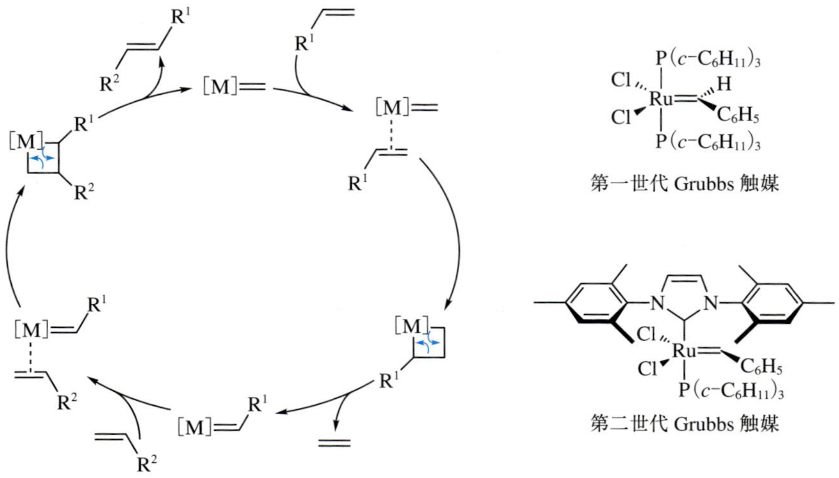

図 7・7　メタセシス反応と Grubbs 触媒

しかし，これらのカルベン錯体は，水や酸素に不安定で取扱いにくいものであった．ところが，1992年にR. H. Grubbsらは，水や酸素に対して比較的安定なルテニウムカルベン錯体がメタセシス反応に有効であることを示した．1995年になると，Grubbsらは，ベンジリデンルテニウム錯体を報告した．これは第一世代Grubbs触媒とよばれるようになった．さらに，1999年には複素環状カルベン錯体であるイミダゾリン-2-イリデン錯体を配位子とするルテニウム錯体を創製した．これは第二世代Grubbs触媒とよばれている（図7・7右）．

メタセシス反応は可逆反応であり，望みの方向へ反応を進行させるには平衡を偏らせる工夫が必要になる．また，メタセシス反応は，用いるアルケンの種類や反応形式によっていくつかに分類できる．

7・7・1 開環メタセシス反応

開環メタセシス反応（ring opening metathesis: ROM）は，開環メタセシス重合と開環メタセシス-クロスメタセシス反応に分類できる．

開環メタセシス重合（ring opening metathesis polymerization: ROMP）は環状アルケンのメタセシス反応による重合反応であり，生成物は鎖状のポリアルケンになる．先に述べたように，1964年にNattaらは，環状アルケンであるシクロブテンやシクロペンテンが塩化モリブデン-トリエチルアルミニウム，塩化タングステン-トリエチルアルミニウムなどのZiegler-Natta触媒によって，開環重合することを見つけている．アルケンメタセシスが発見された初期の応用法がこの開環メタセシス重合を用いる高分子合成であり，多数の置換基をもつ高分子の合成が可能になった．また，Grubbsらは，ビニルカルベン錯体を用いて，反応性の高いノルボルネンの開環メタセシス重合を行っている．

開環メタセシス-クロスメタセシス（ring opening metathesis-cross metathesis: ROM-CM）は環状アルケンと鎖状アルケンのメタセシス反応のことで，生成物は両末端に二重結合をもつ鎖状アルケンになる．開環メタセシス重合などの副反応が起こりやすい反応系であるが，特にひずんだ環状アルケン（シクロブテンやノルボルネンなど）に対して有効であり，1:1の割合で反応させた場合でも高い選択性で両末端に二重結合をもつ鎖状アルケンが得られる．

7・7・2 閉環メタセシス反応

閉環メタセシス反応（ring closing metathesis: RCM）は，分子内の2箇所に二重結合をもつ鎖状アルケンの分子内メタセシス反応のことであり，カルベン錯体により分子内の二つのアルケンが反応して望みの環状アルケンと揮発性のアルケン（多くの場合はエチレン）を生じる．揮発性アルケンは，気体として反応系外へ出ていくので，望ましい方向へ平衡がずれる．この反応によると，環化しやすい5, 6員環のみならず，7〜9員環などの中員環や10員環以上の大環状アルケンすら収率よく合成でき

7・7・3 クロスメタセシス反応

メタセシス反応は平衡反応であるために，可能な組合わせの生成物をすべて生じる．特に非対称アルケンどうしのクロスメタセシス反応（cross metathesis: CM）は，出発物を除くと 8 種類の生成物を生じる可能性があるため，目的のクロスメタセシス生成物だけを選択的に合成することはむずかしく，したがって有用性は高くない．しかし，2 種類の末端アルケン間ではエチレンが容易に系外へ逃げるため，選択性と収率はある程度期待できる．

そのほか，二重結合と三重結合とのメタセシス反応は，**エンインメタセシス**（enyne metathesis）とよばれ，1,3-ジエン体を生成する．また，三重結合間のメタセシス反応は，**アルキンメタセシス**（alkyne metathesis）といい，分子内に三重結合をもつ化合物を生じる．このような反応を組合わせることにより，連続メタセシス反応が可能になり，複数の環を一挙に構築することが可能になる．

問題 7・1 次の Diels-Alder 反応の生成物を書け．その生成物の立体化学を予想せよ．

問題 7・2 トリエチルアミン存在下，塩化ジクロロアセチルからジクロロケテンが生成する反応機構を段階的に示せ．

問題 7・3 Dieckmann 縮合の反応機構を電子の動きを表す巻矢印を使って示せ．

問題 7・4 $CpCo(CO)_2$ を用いるアルキンの環化三量化の反応機構を電子の動きを表す巻矢印を使って示せ．

8

環状炭素化合物の合成 II
アニュレーションと中員環・大員環合成

　興味ある天然物や重要な医薬品などの生理活性物質，あるいはさまざまな特性をもつ機能性物質のほとんどは環状構造を含んでいる．このため環状構造の効率的な構築は，有機合成において主要テーマの一つである．本章では前章にひき続き環状化合物の合成法について述べる．なかでも，単純な環化反応とは異なる環構築法であるアニュレーションと中員環・大員環化合物に特異的な合成法について説明する．

8・1　アニュレーション

　アニュレーション*（annulation）とは環構築反応の一種であるが，ある構造に対して新たな部分を結合させ環構造を構築する方法のことである．多くの場合にはすでに存在する環状構造に新しい環をつける反応であることが多い．アニュレーションでは二つの結合生成により二つの部分を結合させ環を形成する．二つの結合生成が協奏的か段階的かは問わない．これに対して，環化反応は厳密には一つの結合生成過程による環形成である．ただし，アニュレーションと環化（cyclization）が区別なく用いられることもある．

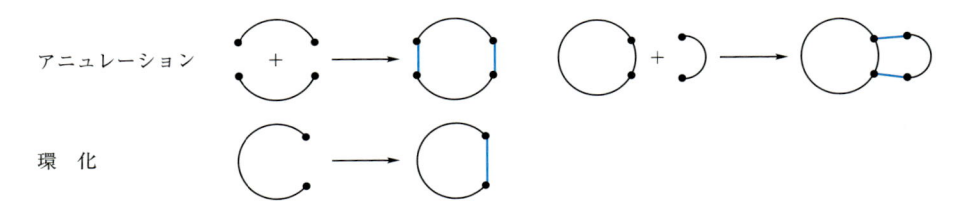

　アニュレーションは異なる二つの部分から環構築を行うため，それぞれの組合わせを変えれば，比較的容易に多様な生成物を得ることができる．このため，多数の類似化合物の一群（化合物のライブラリーという）を合成するのに向いている．これは，一つの出発物から一つの生成物が得られる環化反応と対照的である．

8・1・1　Robinson 環化

　Robinson 環化（ロビンソン）は最も古典的でよく用いられるアニュレーションである．共役エノンを含む 6 員環構造を構築するにはきわめて優れた反応であり，このような環を合成する常套手段となっている．ケ

---

*　かつてはアネレーション（anelation, あるいは annelation）とよばれていたこともあるが，アニュレーションが正しい．

トンの脱プロトンによって調製したエノラートを α,β-不飽和ケトンに反応させると，Michael 付加に続いて分子内アルドール縮合（環化）が起こりシクロヘキセノンが得られる．この反応では多くの場合プロトン性溶媒中弱塩基を用いるので，平衡によってエノラートの位置が異性化しながら反応が進行する．

一方，非プロトン性溶媒中で強塩基を用いて非平衡条件下で調製したエノラートではうまく反応しない．このような場合には，共役付加によって生成する反応性の高いエノラートがプロトン化されず，さらにビニルケトンと反応してこれを重合させてしまう．付加によって生成したエノラートも，はじめのエノラートと同程度の反応性をもっているからである．このような場合，α位にシリル基をもつ共役エノンを用いると生成したエノラートがシリル基によって安定化される（嵩高いシリル基が次の共役付加を抑制する）ため，反応が円滑に進行する．生成する α-シリルケトンのシリル基は加水分解されやすく，分子内アルドール反応の際に外れてしまうので，最後の生成物にはシリル基は残らない．

8・1・2　Diels-Alder 反応と 1,3 双極付加反応

これらの反応は通常あまり認識されていないが，定義からするとアニュレーションの一種になる．どちらも軌道支配の反応である．§7・2・1と§7・2・7を参照されたい．

8・1・3　アリルシランによるアニュレーション

Lewis 酸により求電子性が向上したカルボニル化合物にトリメチルアリルシランが付加し，アリル化が起こる．**細見-櫻井反応**としてよく知られた反応である．アリルシランの代わりにアレニルシラン

を α,β-不飽和ケトンに反応させると，アレニルシランが三炭素成分として働き，アニュレーションが進行して5員環が生成する．反応は，シリル基の1,2転位を経る．アリルシランでもアニュレーションが起こり，シリル基上の置換基が嵩高いほど，アリル化よりアニュレーションが優先する．

8・1・4 トリメチレンメタン–パラジウム錯体の反応

トリメチレンメタンは一つの炭素にメチレン炭素が三つ結合したもので，ビラジカルまたは1,3双極子の構造をしている．しかし，非常に不安定なため合成には使いにくい．一方，シリルメチル基をもつアリルエステルにPd(0)を作用させると，容易にトリメチレンメタン–パラジウム錯体が生成する．これを不飽和ケトンやイミンに作用させると5員環が生成する．パラジウム上に光学活性配位子を導入すればエナンチオ選択的に生成物を合成することも可能である．

8・2 中員環・大員環化合物の合成

環状化合物の合成において，環の員数が大きくなると鎖状の環化前駆体において配座の自由度が増大する．そのため，環化反応が進行する際に必要な反応点どうしが近づいた配座をとる確率が減少する．この結果，反応はエントロピー的に不利となる．このため環の員数が大きくなると分子内反応である環化は分子間反応によるオリゴマー化との競争となる．このため，副反応である分子間反応を抑えるために，反応基質の濃度を低くした高希釈条件で環化反応を行うことが多い．

さらに，中員環化合物には特有の不安定化の要因があり，高希釈条件下でも合成しにくい場合が多い．すなわち，ある種の環状化合物，特に中員環化合物では配座の関係上，環上の反応点が環の反対側と近い位置に接近することがある．このような場合に生じる立体反発を**渡環反発（トランスアニュラー反発）**といい，これが中員環化合物が合成しにくい原因の一つである．このような困難を克服し

中員環・大員環化合物を合成するためさまざまな工夫がなされている．

8・2・1 高希釈条件下での大員環化合物の合成

ヒドロキシ基をもつカルボン酸誘導体を分子内エステル化，すなわちラクトン化により環化させる大員環ラクトンの合成法を**マクロラクトン化**（macrolactonization）とよぶ．歴史的には，大員環ラクトンであるマクロリドをいかにして効率的に合成するかが課題となり，さまざまな方法が開発された．現在ではトリクロロ安息香酸混合酸無水物を経由するラクトン化がよく利用されていて，**山口法**とよばれている．反応機構については§11・5・2参照．

8・2・2 縮合による大員環合成

縮合反応も古くから大員環化合物の合成に用いられてきた．次に，**Claisen**縮合（クライゼン），**Horner-Wadsworth-Emmons**反応（ホーナー・ワズワース・エモンズ），アシロイン縮合の例を示す．

Claisen 縮合

Horner-Wadsworth-Emmons 反応

アシロイン縮合

8・2・3 置換反応による合成

次式の例は硫黄によって安定化されたカルボアニオンの分子内 S_N2 型置換反応を利用したものである．なお，この例での環状アセタール部分のように同じ炭素上に置換基が二つある場合，基質の配座がある程度規制されるので，結果的に反応部位が近づきやすくなり，環化の効率が向上する（**Thorpe-Ingold 効果**）．§8・2・2 の第二，第三の例もそうである．

8・2・4 付加反応

カルボアニオンをカルボニル化合物などに付加させることによって大員環アルコールが得られる．特に穏和な条件で進行する**野崎-檜山-岸反応**が天然物の合成にしばしば用いられている．すなわち，ハロゲン化ビニルやハロゲン化アリルに 2 価クロムを作用させると，還元により対応するビニルクロムやアリルクロムが生成し，これが分子内に存在するアルデヒドに付加する．

8・2・5 遷移金属触媒反応

遷移金属触媒反応を用いる環化反応も大員環化合物の合成に使える．次の例は辻-**Trost** 反応を用いた例である．やはり反応は高希釈条件下で行うことが多い．

近年，ルテニウムカルベン錯体を触媒とするメタセシス反応が大員環化合物の合成に頻繁に用いら

れるようになってきた．官能基許容性が大きく，極性官能基を保護しなくても反応を行うことができる大きな特徴があるため，全合成に利用する例が顕著に増加している．メタセシス反応については 7 章ならびに 18 章に詳しい．

これら以外にも遷移金属触媒反応を用いる合成反応の進展は著しく，大員環を構築するさまざまな方法が開発されている．

8・2・6 ラジカル環化

ラジカル環化反応を高希釈条件下で行うと，大員環化合物が容易に合成できる．生成したラジカルの直接的な還元を防ぐため水素化スズ反応剤の溶液をゆっくり加え，反応溶液中のこの反応剤の濃度を低く保つことが重要である．ラジカル反応については 3 章参照．

8・2・7 Diels-Alder 反応

一般に Diels-Alder 反応は熱的に許容の反応であり，これを駆動力にして大員環を合成することができる．一つの分子中にジエンと求ジエン体を両方導入しておけば，これらが Diels-Alder 反応を起こすので，大きな環でも構築できる．

8・3 鋳型合成

高希釈条件下の反応は分子間反応を抑制するだけで，環化反応を促進するわけではない．これに対

して，ホスト-ゲスト相互作用の考え方を応用すると環化反応の促進が可能である．すなわち，反応基質に共有結合，配位結合，水素結合などにより相互作用する金属イオンなどのゲスト分子を加え，あらかじめ環化反応を起こしやすい配座へ誘導しておく〔鋳型（template）効果〕．ここで反応させると効率よく大員環化合物が合成できる．

クラウンエーテルを合成する際には，生成するクラウンエーテルに包接されやすい金属イオンを共存させておくと好結果が得られることがよく知られているが，これも金属イオンによる鋳型効果のためと考えられている．

8・4 環拡大反応

環拡大反応は合成しにくい中員環・大員環化合物を合成する有力な手法であり，天然物合成では適宜利用されている．環化によって中員環・大員環を直接構築するのではなく，比較的容易に合成できる縮合環化合物の縮環部の結合を切断すれば効果的に環を拡大することができる．実際，5員環や6員環が縮環した化合物は合成しやすいが，この縮環部の結合（青色）を開裂させれば外周の大きな環が残る．

8・4・1 縮合環の開裂反応

縮環部の結合をアルコキシドイオンで開裂させて，環拡大させることができる．その条件とは，出発系がひずみなど不安定化の要因をある程度もっていると同時に，開裂により生成するカルボアニオンを安定に処理できる分子設計である．たとえば次ページ上の例では，アルコキシドイオンから電子が押込まれて炭素－炭素結合が開裂するが，開裂にひき続いてトシラート基が脱離するので不安定なカルボアニオンが生成しない．脱離反応では軌道相互作用が重要であるので，開裂する軌道と脱離基がアンチペリプラナー（anti-periplanar, 逆平行）にあるときに反応が起こる．この効果を**立体電子効**

果という.

このような開裂反応（fragmentation）はカリオフィレンの全合成に利用されている.

次の例では，ひずみのかかった４員環の開裂によって生成するカルボアニオンが電子求引基によって安定化されていることに注目してほしい．また，４員環の開裂は環拡大の有効な戦略であり，このほかにも多くの例がある．

次の二つの例では，アルコキシ基のカルボニル基への分子内付加によりアルコキシドアニオンが生成し，環拡大を起こす．どちらも生成したアニオンは安定化されている．反応としては**逆 Claisen 縮合**とみることができる．

8・4・2 Eschenmoser 開裂

α,β-エポキシケトンにトシルヒドラジンを作用させると，窒素分子の脱離を伴ってケトンとアルキンが生成する．これを報告した A. Eschenmoser の名前をとって，**Eschenmoser 開裂**とよぶ．これを縮合環構造のエポキシケトンに適用すれば環拡大反応となる．アルキンが生成するのが特徴である．

8・4・3 アルケンの酸化的切断による環拡大反応

炭素–炭素二重結合はオゾンなどで切断できるので，この変換は環拡大に利用できる．次の例ではアルケンへのオゾンの [3+2] 付加反応により生成した不安定オゾニドが安定なオゾニドに異性化する際にアルコールの分子内攻撃を受けて，ヒドロペルオキシヘミアセタールを生成する．これを銅塩および鉄塩の存在下で処理すると，アルコキシルラジカルを経由して環拡大がさらに進行する．

8・4・4 カルベン，カルベノイドを経由する環拡大反応

カルベンやカルベノイドは高活性な中間体であり，隣接結合に容易に挿入して転位反応を起こす．

ムスコン
muscone

なかでもリチウムカルベノイドのβ位にオキシドアニオンをもつものは転位しやすい．

ジブロモシクロプロパンから得られるリチウムカルベノイドはアレンに転位するので，次の例のように環拡大を伴った環状アレン合成に利用できる．

8・4・5 ラジカル中間体を経由する環拡大反応

アルコキシルラジカルがカルボニル基とアルキルラジカルに開裂することを利用すれば環拡大が可能である．カルボニル基の近傍にアルキルラジカルを発生させると，いったんカルボニル基に分子内付加してアルコキシルラジカル中間体となり，これが環拡大を起こす．ラジカルの生成法については3章を参照．

8・4・6 骨格転位による大員環化合物の合成

転位反応をうまく活用すると環拡大を行うことができる．大幅な骨格変換を利用した大員環構築の例が天然物合成にしばしばみられる．このような巧みな変換反応は有機合成の妙味の一つである．さまざまな転位反応が使えるが，なかでも**[3,3]シグマトロピー転位**がしばしば用いられている．転位反応については14章参照．

a. Claisen 転位

Claisen 転位を用いて骨格変換を行い，大員環化合物を合成した例を紹介しよう．まず，ラクトン部を **Tebbe 反応剤**によりメチレン化しエノールエーテルとし，Claisen 転位を行う．この場合，有機アルミニウム反応剤によって Claisen 転位を促進させているので転位によって生成したケトンがヒド

ロキシ基に還元されている．**アザ Claisen 転位**の利用例もあわせて示す．

アザ Claisen 転位

b. Cope 転位

Cope 転位も環拡大反応によく利用されている．Cope 転位では出発物と生成物はいずれも 1,5-ヘキサジエンになるので，一般に可逆反応である．しかし，アリル位にオキシアニオンをもつ場合には転位反応が加速されるうえ，安定なエノラートを生じるため，反応が円滑に進行する（オキシ Cope 転位）．オキシアニオンのイオン性を向上させるため対イオンをリチウムよりカリウムのような電気的に陽性なものにし，さらにクラウンエーテルを添加して行う．

8・4・7 カルボカチオンを経由する転位

カルボカチオンを経由する転位反応も環拡大に利用されている．たとえば，次の例はピナコール転位反応によるものである．

問題 8・1 §8・1・3のアリルトリイソプロピルシランを用いた反応の機構を示せ．なぜ，嵩高いシリル基をもつアリルシランを用いたときにこの反応が進行するのか説明せよ．

問題 8・2 §8・4・7で取上げた反応の機構を示せ．

9

還 元 反 応

　有機合成は炭素－炭素結合生成と官能基変換という縦糸と横糸からなっている．標的化合物を合成するにあたっては，まず標的化合物を数箇所で切断し，いくつかのブロックに分解する．個々のブロックを合成したのち，炭素－炭素結合生成反応を利用してこれらを順次つないでいく（21章参照）．このさい，標的化合物にある官能基をそのままの形で組入れたものどうしを結合することがむずかしい場合がよくある．したがって，官能基を保護したり，等価体に変換して実施することが多い．官能基の酸化段階を標的化合物より高くしたり，低い状態にしておいて炭素－炭素結合を生成させることもある．目的の変換のあと，適当な還元剤や酸化剤を用いて酸化段階を調整して標的化合物の官能基にあわせる．この一例からわかるように，有機合成において還元反応，酸化反応は非常に重要で日常的に使われている．本章では，まず還元反応について立体選択性，位置選択性，官能基選択性，ならびにエナンチオ選択性の四つの選択性に焦点を当てながら話を進めよう．

9・1 炭素－炭素多重結合の還元
9・1・1 金属触媒を用いる水素化反応

　まず，炭素－炭素三重結合や二重結合に水素を付加させ，飽和アルカンを得る反応について述べる．アルケンに水素を付加させてアルカンに変換する反応を**水素化反応**という．発熱反応であるが実際は高温にしても反応は起こらない．ところが，触媒を加えると反応は進行する．触媒には反応溶媒に不溶な不均一系触媒と可溶な均一系触媒とがある．炭素にパラジウムを分散させたもの（Pd/C）や，酸化白金 PtO_2 を水素の存在下にコロイド状の金属白金に変換したものなどが不均一系触媒の代表例である．一方，均一系触媒には Wilkinson 触媒 $RhCl[P(C_6H_5)_3]_3$ やルテニウム錯体などがある．不均一系触媒は反応後の回収が容易で，工業的に好まれて使用されている．これに対して均一系触媒は反応機構の検証などに有利である．

　C＝C 結合を複数もつ化合物において特定の C＝C 結合を還元する際には，一般に Wilkinson 錯体を

用いる．立体障害の大きな C=C 結合は還元されにくいので，E 体よりも Z 体のほうが還元されやすい．

触媒の作用は，水素を活性化して金属に結合した水素を触媒表面につくり出すことである．金属触媒なしに H−H 結合（$435\,\mathrm{kJ\,mol^{-1}}$）を熱的に切断することはエネルギー的に不可能である．Wilkinson 触媒によるエチレンの水素化の反応機構を図 9・1 に示す．1) **配位子交換**．Wilkinson 触媒の配位子であるトリフェニルホスフィン $P(C_6H_5)_3$ の一つが解離（dissociation）して溶媒分子が代わりに配位（association）する．この二つをまとめてながめると，配位子の一つが $P(C_6H_5)_3$ から溶媒分子に置き換わっているので，この過程を配位子交換とよぶ．2) **水素の酸化的付加**．水素が二つのヒドリドに分かれて配位不飽和なロジウム錯体に結合する．形式的には金属は水素に 2 電子を供与しているので酸化段階が 2 だけ高くなる．すなわち，ロジウムは 1 価から 3 価となる．そのために酸化的付加とよぶ．3) **配位子交換**．溶媒分子が抜け，エチレン分子がその配位座を占める．4) **挿入反応**．不飽和化合物であるエチレン分子が，錯体金属と水素の結合の間に挿入する．この反応によって，ロジウムと炭素ならびに炭素と水素間に新しい σ 結合が二つ生成し，錯体は配位不飽和となる．そこで溶媒分子が取込まれて再び飽和な錯体となる．なお，挿入反応は立体特異的に進行し，エチレンに対して M−H がシンで付加する．通常はこの段階が律速段階になる．5) **還元的脱離**．エチル基と水素がロジウム金属から脱離し，エタンが生成する．こうしてロジウム錯体が再生されて，触媒サイクルが完成する．このとき，ロジウムは 3 価から 1 価に戻る．

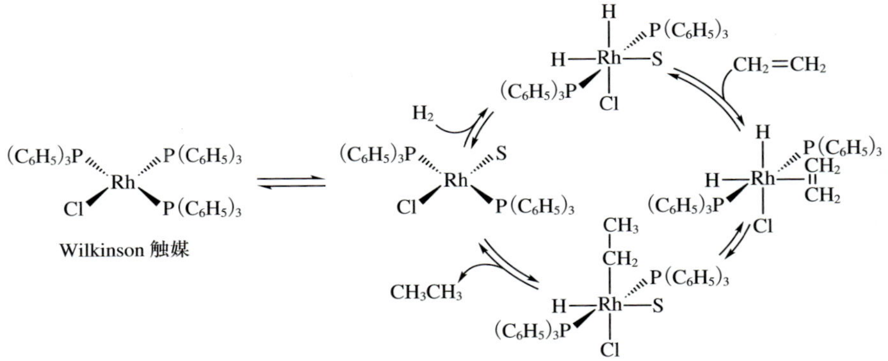

図 9・1 Wilkinson 触媒によるエチレンの水素化．S は溶媒分子．

アルケンの挿入反応ならびに還元的脱離の二つの段階がともに立体特異的に進行するため，アルケンに対する水素化反応は全体として立体特異的にシン付加で進行することになる．たとえば，1-エチル-2-メチルシクロヘキセンを金属触媒存在下に水素化すると，cis-1-エチル-2-メチルシクロヘキサンが選択的に生成する．水素はアルケンのつくる面の上側と下側から同じ割合でシン付加するため生成物はラセミ体になる．

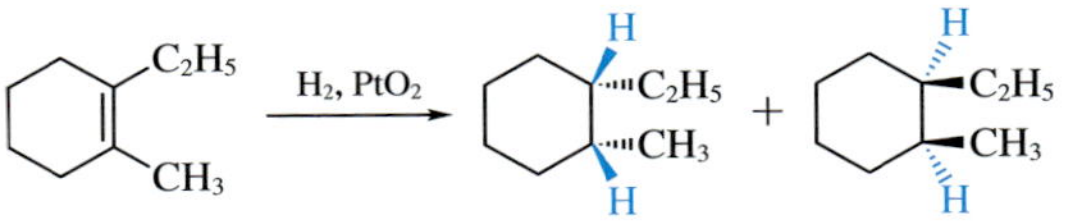

ここで，光学活性なリン配位子をもつロジウムやルテニウム金属錯体を触媒として用いると，一方の鏡像異性体を選択的に得ることができる．リン原子上に存在する嵩高い基のために水素化反応は高選択的にアルケンの一方の面からのみ進行するためである．

何か別の基が結合すると，その炭素が不斉になるような炭素を**プロキラル炭素**（prochiral carbon）と

よぶ．たとえば，C=O や C=C を含む面には表裏の区別がある．順位則に従って Re 面（rectus, ラテン語の右），Si 面（sinister, ラテン語の左）とよぶ．マレイン酸エステルを図 9・2 のように置いて，これを上方からながめると左側の炭素についてはカルボニル炭素，アルケン炭素，水素の順に左回りである．したがってこの上の面を左側炭素の Si 面とよぶ．一方，右側の炭素については逆に右回りとなる．アルケンの水素化においては，プロキラルなアルケンの Re 面, Si 面と光学活性触媒とが遷移状態において相互作用して互いにジアステレオマーの関係にある空間配置をつくる．二つの面の一方から優先して水素化が起こることによって不斉還元が進行する．

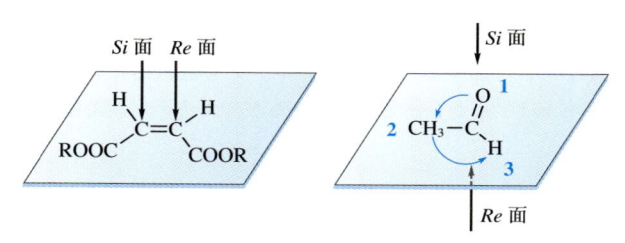

図 9・2 アルケンならびにカルボニル化合物の Re 面と Si 面

具体例として (S)-DOPA の合成をあげる．不斉配位子として (R,R)-DIPAMP を用いると 90％以上もの高い光学収率で水素化が進行する．このプロセスは工業化され，生成物である L-DOPA はパーキンソン病の治療薬として使用されている．

アルケンの不斉水素化は，1980 年代に，野依良治らによって開発された Ru-BINAP 錯体の登場とともに基質の適用範囲が一気に広がった．エナミド，アリルアルコール，α,β-不飽和カルボン酸，α,β-不飽和カルボニル化合物など幅広い官能基をもつアルケンが，Ru-BINAP 錯体により高い不斉収率で水素化できる．水溶性配位子を用いれば二相系でも反応が進行する．またロジウム-ジホスフィン系

でも α,β-不飽和エステル, α,β-不飽和カルボン酸を高い不斉収率で還元できる. さらに, イリジウムのアミノホスフィン配位子錯体を用いれば, 官能基をもたないアルケンやアリルアルコールの不斉水素化が高い選択性で進む. また, チタンやジルコニウム, サマリウム錯体を用い, 官能基をもたないアルケンの不斉水素化でも高い不斉収率が達成されている.

　アルケンの水素化と同じ条件で, アルキンを水素化することができる. 三重結合はふつう, 飽和のアルカンにまで還元されるので, アルケンで止めたい場合には工夫が必要である. 水素化は段階的に進行するので, 触媒の修飾によって活性を弱めたものを使用すれば, 中間体であるアルケンの段階で反応を止めることができる. **Lindlar 触媒** (リンドラー) とよばれている不均一系触媒は, パラジウムを炭酸カルシウム上に沈殿させたのち, 酢酸鉛とキノリンで処理し活性を弱めて調製する. 金属表面は Pd/C よりも不活性となる. 水素はシン付加するので Z 体アルケンを選択的に合成する便利な方法である. Wilkinson 触媒ではアルキンはアルカンまで還元されるが, カチオン性錯体を用いると Z 体のアルケンが得られる.

　$MgH_2\cdot CuI$ あるいは $MgH_2\cdot CuO\text{-}t\text{-}C_4H_9$ 系もまた末端アルキン, 内部アルキンをともにアルケンに選択的に変換する. アルカンを副生せず内部アルキンからは Z 体のアルケンが得られるのが特徴である. $CuH\cdot HMgI$ あるいは $CuH\cdot HMgO\text{-}t\text{-}C_4H_9$ が反応活性種と考えられている.

　Cp_2TiCl_2 触媒存在下に, 6-ドデシンに $LiAlH_4$ を作用させると (Z)-6-ドデセンが得られる. これに対し $LiAlH_4$ だけで還元すると (E)-6-ドデセンが生成する. アルキンからアルケンの E 体と Z 体をつくり分ける簡単な方法である.

9・1・2　ヒドロメタル化を利用した炭素-炭素多重結合の還元

　炭素-炭素三重結合や二重結合に対して, 金属ヒドリドが付加する反応も還元反応である. これは有機金属化合物の調製法の一つであり, 生成する炭素-金属結合は直接次の合成反応に使える. これに対して, この段階で加水分解すれば, 炭素-金属結合は炭素-水素結合になり, 全体としてみれば炭素-炭素多重結合に水素分子を付加させたことになる. ヒドロホウ素化反応はヒドロメタル化反応のうち最も基本的かつ基礎的反応なので, まず最初にこの反応を取上げる. その後に, ヒドロアルミニウム化反応, ヒドロジルコニウム化反応など, 他のヒドロメタル化反応について述べる.

a. ヒドロホウ素化

　ホウ素（電子配置が $1s^22s^22p^1$）は, 2s 軌道の 2 電子のうち 1 電子を 2p 軌道に昇位させることによって（$1s^22s^12p^2$）をつくり, 主量子数 2 の三つの軌道（2s と 2p 二つ）から結合形成に必要な原子軌道を三つつくる. さらにこれらの軌道を混成して, sp^2 型の混成軌道を形成する. 残った 2p 軌道には電子は入っておらず, オクテットを形成しえないため配位的に不飽和になり電子不足型化合物を形成する. そのため容易に二量化し, お互いが空軌道を補い, 三中心二電子結合によってジボラン B_2H_6 を形成する. $BH_3\cdot S(CH_3)_2$ や $BH_3\cdot THF$ などの安定な錯体あるいは溶液として市販されている.

ジボラン

9・1 炭素—炭素多重結合の還元

ボランやアルキルボラン（RBH_2, R_2BH）は，炭素—炭素三重結合や二重結合に対して位置選択的ならびに立体選択的に付加する．アルキンのヒドロホウ素化を次式に示す．ホウ素が Lewis 酸として働き炭素—炭素三重結合の π 電子を取込み，まず π 錯体（Lewis 酸-塩基複合体）を形成する．ついで 4 員環の遷移状態を経由して，水素とホウ素がそれぞれ炭素と結合する．したがって水素とホウ素はアルキンに同じ方向から攻撃し，一挙に C−H と C−B の二つの結合が生成する．この付加反応は，立体特異的にシン付加であるだけでなく位置選択的でもある．末端アルキンの場合には水素は内側の炭素に，ホウ素は末端炭素に結合する．この位置選択性は，ホウ素が Lewis 酸性をもっていることを考えれば容易に説明できる．すなわちホウ素が末端炭素に結合して生成する置換カルボカチオンのほうが内部炭素に結合して生じる末端炭素のカチオンより安定なためである．

最後に，このヒドロホウ素化体を酢酸やプロピオン酸で分解するとアルケンが得られる．全体としてアルキンを Z 体のアルケンに還元したことになる．

アルケンのヒドロホウ素化も，アルキンの場合と同様，容易に進行する．得られたヒドロホウ素化体を酢酸やプロピオン酸で処理するとアルカンが生成する．なお，ヒドロホウ素化体を酢酸やプロピオン酸の代わりにアルカリ性過酸化水素で分解すると，立体配置を保持したまま C−B 結合を C−OH 結合に変換できる．形式上 Markovnikov 則とは逆の向きに水が付加したことになる．末端アルケンから末端アルコールを得る合成法として重要な反応である．C−B 結合の酸化的切断は，ホウ素に対する ⁻OOH の求核攻撃によって 4 配位ホウ素（一般にボラートとよばれる）を生成し，これに続いてホウ素原子上の炭素が隣の酸素原子へ転位し，生じた O−B 結合を加水分解する経路で進行する．アルケンからアルコールへの変換は全体としてみれば酸化と還元の両過程を経る水和反応であり，結果的には酸化も還元も起こっていない．すなわちアルケンとアルコールの酸化段階は同じであることがわかる（10 章 142 ページ囲み参照）．なお，有機ホウ素化合物を用いた炭素骨格形成反応については §16・3 で詳しく述べる．

b. ヒドロアルミニウム化

アルキンに対して水素化ジイソブチルアルミニウム $(i\text{-}C_4H_9)_2AlH$ を作用させるとヒドロアルミニウム化が進行し，アルケニルアルミニウムが生成する．これを先のアルキンのヒドロホウ素化体と同様に加水分解するとアルケンが得られる．反応は位置ならびに立体選択的に進行し，Z 体のアルケンが生成する．ボランの付加に比べると反応は遅く，加熱が必要である．なお，付加体であるアルケニルアルミニウムは種々の求電子剤との反応，あるいは遷移金属触媒存在下でのハロゲン化アリールやハロゲン化アルケニルとのクロスカップリング反応に用いることができる．

$$n\text{-}C_{10}H_{23}C{\equiv}CH \xrightarrow[\text{ヘキサン, 熱}]{(i\text{-}C_4H_9)_2AlH} \underset{H}{\overset{n\text{-}C_{10}H_{23}}{C}}=\underset{Al(i\text{-}C_4H_9)_2}{\overset{H}{C}} \xrightarrow{H_3O^+} \underset{H}{\overset{n\text{-}C_{10}H_{23}}{C}}=\underset{H}{\overset{H}{C}}$$

c. ヒドロジルコニウム化

ジルコノセンジクロリド Cp_2ZrCl_2 と水素化ビス(2-メトキシエトキシ)アルミニウムナトリウム $NaAlH_2(OCH_2CH_2OCH_3)_2$ から調製できる $Cp_2Zr(H)Cl$ は，ボランや水素化アルミニウムと同様にアルキンやアルケンに容易に付加する．内部アルケンとの反応ではこの水素化ジルコニウムが付加・脱離を繰返し，末端にまで移動するのが大きな特徴である．(E)-4-オクテンとの反応を次式に示す．まず最初に，ヒドロジルコニウム化が起こり，化合物 (A) を生じる．次にジルコニウムに対して β 位の水素 H_a がジルコニウムと脱離してアルケン (3-オクテン) と水素化ジルコニウムを再生する．再び付加して (B) となる．このような付加・脱離を繰返し，熱力学的に最も安定な，末端炭素にジルコニウムが結合した化合物 (C) となる．したがって 1-オクテン，(E)-4-オクテン，(Z)-4-オクテン，いずれのアルケンを出発物としても同じ有機ジルコニウム化合物 (C) が得られる．このジルコニウムの転位は室温で十分速く進行する．これに対して先に述べたホウ素やアルミニウムの場合には同様の転位に高温を要する．(C) を最終的に加水分解するとアルカンが得られる．

d. ヒドロシリル化とヒドロスタンニル化

14 族の金属水素化物であるシラン R_3SiH や水素化スズ R_3SnH も炭素－炭素二重結合や三重結合と反応し，対応する付加体を生成する．ヒドロシランと炭素－炭素不飽和化合物を，触媒を用いずに 300 °C に加熱すると，付加反応が進行する．反応は，UV 照射や過酸化物，アゾビスイソブチロニトリル (AIBN) のようなラジカル開始剤を共存させると加速する．ラジカル機構で進行するので，ケイ素ラジカルは，より安定なラジカルを生成するように付加する．たとえば 1-オクテンに対する $HSiCl_3$ の付加では，シリルラジカルは選択的に末端炭素を攻撃し，1-トリクロロシリルオクタンのみが生成する．

$$n\text{-}C_6H_{13}CH=CH_2 \xrightarrow[(CH_3COO)_2, 45℃]{HSiCl_3} n\text{-}C_6H_{13}CH_2CH_2SiCl_3$$

$$HSiCl_3 \longrightarrow \cdot SiCl_3$$
$$n\text{-}C_6H_{13}CH=CH_2 + \cdot SiCl_3 \longrightarrow n\text{-}C_6H_{13}\dot{C}H-CH_2SiCl_3$$
$$n\text{-}C_6H_{13}\dot{C}H-CH_2SiCl_3 + HSiCl_3 \longrightarrow n\text{-}C_6H_{13}CH_2CH_2SiCl_3 + \cdot SiCl_3$$

このように反応は位置選択的に進行するが立体選択性は高くない．すなわち，三重結合との反応では E 体と Z 体のアルケンの異性体混合物を生じる．さらにラジカル重合しやすいスチレンやアクロレインのような基質の場合には，重合体が生成する．

$$RC\equiv CH \xrightarrow[(CH_3COO)_2]{HSiCl_3} \begin{array}{c}R\\H\end{array}C=C\begin{array}{c}H\\SiCl_3\end{array} + \begin{array}{c}R\\H\end{array}C=C\begin{array}{c}SiCl_3\\H\end{array} \xrightarrow{3CH_3MgBr} \begin{array}{c}R\\H\end{array}C=C\begin{array}{c}H\\Si(CH_3)_3\end{array} + \begin{array}{c}R\\H\end{array}C=C\begin{array}{c}Si(CH_3)_3\\H\end{array}$$

$R = n\text{-}C_4H_9$

しかし，これらの欠点は遷移金属触媒を用いることによって改善できる．白金触媒存在下に 1-ヘキシンとトリクロロシランを反応させると，水素とシリル基は立体選択的にシン付加する．しかし，この場合にはラジカル反応の場合とは逆に位置異性体の混合物が得られる．反応温度を低く保つことによって，(E)-1-トリクロロシリル-1-ヘキセンの選択性を高めることができる．トリクロロシランは不安定なため，反応終了後メチルマグネシウム化合物を加え，トリメチルシリル体として単離することができる．得られたアルケニルシランに酸を作用させるとアルケンに変換できる．反応は立体特異的に進行する．

$$RC\equiv CH \xrightarrow[2)\ 3CH_3MgBr]{1)\ HSiCl_3,\ H_2PtCl_6} \underset{80\%}{\begin{array}{c}R\\H\end{array}C=C\begin{array}{c}H\\Si(CH_3)_3\end{array}} + \underset{4\%}{\begin{array}{c}R\\(CH_3)_3Si\end{array}C=C\begin{array}{c}H\\H\end{array}} \quad R = n\text{-}C_4H_9$$

$$\begin{array}{c}R\\H\end{array}C=C\begin{array}{c}H\\Si(CH_3)_3\end{array} \xrightarrow{DCl} \begin{array}{c}R\\H\end{array}C=C\begin{array}{c}H\\D\end{array} \qquad \begin{array}{c}R\\H\end{array}C=C\begin{array}{c}Si(CH_3)_3\\H\end{array} \xrightarrow{DCl} \begin{array}{c}R\\H\end{array}C=C\begin{array}{c}D\\H\end{array}$$

一方，ヒドロスタンニル化は，ヒドロシリル化に比べてより穏和な条件で進行する．1-アルキンと水素化スズ，$[n\text{-}(C_4H_9)_3SnH$ や $(C_6H_5)_3SnH]$ を 100〜130℃ に加熱すると，アルケニルスズ化合物が得られる．触媒を用いないヒドロシリル化と同様に，ラジカル機構で進行し，E 体と Z 体の異性体混合物が生成する．AIBN や $(C_2H_5)_3B$ などのラジカル開始剤の共存下で反応を行うと，反応はより穏和な条件で進行する．AIBN は 100℃ 程度の加熱によって分解し，$(CH_3)_2\dot{C}(CN)$ ラジカルを発生する．また $(C_2H_5)_3B$ は微量の酸素が存在すると，容易にエチルラジカルを発生し，-78℃ の低温でもラジカル反応を開始させることができる．

トリエチルボランから発生したエチルラジカルが Sn–H から H・を引抜いて生成したスズラジカルが，1-アルキンに付加し，ビニルラジカルを生じる．このビニルラジカルが水素化スズから水素を引抜き，スズラジカルを再生しながら Z 体のアルケニルスズを生成する．こうして生成した Z 体のアルケニルスズに対して，さらにスズラジカルが付加・脱離を起こすことによって，アルケニルスズの Z 体が E 体に異性化する．最終的に熱力学的平衡に達し E 体と Z 体がおよそ 8：2 の混合物として得られる．この異性化の機構は純粋な E 体，Z 体のアルケニルスズを出発物として，微量の酸素存在下にそれぞれに $(C_6H_5)_3SnH$ と $(C_2H_5)_3B$ を作用させるといずれも $E:Z = 8:2$ の異性体混合物になることから証明されている（§3・5・2a 参照）．

エチルラジカルの発生
(ラジカル開始剤の分解)

$(C_2H_5)_3B + O_2 \longrightarrow \cdot C_2H_5 + (C_2H_5)_2BOO\cdot$

$\cdot C_2H_5 + O_2 \longrightarrow C_2H_5OO\cdot$

$C_2H_5OO\cdot + (C_2H_5)_3B \longrightarrow (C_2H_5)_2BOOC_2H_5 + \cdot C_2H_5$

ラジカル的ヒドロスタンニル化

$(C_6H_5)_3SnH + \cdot C_2H_5 \longrightarrow (C_6H_5)_3Sn\cdot + C_2H_6$

$(C_6H_5)_3Sn\cdot + RC\equiv CH \longrightarrow \underset{H}{\overset{R}{C}}=\underset{H}{\overset{Sn(C_6H_5)_3}{C}}$

$\underset{H}{\overset{R}{C}}=\underset{H}{\overset{Sn(C_6H_5)_3}{C}} + (C_6H_5)_3SnH \longrightarrow \underset{H}{\overset{R}{C}}=\underset{H}{\overset{Sn(C_6H_5)_3}{C}} + (C_6H_5)_3Sn\cdot$

アルケンの異性化

$\underset{H}{\overset{R}{C}}=\underset{H}{\overset{Sn(C_6H_5)_3}{C}} \underset{}{\overset{(C_6H_5)_3Sn\cdot}{\rightleftarrows}} \underset{H}{\overset{R}{C}}-\underset{Sn(C_6H_5)_3}{\overset{Sn(C_6H_5)_3}{C}} \underset{}{\overset{-Sn(C_6H_5)_3}{\rightleftarrows}} \underset{Sn(C_6H_5)_3}{\overset{R}{C}}=\underset{H}{\overset{H}{C}}$

アルケニルスズ化合物は，アルケニル基の立体化学を保持したまま選択的にハロゲン化アルケニルやアルケニル金属に変換することができるので非常に有用な合成中間体である．ブチルリチウムを用いて金属交換をしたのち，水を加えればスズを水素に置き換えることができる．

$\underset{H}{\overset{R}{C}}=\underset{Sn(C_6H_5)_3}{\overset{H}{C}} \xrightarrow{n\text{-}C_4H_9Li} \underset{H}{\overset{R}{C}}=\underset{Li}{\overset{H}{C}} \xrightarrow{H_3O^+} \underset{H}{\overset{R}{C}}=\underset{H}{\overset{H}{C}}$

9・1・3 溶解金属による還元

リチウム，ナトリウム，カリウムなどのアルカリ金属やマグネシウム，カルシウムなどのアルカリ土類金属は，容易に1ないし2電子を放出して（酸化されて）対応するカチオンになる．言いかえると，反応相手を還元する能力をもっている．これら金属のイオン化のしやすさは，その高い酸化電位の値から明らかである（表9・1）．

表 9・1 金属の酸化電位（液体アンモニア中, 25 °C）			
$Li \longrightarrow Li^+ + e^-$	$+2.34$ V	$Mg \longrightarrow Mg^{2+} + 2e^-$	$+1.74$ V
$Na \longrightarrow Na^+ + e^-$	$+1.89$ V	$Ca \longrightarrow Ca^{2+} + 2e^-$	$+2.17$ V
$K \longrightarrow K^+ + e^-$	$+2.04$ V		

この強い還元力を種々の有機化合物の還元に利用することができる．一般に，液体アンモニアなどにこれらの金属を溶解した状態で用いるので**溶解金属**（dissolving metal）ということが多い．有機物質の還元は，一電子還元と二電子還元に分類できるが，金属による還元は一電子移動による還元である．これに対して，金属水素化物や触媒を用いる水素化反応は二電子移動過程を含む還元反応である．

a. アルキンの還元

内部アルキンは，液体アンモニア中アルカリ金属によって容易に還元されて，E体のアルケンを生じる．反応は次のように進行する．まず，金属から一電子移動が起こりアニオンラジカルが生成する．ついで，アンモニアからプロトンを引抜きアルケニルラジカルになる．アルケニルラジカルは，シス体とトランス体の間に速い平衡が存在するが，より安定なトランス体が選択的に金属から1電子を受取り，アルケニル金属になる．こうして生成したアルケニル金属は，アルケニルラジカルとは異なり，

二重結合まわりの回転障壁が高く立体配置が固定されている．最後に，アルケニル金属はアンモニアからプロトンを引抜き，立体配置を保持したまま E 体のアルケンになる．この反応の立体化学的特徴は，Z 体のアルケンを選択的に生成する Lindlar 触媒を用いるアルキンの部分水素化反応と相補的である．

末端アルキンの場合には金属アセチリドが生成し，三重結合へのアルカリ金属の攻撃が阻害されるため，アルケンへの還元は起こらない．

b. Birch 還元

ナフタレンのジメトキシエタン溶液に金属ナトリウムを加え，激しく撹拌すると，金属ナトリウムは溶解して緑色の溶液を生じる．この緑色は，ナトリウムからナフタレンの低い空軌道（LUMO）へ 1 電子が移動して生成したアニオンラジカルによるものである．ジメトキシエタンのような非プロトン性の溶媒中では，生成したアニオンラジカルが安定に存在する．同様の反応を液体アンモニア中で行うと，アンモニアがプロトン源になって芳香族化合物をジヒドロ体へ変換する．この反応を **Birch 還元**（バーチ）という．芳香族化合物のジヒドロ体が，有機合成上有用な化合物であるため，重要な反応の一つである．リチウムの溶解度は，カリウムやナトリウムに比べて大きく，さらに表 9・1 に示したように酸化還元電位もこれらの金属よりも大きいため金属リチウムが最もよく用いられる．また，プロトン源としてアルコールを併用することが多い．

芳香族化合物の還元されやすさは，その還元電位に関係している．アントラセン，ナフタレン，ビフェニル，ベンゼンの順で，ベンゼンが一番還元されにくい．ベンゼンの還元は，液体アンモニア中では進行せずエタノールや t-ブチルアルコールのようなプロトン源の共存が不可欠である．これに対して，ビフェニルやナフタレンのような縮合多環芳香族化合物の還元では，アンモニア自身がプロトン源として働くためアルコールのようなプロトン源を加える必要がない．

Birch 還元による生成物の位置選択性について考えよう．ベンゼンを Birch 還元すると 1,4-シクロヘキサジエンが得られ，ナフタレンも非共役のジヒドロナフタレンになる．反応はアルキンのアルケンへの還元と同様の機構で進行する．すなわち，まずナトリウムやリチウムからベンゼン環に一電子移動が起こりアニオンラジカルが生成する．次にプロトン源であるアルコールからプロトンを引抜きメチレン架橋したペンタジエニルラジカルとなる．ここにもう一度金属から一電子移動が起こり，再び共役アニオンとなり，これが最も電子密度の大きい中央炭素でプロトン化されて 1,4-ジエンがおもに生成する．

非共役ジエンが選択的に得られる理由についてはよくわかっていない．ジアニオン中間体が反応系中に生成して，この中間体は電子の反発のため (**A**) の構造をとると説明されていたが，詳細な研究によりジアニオン中間体は生成せず，アニオンラジカルからまずプロトン化が起こる反応機構が現在では支持されている．したがって，ペンタジエニルアニオンの HOMO の係数が最大の場所でプロトン化する，と説明するのが妥当だろう．ナフタレンのアニオンラジカルの HOMO の係数は次のようになっており，最初のプロトン化は 1 位で起こることが予想され，実際そうである．第二のプロトン化では HOMO の係数がいずれも 0.5 と同じであり，これらの値からはプロトン化の位置を判断できない．ベンジル位のアニオンのほうが安定なため第二のプロトン化が 4 位で起こると考えられている．

電子求引基や電子供与基をもつベンゼン環の Birch 還元では，生成するジエンの位置が異なる．安息香酸の還元では，金属からの一電子移動によって生成するアニオンラジカルは，電子間の反発を最小にし，負電荷をカルボキシ基が安定化するので (**B**) が最も安定であり，したがって還元体は (**C**) となる．一方，電子供与基の置換したアニソールの還元ではメトキシ基と電子との反発ならびに電子間の反発をも最小にする (**D**) が優先し，その結果 (**E**) が生成する．一般に電子求引基の置換した芳

香環は還元されやすく，電子供与基のついたベンゼン環は還元されにくい．ナフタレンの1位に電子供与基があると，還元されるのは隣の環である．電子求引基なら同じ環が還元される．

9・1・4 ジイミド還元

ヒドラジンを酸化するとジイミドが得られる．酸化剤としては2価の銅をよく用いる，過酸化水素や過ヨウ素酸塩なども使える．またアゾジカルボン酸塩の酸による分解法も知られている．ジイミドは不安定な中間体で，炭素－炭素三重結合や二重結合に水素二つを同じ側から供与して自身は分子状窒素となる．水素受容体が存在しないと，ヒドラジンと窒素ガスに不均化する．そのため還元反応を行うには還元しようとする化合物を含む溶液中でジイミドを発生させ，用いなければならない．ジイミドの反応は6員環遷移状態を経て進行し，典型的な協奏的シス付加反応の一例である．

9・2 カルボニル化合物の還元

カルボニル基は有機合成において最も重要な官能基である．カルボアニオンを求核剤としてカルボニル基に付加させると，多彩な炭素－炭素結合生成が可能となる．求核剤として金属水素化物を用いると，その付加反応が還元反応となる．1) アルデヒド，ケトン，エステルなど種々のカルボニル基を選択的に還元する官能基選択的還元，2) 近傍に他の官能基をもつカルボニル基の立体選択的還元，3) α,β-不飽和カルボニル化合物の位置選択的還元，ならびに 4) エナンチオ選択的還元について順に述べる．

9・2・1 官能基選択的還元

形式的にはカルボニル基にヒドリド H^- を付加させるとアルコールが生成する．アルデヒドからは第一級アルコールが，ケトンからは第二級アルコールが得られる．ヒドリドの供給源としてジボラン B_2H_6 や水素化ホウ素ナトリウム $NaBH_4$，水素化アルミニウムリチウム $LiAlH_4$ などの金属水素化物をよく用いる．それらの還元力には差がある．$NaBH_4$ は穏やかな還元剤で，アルデヒドとケトンのカルボニル基は還元できるがエステルは還元できない．これに対し $LiAlH_4$ は，水と出会うと激しく反応して発火するくらい反応性が高く，エステルやアミドをそれぞれ第一級アルコールやアミンに変換する強力な還元剤である．両者の反応性の違いは，Al(1.5) と B(2.0) の電気陰性度の値と H(2.2) の電気陰性度の値から説明できる．Al-H の結合のほうが分極がより大きく，$LiAlH_4$ のヒドリドは $NaBH_4$ のヒドリドに比べて，反応性がより大きい．いずれも還元剤1モルでアルデヒドやケトン4モルをアルコールに還元することができる．実際は反応の完結に長時間を要するので，過剰に用いることが多い．

一方，カルボニル化合物にもヒドリドに対する反応性に違いがあり，還元の容易さは，アルデヒド＞ケトン＞エステル＞カルボン酸の順である．アルデヒドが最も還元されやすく，カルボン酸が最も還元されにくい．たとえば，シクロヘキサノンと酢酸エチルの混合物をエタノール中 $NaBH_4$ で還元すると，シクロヘキサノンはシクロヘキサノールに還元されるが，酢酸エチルは還元されずそのまま回収できる．

同一分子内にケトンとエステルをもつ基質に対して $NaBH_4$ を用いれば，一方だけを選択的に還元できる．パラ位にアセチル基をもったフェニル酢酸エチルの例をあげる．なお，ここでより強力な還元剤である $LiAlH_4$ を用いると，エステルも同時に還元されジオールとなる．

反応性と選択性についてまとめたのが表9・2である．$(n$-$C_4H_9)_3SnH$ による還元ならびに遷移金属触媒共存下での水素化反応についてもあわせて示した．還元力の弱い水素化トリブチルスズを用いればアルデヒドだけを還元することができる．ケトンは還元されない．ホウ素のアート型化合物である $NaBH_4$ や $LiBH_4$ とは違って，B_2H_6 や 9-BBN は Lewis 酸としての性質をもっているため，前者が求核的であるのに対し後者は求電子的であり，酸素原子の非共有電子対をまず攻撃する．この相違が選択性の差となって現れている．$LiBH_4$ はエステルを還元するがアミドは還元しないので，ペプチドの C 末端アミノ酸配列の決定法に利用されている．

表 9・2 還元剤とカルボニル基の反応性[†]

	$(n$-$C_4H_9)_3SnH$	$NaBH_4$	B_2H_6	9-BBN	$LiBH_4$	$LiAlH_4$	水素化
アルデヒド	○	○	○	○	○	○	○
ケトン	×	○	○	○	○	○	○
酸ハロゲン化物	×	○	×	○	○	○	○
エステル	×	×	△	△	○	○	○
ラクトン	×	×	○	○	○	○	○
カルボン酸	×	×	○	△	×	○	×
酸アミド	×	×	○	○	×	○	○

† ○：還元が進行する，×：還元されない，△：○と×の中間，基質に依存する．一般的には還元されにくい．

$NaBH_4$ と HCN から調製できる反応剤 $NaBH_3CN$ は，他の水素化物とは異なり，pH 3 程度の酸性溶媒中で安定である．さらに THF, CH_3OH, あるいは HMPA $[O=P[N(CH_3)_2]_3]$，DMF $[HCON(CH_3)_2]$ などの非プロトン性極性溶媒にも可溶であり，顕著な官能基選択性を示す．たとえばハロゲン化アルキルをアルカンに，イミンをアミンに変換するが，ふつうは還元されやすい COOH, COOR, CN, NO_2, C=O などの官能基を還元しないで，そのまま残す．

アルデヒドとケトンが共存する系でアルデヒドだけを還元するには表9・2にあげた水素化トリブチルスズを用いればよい．これに対して，アルデヒドはそのままにしておいてケトンだけを還元することはむずかしい．反応性のより高いアルデヒドをまず保護（12章参照）して，次にケトンを還元し，最後に保護基をはずしてもとのアルデヒドへ戻す三つの工程が必要である．保護基としてエチレンアセタールを用いる例を次に示す．

この3工程を一挙に行うこともできる．8-オキソノナナールをメタノール中で，まず塩化セリウム(Ⅲ) $CeCl_3$ で処理しておいて $NaBH_4$ を加える．反応終了後 1 M HCl で処理すると目的の 8-ヒドロキシノナナールが得られる．反応性の高いアルデヒドが $CeCl_3$ によってまずジメチルアセタールに変換され $NaBH_4$ による還元反応から保護されるのがこの反応の鍵である．保護，還元，脱保護の3工程の反応を一つのフラスコで行える利点がある．

白色粉末である $NaBH_4$ や $LiAlH_4$ と違って液体の $(i-C_4H_9)_2AlH$ もカルボニル化合物をアルコールに還元する．簡便なので実験室ではよく用いる．ケトンは第二級アルコールに，エステルは第一級アルコールに還元できる．エステルの還元を低温で行うとアルデヒドを得ることが可能である．先に述べたように，アルデヒドのほうがエステルに比べて圧倒的に還元されやすい．したがってエステルを還元して途中に生成するアルデヒドを得ることは一般的にむずかしい．$(i-C_4H_9)_2AlH$ を用いる還元を $-78\,°C$ で行うと，途中で生成するアルミニウムアルコキシドが OC_2H_5 基の酸素の配位によって正四面体構造が安定になり，アルデヒドが系中で生成せず，さらなる還元から守っている．反応終了後の酸による後処理によってはじめてアルデヒドが得られる．

9・2・2 立体選択的還元

4-t-ブチルシクロヘキサノンを金属水素化物で還元すると，cis- および trans-4-t-ブチルシクロヘキサノールが生じる．種々の金属水素化物を用いる還元によるその生成比を下にまとめる．$LiAlH_4$ や $NaBH_4$ では，ヒドリドのアキシアル攻撃によってエクアトリアルアルコールすなわち trans-4-t-ブチルシクロヘキサノールが主として得られる．これに対して嵩高い還元剤である $Li(s-C_4H_9)_3BH$ や $Li[(CH_3)_2CHCH(CH_3)]_3BH$ を用いるとシス体が高選択的に得られる．1,3-ジアキシアル相互作用のためにアキシアル方向からのカルボニル炭素へのヒドリド攻撃が不利となり，立体障害の少ないエクアトリアル方向からの攻撃が優先して起こるためである．

	シス体 : トランス体
$NaBH_4$	14 : 86
$LiAlH_4$	10 : 90
$Li(s-C_4H_9)_3BH$	97 : 3
$Li[(CH_3)_2CHCH(CH_3)]_3BH$	>99 : 1

次にカルボニル基の α 位に酸素や窒素を含む置換基をもつ基質の還元について考える．たとえば，α-ヒドロキシケトンを水素化ホウ素亜鉛 $Zn(BH_4)_2$ で還元すると，カルボニル酸素とヒドロキシ基の酸素に亜鉛が配位した環状の遷移状態を経て還元が起こり，アンチ体が生成する（キレート型モデル）．

これに対し，α-ヒドロキシケトンのヒドロキシ基を嵩高い $t\text{-}C_4H_9(C_6H_5)_2Si$ 基で保護した後，還元を行うと，酸素が亜鉛に配位できないため Felkin-Anh モデルに従って反応する．反応終了後，F^- で保護基をはずすと，シン体のジオールが選択的に得られる（アンチ体：シン体 ＝ 4：96）．

α置換 β-ケトアミドを基質として $NaBH_4$ で還元を行うと，二つの立体異性体シン体とアンチ体が 25：75 の比で生成する．ところがここに塩化マンガンや塩化カルシウムを加えこれらの金属塩の共存下に $NaBH_4$ を作用させると異性体の生成比はいずれの場合にも 99：1 とシン体が高選択的に得られる．これらの塩の共存下では，まずマンガンやカルシウムの金属原子に β-ケトアミドが配位し 6 員環を形成する．こうして立体配座が規制されるとともに，活性化されたカルボニル基に対して，ヒドリドが立体的に空いた側，すなわちメチル基と反対側からカルボニル炭素を攻撃するためシン体が高選択的に生成する（キレート型モデル）．なお，塩化マンガンや塩化カルシウムと $NaBH_4$ の組合わせの代わりに先に述べた $Zn(BH_4)_2$ を用いても同様にシン体が選択的に生成する．

9・2・3 位置選択的還元

α,β-不飽和カルボニル化合物をヒドリド還元すると，カルボニル基の炭素が反応する場合（1,2 還元）と，二重結合あるいは三重結合が反応する場合（1,4 還元）がある．2-シクロヘキセノンの金属水素化物（H–M）による還元を例にあげる．1,2 還元ではアリルアルコールが生成する．一方 1,4 還元では途中に生成する金属エノラートが系中で溶媒によってプロトン化を受け，ケトンが生成する．ケトンはさらにヒドリドの攻撃を受けるので最終的にはシクロヘキサノールが生成する．

$NaBH_4$ ならびに $LiAlH_4$ は，いずれも，α,β-不飽和アルデヒドを選択的に 1,2 還元する．これに対し α,β-不飽和ケトンでは 1,2 還元体と 1,4 還元体の混合物が得られることが多い．一般的に $NaBH_4$ のほうが $LiAlH_4$ よりも 1,4 還元体を生じる傾向が大きく，2-シクロペンテノンをメタノール中 $NaBH_4$ で還元した場合にはシクロペンタノールが選択的に得られる．ところがここで $CeCl_3$ 共存下に $NaBH_4$

を用いると，1,2還元体が主成分となる．

NaBH₄, CH₃OH　　　　　0 : 100
NaBH₄－CeCl₃, CH₃OH　　97 : 3

この反応性の差は HSAB 則（2章参照）によって説明できる．α,β-不飽和カルボニル化合物において，カルボニル炭素は β 位のアルケン炭素よりも硬い．一方，CeCl₃ の作用で NaBH₄ の水素がメトキシ基で置き換えられた NaBH$_n$(OCH₃)$_{4-n}$ ($n = 1, 2, 3$) は，もとの NaBH₄ よりも硬い還元剤であり，反応性も高い．HSAB 則によると，より硬い反応剤はより硬い部位，すなわちカルボニル炭素を選択的に攻撃するためほぼ 1,2 還元体だけが得られる．

BH₃·S(CH₃)₂ と n-C₄H₉Li から調製できる水素化ブチルホウ素リチウム Li(n-C₄H₉)BH₃ を β-ヨノンに作用させると 1,2 還元体が選択的に得られる．これに対し非常に嵩高い還元剤である K(C₆H₅)₃BH は選択的に 1,4 還元する．さらに K(C₆H₅)₃BH は，カルボニル基周辺の立体的環境がわずかしか変わらない 2-ヘプタノンと 4-ヘプタノンの区別もでき，2-ヘプタノールと 4-ヘプタノールを 94 : 6 の比で生成する．

9・2・4　エナンチオ選択的還元

a. 光学活性アルミニウム水素化物を用いる不斉還元

カルボニル化合物のカルボニル炭素がプロキラルであると §9・1・1 で述べた．アセトフェノンを図のようにおき，上方からながめると優先順位はカルボニル酸素，フェニル基のイプソ位炭素，メチル基の炭素の順であるので，右回りとなる．したがってアセトフェノンをこのようにおいたときには上側の面が Re 面で下側の面が Si 面である．ここでヒドリド H⁻ が Si 面から攻撃すれば 1-フェニルエタノール C₆H₅CH(CH₃)OH の R 体が生成する．一方 Re 面から攻撃すれば S 体のアルコールが生成する．どちらか一方から優先的に反応が起これば不斉還元が実現する．

水素化アルミニウムリチウムを光学活性アルコールやアミンで部分的に修飾すると，残りの水素原子はキラルな環境におかれることになる．したがってこの還元剤はプロキラルなカルボニル化合物の

エナンチオ面を識別しアルコールの一方の鏡像異性体を優先的に生成するはずである．しかし，数多くの試みにもかかわらず高い光学純度のアルコールはほとんど得られなかった．野依良治らは，その原因を複数のよく似たヒドリド活性種が反応に関与するためだと考え，反応性が高くかつ優れた不斉認識能をもつ単一の活性種をつくることを検討した．その結果ビナフトールとエタノールで修飾した還元剤が高い不斉収率で各種芳香族ケトンを還元することを見つけた．

R = C_2H_5 98% ee
n-C_3H_7 100% ee
CH_3 95% ee
$C(CH_3)_3$ 44% ee

エチニルケトンや α,β-不飽和ケトンも高エナンチオ選択的にそれぞれ対応するプロパルギルアルコールやアリルアルコールに還元される．β-イオノンは，ほぼ100%の光学収率で β-イオノールに変換できる．

S 体 100% ee

b. ホウ素の水素化物によるケトンの不斉還元

§9・2・1で述べたように，BH_3 や $NaBH_4$ などホウ素－水素結合をもつ化合物はケトンを容易に還元して，対応する第二級アルコールを高収率で生成する．BH_3 を還元剤として用いる不斉還元の触媒として，光学活性オキサザボロリジンが有効に働く．オキサザボロリジンは分子内 B－N 結合をもっており，Lewis 酸性のホウ素がケトンの求電子性を向上させるとともに，還元剤である BH_3 が隣接する塩基性の N と相互作用しつつケトンに付加するので，不斉還元が効率的に進行する．芳香族・脂肪族の環状・非環状ケトンで高い不斉選択性が実現できる．(R)-ジフェニルピロリジンメタノールとメチルボロン酸から調製したオキサザボロリジンを触媒として用い，アセトフェノンをボランで不斉還元する例を次に示す．(S)-1-フェニルエタノールが 95% ee で得られる．

BH_3, $(C_2H_5)_2NC_6H_5$
光学活性オキサザボロリジン
トルエン，室温

95% ee

光学活性オキサザボロリジン

$NaBH_4$ を用いる場合には，光学活性なジアミンから調製できるコバルト-β-ケトイミナート錯体を触媒とすると有効である．次式に示すように動的速度論分割に応用することもできる．

c. 光学活性触媒を用いる不斉水素化反応

カルボニル化合物を水素化してアルコールを得る反応は，定量的に進行し，副生物や廃棄物がきわめて少ないので，工業的に重要であり，環境調和型反応の視点からも重要である．アルデヒドおよびケトンの水素化は，触媒 trans-$RuCl_2P_2[NH_2(CH_2)_2NH_2]$〔$P = P(C_6H_5)_3, P(C_6H_4$-$4$-$CH_3)_3$〕を 2-プロパノール中，水素加圧下塩基とともに用いると速やかに進行する．シクロヘキサノンの水素化では，毎秒 156 回ものきわめて高い触媒回転効率が達成されている．また，この触媒は不飽和ケトンを定量的に対応する不飽和アルコールに変換する．炭素－炭素不飽和結合が還元されない点が大きな特徴である．カルボン酸およびエステル類の水素化では，より激しい反応条件が必要である．$Rh(acac)_3$-$Re_2(CO)_{10}$（Rh：Re = 1：1）はペンタデカン酸の水素化に優れた活性を示し，水素 100 気圧，160 ℃で，1-ペンタデカノールが高収率で得られる．CuO-MgO-SiO_2 触媒による酢酸エチルの気相水素化反応では，水素 34 気圧，240 ℃ の条件でエタノールが定量的に生じる．

Ru-BINAP 錯体を触媒に用いることにより，種々の β-ケトエステル類およびその類縁体を 99 %を超えるきわめて高い鏡像異性体過剰率で水素化することができる．ハロゲンをアニオン性配位子とする RuX_2(binap)（X = Cl, Br,あるいは I）および $RuCl_2$(binap)(dmf)$_n$ を用いると，基質/触媒のモル比（S/C）が最高で 10000 の条件でも生成物が定量的に得られる．

このように金属に配位可能なヘテロ原子をカルボニル基近傍にもつケトン類は光学活性二座ホスフィン配位子とロジウムおよびルテニウム錯体を用いて不斉水素化を行うことができる．代表的な基

質は，α- および β-ケトエステルのほか，α-アミノケトン，α-ヒドロキシケトン類などであり，最近は β-ケトホスホン酸エステル，β-ケトスルホン酸ナトリウム塩などの反応例も報告されている．

近傍に官能基のない単純なケトン類は，ケトエステル類などの官能基を含むケトンとは異なり，従来の光学活性ジホスフィンを配位子とする金属錯体触媒による不斉水素化では，反応性もエナンチオ選択性も高くない．しかし，BINAP と光学活性 1,2-ジアミンをともに配位子とするルテニウム錯体は，2-プロパノール中アルカリ塩基の存在下，きわめて高い不斉水素化能を示す．たとえばアセトフェノン 60 g に対して trans-RuCl$_2$[(S)-tolbinap][S,S-dpen] をわずか 2.2 mg 用いるだけで水素圧 45 気圧，30 ℃ の条件下，定量的に 80% ee の (R)-1-フェニルエタノールに変換できる．その触媒回転効率（TOF）は毎時 228,000 回あるいは毎秒 63 回，そして総触媒回転数（TON）は 2,400,000 回に達する．

イミンを不斉還元すると光学活性アミンが得られる．これまでにチタンやルテニウム，ロジウム，イリジウムを光学活性配位子で修飾した錯体触媒が数多く開発されている．代表例として Rh-Et-DuPHOS 錯体を用いる N-ベンゾイルヒドラゾンの不斉水素化反応と Ru-1,2-ジアミン錯体によるイミン類のギ酸を還元剤とする不斉還元反応をあげる．なお前者の反応で得られる N-アシルヒドラジン

R体 97%, 94% ee

(S,S)-Ru-1,2-ジアミン錯体
η⁶-arene = p-シメン
Ar = 4-CH₃C₆H₄

はSmI$_2$によって還元的に光学活性アミンに導くことができる．

d. 酵素や微生物を用いる不斉還元

パン酵母を用いるとアセト酢酸エチルから光学活性な 3-ヒドロキシ酪酸エチルの S 体が得られる．この還元反応は，リパーゼを利用するラセミ体の速度論的光学分割法とともに生体触媒の有効性を顕著に示す一つの例である．微生物や酵素などの生体触媒が，光学的に純粋な有機分子合成のために，信頼性が高く容易に利用可能な手法として広く用いられている．

安価で取扱いがきわめて容易なパン酵母によるケトンの不斉還元については，これまでに数多くの研究がある．この還元反応のエナンチオ選択性は経験的に Prelog 則に従うといわれているが，必ずしもそうではない．ケトンの構造によって光学純度だけではなく絶対配置まで変動することがある．たとえば，2-ヘキサノンのパン酵母による還元では (S)-2-ヘキサノールが 82% ee で得られるが，炭素鎖が一つ多い 3-ヘプタノンでは R 体が 27% ee で生成する．

S 体 82% ee   R 体 27% ee

パン酵母から3種類の酸化還元酵素が単離され，還元の基質である β-ケトエステルの構造によってこれらの酵素の作用が異なることが明らかにされている．すなわち β-ケトエステルのカルボキシル末端が小さく γ 位の置換基が大きい場合は D 酵素が作用し，R 体の β-ヒドロキシエステルが生成する．一方その逆の場合には L 酵素が作用し，S 体のアルコールが生成する．したがって高いエナンチオ選択性で還元生成物を得るには基質の構造や反応条件などを工夫しなければならない．

S: 小，L: 大   (R)-アルコール   (S)-アルコール

パン酵母還元における基質特異性，すなわち置換基のわずかな差による光学純度および絶対配置の逆転は次の例でも顕著である．4-クロロ-3-オキソブタン酸エチルの還元では (S)-3-ヒドロキシブタン酸エステルが 55% ee で得られるが，オクチルエステルでは絶対配置が逆転し，R 体アルコールが 97% ee で生じる．さらに 4-ブロモ-3-オキソブタン酸エステルを還元すると，エチルエステルでは S 体，オクチルエステルでは R 体アルコールが 100% ee で得られる．

S 体
X = Cl, R = C$_2$H$_5$ (55% ee)
X = Br, R = C$_2$H$_5$ (100% ee)

R 体
X = Cl, R = n-C$_8$H$_{17}$ (97% ee)
X = Br, R = n-C$_8$H$_{17}$ (100% ee)

e. Meerwein-Pondorf-Verley 型還元（MPV 還元）

アルミニウムイソプロポキシドと 2-プロパノールを用い，アルデヒド，ケトンを穏和な条件で還元する反応を **Meerwein-Pondorf-Verley 還元** とよぶ．反応は次のように進行する．1) カルボニル化合物のアルミニウムイソプロポキシドへの配位，2) 配位圏内での水素移動，3) アセトンの遊離，4) 還元されたケトン由来のアルコキシドの加溶媒分解による還元生成物の遊離．

ここでアルコキシド部分にキラリティーをもたせると，不斉還元が可能である．たとえばカンファーから誘導したアルミニウムアルコキシドを用いるとイソプロピルフェニルケトンを不斉還元でき，対応するアルコールを 70% ee で得ることができる．

金属アルコキシドだけでなくアルキル金属の場合も金属の β 位に移動可能な水素原子がある場合，カルボニルを還元することができる．Grignard 反応剤からの水素移動は古くから知られている．MPV 還元との大きな違いは反応剤の β 位水素が移動することと，この転位反応が不可逆であることの 2 点である．カルボニル基が立体障害を受けていると，Grignard 反応剤の付加反応が抑えられて，β 位の水素がカルボニル基を求核的に攻撃してアルコキシドとアルケンを生成する．(+)-1-クロロ-2-フェニルブタンから導いた Grignard 反応剤でイソプロピルフェニルケトンを還元すると，対応するアルコールが 78% ee で得られる．

9・2・5 カルボン酸のアルデヒドへの還元

カルボン酸誘導体をアルデヒドへ直接変換するのは一般的にむずかしい．$LiAlH_4$ を使ってアルコールまでいったん還元したのちに PCC などで酸化してアルデヒドを得るのが確実な方法である．これに対して触媒的な方法としては，酸塩化物を Pd/C 触媒存在下に水素化してアルデヒドを得る Rosenmund 還元やチオールエステルを Pd/C 触媒存在下にヒドロシランで還元する方法がある．より使いやすい方法として Pd(0) ホスフィン触媒存在下，カルボン酸自身をピバル酸無水物などの脱水剤共存下に直接水素化してアルデヒドを得る方法が開発されている．この方法では系中に生じる酸無水

物 ArCO—O—CO-*t*-C₄H₉ への Pd(0) の酸化的付加が鍵となる．そのために特徴的な官能基選択性がみられ，ケトンやエステル，内部アルケンが共存してもカルボン酸だけが選択的に還元される．種々の脂肪族および芳香族カルボン酸から直接アルデヒドが効率よく得られるため，合成的な利用価値が高い．

$$\text{NC-C}_6\text{H}_4\text{-COOH} + (t\text{-C}_4\text{H}_9\text{CO})_2\text{O} + \text{H}_2 \xrightarrow{\text{Pd}[\text{P}(\text{C}_6\text{H}_5)_3]_4} \text{NC-C}_6\text{H}_4\text{-CHO} \quad 99\%$$

水素の代わりにトリアルキルシランを用いてエステルをシリルアルキルアセタールに還元することもできる．シリルアルキルアセタールは加水分解によって容易にアルデヒドに変換することができる．

$$\text{C}_6\text{H}_{11}\text{COOCH}_3 + (\text{C}_2\text{H}_5)_3\text{SiH} \xrightarrow[\text{C}_2\text{H}_5\text{I, }(\text{C}_2\text{H}_5)_2\text{NH}]{[\text{RuCl}_2(\text{CO})_3]_2} \text{C}_6\text{H}_{11}\text{CH}(\text{OSi}(\text{C}_2\text{H}_5)_3)(\text{OCH}_3) \xrightarrow{\text{aq. HCl}} \text{C}_6\text{H}_{11}\text{CHO}$$
92%　　　　　　　98%

9・2・6　ケトンのアルカンあるいはアルケンへの還元

亜鉛アマルガムと濃塩酸を用いてカルボニル基をメチレン基に変換する方法を **Clemmensen 還元**（クレメンゼン）とよぶ．亜鉛に代えて電極還元も利用できる．これは芳香族ケトンをメチレン基へ変換するのに有効である．Friedel-Crafts 反応による芳香環の直接アルキル化では，多置換体の生成や転位による分枝アルキル化体の副生などの問題があるので Friedel-Crafts アシル化とこれに続く Clemmensen 還元の二段階法が有効な手段になる．

Clemmensen 還元と並ぶカルボニル基の還元法に **Wolff-Kishner 還元**（ウォルフ キシュナー）がある．NaOH や KOH などの強塩基の存在下，アルデヒドやケトンをヒドラジンと加熱する方法で，ヒドラゾン中間体を経てメチレン基にまで還元される．このように前者は酸条件下の反応で，後者は塩基性条件下の反応であり互いに相補的である．

$$\text{Ar-CO-R} \xrightarrow[\text{N}_2\text{H}_4, \text{NaOH Wolff-Kishner 還元}]{\text{Zn-Hg, HCl Clemmensen 還元 あるいは}} \text{Ar-CH}_2\text{-R}$$

ヒドラゾンを経由してケトンをアルケンに変換する方法に **Shapiro 反応**（シャピロ）もある．アセトフェノンのスチレンへの変換を例にとって説明する．まずアセトフェノンをトシルヒドラゾンに変換する．ここに低温で LDA を 2 当量作用させると，ジアニオンが生成する．ここで温度を室温まで戻すとジアニオンが分解してビニルアニオンとなる．後処理でプロトン化することによってスチレンが得られる．

$$\text{C}_6\text{H}_5\text{-CO-CH}_3 \xrightarrow{\text{H}_2\text{NNHTs}} \text{C}_6\text{H}_5\text{-C(=NNHTs)-CH}_3 \xrightarrow{2\text{LDA}} \text{C}_6\text{H}_5\text{-C(=N-N(Li)Ts)-CH}_2\text{Li} \rightarrow \text{C}_6\text{H}_5\text{-C(=N-N=Li)=CH}_2 \rightarrow \text{C}_6\text{H}_5\text{-C(Li)=CH}_2 \xrightarrow{\text{H}_3\text{O}^+} \text{C}_6\text{H}_5\text{-CH=CH}_2$$

ケトン 2 分子からアルケンをつくる反応に**ピナコールカップリング**や**向山-McMurry カップリング**（マクマリー）がある．これらについては 17 章で述べる．

9・3 有機ハロゲン化物，アルコール，オキシランの還元

9・3・1 有機ハロゲン化物の還元

ハロゲン化アルキルの還元されやすさは，一般に RI > RBr > RCl ≫ RF の順である．カルボニル化合物の還元のところであげた $NaBH_4$ や $LiAlH_4$ はハロゲン化アルキルも容易に還元することができる．反応は S_N2 型で進行し，反応の容易さは 第一級 > 第二級 > 第三級 の順である．還元剤の攻撃を受ける他の官能基が基質に存在する場合には使えない．

より一般的なハロゲン化アルキルの還元剤は $(n-C_4H_9)_3SnH$ あるいは $(C_6H_5)_3SnH$ である．§3・5・1 でも述べたが，もう一度詳しく説明する．反応は次のように進行する．水素化スズを加熱するとSn-H 結合がホモリシスしてスズラジカルが発生する（ラジカル開始反応）．つづいてこのスズラジカルがハロゲン化アルキルのハロゲン原子を攻撃し，アルキルラジカルを生じる（成長反応 1）．アルキルラジカルは水素化スズから水素を引抜き，アルカンとなると同時にスズラジカルを再生する（成長反応 2）．この二つの成長反応が連続して起こってハロアルカンのアルカンへの還元反応が完結する．

$(n-C_4H_9)_3SnH \xrightarrow{\text{熱}} (n-C_4H_9)_3Sn\cdot + \cdot H$ ラジカル開始反応

$R-X + (n-C_4H_9)_3Sn\cdot \longrightarrow R\cdot + (n-C_4H_9)_3SnX$ 成長反応 1

$R\cdot + (n-C_4H_9)_3SnH \longrightarrow R-H + (n-C_4H_9)_3Sn\cdot$ 成長反応 2

なおラジカル開始剤を用いると，より穏和な条件で反応させることができる．開始剤として代表的なものに AIBN や過酸化物，あるいは $(C_2H_5)_3B$ がある．AIBN と過酸化物の場合には加熱によって，$(C_2H_5)_3B$ の場合には酸素共存下にラジカルを発生させることができる．

スズ化合物が高い毒性を示すので，触媒量の $(n-C_4H_9)_3SnCl$ に $NaBH_4$ を組合わせて反応系中で Sn-H 化合物をつくる方法もある．さらにスズ化合物に代わって最近は無毒な $[(CH_3)_3Si]_3SiH$ や $(C_6H_5)_2SiH_2$ のようなヒドロシランがよく利用されている．$(n-C_4H_9)_3SnH$ のスズ-水素の結合解離エネルギーは約 310 kJ mol^{-1} と小さい．これに対してケイ素-水素の結合解離エネルギーは $(C_2H_5)_3SiH$ や $C_6H_5SiH_3$ では約 377 kJ mol^{-1}，$(CH_3)_3Si(CH_3)_2SiH$ では約 356 kJ mol^{-1}，$[(CH_3)_3Si]_2CH_3SiH$ および $(C_6H_5)_3SiH$ では，約 347 kJ mol^{-1} とケイ素上の置換基によって異なる．さらに $[(CH_3)_3Si]_3SiH$ では約 331 kJ mol^{-1} とスズ-水素のものに近い．$(n-C_4H_9)_3Sn\cdot$ と種々のハロゲン化物およびカルコゲニドとの反応速度定数は次のとおりである．

	R-I	R-Br	R-SeX (PhI)	R-Br (PhBr)	=Br (vinyl)	R-Cl, R-SR
反応速度定数	約 $10^9 \text{ M}^{-1}\text{s}^{-1}$	$10^8 \sim 10^7 \text{ M}^{-1}\text{s}^{-1}$	$10^6 \sim 10^5 \text{ M}^{-1}\text{s}^{-1}$			$10^4 \sim 10^2 \text{ M}^{-1}\text{s}^{-1}$

一方，アルキルラジカル $R\cdot$ と $(n-C_4H_9)_3SnH$ の反応による RH の生成は $10^6 \text{ M}^{-1}\text{s}^{-1}$ 程度，反応性の高い sp^2 炭素ラジカルであるフェニルラジカルやビニルラジカルとの反応は $10^8 \text{ M}^{-1}\text{s}^{-1}$ である．$[(CH_3)_3Si]_3SiH$ の反応性は $(n-C_4H_9)_3SnH$ の約 10 分の 1 であるが，全体的には $(n-C_4H_9)_3SnH$ と似た反応性を示す．$(C_2H_5)_3Si\cdot$ はヨウ化アルキルや臭化アルキルに対して約 $10^8 \text{ M}^{-1}\text{s}^{-1}$ もの高い反応性を示すが，官能基選択性が低く，しかも生成したアルキルラジカルと $(C_2H_5)_3SiH$ との反応が遅いため，連鎖反応が続かず，還元反応そのものが円滑に進行しない．

ヒドロキシ基やエステルのような官能基が含まれていてもラジカル還元は影響を受けない．またアルキルトシラートも NaI あるいは KI 存在下に，$(n-C_4H_9)_3SnH/AIBN$ 系で加熱還流することによって還元体に変換できる．系内でまず S_N2 反応によってヨウ化アルキルが生成し，これが水素化スズに

よって還元される．

9・3・2 アルコールの還元

　アルコールを直接還元してアルカンに変換することはむずかしい．通常はスルホン酸エステルなどに変換したのち，NaBH$_4$ や LiAlH$_4$ で還元する．第一級アルコールや立体障害の小さな第二級アルコールの場合には有効である．しかし，立体障害の大きな第二級アルコールのトシラートを LiAlH$_4$ で処理すると，もとのアルコールに戻る反応やトシラートの脱離によるアルケンの生成などの副反応が起こる．このようなアルコールは，まずキサントゲン酸メチル誘導体に変換してから (n-C$_4$H$_9$)$_3$SnH/AIBN 系で還元するとよい（**Barton-McCombie 反応**）．第二級アルコールの脱酸素反応が中心であるが，第一級ならびに第三級アルコールの脱酸素反応にも適用できる．多くのヒドロキシ基をもつ敏感な基質，たとえば糖やヌクレオシド類においても容易に炭素ラジカルを発生させることができるため用途が広い．

　キサントゲン酸メチルを用いるのが一般的であるが，チオ炭酸エステルや4-チオカルバミン酸エステルも同様に用いることができる．

$$R-OH \longrightarrow RO-\overset{S}{\underset{\|}{C}}-X \longrightarrow R-H \qquad X = SCH_3, OC_6H_5, -N\diagdown\diagup_{N}, -NHC_6H_5$$

　水素化スズの代わりにヒドロシランを使ったコレスタ-5-エンならびに抗エイズ活性を有するヌクレオシド類合成の例をあげておこう．

9・3・3 オキシランのアルコールならびにアルケンへの還元

オキシランは LiAlH₄ と反応してアルコールを生成する．この反応は S_N2 反応で進行し，より置換の少ない炭素を優先してヒドリドが攻撃する．

$$C_6H_5-\text{オキシラン} \xrightarrow{\text{LiAlH}_4, \text{THF}, 0\,°\text{C}} C_6H_5\text{CH(OH)CH}_3\ (88\%) + C_6H_5\text{CH}_2\text{CH}_2\text{OH}\ (4\%)$$

これに対して α,β-エポキシシランに LiAlH₄ を作用させると 2-シリルエタノールが選択的に生成する．この生成物はヒドリド H^- がシリル基の置換した炭素を選択的に攻撃した結果生じたものである．立体障害を考えると逆の位置異性体が生成すると考えられるが，この場合にはヒドリドがまずケイ素原子を攻撃し，5 配位ケイ素（シリカートとよばれる）が生成する．その後ケイ素上のヒドリドがシリル基の置換した炭素へ 1,2 転位することによって 2-シリルエタノールが得られると説明されている．

$$(C_2H_5)_3Si\text{-オキシラン} \xrightarrow{\text{LiAlH}_4} (C_2H_5)_3\bar{Si}\text{-中間体} \xrightarrow{H_3O^+} (C_2H_5)_3Si\text{CH(H)CH}_2\text{OH}$$

オキシランに高い温度でホスファイトやホスフィンを作用させると，脱酸素を起こし，アルケンに還元できる．たとえばスチレンオキシドにトリフェニルホスフィンを 165 °C で反応させるとスチレンが生成する．反応は次のように進行する．まずホスフィンのリン原子がオキシランの炭素原子を S_N2 型に攻撃し，次にこの状態で C−C 結合が 180° 回転する．最後に Wittig 反応と同様にホスフィンオキシドが脱離してアルケンが得られる．全体として立体化学は反転し，シス体のオキシランはトランス体のアルケンとなる．しかし反応条件が厳しく立体特異性はあまり高くない．

そこでより穏やかな方法が開発された．トリフェニルホスフィン $P(C_6H_5)_3$ よりも求核性の強い $(C_6H_5)_2PLi$ を用いオキシランを開環させ，そのあとヨウ化メチルを加えオキサホスフェタン中間体を生成させるというものである．反応が低温で進行するため立体特異性が高く有効な変換法である．$(C_6H_5)_2PLi$ の代わりに $(CH_3)_3SiK$ や $(CH_3)_3SiLi$ を用いても同様の脱酸素反応を起こすことができる．この場合も反応は立体特異的に進行し，シス体のオキシランからはトランス体のアルケンが得られる．

問題 9・1 ケトンと第一級アミンの等モル混合物を NaBH₃CN で処理したとき，得られるものは何か．

問題 9・2 水素化シアノホウ素ナトリウム NaBH₃CN 共存下にシクロヘキサノンにトシルヒドラジンを作用させるとシクロヘキサンが得られる．この反応の機構を示せ．

問題 9・3 アルコールのキサントゲン酸メチルエステルを $(C_2H_5)_3B$，空気存在下 $(n\text{-}C_4H_9)_3SnH$ で還元してアルカンに変換する反応の機構を示せ．

10

酸 化 反 応

　酸化反応は還元反応とともに重要な官能基変換反応のひとつである．酸化反応を十分に理解するには酸化される物質，酸化剤および生成物のそれぞれの立場から考えなければならない．ここでは基質によって分類し，まずアルコールの酸化について述べ，ひき続きアルケンの酸化を取扱う．アルコールの酸化ではクロム酸酸化と，DMSO 酸化について詳しく取上げる．一方，アルケンの酸化については二重結合の直接酸化ならびにアリル位の酸化に焦点を絞り，解説する．二重結合の直接酸化ではエポキシ化，ジオールへの変換を，そしてアリル位の酸化については Bi−Mo 系を用いたプロペン（プロピレン）からの工業的アクロレインの合成法ならびに二酸化セレンを用いるアリルアルコールの合成法などを紹介する．

10・1　アルコールの酸化

　アルコールを酸化してカルボニル化合物に変換する反応は有機合成における官能基変換反応の最も基本的な反応である．工業的には経済的理由から空気酸化がよく用いられている．近年，遷移金属触媒を利用したアルコールの酸化反応が活発に研究されている．ここではこれら新しい反応とともに従来から研究室でよく用いられているクロム(VI)酸による酸化や Swern 酸化について解説する．

10・1・1　クロム酸による酸化

　無水クロム酸 CrO_3 を希硫酸に溶かすとオレンジ色の溶液が得られる．この溶液を **Jones 反応剤**（ジョーンズ）とよぶ．4-ヘプタノールのアセトン溶液に Jones 反応剤を滴下すると，オレンジ色はただちに緑色に変化する．アセトン溶液のオレンジ色が緑色に変化しなくなるまで滴下を続ければよい．反応は 2 段階で進行する．まずクロム酸とアルコールからクロム酸エステルが生成し，次にクロム酸エステルが分解してケトンを生じる．$(CH_3)_2CHOH$ と $(CH_3)_2CDOH$ を Jones 反応剤で酸化したときの反応速度比は $k_H/k_D = 7.7$ であり，この同位体効果の値から 2 段階目の水素引抜きが律速段階であることが示唆され

ている.副生する Cr(IV) は不安定でただちに Cr(III) と Cr(V) に不均化する.5 価のクロムはアルコールをもう 1 分子酸化して 3 価となる.このようにクロムは 6 価から最終的には 3 価まで還元されるので,酸化クロム(VI) の 1 モルはアルコール 1.5 モルを酸化することができる.なお,オレンジ色は Cr(VI),緑色は Cr(III) の色である.

第二級アルコールは容易にケトンに変換されるが,第三級アルコールは酸化されない.これに対し第一級アルコールはアルデヒドを経てカルボン酸にまで酸化される.アルデヒドで反応を止めることができないのは,アルデヒドが Jones 反応剤の希硫酸溶液中の水によって水和物になるためである.この水和反応は可逆で,その平衡はアルデヒド側に大きく傾いているが,水和物が第二級アルコールの場合と同様にクロム酸エステルを経由してカルボン酸にまで酸化されるので平衡が右にずれ,反応が進行する.

$$RCHO + H_2O \rightleftharpoons RCH(OH)_2 \longrightarrow \text{水和物のクロム酸エステル} \longrightarrow HO-CR=O$$

アルデヒド水和物 　　　水和物のクロム酸エステル

アルデヒドは有機合成上重要な官能基である.特に炭素－炭素結合生成反応の基質としての有用性

有機化合物の酸化段階

無機化学において酸化・還元はそれぞれ電子を失うこと,電子をもらうことと定義されている.亜鉛原子や臭素原子の酸化数は 0 であり,これが n 電子失うと,$+n$ の酸化段階(酸化数)となり,逆に n 電子もらうとその数だけ酸化段階は下がる.

一方,有機化合物では反応の前後において電子の授受があったかどうかはっきりしない場合が多い.そこで有機化学では酸化・還元は別の方法で定義されている.ある分子にハロゲンや酸素のような電気的に陰性な原子を付加するか,ある分子から水素を奪うような過程を酸化とし,逆に酸素を奪うか,あるいは水素を付加するような過程を還元と定義する.エタノールをクロム酸によってアセトアルデヒドおよび酢酸に酸化する過程を例に示す.

$$CH_3CH_2OH \xrightarrow{酸化} CH_3C(=O)H \xrightarrow{酸化} CH_3C(=O)OH$$

酸化段階			
炭素	-3 -1	-3 $+1$	-3 $+3$
分子全体	-4	-2	0

有機化合物の酸化段階は次のように求める.まず個々の炭素原子に対する酸化段階を求める.そのさい,炭素に結合している四つの置換基に対して,水素は炭素より電気的に陽性なので -1,炭素は同じ元素なので 0,ハロゲンや酸素のような炭素より電気的に陰性のヘテロ原子には $+1$ の値を与える.カルボニル炭素の場合には,ヘテロ原子である酸素原子が二つ置換していると考える.エタノールについて計算すると,まずメチル炭素には水素三つと炭素一つが結合しているので $(-1) \times 3 + 0 = -3$,一方メチレン炭素は $(-1) \times 2 + (+1) + 0 = -1$ となる.したがってエタノール分子全体の酸化段階は $(-3) + (-1) = -4$ となる.アセトアルデヒドについて同様の計算をすると,その酸化段階は -2,さらにアセトアルデヒドが酸化された酢酸は 0 となる.このことからアルコールからアルデヒドさらにカルボン酸への変換はいずれの段階も 2 電子酸化であり,対応する酸化段階も二つずつ高くなることがわかる.これに対してクロム酸のほうはエタノールをアルデヒドに酸化することによって 6 価から 4 価へと 2 電子還元されている.

次に水和反応について考える.アルキンに水を付加させるとケトンが生成する.二つの化合物についてそれぞれ酸化段階をみると,いずれも 0 であり,分子全体の酸化段階に変化はない.したがって水の付加は,酸化でも還元でもない.

$$RC \equiv CR \xrightarrow{H_2O} \underset{OH}{\overset{R}{C}} = \underset{}{\overset{R}{C}} \equiv RCH_2-CR(=O)$$

$0 + 0 = 0$ 　　　　　$(-2) + (+2) = 0$

は大きい．したがって，第一級アルコールを酸化してアルデヒドを得る反応が精力的に研究され，いくつかの方法が開発されている．いずれも Jones 反応剤と同様にクロム酸を用いるものであるが，水を用いない工夫がなされている．カルボン酸まで酸化されてしまう原因は Jones 反応剤が水を含んでいることにあり，この点をいかに克服するかが鍵である．最も古いものはピリジン 2 分子との錯体 $CrO_3 \cdot 2py$（**Collins 反応剤**，py：ピリジン）で，この反応剤を用いてジクロロメタン中で第一級アルコールを酸化するとアルデヒドを得ることができる．しかしこの反応剤は有機溶媒に対する溶解度が低く，大量のジクロロメタンを必要とする欠点がある．さらに反応途中にゴム状物質が生成し未反応の反応剤がこのなかに取込まれ反応剤が有効に利用されないために大過剰（6 モル以上）必要になる欠点もある．これに対し **PCC**（クロロクロム酸ピリジニウム）や **PDC**（二クロム酸ピリジニウム）はこれらの欠点を解消し，アルコールに対して少過剰量使用するだけでよく，溶媒も少なくてすむ．いずれも市販されており，実験室で重宝されている．PCC は酸性を示すため THP エーテルなど酸に弱い保護基や官能基をもつ基質には使用できないが，PDC は中性であり，酸や塩基に敏感な官能基をあわせもつ第一級アルコールのアルデヒドへの変換には有効である．

PCC は弱酸性のため，基質によっては副反応を起こすことがある．たとえばシトロネロールの酸化では，反応系中で生じたシトロネラールが酸触媒によって環化し，さらに酸化を受けてイソプレゴンを生成する．これに対して緩衝剤として酢酸ナトリウムを共存させて反応を行うとシトロネラールが高収率で得られる．酸化クロムとピリジンから調製する PDC は PCC よりも酸性が弱いので，単独でもこのような副反応は比較的少ない．

10・1・2　ジメチルスルホキシドによる酸化

クロム酸を用いる反応では，反応の後処理ならびにその毒性が問題となる．そこで実験室では，ジメチルスルホキシド（DMSO）を鍵とする酸化法がよく用いられるようになった．そのなかで最も一

飲酒運転の取締まり

Jones 反応剤は，酒気帯び運転の取締まりに用いられている．自動車の運転者は息を吹き込んで風船を膨らませるように求められる．実はこの風船には粉末シリカゲルに担持した重クロム酸カリウム $K_2Cr_2O_7$ と H_2SO_4 を含むチューブが取付けてある．呼気中のエタノールは重クロム酸によって酸化され，アセトアルデヒドを経て酢酸 CH_3COOH となる．

$$2K_2Cr_2O_7 + 8H_2SO_4 + 3CH_3CH_2OH \longrightarrow 2Cr_2(SO_4)_3 + 2K_2SO_4 + 3CH_3COOH + 11H_2O$$

重クロム酸の Cr(VI) はオレンジ色で，還元された Cr(III) は緑色を呈する．この色の変化がチューブの中で起こる．緑色がチューブの中間の印のところを超えると血中アルコール濃度が 0.08% 以上であることを示す．日本をはじめ多くの国でこの値を超えると法律違反とみなされる．

般的なものが **Swern 酸化**(スワーン)である．まず，−78 ℃でジクロロメタン中 DMSO に塩化オキサリル $(COCl)_2$ を作用させてクロロスルホニウム塩を生成させる．このさい CO_2 と CO が同時に放出される．ここに第一級アルコールを加えると，アルコキシスルホニウム塩となる．最後に塩基としてトリエチルアミン $(C_2H_5)_3N$ を加えると，メチル基の水素がプロトンとして引抜かれる．生成した硫黄イリドが電子環状反応の一種である [2,3]シグマトロピー転位反応によって分解し，ジメチルスルフィドとアルデヒドが得られる．PCC 酸化に比べ，操作が少し煩雑で，副生するジメチルスルフィドの悪臭もやっかいであるが，種々の官能基をもつ基質に対しても反応を行うことができる．

アリルアルコール類の Swern 酸化では，二重結合の酸化や E,Z の立体化学の異性化，位置異性化を伴わず α,β-不飽和アルデヒドやケトンへ選択的に酸化できる．

この Swern 酸化の鍵段階は DMSO の活性化である．もともと偶然から，DMSO がアルコールを酸化することが見つかり，その反応機構の研究からアルコキシスルホニウム塩が重要な中間体であることが明らかにされた．この中間体をいかに効率よく生成させるかの問いに対する答が DMSO の活性化であった．活性化剤として塩化オキサリルの代わりに DCC（ジシクロヘキシルカルボジイミド）を用いる方法（**Moffatt 酸化**(モファット)）が Swern 酸化の開発以前にはよく用いられていたが，副生するジシクロヘキシル尿素を目的のカルボニル生成物から分離するのがやっかいなため，最近はほとんど用いられなくなった．DCC 以外に，無水酢酸，$SO_3 \cdot py$ なども DMSO の活性化剤として使える．Corey-Kim 法(コーリー キム)とよばれている方法では，ジメチルスルフィドと塩素ガスあるいは N-クロロスクシンイミドからクロロスルホニウム塩が得られる．これがアルコールと反応してアルコキシスルホニウム塩になる．

最近は Swern 酸化に代わって **Dess-Martin 酸化**(デス マーチン)がよく使われるようになった．例を次に示す．反応剤は 2-ヨード安息香酸から容易に調製できる．ヨウ素の高原子価化合物であることから潜在的な危険も指摘されており，反応のスケールに応じて取扱いに注意が必要である．立体的に混み合ったアルコールの酸化や，α 位にキラル中心をもち，ラセミ化しやすいカルボニル化合物や α,β-不飽和アルデヒド

の合成にも適用可能である．反応後の処理も容易で，構造の複雑な天然物合成の鍵反応として数多く利用されている．

塩化 N-t-ブチルアレーンスルフィンイミドイルを用いてもアルコール類を酸化することができる．反応剤は酢酸 S-アリールチオエステルと N,N-ジクロロ-t-ブチルアミンから合成する．塩基として 1,8-ジアザビシクロ[5.4.0]-7-ウンデセン（DBU）を用いることによって，官能基選択的にアルコールを酸化することができる．次の例に示すシロキシ基を含むベンジルアルコールの酸化の場合，Swern 酸化ではジケトンを生じるが，塩化スルフィンイミドイルを使うとシロキシ基はそのままでベンゾイン誘導体が得られる．

10・1・3 遷移金属錯体を触媒とする酸化

クロム酸や PCC による酸化は操作が簡単で研究室では今も重宝されているが，有害なクロム(VI) を化学量論量必要とするうえ，Cr(III) の回収など後処理に問題がある．そのため最近では遷移金属錯体を触媒とし，過酸化物や空気などの再酸化剤を組合わせる方法が種々報告されている．まず最初にルテニウム触媒と N-メチルモルホリン N-オキシド（NMO）の組合わせによるアルコールの酸化を紹介する．

四酸化ルテニウム RuO_4 は強力な酸化剤で，アルケンの炭素－炭素二重結合，芳香環，1,2-ジオールなどの酸化的開裂，アルコールのカルボン酸への酸化，エーテルのエステルへの酸化など種々の反応に利用できる．二酸化ルテニウムや塩化ルテニウムなどと過ヨウ素酸ナトリウムなどの共酸化剤を組合わせた触媒的方法が使われている．

RuO_4 と $(n-C_3H_7)_4NOH$ および K_2CO_3 から合成できる 7 価の過ルテニウム酸テトラプロピルアンモニウム（TPAP）$[(n-C_3H_7)_4N]RuO_4$ は，8 価の RuO_4 に比べて酸化力が弱く，アルコールの選択的な酸化に有効である．先に述べたように，NMO を酸化剤として用いるルテニウム触媒系もアルコールの酸化に利用できる．これらの方法を用いると，二重結合，三重結合，シリルエーテル，エステル，ラクトン，アセタール，エポキシドなどの官能基の共存下でも第一級アルコールはアルデヒドに，ま

た第二級アルコールはケトンに酸化できる．通常，ジクロロメタンあるいはアセトニトリルを溶媒として用いる．トルエンを溶媒とし，NMO の代わりに分子状酸素を用いることもできる．

また，光照射下に $RuCl_2(PPh_3)_2$-ヒドロキノンおよびニトロシルサレンルテニウム錯体を用いる空気酸化により，第二級アルコールを選択的に酸化できる．光学活性なニトロシルサレンルテニウム錯体を用いると，ラセミ体の第二級アルコールの速度論的光学分割も可能である．

これらルテニウムによる酸化では，ルテニウムアルコキシドが生じて，β 水素脱離によって酸化反応が起こると理解されている．このさい，不斉配位子によって生じる不斉環境に適合した一方の鏡像異性体のメチン水素が優先して脱離するため，速度論的光学分割が可能になる．生じた水素化ルテニウム錯体は，酸素やアミンオキシドなどの酸化剤によって酸化されてもとの錯体に戻る．

白金触媒を用いるアルコールの酸素酸化反応も古くから知られている．第一級アルコールが優先してカルボン酸にまで酸化される．反応の後処理が濾過だけですみ，水溶液中でも反応できるため，糖類の酸化によく利用されている．右の例ではヒドロキシアルデヒドと平衡にあるので，ヘミアセタール部が選択的に酸化され，カルボン酸が生成している．

触媒としてパラジウムを用いても分子状酸素を酸化剤としてアルコールの均一系酸化反応を行うことができる．酸素雰囲気下，第二級アルコールに対し $PdCl_2$ を触媒として酢酸ナトリウム共存下室温で反応させるとケトンが収率よく得られる．分子内に二重結合をもつアルコールはパラジウムに強く配位し触媒を失活させるため基質として使えない．スパルテイン共存下に第二級アルコールのラセミ体を速度論的光学分割した例を次に示す．

過酸や過酸化物は通常アルコールを直接酸化しないが，触媒を加えるとカルボニル化合物に酸化す

ることが可能になる．たとえば，30％過酸化水素を酸化剤とし，触媒量の Na_2WO_4 と相間移動触媒 $[CH_3(n-C_8H_{17})_3N]^+HSO_4^-$ の共存下で反応を行うと，第二級アルコールがケトンに酸化される．有機溶媒を用いる必要がなく，反応後に有機層を分離蒸留することによって対応するケトンが高収率で得られる．脂肪族第一級アルコールは過酸化水素を 2.5 当量用いれば対応するカルボン酸に直接変換できる．

ここで官能基選択的なアルコールの酸化について考えよう．具体例として 1,11-ドデカンジオールを 12-ヒドロキシ-2-ドデカノンへ変換する反応を取上げる．ここまでで述べてきたクロム酸酸化，PCC 酸化や Swern 酸化では，第一級アルコールと第二級アルコールとの間の反応速度にあまり大きな相違がないため，選択性がでない．そこでまず第一級アルコールのヒドロキシ基を選択的に保護する（12 章参照）．第一級アルコールと第二級アルコールの違いは，ヒドロキシ基周辺の立体障害である．第一級アルコールのヒドロキシ基のついた炭素にはアルキル基一つと水素原子二つが結合している．一方，第二級アルコールのヒドロキシ基が結合した炭素にはアルキル基二つと水素原子一つが結合しており，第二級アルコールは第一級アルコールに比べると立体的に混み合っている．そのために，立体的に嵩高い反応剤，たとえば t-$C_4H_9(CH_3)_2SiCl$（TBSCl）を塩基共存下に 1,11-ドデカンジオールに作用させると，立体的に混み合いの少ない第一級アルコールとだけ反応する．すなわち第一級アルコールだけを官能基選択的にシリルエーテルとして保護することができる．これを適当な酸化反応によってヒドロキシケトンのシリルエーテルに酸化したのち最後に F^- を用いてシリル基を除去すると目的のヒドロキシケトンが得られる．

なお，第一級アルコールと第二級アルコールが共存している基質に対して $RuCl_2[P(C_6H_5)_3]_3$ を触媒として酸化剤 $(CH_3)_3SiOOSi(CH_3)_3$ を用いると，第一級アルコールだけ選択的に酸化できる．一方，第二級アルコールを優先的に酸化する方法は CAN〔硝酸セリウム(IV)アンモニウム $(NH_4)_2Ce(NO_3)_6$〕を $NaBrO_3$ と併用するものである．

10・1・4 Oppenauer 酸化

§9・2・4e でカルボニル化合物を還元してアルコール類に変換する Meerwein-Pondorf-Verley 反応について述べた．この逆反応を **Oppenauer 酸化** といい，一般に第二級アルコールをケトンへ酸化する目的に用いられている．第一級アルコールも Oppenauer 酸化により対応するアルデヒドに変換できるが，反応途中でアルドール反応も併発するので工夫が必要である．アルミニウムアルコキシドの存在下，水素受容体としてアセトンなどのケトン類を用い，第二級アルコールをベンゼン，トルエン中で加熱還流することによってケトンが得られ，アセトンは還元されて 2-プロパノールとなる．第一級アルコールの酸化反応の場合は，キノン類やベンゾフェノンなどを水素受容体として用いると，副反応を抑えてアルデヒドが得られる．反応は，酸化されるアルコールが金属アルコキシドになり，これが水素受容体のケトンに対して β 位の水素を移動させることによって酸化が進行する．この反応は平衡反応なので，酸化を促進するには水素受容体であるケトンを多量に存在させる．次のステロイドの例では二重結合が異性化して熱力学的に安定な共役エノンが得られる．

触媒として用いるアルミニウムアルコキシドの構造を変えると，酸化の選択性が変わることがある．ヒオデスコール酸メチルは，アセトンとアルミニウムフェノキシドを用いて酸化すると，3 位のヒドロキシ基だけがケトンになるが，アルミニウムフェノキシドの代わりにアルミニウム t-ブトキシドを用いると，5 位水素の反転を伴って 3,6-ジケトンに酸化される．

10・1・5 微生物や酵素を利用する酸化

自然が生み出した触媒である酵素や微生物を利用する酸化反応について簡単に述べる．まず酵素反応の特徴は，1) 反応条件が穏和である，2) 空気中の酸素を再酸化剤として使える，3) 反応溶媒として水が使える，4) 位置選択性ならびに立体選択性が高い，の四つであり，危険性がなく環境にやさしい

反応といえる．アルコールからケトンへの酸化反応には，アルコール脱水素酵素が使われている．

　アルコールのラセミ体を基質として用いると，どちらか一方の鏡像異性体だけが酸化され，もう一方の鏡像異性体は未反応で回収される．最高収率50%で光学活性アルコールが得られる．またメソ体のアルコールである 1,2-*cis*-ジヒドロキシメチルシクロヘキサンをウマの肝臓アルコール脱水素酵素で酸化すると光学活性なラクトンが不斉収率100%で得られる．

10・1・6 アリルアルコールおよびベンジルアルコールの酸化

　アリルアルコール，ベンジルアルコール，およびプロパルギルアルコールは，活性二酸化マンガンによって対応するカルボニル化合物に容易に変換できる．二重結合の酸化や異性化は全く起こらない．同じ分子にヒドロキシ基が複数存在しても，アリルアルコール部分を選択的に酸化できる．反応は室温で短時間に完結し，生成物の収率も高いので天然物の合成にもよく用いられている．活性二酸化マンガンは市販品もあり，調製法も多く報告されている．調製法によって活性が異なるので注意が必要である．

　アリルアルコールの MnO_2 による酸化を NaCN 共存下に行うと，一挙に α,β-不飽和エステルを得ることができる．まずアリルアルコールに活性 MnO_2 が作用して α,β-不飽和アルデヒドが生じる．ここに共存する NaCN が付加してシアノヒドリンになる．さらにもう一度活性 MnO_2 で酸化されてシアノケトンが生じる．これは活性アシル体なのでただちにメタノールと反応してエステルが生じる．二重結合を残したままエステルが得られることが大きな特徴である．

10・1・7 フェノールの酸化

　フェノールの酸化は比較的容易である．たとえばヒドロキノン (1,4-ジヒドロキシベンゼン) は 1,4-ベンゾキノンに容易に酸化される．ヒドロキノンとその関連化合物は写真現像液として使われ，露光しなかった銀イオンを金属銀に還元する．自身は酸化されてキノンになる．

$$\text{ヒドロキノン} \xrightarrow{\text{酸化}} \text{1,4-ベンゾキノン}$$

空気で酸化分解される物質，たとえば食品類や潤滑油などを保護するために，酸化防止剤として立体障害の大きなフェノール化合物が添加物として使用されている．酸化によって生じる過酸化物フリーラジカル ROO· にフェノールが作用して，ラジカルを捕捉し，フェノキシルラジカルになる．フェノールがないと，この ROO· ラジカルは食品や油脂中に含まれるアルケンと反応してこれらの酸化分解（腐敗）をひき起こす．代表的な酸化防止剤は BHA（ブチル化ヒドロキシアニソール）や BHT（ブチル化ヒドロキシトルエン）のような立体障害の大きいフェノールである．

混合物 BHA 　　　 BHT

10・2 アルケンの酸化

エチレンを銀触媒存在下で空気酸化すると，エチレンオキシドが生成する．工業的製法である．これに対してプロペン（プロピレン）を銅やモリブデン触媒共存下で空気酸化するとアクロレインが得られる．二重結合部分が直接酸化されるのではなく，アリル位の酸化が起こる．このようにアルケンの酸化には二通りがある．N-ブロモスクシンイミドによるアリル位の臭素化や二酸化セレンによるアルケンのアリルアルコールへの変換もアリル位の酸化反応である．

$$CH_2=CH_2 + O_2 \xrightarrow{\text{触媒}} \underset{\text{エチレンオキシド}}{CH_2-CH_2\ (O)} \qquad CH_2=CH-CH_3 + O_2 \xrightarrow{\text{触媒}} \underset{\text{アクロレイン}}{CH_2=CH-CHO}$$

ポリフェノール

レスベラトロールは食品中に含まれる天然フェノール化合物である．ピーナッツやブドウなどの食品中に存在し抗酸化剤として作用し，最近はそのがん予防作用が注目されている．また茶の生葉に含まれているカテキンとよばれるポリフェノール(polyphenol)は，緑茶の渋みと苦みのもとであり，発がんを抑制するともいわれている．さらに赤ワインに含まれるポリフェノール類が動脈硬化の防止に役立つとして，ワインブームをひき起こした．

レスベラトロール resveratrole 　　　 (+)-カテキン (+)-catechin

10・2・1 アルケンのエポキシ化

まずアルケンのエポキシ化反応について述べる．先に述べた銀触媒を用いるエチレンの酸化やモリブデン錯体およびケイ酸チタンを用いるプロピレンの t-ブチルヒドロペルオキシドによるプロピレンオキシドへの酸化などが工業化されている．これらの反応は条件が厳しく，利用できる基質も限られている．これに対して実験室においてアルケンをエポキシドへ変換するには，過酸を化学量論量用いるのが最も一般的である．熱に比較的安定で取扱いやすい m-クロロ過安息香酸（mCPBA）が頻繁に使用されている．アルケンの立体化学が保持されたままエポキシ化が起こるので，cis-5-デセンからはシス体のエポキシドが得られ，トランス体からはトランス体のエポキシドが得られる．反応は，アルケンのπ電子が O−O 結合の σ* 軌道を求核的に攻撃することによって進行する．したがって電子供与基の置換したアルケンの反応速度は大きくなる．アルキル置換基の数の多いアルケンが選択的にエポキシ化される．すなわち反応速度は，四置換アルケン＞三置換アルケン＞二置換アルケン＞一置換アルケンの順となる．

反応終了時に副生するカルボン酸（mCPBA の場合は m-クロロ安息香酸）の除去が面倒であり，また原子効率の面からも不利なため過酸に代わる方法として金属錯体と酸化剤の組合わせが種々検討されてきた．最近では，過酸化水素を酸化剤とし，メチルトリオキソレニウムやタングステン酸ナトリウム，硫酸マンガンを触媒とするエポキシ化反応が報告されている．いずれの触媒も市販されており，操作的にも容易で，大規模の反応にも適している．

酸素を酸化剤として用いれば経済的に最も有利である．アルデヒド存在下にニッケル錯体を用いると空気酸化が進行する．また鉄 2 原子で置換したタングステン酸ケイ素もアルケンのエポキシ化反応の触媒になる．実用に供されるまでにはまだしばらく時間が必要である．ヘキサフルオロアセトンと

10. 酸化反応

$$C_6H_5\text{-}C(CH_3)=CH_2 \xrightarrow[\text{NaHCO}_3, \text{CH}_3\text{CN/H}_2\text{O}]{(CF_3)_2C(O)(O) \; [(CF_3)_2CO + \text{オキソン}]} C_6H_5\text{-エポキシド}$$

2-フェニルプロペン　　　　　　　　　　　　　　　　　　　　　　96%

オキソンや過酸化水素からあらかじめ調製したジオキシランを用いるエポキシ化反応は，金属錯体を用いないため金属の Lewis 酸性によるエポキシドの分解反応が起こらない利点がある．

　mCPBA による二重結合のエポキシ化は，反応機構からわかるように立体特異的にシス付加で進行する．ここで近傍に置換基をもつ二重結合のエポキシ化について考える．2-シクロヘキセン-1-オールを mCPBA で酸化すると，エポキシ環とヒドロキシ基がシスの関係であるシス体のエポキシドが選択的に得られる．過酸がヒドロキシ基と水素結合による相互作用をしながら，アルケン平面の上下のうち，ヒドロキシ基が向いている側から立体選択的に攻撃するためである．ヒドロキシ基の立体配置が生成物の立体化学を決定するが，反応速度はかえって遅くなり，シクロヘキセンのエポキシ化速度の半分になる．これに対しシクロヘキセノールのヒドロキシ基を嵩高いトリメチルシリル基で保護した 3-トリメチルシロキシシクロヘキセンを mCPBA で酸化すると，トリメチルシロキシ基とエポキシ環がトランスの関係にあるトランス体のエポキシドが主生成物として得られる．

シクロヘキセノール → mCPBA → エポキシド　　シス：トランス 24：1

3-トリメチルシロキシシクロヘキセン → mCPBA → エポキシド　　シス：トランス 1：6.7

　mCPBA を用いるエポキシ化反応では，シクロヘキセンが 2-シクロヘキセン-1-オールよりも速く反応すると述べた．これに対して mCPBA の代わりに VO(acac)$_2$ や Mo(CO)$_6$ を触媒とし，t-C$_4$H$_9$OOH（t-ブチルヒドロペルオキシド：TBHP）を酸化剤として用いると，アリルアルコールの選択的エポキシ化が実現できる．シクロヘキセンと 2-シクロヘキセン-1-オールの混合物をこれらの系でエポキシ化すると，2-シクロヘキセン-1-オールだけがエポキシ化され，シス体のエポキシドが得られ，シクロヘキセンは酸化されず未反応のまま回収される．ゲラニオールを VO(acac)$_2$/t-C$_4$H$_9$OOH 系で酸化すると 2,3-エポキシアルコールが高選択的に得られ，6,7 位の二重結合はエポキシ化されない．

ゲラニオール $\xrightarrow[\text{VO(acac)}_2 \text{ 触媒}]{t\text{-C}_4\text{H}_9\text{OOH}}$ 2,3-エポキシゲラニオール

　過酸化物と金属錯体を用いるこのアリルアルコールの不斉エポキシ化反応は，**香月-Sharpless 酸化**（カツキ シャープレス）とよばれている．位置選択性と立体選択性がきわめて高い点が際立っている．チタンの光学活性酒石酸ジアルキル（DAT）錯体を用いて高いエナンチオ選択性が達成されている．すなわち，アリルアルコールをチタン-DAT 錯体の存在下，酸化剤として t-C$_4$H$_9$OOH を用いてエポキシ化すると通常 90% ee 以上の不斉収率が得られる．一般にこの反応の立体選択性は次の図に示す経験則によって予測でき，用いる DAT の絶対配置によって決まる．得られるエポキシドの絶対配置は二重結合の置換様式に影響されない．現在までのところ，プロキラルな基質の場合には例外は報告されていない．また，DAT の両鏡像異性体を含め，用いる反応剤のいずれもが大量かつ安価に入手可能であり，実用性がきわめて高い．さらに，モレキュラーシーブを添加するとチタンと DAT を触媒量用いても反応は円滑に進行する．この触媒的エポキシ化では量論反応と比べて不斉収率がわずかに低下することがあるが，

酸に不安定なエポキシアルコールも収率よく得られ，生成物を単離することなくトシラートやニトロ安息香酸エステルなどの誘導体に直接変換できる利点がある．この不斉エポキシ化反応を第二級アリルアルコールのラセミ体に応用すると，基質の鏡像異性体間に反応速度の大きな差がみられ，速度論分割（kinetic resolution）が可能となる．たとえば 1-トリメチルシリル-1-オクテン-3-オールのラセミ体に対して $Ti(O-i-C_3H_7)_4$ と (+)-DET（酒石酸ジエチル）を触媒として不斉酸化を行うと，S 体が R 体よりも速やかに酸化されてエポキシドになり，R 体のアルコールは未反応で回収される．

α,β-不飽和エステルのエポキシ化はトリフルオロ過酢酸や mCPBA を用いると，ゆっくり進行する．しかし α,β-不飽和ケトンの場合は Baeyer-Villiger 酸化（§10・5）が優先して起こる．これに対してジメチルジオキシランを酸化剤として用いると，α,β-不飽和ケトンでも収率よくエポキシドが得られる．α,β-不飽和カルボン酸からもエポキシカルボン酸が収率よく得られる．

香月-Sharpless の不斉エポキシ化反応は，アリルアルコールにしか適用できず，単純なアルケンはエポキシ化されない．しかし，触媒としてマンガンサレン錯体を用い，酸化剤として C_6H_5IO, NaOCl, H_2O_2, mCPBA, NMO や酸素/アルデヒドの組合わせを用いると，これが可能になる．種々の共役アル

ケン，特にシス二置換および三置換アルケンのエポキシ化においては高い不斉収率が得られている．

アルデヒドを還元剤として共存させることによって Mn, Ni, V の存在下安価で安全な酸素を用いても，アルケン類を室温で効率よくエポキシ化できる．さらに不斉配位子をもったマンガン錯体を用いる不斉エポキシ化反応も開発されている．

アルデヒドのような還元剤が存在しなくても，アルケンを酸素で直接エポキシ化する触媒反応も開発されている．

$$\text{シクロオクテン} + O_2 \xrightarrow{\gamma\text{-SiW}_{10}[\text{Fe}^{3+}(\text{H}_2\text{O})]_2\text{O}_{38}^{6-}} \text{シクロオクテンオキシド}$$

10・2・2 アルケンのジオールへの変換

アルケンに m-クロロ過安息香酸を作用させてエポキシドに変換し，このエポキシドを酸触媒存在下に加水分解すると vic-ジオールが得られる．エポキシド炭素への水の求核攻撃は立体配置が反転して進行するので，シクロヘキセンオキシドからは $trans$-1,2-シクロヘキサンジオールが選択的に生成する．

$$\text{シクロヘキセン} \xrightarrow{m\text{CPBA}} \text{エポキシド} \xrightarrow[\text{H}_2\text{O}]{\text{H}^+} trans\text{-1,2-ジオール}$$

これに対してアルケンをシス体のジオールへ変換するには，四酸化オスミウムを用いればよい．シクロヘキセンに OsO_4 を作用させると，まずオスミウム酸エステルが生成する．これを，$LiAlH_4$ で還元すればシス体のジオールが得られる．アルカリ性過マンガン酸カリウムもアルケンをジオールに変換する目的で使えるが，ジオールがさらに酸化を受けたヒドロキシケトンが副生することが問題となり，現在ではあまり使われていない．

$$\text{シクロヘキセン} \xrightarrow{\text{OsO}_4} \text{オスミウム酸エステル} \xrightarrow{\text{LiAlH}_4} cis\text{-ジオール}$$

OsO_4 は融点 40 °C，沸点 130 °C，常温では淡黄色の固体であり昇華性がある．毒性がきわめて高く，取扱いがむずかしいためポリスチレンによってマイクロカプセル化された OsO_4 が開発され，市販されている．また使用する OsO_4 の量を触媒量に減らす方法がいくつか報告されている．再酸化剤として当初は t-C_4H_9OOH が用いられていたが，最近では NMO がよく用いられている．

$$\text{シクロヘキセン} \xrightarrow[\text{H}_2\text{O}/(\text{CH}_3)_2\text{CO}/\text{CH}_3\text{CN}]{\text{マイクロカプセル OsO}_4, \text{NMO}} cis\text{-ジオール}$$

再酸化剤として過ヨウ素酸ナトリウムを用いると，アルケンの炭素-炭素二重結合の切断が起こり，二つのカルボニル化合物に変換することができる．過ヨウ素酸塩が 1,2-ジオールを切断するためである．オゾン分解の別法になる．

$$\text{シクロヘキセン} \xrightarrow[\text{NaIO}_4]{\text{OsO}_4} \text{ジオール} \xrightarrow{\text{NaIO}_4} \text{環状中間体} \longrightarrow \text{ジアルデヒド}$$

10・2 アルケンの酸化

アルケンにオゾンを作用させると，まずモロゾニドが生成するが，これは速やかにアセタールの組替えでオゾニドになる．最後に $(CH_3)_2S$ や亜鉛粉末などで還元的に処理すると，カルボニル化合物が二つ生成する．これが**オゾン分解反応**である．

四酢酸鉛 $Pb(OCOCH_3)_4$ も *vic*-ジオールの酸化開裂に有効である．$NaIO_4$ は水溶液または酢酸溶液中で反応に用いるのに対し，四酢酸鉛はベンゼンのような無極性有機溶媒中で使用する．反応機構の上からもこれら二つの反応剤は相補的である．$NaIO_4$ による開裂反応が環状の中間体を経由して進行するのに対し，四酢酸鉛による反応は，環状中間体をとれない *vic*-ジオールでも開裂するので，次の非環状の遷移状態を経ると考えられている．ジアステレオマーの間では反応速度に大きな差が生じる．たとえばシクロヘキサンの *trans*-1,2-ジオールと四酢酸鉛の反応速度は対応する *cis*-1,2-ジオールとの反応速度の 100 分の 1 である．またシクロペンタン-1,2-ジオールでは，ジアステレオマー間の反応速度比は 3000 以上になる．

ピリジンや α-キヌクリジンなどの第三級アミンが，OsO_4 とアルケンの化学量論反応を促進することが知られている．実際，化学量論量のシンコナアルカロイドを不斉配位子として用いると *trans*-スチルベンの不斉ジヒドロキシル化が 90% ee で進行する．さらに，NMO を再酸化剤とし，ジヒドロキニジンあるいはジヒドロキニンを不斉配位子とする触媒的不斉ジヒドロキシル化反応が K. B. Sharpless によって開発された．NMO の代わりにフェリシアン化カリウム $K_3Fe(CN)_6$ を第三級ブチルアルコール/水二相系中で用いると不斉収率がより高くなる．

OsO_4 と *t*-ブチルアミンや 1-アダマンチルアミンから調製したオスミウムイミド錯体は種々のアル

ケンと反応して環状オスミウム酸エステルアミドを生成する．これを還元的に処理すると，ヒドロキシアミノ化生成物が得られる．反応はジヒドロキシル化と同様にシス付加で進行する．

再酸化剤としてクロラミン T TsN(Cl)Na や対応するカルバミン酸エステル（N-クロロ-N-ナトリウムカルバミン酸エチル）$C_2H_5OC(O)NNaCl$ を用い，触媒量の OsO_4 で目的物を得る方法が開発されている．

不斉ジヒドロキシル化において最も効率のよい $(DHQ)_2PHAL$ や $(DHQD)_2PHAL$ を不斉配位子としてカルバミン酸ベンジルエステルの N-クロロ N-ナトリウム塩を用いてヒドロキシアミノ化を行うと，エナンチオ選択性よく不斉反応を達成することができる．適用可能な基質も増大する．

10・2・3 アルケンのケトンへの変換

水溶液中で $PdCl_2$ と $CuCl_2$ の二つの触媒と分子状酸素を用いてエチレンからアセトアルデヒドを工業的に製造する方法は **Höchst-Wacker 法**（ヘキスト ワッカー）とよばれている．その反応は図 10・1 のように進む．まず，エチレンの π 電子が Lewis 酸である塩化パラジウムに配位し，π 錯体を形成する．この錯体のエチレ

ン炭素を水分子が求核攻撃してσ錯体となる．ここからβ水素脱離が起こり，ビニルアルコールの配位したエノールヒドリド錯体が生成する．次にβ水素脱離の逆反応，すなわちビニルアルコールに対するヒドロパラジウム化反応が起こり，α-ヒドロキシエチル錯体となる．この錯体のメチル基の水素の一つは，σ錯体においてヒドロキシ基の結合した炭素と結合していたものである．最後にα-ヒドロキシエチル錯体から OH 基の水素とパラジウムがβ水素脱離してアセトアルデヒドを生じる．パラジウムは塩酸を放出して 0 価のパラジウムとなる．パラジウム(0) は 2 価の塩化銅によって酸化されて 2 価の Pd(II) に戻る．さらにここで 1 価に還元された銅は酸素によって 2 価に再酸化される．

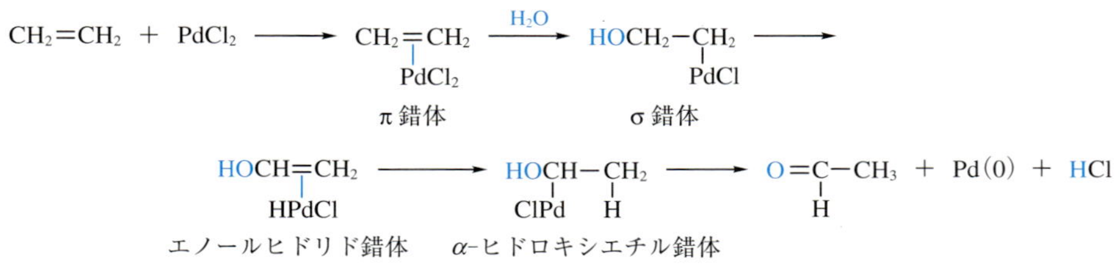

$$CH_2=CH_2 + PdCl_2 \longrightarrow \underset{\text{π 錯体}}{\underset{|}{\underset{PdCl_2}{CH_2=CH_2}}} \xrightarrow{H_2O} \underset{\text{σ 錯体}}{\underset{|}{\underset{PdCl}{HOCH_2-CH_2}}} \longrightarrow$$

$$\underset{\text{エノールヒドリド錯体}}{\underset{|}{\underset{HPdCl}{HOCH=CH_2}}} \longrightarrow \underset{\text{α-ヒドロキシエチル錯体}}{\underset{|}{\underset{ClPd\ \ \ H}{HOCH-CH_2}}} \longrightarrow \underset{H}{\underset{|}{O=C-CH_3}} + Pd(0) + HCl$$

図 10・1　Höchst-Wacker 法

エチレンが化学量論量の塩化パラジウムによってアセトアルデヒドに酸化される事実は，すでに 1894 年に報告されていた．塩化パラジウムは還元されてパラジウム金属になる．このパラジウムを再酸化して 2 価のパラジウムを再生する反応と組合わせてはじめて工業的プロセスとして成立した．この触媒サイクルのなかで注目すべき点は，2 価の銅による 0 価パラジウム金属の酸化過程である．この反応は化学の常識からすると不思議な反応である．パラジウムは貴金属であり錆びない，つまり酸化されにくい性質をもっている．これに対して銅は卑金属であって錆びやすく容易に酸化される．したがって 2 価の銅塩で 0 価のパラジウムを酸化しようなどとは誰も考えないだろう．実際ふつうの条件では，この反応はほとんど進行しない．ところが Cl^- が多量に存在すると平衡値が大きくなり進行しやすくなる．Wacker 法ではこの反応を塩酸酸性中で行い，パラジウムの循環に成功した．常識にとらわれすぎると大発見を逃してしまうという教訓のよい例である．三つの反応を足し合わせると，エチレンは空気（酸素）だけでアセトアルデヒドに変換されたことになり，経済効率のよい酸化プロセスである．

$$\begin{aligned} CH_2=CH_2 + H_2O + PdCl_2 &\longrightarrow CH_3CHO + Pd(0) + 2HCl \\ Pd(0) + 2CuCl_2 &\longrightarrow PdCl_2 + 2CuCl \\ 2CuCl + 1/2\,O_2 + 2HCl &\longrightarrow 2CuCl_2 + H_2O \\ \hline \text{計}\ \ CH_2=CH_2 + 1/2\,O_2 &\longrightarrow CH_3CHO \end{aligned}$$

なおアセトアルデヒドの生成経路として，エノールヒドリド錯体においてビニルアルコールがパラジウムから脱離し，ビニルアルコールの互変異性によってアセトアルデヒドになる経路も考えられる．しかし，D_2O や $CD_2=CD_2$ を用いる実験によってこの経路は否定された．すなわち，水の代わりに重水を用いた場合，エノールヒドリド錯体から直接アセトアルデヒドが生成するのであれば，D_2O の重水素がアセトアルデヒド中に入り CH_2DCHO が得られるはずである．ところが実際には生成物中には重水素が認められない．逆に $CD_2=CD_2$ を用いた実験では CD_3CDO が生成することからも，先に示した反応機構の妥当性が支持される．

エチレンの代わりにプロピレンを用いるとアセトンが得られる．同様に生じるプロピレンの π 錯体を水分子が攻撃する際，選択的に内部アルケン炭素を攻撃するためである．これは途中に生成する σ

錯体において，第二級炭素のカルボカチオンのほうが有利であることや第一級炭素−Pd結合のほうが安定であることを考えれば説明がつく．

プロピレンのアセトンへの変換にみられるように，$PdCl_2$と$CuCl_2$を触媒に用いて酸素で酸化することによって末端アルケンをメチルケトンに変換することができる．内部アルケンは末端アルケンに比べて立体障害が大きいために塩化パラジウムに配位しにくいので，酸化されにくい．実際，末端アルケンと内部アルケンをあわせもつ基質を反応させると，末端アルケンだけを選択的に酸化することができる．またシクロヘキセンやシクロオクテンのような環状アルケンはほとんど酸化されない．

Höchst-Wacker法によるアセトアルデヒド合成において，水の代わりに酢酸を用いると，酢酸ビニルが合成できる．反応は類似の機構で進行する．まずPd(II)に配位したエチレンに対しアセタートイオンが求核攻撃する．つづいて，生成したアセトキシエチルパラジウム錯体からβ水素脱離が起こり，酢酸ビニルが生成する．

10・2・4 アルケンのアリル位の酸化

銅(II)触媒存在下，アルケンをペルオキシ酸エステルと反応させるとアリル位の酸化が起こり，対応するアリルエステルが得られる．光学活性な(+)-α-ショウノウ酸エチルやアミノ酸から得られる配位子をもつ銅塩を用いると，アリル位の不斉酸化を行うことができる．

一方，過酸化物共存下にNBS(N-ブロモスクシンイミド)をアルケンと反応させると，アリル位の臭素化が起こる．まずラジカル開始剤である過酸化物によって臭素ラジカルが発生する．次にこのラジカルがアルケンのアリル位の水素原子を引抜き，アリルラジカルとともにHBrが生成する．HBrはNBSと反応して低濃度の臭素を発生する．臭素はアリルラジカルと反応して臭素ラジカルを生成しながら臭化アリルを生じる．こうしてラジカル連鎖反応が継続する．1-アルケンを基質とした場合には，臭化アリルが位置異性体ならびに立体異性体の混合物として得られる．

パラジウムと酸化剤とを組合わせてアルケンのアリル位のC−H結合を酸化することができる．酢

酸中，酢酸パラジウムと p-ベンゾキノンの共存下，ビシクロオクテンに MnO_2 を作用させると，3-アセトキシ体が得られる．反応は π-アリル錯体中間体を経由して進行する．

二酸化セレン SeO_2 をアルケンに作用させるとアリルアルコールが得られる．メチレンシクロヘキサンを例にとって反応経路を説明する．まずエン反応によってアリルセレン酸が生成する．つづいて [2,3]シグマトロピー転位が起こり，次亜セレン酸アリルエステルとなり，最後に加水分解によってアリルアルコールが得られる．セレン化合物は毒性が高く反応後のセレンの残渣処理が問題となる．二酸化セレンの使用量を触媒量に減じ t-C_4H_9OOH などの再酸化剤を併用する方法がとられている．

次にアルケンのアリル位を酸化して α,β-不飽和カルボニル化合物に変換する反応について述べる．クロム酸による酸化法が一般的である．メチル基はメチレン基よりも不活性で，アリル位メチル基の酸化によって α,β-不飽和アルデヒドや α,β-不飽和カルボン酸が得られた例はほとんどない．CrO_3 や $Na_2Cr_2O_7$ も使用されるが，アリル位メチレン基を酸化して α,β-不飽和ケトンを得るのに最も有効な反応剤は酸化クロム(VI)-ピリジン錯体である．ジクロロメタン中室温という穏やかな条件下で反応は進行する．1-フェニルシクロヘキセンのシクロヘキセノンへの酸化の例を示す．反応はアリル位の水素引抜きで始まるラジカル連鎖反応機構で進行し，アリルヒドロペルオキシドを経由して起こる．

プロピレンのアリル位のメチル基を酸化できれば，アクロレインが得られるが，上で述べたようにクロム酸を用いる方法ではうまくいかない．ところが，モリブデンやビスマスに多くの添加物を加えた特殊な触媒を用いると空気による気相接触酸化が進行し，アクロレインが得られる．この方法はアクロレインの工業的製法になっている．空気だけでなく，空気とアンモニアを混合して反応させるとアクリロニトリルが生成する．**アンモ酸化**あるいは **SOHIO 法**（ソハイオ）（Standard Oil of Ohio）とよばれている（§20・3・5 参照）．

10・3 芳香環および芳香環側鎖の酸化

フェノール樹脂やサリチル酸，ピクリン酸の原料として重要なフェノールはその90％以上が**クメン法**によって工業的に製造されている．ベンゼンを直接空気酸化してフェノールを合成できれば最も経済的だと思われるが，この方法は実現されていない．ベンゼンよりも生成したフェノールのほうが酸化を受けやすいことが問題であり，この解決法が見つかっていないためである．これを回避して間接的にフェノールを合成するのがクメン法である．反応は3段階からなる．1) ベンゼンとプロピレンからFriedel–Crafts反応によってクメン（イソプロピルベンゼン）を合成する．2) クメンを空気酸化してヒドロペルオキシドに変換する．3) ヒドロペルオキシドを10％硫酸で処理してフェノールとアセトンを得る．全体としてみると，クメン法はベンゼンとプロピレンを酸化して，フェノールとアセトンを得る方法である．アセトンは副生成物であり，その需要と用途が問題となる．ベンゼンの直接酸化法の開発が期待されている．

なお2段階目のクメンの空気酸化はラジカル連鎖機構で進行する．まずラジカル開始剤から生成したラジカル X· がベンジル位の水素を引抜く．次に生成したクミルラジカルが酸素と反応してペルオキシルラジカルとなる．最後にペルオキシルラジカルがクメンからベンジル位の水素を引抜き，クメンヒドロペルオキシドが生成し，同時にクミルラジカルが再生する．

ベンゼン環などの芳香環は通常酸化反応に対して安定で開裂しにくいが，強力な酸化剤である酸化ルテニウム RuO_4 を用いると酸化的開裂を起こし，カルボン酸が得られる．過ヨウ素酸塩を共酸化剤とし，塩化ルテニウムを触媒量用いると触媒的反応が進行する．溶媒には $CCl_4/CH_3CN/H_2O$ の二相

系を用いる．芳香環の反応性は置換基に大きく影響を受ける．電子供与基のついた環は酸化されやすく，電子求引基のついた芳香環は反応しない．この反応性の違いを利用すると選択的な開裂反応を行うことができる．

$$\text{2-メチルナフタレン} \xrightarrow[\text{CCl}_4, \text{CH}_3\text{CN}, \text{H}_2\text{O}]{\text{RuCl}_3, \text{HIO}_4} \text{フタル酸} \quad 62\%$$

酸化ルテニウムはアルケン，アセチレン，アルコール，アミンなどを酸化するが，酸性条件下でアミノ基をプロトン化しておくと酸化されることなくベンゼン環だけを酸化することができる．

$$\text{1-フェニルエチルアミン} \xrightarrow[\substack{\text{NaHPO}_4, \text{H}_2\text{O} \\ \text{pH } 2.4\sim3.7, 2\,°\text{C}}]{\text{RuCl}_3, \text{NaIO}_4} \text{アラニン} \quad 50\%$$

一方，化学工業では，再酸化剤として空気を用いる．たとえば，可塑剤やポリエステル樹脂の重要な原料であるフタル酸無水物の工業的製法はナフタレンあるいは o-キシレンの空気酸化である．1960年まではほぼすべてのフタル酸無水物がナフタレンから合成されていたが，現在では90％以上が o-キシレンからつくられている．いずれも V_2O_5 を触媒とする空気酸化である．二つの反応式を比べると，o-キシレンから出発したほうが消費する酸素量が少なくすみ，エンタルピー面からも有利であることがわかる．

$$\text{ナフタレン} + 4.5\,O_2 \xrightarrow{V_2O_5} \text{無水フタル酸} + 2\,CO_2 + 2\,H_2O \qquad \Delta H = -102.4\,\text{kJ mol}^{-1}$$

$$o\text{-キシレン} + 3\,O_2 \xrightarrow{V_2O_5} \text{無水フタル酸} + 3\,H_2O \qquad \Delta H = -63.3\,\text{kJ mol}^{-1}$$

10・4 飽和炭化水素の酸化

飽和炭化水素は反応性が乏しく，酸化されにくい．これに対し微生物はアルカンの選択的ヒドロキシル化やアルケンのエポキシ化を行うことができる．そのうちでシトクロム P-450 のモデル反応が詳しく研究されている．クロロテトラフェニルポルフィナト鉄(Ⅲ)，Fe(TPP)Cl を触媒とし，ヨードシルベンゼンを酸化剤とする cis-スチルベンのオキシランへの酸化ならびに塩化ルテニウム(Ⅲ) あるいは鉄粉触媒とアセトアルデヒドの組合わせによるシクロヘキサンの酸化を次に示す．後者ではシクロヘキサンの酸素酸化が効率よく進行する．

$$\text{Ph}\,\text{CH}=\text{CH}\,\text{Ph} \xrightarrow[\text{Fe(TPP)Cl}]{\text{PhI}=\text{O}} \text{エポキシド (Ph, Ph)}$$

$$\text{シクロヘキサン} \xrightarrow[\substack{\text{RuCl}_3 \\ \text{あるいは} \\ \text{鉄粉}}]{\text{CH}_3\text{CHO, }O_2} \text{シクロヘキサノン } 66\% + \text{シクロヘキサノール } 29\%$$

転化率 11％

Ru(TPP)(CO) などのルテニウムポルフィリン触媒の存在下，2,6-ジクロロピリジン N-オキシドを酸化剤に用いると，アルカンは相当するアルコールに酸化される．少量の塩化水素または臭化水素を添加すると，アルカンの酸化効率が飛躍的に向上する．このルテニウムポルフィリン触媒/臭化水素/2,6-ジクロロピリジン N-オキシド（2,6-$Cl_2C_5H_3NO$）系は，触媒活性と触媒効率がきわめて高い．第三級炭素での酸化に特に有効であり，メチルシクロヘキサンの酸化では第三級アルコールが収率94%で得られる．また，ステロイドの酸化では，たとえば，5-β-コラン酸の5位水素のように，より立体障害の小さな部位の水素が立体保持で酸化されたアルコールが選択的に得られる．

石井康敬らは NHPI（N-ヒドロキシフタルイミド）を用いる飽和炭化水素の酸素酸化法を開発している．反応はコバルトを触媒とすると常圧酸素のもとで進行し，対応する酸化生成物が良好な収率で得られる．たとえばアダマンタンを基質として用いるとアダマンタン-1-オールとアダマンタン-1,3-ジオールが得られる．

ベンジル位の C−H 結合やプロパルギル位の C−H 結合が選択的に酸化でき対応するケトンやカルボン酸が得られる．NHPI を用いる酸素酸化法の反応機構については§19・11 で詳しく述べる．

10・5 ケトンの酸化

ケトンを酸化してエステルに変換する反応を **Baeyer-Villiger 酸化**（バイヤー ビリガー）という．有機合成上重要な反応のひとつである．ケトンとして環状ケトンを用いると，ラクトンが得られる．酸化剤としては過酸やヒドロペルオキシドを用いるが，実験室では，取扱いの容易さと安全性の理由によって mCPBA が最も使いやすい．反応はまず過酸のカルボニル基に対する付加によって始まる．次にカルボニル炭素に結合している二つのアルキル基あるいはアリール基のうちの一つの基が炭素原子から酸素原子へ移動

する．この2段階目が律速段階である．転位は酸素－酸素結合の切断とともに起こり，ケトンの二つの置換基に電子供与基が存在すると反応は速くなる．一方，過酸のほうは電子求引基が置換しているほうが転位を加速する．*m*CPBA と他の過酸との反応性の順は，

$$CH_3COOOH < C_6H_5COOOH < mCPBA < p\text{-}NO_2C_6H_4COOOH < CF_3COOOH$$

であり，CF_3COOOH が最も Baeyer-Villiger 酸化を起こしやすい．

フェニルアルキルケトンでは，アルキル基が第一級の場合には上の例にあげたアセトフェノンのようにフェニル基が転位し，酢酸フェニルが生成するが，アルキル基が第二級の場合にはアルキル基が優先的に転位する．転位のしやすさは，H＞第三級＞第二級＞フェニル＞第一級＞メチル，の順である．アリル基やアルケニル基は第一級アルキル基よりも転位しやすい．なお，転位する炭素の立体配置は保持される．

10・6 脱水素反応

石油化学工業の重要なプロセスであるプラットホーミング（改質操作）は脱水素反応の代表である．ナフサを白金触媒共存下に 450～550℃ に加熱して，芳香族化合物 BTX（ベンゼン，トルエン，キシレン）を得る．ポリスチレンや ABS 樹脂の原料として重要なスチレンもエチルベンゼンの脱水素反応によって得られる．ベンゼンとエチレンの Friedel-Crafts 反応で生成するエチルベンゼンを金属酸化物触媒共存下に 550～600℃ に加熱すると，脱水素反応が起こり，スチレンが生じる．さらにエチレンはナフサあるいは天然ガスの熱分解（クラッキング）によって製造されているが，この反応も脱水素反応である．エタンを 500℃ 以上の高温に加熱すると，エチレンが生成する．常温では，二重結合をもつエチレンのほうがエタンよりも不安定であるが，高温では逆にエチレンのほうが安定である．

これに対し，実験室における脱水素反応の代表例は，キノンによる反応である．数多いキノンのうちで脱水素反応に使用できるものは電子求引基をもつキノンだけである．反応性の高さは 2,3-ジクロロ-5,6-ジシアノ-1,4-ベンゾキノン（DDQ），テトラクロロ-1,2-ベンゾキノン（*o*-クロラニル），テトラクロロ-1,4-ベンゾキノン（クロラニル）の順であり DDQ が最もよく用いられている．

これらのキノンはカルボニル化合物，ヒドロ芳香族化合物，アルコール，フェノールなどの脱水素

剤として働く．その反応機構は次のように理解できる．

生成するジクロロジシアノヒドロキノンはジオキサン，ベンゼンに不溶であり，分離が容易なためこれらの溶媒を用いるのがよい．

二重結合などによって活性化されたメチレン，メチンを含む化合物は容易に脱水素を受ける．一般に環状の不飽和化合物は脱水素を受けると芳香族化合物になる．芳香族性を得て安定化することが反応の駆動力になっている．クロラニルによる脱水素反応の例を次に示す．

空気中でも容易に脱水素反応が起こり，含窒素芳香族複素環化合物が生成する例は多い．アクリジン環形成の例を次に示す．酸化を促進するために塩基性にしていることに注目しよう．

問題 10・1 DMSO 中で DCC とリン酸を用いて第一級アルコール RCH_2OH を $RCHO$ に変換する Moffatt 酸化の反応機構を示せ．

問題 10・2 1,11-ドデカンジオールを 11-ヒドロキシドデカナールへ変換する方法を示せ．

問題 10・3 Wacker 法でエチレンの代わりにプロピレンを用いるとアセトンが得られる．この反応機構を示せ．

問題 10・4 次の化合物に mCPBA を作用させたときの生成物を示せ．

11

官能基変換：縮合

　縮合反応（condensation reaction）とは，二つ以上の基質（ときには分子内の離れた反応点）が反応して一つの主生成物を生じると同時に，水その他の小さな分子（アンモニア，エタノール，酢酸など）も生成する反応の総称である．この反応機構はアルドール縮合反応にみられるように，一般的に多段階の付加・脱離を繰返す形式が多い．本章では生成する官能基別に分類しながら，有機合成化学において重要な位置を占める反応に関して解説する．

11・1 エーテル

　アルコール2分子から水が1分子脱離すればエーテルが生成する．しかし一般にアルコールのヒドロキシ基は脱離基としては働かない．反応を起こさせるためには酸触媒が必要となる．たとえばエタノールからジエチルエーテルを合成する反応は次の機構に従って進行する．酸触媒によりエタノールのヒドロキシ基がプロトン化され，もう1分子のエタノールと反応して水を脱離し，最後にプロトンを失ってジエチルエーテルとなる．なお，この方法ではエーテルのアルキル基が同じものしか得られないため，非対称なエーテルを合成する際には異なる方法を使う必要がある．

$$C_2H_5-OH \xrightarrow{H^+} CH_3CH_2-\overset{+}{O}H_2 \xrightarrow[-H_2O]{HO-C_2H_5} C_2H_5-\overset{+}{\underset{H}{O}}-C_2H_5 \xrightarrow{-H^+} C_2H_5-O-C_2H_5$$

11・1・1 トシル化

　異なるアルコール2分子から非対称なエーテルを合成するには，まえもって一方のアルコールのヒドロキシ基を脱離可能な官能基に変換しておけばよい．ピリジンのような塩基共存下でアルコールに塩化 p-トルエンスルホニル（TsCl）を作用させると，対応する p-トルエンスルホン酸エステルが生成する．こうしてヒドロキシ基を脱離能の高いトシラートに変換できる．これにもう一つのアルコールを塩基とともに作用させると，トシラートの脱離を伴って非対称なエーテルが生成する．

$$(CH_3)_2CH-OH \xrightarrow[\text{ピリジン}]{TsCl} (CH_3)_2CH-OTs \xrightarrow[\text{ピリジン}]{C_2H_5OH} (CH_3)_2CH-O-C_2H_5 \qquad Ts=CH_3-\underset{\underset{O}{\|}}{\overset{\overset{O}{\|}}{S}}-\text{(}p\text{-C}_6\text{H}_4\text{)}$$

11・1・2 Williamson エーテル合成

　p-トルエンスルホン酸エステルの代わりにハロゲン化アルキルを用いて，塩基性条件下でアルコールと反応させても同様にエーテルが得られる．これは非対称なエーテルを合成する最も有用な反応，**Williamson エーテル合成**（ウィリアムソン）として知られている．

$$(CH_3)_3C-OH + CH_3-I \xrightarrow{KOH} (CH_3)_3C-O-CH_3$$

11・1・3 光延反応

アルコールをトリフェニルホスフィン $P(C_6H_5)_3$ とアゾジカルボン酸ジエチル（DEAD）の存在下で活性プロトンをもつ求核剤と処理すると，ヒドロキシ基が求核剤と置換した生成物が得られる．**光延反応**とよばれているこの反応では，$P(C_6H_5)_3$ がアゾ部位を攻撃して，ホスホニウム塩が生成する．さらにリン原子がヒドロキシ基の求核攻撃を受け，ヒドラジン誘導体の脱離とともにアルコキシホスホニウム塩が生成する．安定なトリフェニルホスフィンオキシドが非常によい脱離基として働くので，求核剤 Nu−H の攻撃は S_N2 反応のように進行して，炭素の立体配置は反転する．

HNu = アルコール, カルボン酸, 活性メチレン化合物, アミン, アジ化水素酸

11・2 アセタール

一般にアルデヒドやケトンなどのカルボニル化合物に，酸触媒とともにアルコール 2 分子を作用させると，ヘミアセタールを経由して，さらに脱水を伴ってアセタールが生成する．どちらの段階においても，オキソカルベニウムイオンが鍵中間体として存在している．

11・2・1 グリコシル化

糖の環状構造はヘミアセタール構造をしているので，ヒドロキシ基を除いた構造をグリコシル基とよび，グリコシル基をもつ化合物を一般に**グリコシド**という．ここでグリコシル基とヘテロ原子との結合を特にグリコシド結合とよび，グリコシド結合を形成する反応を**グリコシル化**という．糖が複数個（場合によっては 10 個以上）結合したオリゴ糖は，タンパク質や脂質，核酸などの分子と結合して生体内で非常に重要な役割を担っている．グリコシル化はオリゴ糖を有機合成化学的に合成するためには欠かせない反応である．

グリコシド
X = OR, SR, NR_2, CR_3 など

糖 2 分子をグリコシル化反応によって結合させて二糖を合成するには，糖分子にヒドロキシ基が多数存在するために，位置選択性を制御する必要がある．保護基を利用して，目的のグリコシド結合を生成するためのヒドロキシ基だけ残しておけば，位置選択性の制御が可能である．二糖の合成におい

て，グリコシル基側を糖供与体，遊離のヒドロキシ基（広義には求核剤全般）をもつ化合物を糖受容体という．グリコシル化反応においては，位置選択性だけでなく生成するアノマー位の立体選択性の制御も必要となる．通常は n–σ* 共役に由来するアノマー効果によって熱力学的に安定な α 体が生成しやすい．そのため，適切に保護した糖分子を用いても，酸触媒条件のもとではその反応の可逆性から α 体を多く含む α/β 混合物が生じる．しかし，糖供与体の脱離基 X の種類や C–X 結合の活性化法を工夫する，すなわち酸・塩基性条件，温度，酸化・還元過程を精密に制御することによって，選択性の制御が可能になり，β 体を選択的に合成する方法や多糖を効率よく系統的に合成する方法も開発されている．次にグリコシル化反応を前駆体別に解説する．

Königs-Knorr グリコシル化　重金属塩や Lewis 酸の存在下，ハロゲン化糖（塩化物，臭化物）と糖受容体からグリコシドを合成する反応は **Königs-Knorr グリコシル化** とよばれている．反応中間体はオキソカルベニウムイオンであると考えられており，これに対して糖受容体が攻撃するとグリコシド結合が生成する．

他の糖供与体を用いるグリコシル化　スルホキシドがアノマー位に置換した糖誘導体を活性化してグリコシル化を行う手法は **Kahne グリコシル化** として知られている．アノマー位に使える官能基としてほかにも 4-ペンテニルオキシ基，トリクロロイミダート基，フェニルチオ基，フルオロ基，ジフェニルホスファート基，テトラメチルホスホロジアミダート基が知られていて，それぞれ活性化条件が異なる（表 11・1）．種々の官能基が存在しているなかで，これらの反応性の差をうまく利用して目的の多糖類を効率よく合成することが鍵になっている．

11・2・2　隣接基関与による β 選択的グリコシル化反応

オキソカルベニウムイオン中間体を経由するグリコシル化反応においては，2 位や 4 位にエステル保護基が存在する場合，これらがカルボカチオン中心と相互作用（隣接基関与）してジオキソラニウムイオン中間体となってさらに安定化を受ける．この中間体のアノマー炭素に対して糖受容体が S_N2 形式で反応すると，立体配置の反転を伴って，高ジアステレオ選択的に β 体が生成する．

表 11·1 グリコシル化の活性化条件

X	活性化条件[†]	X	活性化条件[†]
$-\underset{\underset{O}{\parallel}}{S}C_6H_5$	Tf_2O, TMSOTf など	$-F$	$Cp_2ZrCl_2/AgClO_4$ など
$-O(CH_2)_3CH=CH_2$	IDCP, NIS-TfOH など	$-\underset{\underset{O}{\parallel}}{O}P(OC_6H_5)_2$	TMSOTf など
$-O\underset{\underset{NH}{\parallel}}{C}CCl_3$	TfOH, $(ClCH_2CO)_2O$ など	$-\underset{\underset{N(CH_3)_2}{\parallel}}{O}PN(CH_3)_2$	TMSOTf, BF_3-$O(C_2H_5)_2$ など
$-S-C_6H_5$	IDCP, NBS-$LiClO_4$ など		

[†] IDCP = $[2,4,6\text{-}(CH_3)_3C_5H_2N]_2I^+ClO_4^-$, NIS = N-ヨードスクシンイミド, NBS = N-ブロモスクシンイミド, Cp = シクロペンタジエニル, TMS = $-Si(CH_3)_3$, Tf = $-SO_2CF_3$

グリコシル化反応を行う前に，糖供与体を p-メトキシベンジルエーテルに誘導し，これを酸化条件で糖受容体と反応させるとベンジリデンアセタールになる．そのアノマー部位にカルボカチオンを生じさせると，糖受容体が分子内で転位しながら S_N2 形式で反応して，高選択的に β 体が生成する．

11·3 カルボニル化合物：エノールとエノラート

11·3·1 アルドール縮合

カルボニル化合物は，一般に溶液中でケト-エノール互変異性体間の平衡にあり，その平衡は通常はケト形に偏っている．これに塩基を作用させるとエノラートイオンが生成する．エノールまたはエノ

アルドール縮合

ラートイオンがアルデヒドまたはケトンへ求核付加して β-ヒドロキシカルボニル化合物を生じる反応を**アルドール反応**とよぶ．さらに，生成物のカルボニルの α 水素がヒドロキシ基とともに脱離して，対応する α,β-不飽和カルボニル化合物を生じる反応を**アルドール縮合**とよぶ．エノラートの化学は 13 章で詳しく解説する．

11・3・2　Claisen 縮合と Dieckmann 縮合

エステルで α 水素をもつものは，塩基によって 2 分子がアルコキシドの脱離を伴って自己縮合し，対応する β-ケトエステルを生じる．これを **Claisen 縮合**という．異なるエステルどうしの縮合は交差 Claisen 縮合とよぶが，複数の縮合生成物を生じる可能性が大きい．そのため，交差 Claisen 縮合では，通常は一方に α 水素をもたないエステル，たとえば芳香族カルボン酸，ギ酸，シュウ酸などのエステルを用いて生成物が一つしか生じないよう工夫する．また，分子内の適当な位置にエステルが二つある基質からは，環状 β-ケトエステルが生成する．これを特に，**Dieckmann 縮合**とよぶ．

11・4　イミン，エナミン

アルデヒドやケトンなどのカルボニル化合物に対して第一級アミンを作用させると，脱水を伴ってイミンが生成する．同様に脂肪族カルボニル化合物に対して第二級アミンを作用させると，カルボニル基の α 水素をプロトンとして脱離してエナミンが生成する．これらの反応の速度は反応系の pH に大きく依存し，一般には弱酸性の条件で最も速く進行する．

アセチル CoA の Claisen 縮合による脂肪酸生合成経路

　生体内では多種多様な酵素反応が起こって生命活動に必要な化合物群をつくりあげている．一般に酵素が作用するにはある特定の低分子有機化合物が必須であり，これらを**補酵素**（coenzyme）とよぶ．補酵素のなかでも重要なものに**補酵素 A**（CoA）がある．これには末端にメルカプト基 SH がある．補酵素 A に対してアセチル基が結合したものをアセチル CoA とよび，カルボキシアセチル基が結合したものをマロニル CoA とよぶ．生体内には脂肪酸を合成するための一連の酵素反応（脂肪酸合成経路）が存在し，そのなかにはアセチル CoA とマロニル CoA が介在する Claisen 縮合反応が含まれている．脂肪酸合成酵素中には近接したメルカプト基が縮合酵素のシステイン（Cys）部位とアシルキャリヤータンパク質（ACP）部位にあり，そのうち ACP 部位をアセチル CoA がアセチル化する．アセチル基が ACP から Cys へ転位したのちに，ACP をマロニル CoA がマロニル化する．この状態から脱炭酸を伴いながら ACP 上のカルボニル α 炭素が Cys 部位のチオエステルを攻撃することによってアセトアセチル基が形成する．そのあと末端のカルボニル基の還元，脱水による二重結合形成，還元を経て ACP 上のアセチル基は 2 炭素増炭したブチリル基になる．マロニル CoA によって 2 炭素ずつ増炭するサイクルを 6 回繰返すと，ACP 上には C_{16} のパルミトイル基ができあがる．これが加水分解を受けてカルボン酸を遊離する段階までが脂肪酸合成経路である．

脂肪酸合成経路

11・4・1 複素5員環の合成

ヘテロ元素を環内に含む芳香環は生理活性物質に広くみられる構造である．ヘテロ原子を含む化合物とカルボニル化合物を縮合させると，多種多様な複素環を合成できる．特に脱水によって不飽和度の高い芳香族複素環を合成できるのが特徴である．ここでは生成する複素環ごとに紹介する．

環内にヘテロ元素を一つだけもつフラン，ピロール，チオフェンなどの電子豊富型複素環は，酸触媒の存在下でヘテロ原子を含む化合物と1,4-ジカルボニル化合物を組合わせて合成できる．総称して**Paal-Knorr 合成**(パール クノール)とよばれている．反応形式は，下の3式に示すように，カルボニル基とアミンや五硫化二リンが反応して生成するイミンやチオケトンまたはカルボニル基自身が，酸によって活性化されたもう一つのカルボニル基を攻撃して進行する．ベンゼンと縮環した複素5員環であるベンゾフラン，インドール，ベンゾチオフェンも芳香族求電子置換反応を含む同様の形式で合成することが可能である．

第一級アミンの存在下でアセト酢酸エチルとクロロアセトンを縮合させると，対応する置換ピロールが得られる．この反応は **Hantzsch ピロール合成**(ハンチュ)とよばれている．まず，アミンとケトエステルからエナミンが生成して，これがクロロアセトンによってアルキル化されたのちに環化脱水縮合を経る．

11・4・2 含窒素6員環の合成

環内に C=N 二重結合をもつ電子不足な芳香族複素環であるピリジンやジアジン類（ピラジン，ピリミジン，ピリダジン）も含窒素化合物とカルボニル化合物の反応で合成できる．ここでは置換ピリジン誘導体の合成を示す．基本的には1,5-ジケトンとアンモニアとの反応に基づいている．ピリミジン誘導体の合成では1,3-ジケトンとアミジンを用いる．

ベンゼンと縮環したピリジンやジアジンの形をしているキノリン，イソキノリン，キノキサリン，キナゾリン，シンノリン，フタラジンも同様に芳香族求電子置換反応を含む形式で合成することが可能である．

キノリン　　イソキノリン　　キノキサリン　　キナゾリン　　シンノリン　　フタラジン

11・5　エステル

11・5・1　Fischer エステル化

エステルの最も基本的な合成法は，エステルを構成するカルボン酸とアルコールを酸共存下に脱水縮合する **Fischer エステル化**（フィッシャー）である．この反応の際には，カルボン酸のカルボニル基がプロトン化されて活性化を受け，これをアルコール分子が攻撃する．プロトン移動ののちに脱水によってエステルが生成する．ただし比較的強い酸を必要とするので，多くの官能基をもつエステルの合成には向いていない．このようなときにはカルボン酸を活性化した形の酸塩化物を用いたり，DCC などの脱水剤を利用する方法が有効である．アミド合成と同じ形式の反応である．分子にカルボン酸とアルコールがある場合は環状エステルであるラクトンが生成する．一般に 5 員環や 6 員環のラクトンを形成する反応は容易に進行する．

ラクトン
（環状エステル）

11・5・2　大環状ラクトン合成

生物活性をもつ天然物のなかには，環員数が 10 を超えるラクトンもあり，これらは **大環状ラクトン** と総称されている．このような大環状ラクトンを強い酸や加熱によって合成しようとすると，多くの官能基を変化させずに保持することがむずかしい．そのため，穏やかな条件で大環状ラクトンを形成するための優れた方法が開発されてきた．

a. 向山-Corey-Nicolaou ラクトン化法

E. J. Corey と K. C. Nicolaou は，向山光昭らにより報告された $P(C_6H_5)_3$ を用いる還元的スルフィド切断反応をヒドロキシカルボン酸の環化による大環状ラクトン合成に応用した．この反応では，$P(C_6H_5)_3$ によってジピリジルジスルフィドの S−S 結合を切断し，脱離するチオラートがカルボン酸からプロトンを引抜いてカルボキシラートイオンが生じる．同時に生じたピリジルチオラトホスホニウムにカルボキシラートイオンが攻撃してカルボキシラトホスホニウム中間体を生じる．これを先に脱離したピリジンチオラートが攻撃し，トリフェニルホスフィンオキシドを置換してピリジンチオールエステルが生じる．これは加熱条件で，プロトン移動して分子内水素結合で安定化されたピリジニウムアルコキシド中間体を形成し，アルコキシドがチオエステルを攻撃する．正四面体中間体を経由してピリジンチオンを脱離し，ラクトン環を形成する．この反応は図 11・1 に示すゼアラレノンをはじめ多くの大環状ラクトンの構築に広く応用されている．

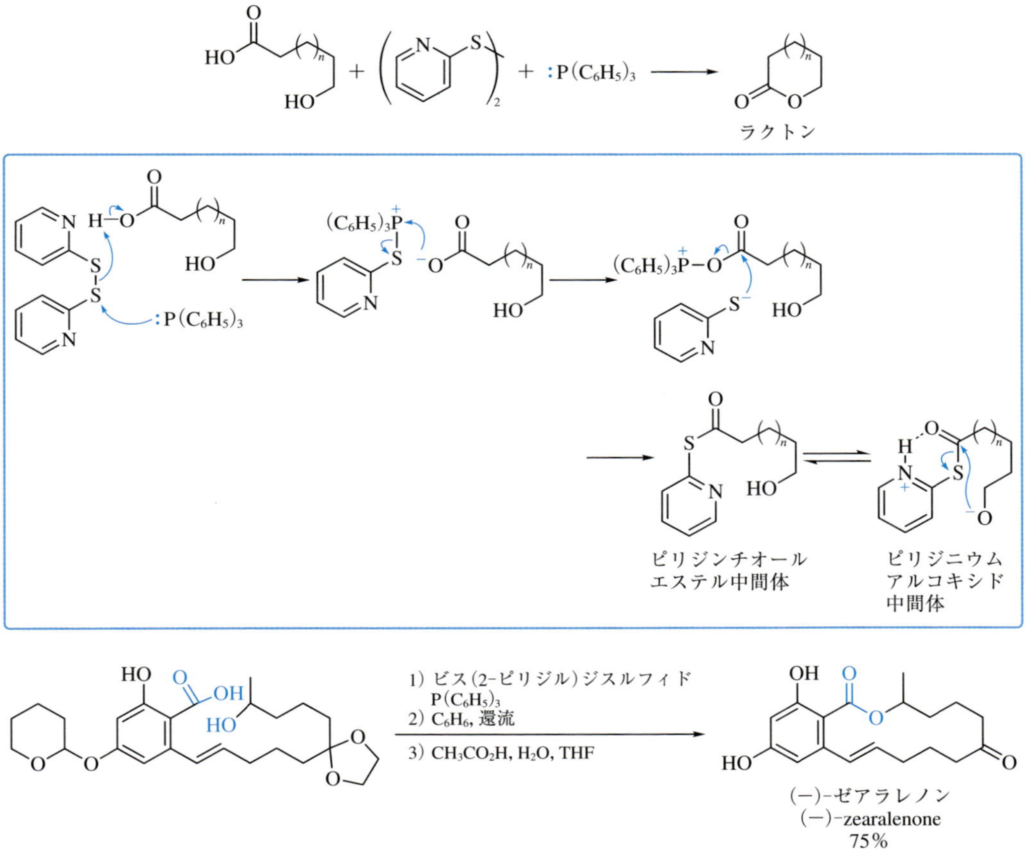

図 11・1 向山-Corey-Nicolaou ラクトン化

b. 混合酸無水物法

a で紹介した方法は，トリフェニルホスフィンオキシドの脱離を駆動力にして，カルボン酸からチオエステルへ誘導する工程が鍵段階であった．山口 勝らは，ヒドロキシカルボン酸に対して，塩基共存下で塩化 2,4,6-トリクロロ安息香酸を作用させ，もとのカルボン酸よりも反応性の高い混合酸無水物に誘導した．これは 4-ジメチルアミノピリジン（DMAP）とともに加熱することによって，大環状

ラクトンになることを見つけた．環化は次のように進行すると考えられている．まず，DMAP が酸無水物のカルボニル基を攻撃して安定なベンゾアートイオンを脱離させ，生じた活性アシル中間体に対してアルコールが分子内攻撃する．山口らはこの方法を 12 員環ラクトン形成に応用した．今では中〜大員環ラクトン合成法の標準的な方法になっている（図 11・2）．

椎名 勇らは，上記の山口ラクトン化を発展させた改良法を開発した．2-メチル-6-ニトロ安息香酸

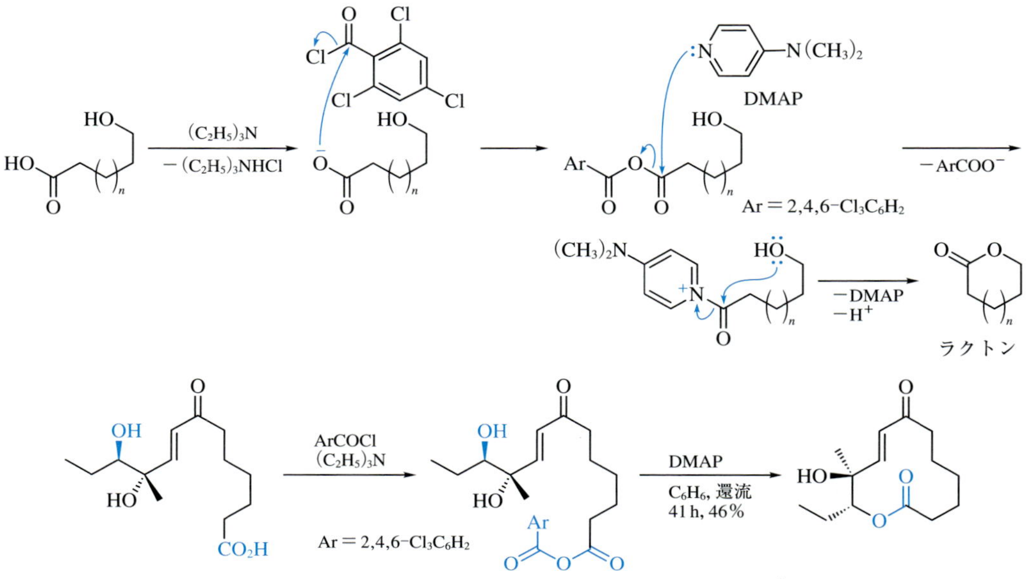

図 11・2　山口ラクトン化

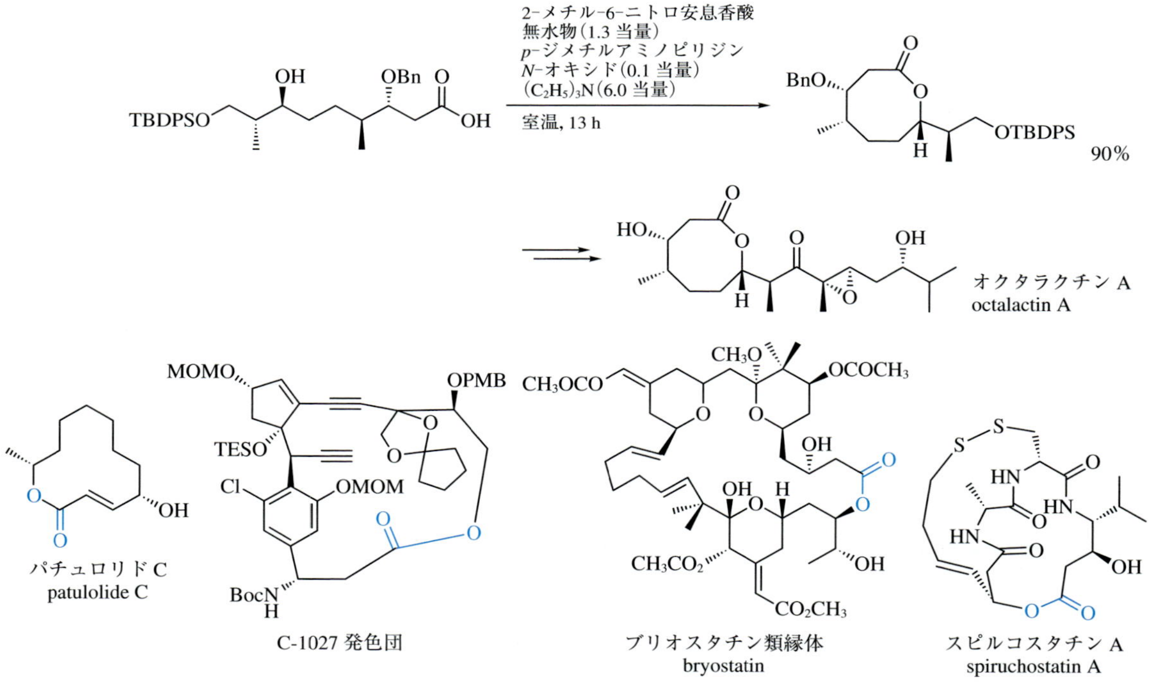

図 11・3　2-メチル-6-ニトロ安息香酸無水物を用いるラクトン化

パチュロリド C
patulolide C

C-1027 発色団

ブリオスタチン類縁体
bryostatin

スピルコスタチン A
spiruchostatin A

オクタラクチン A
octalactin A

無水物を活性化剤に用いると，非常に穏やかな反応条件でラクトン化が達成できる．環化反応が非常に速いため，中間体である酸無水物をあらかじめ形成させ加熱する必要がなく，種々の官能基を損なわずに環化が完結する．非常に強い電子求引性のニトロ基の効果によって，環化の際にヒドロキシ基のカルボニル攻撃が速くなったためと考えられる．その簡便な方法と高い反応効率のため，2-メチル-6-ニトロ安息香酸無水物は種々の複雑な構造の天然物全合成に広く利用されている（図 11・3）．

11・5・3 リン酸エステル形成と核酸合成

カルボン酸と同様，リン酸もアルコールと脱水反応をしてエステルを形成する．このリン酸エステルは核酸（DNA, RNA）においてデオキシリボースやリボースなどの五炭糖とエステル結合をつくり，生体内に広く存在する．そのため，核酸を人工的に合成するには，この塩基修飾型の五炭糖をリン酸とエステル結合（図 11・4）を介して結べばよいことがわかる．しかし，核酸にはさまざまな官能基があり，熱に不安定な部位も多いため，これを効率よく合成するには，通常のエステル合成よりも穏和な条件が必要となる．

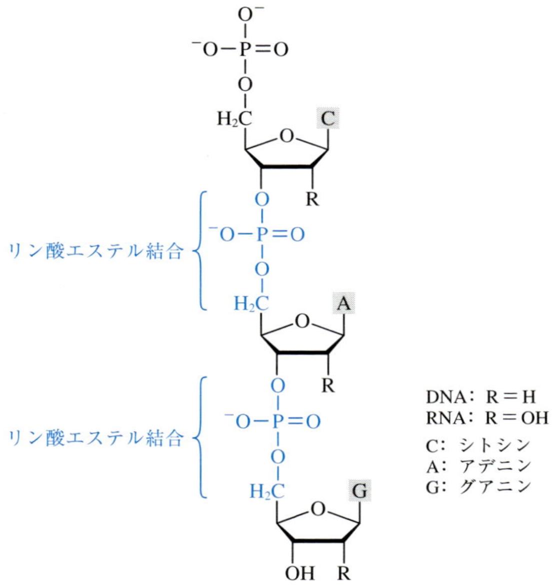

図 11・4 リン酸エステル結合の構造

リン酸エステルはまずリン酸の塩化物とみなせるオキシ塩化リンとアルコールから脱ハロゲン化水素させて合成する．この方法では異なるアルコールを順次導入するだけで非対称なリン酸エステルを得ることができる．

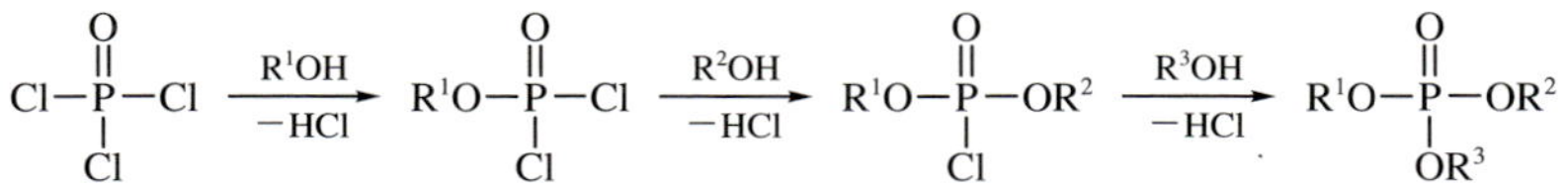

11・5・4 ホスホロアミダイト法

一方，核酸合成で最もよく使用されている方法はホスホロアミダイト法である．この方法では，まずアルコールに対してアルコキシアミノクロロホスフィンを反応させて3価のホスホロアミダイトを得る．次に第二のアルコール共存下 P–N 結合をトリフルオロメタンスルホン酸 N-フェニルベンゾイ

ミダゾリウム（N-PhIMT）などの弱酸で活性化すれば，アルコール部が三つとも異なる亜リン酸エステルが得られる．これを TBHP で酸化すると 5 価のリン酸エステルを随意に合成することができる．

実際には塩基と五炭糖部を保護したヌクレオチドを縮合させ，酸化後に脱保護して目的の核酸誘導体を得ている．

11・6 アミド

11・6・1 カルボン酸とアミンからアミドをつくる：酸塩化物や酸無水物を経由するアミド合成

一般にカルボン酸とアミンを混合しただけではアミド結合は生成せず，プロトンが移動してカルボン酸のアンモニウム塩を形成するのみである．そのため，カルボン酸部位をより反応性の高い基に変換する必要がある．カルボン酸誘導体の反応性は，酸塩化物＞酸無水物＞エステル＞アミドであり，カルボン酸を比較的反応性の高い酸塩化物や酸無水物に誘導してからアミンと反応させるのが一般的である．

11・6・2 ペプチド合成の意義

生体を構成するタンパク質は，各種のアミノ酸がある順序で縮合してペプチド結合でつながった高分子化合物である．タンパク質はアミノ酸の配列によってさまざまな高次構造をとり，酵素作用をもつようになったり生体組織を構築したりしている．実際の生体内では細胞内にあるリボソームがアミノ酸の縮合反応を司っており，mRNA（messenger ribonucleic acid，メッセンジャー RNA）の塩基配列に従いながらアミノ酸を順次縮合していく機構が明らかになっている．

a. タンパク質合成におけるアミノ酸のカルボン酸部位の活性化法

　有機合成でペプチド結合を生成するには，酸塩化物を用いる方法が最も有効であるが，N 末端側を保護したアミノ酸のカルボン酸部位を酸ハロゲン化物に変換すると，ハロゲン化水素の脱離に伴ってケテンが生成する可能性がある．ここでケテンが生成した後に C 末端側を保護したもう一つのアミノ酸と反応すると，もとのアミノ酸のラセミ化が起こってしまう．そのため，酸塩化物に比べてラセミ化が起こりにくい混合酸無水物をつくり，つづいて別のアミノ酸と反応させる．また，カルボン酸を酸アジドに変換したのち，次のアミノ酸と置換させる方法も使われている．アシルアジドをつくるにはジフェニルホスホリルアジド（DPPA）などのアジド化剤が利用できる．電子求引性の高い優秀な脱離基をもつ活性エステルを経由する方法も利用されている（図 11・5）．

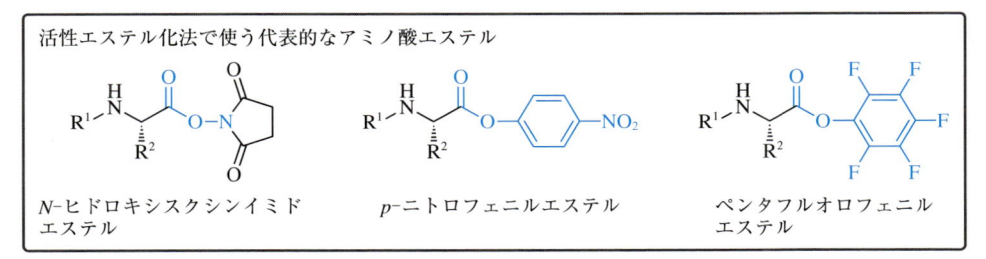

図 11・5　カルボン酸部位の活性化によるペプチド結合生成法

b. 優れた縮合剤：DCC

　a で述べた縮合法は，いずれもアミノ酸のカルボキシ基をいったん活性化した形の化合物に変換したのちに次のアミノ酸と反応させるので，操作が長くなりがちである．しかし穏和な縮合剤を用いると，反応させたい 2 種のアミノ酸を縮合剤と一緒に混ぜるだけでペプチド結合が生成する．最も広く使われている縮合剤はジシクロヘキシルカルボジイミド（DCC）である．この化合物は，カルボキシ基の脱プロトンから始まる反応により O-アシルイソ尿素中間体を生成し，これがアミンと反応することによって安定な尿素誘導体を脱離するとともにペプチド結合を形成する．

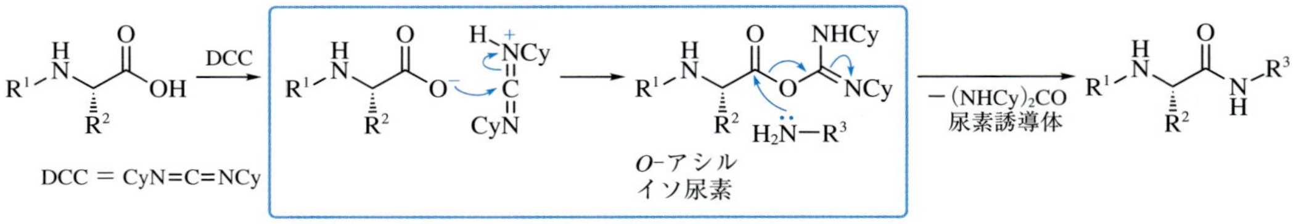

DCCを用いると条件が穏やかなためラセミ化が起こりにくいが，尿素誘導体の除去がむずかしいこともあり，さらに工夫を凝らした縮合剤が開発されてきた．たとえば水溶性のアンモニウム塩を一つの分子にもつ N-エチル-N'-(ジメチルアミノプロピル)カルボジイミド塩酸塩（EDC-HCl）を用いると，脱離する尿素誘導体が水溶性になるため，反応後に抽出するだけで容易に除去できる．

$$C_2H_5-N=C=\overset{+}{N}(CH_2)_3N(CH_3)_2H\ Cl^-$$
EDC-HCl

c. ラセミ化抑制剤：HOBt

カルボジイミド型縮合剤を用いる際の中間体として O-アシルイソ尿素が生じるが，窒素にアシル基が置換していると，この中間体がオキサゾロンに変換されてラセミ化が進行したり，N-アシル尿素へ転位してアミド生成反応が妨害されてしまうことがある．これらを回避するために開発されたものがラセミ化抑制剤であり，縮合剤と併用する．代表的なものとして 1-ヒドロキシベンゾトリアゾール（HOBt）がある．この化合物は O-アシルイソ尿素中間体の尿素部と速やかに置換して，図 11・6 に示す N-アシルオキシベンゾトリアゾールになる．この化合物のカルボニル炭素に別のアミノ酸が攻撃し，HOBt を再生すると同時にペプチド結合が生成する．

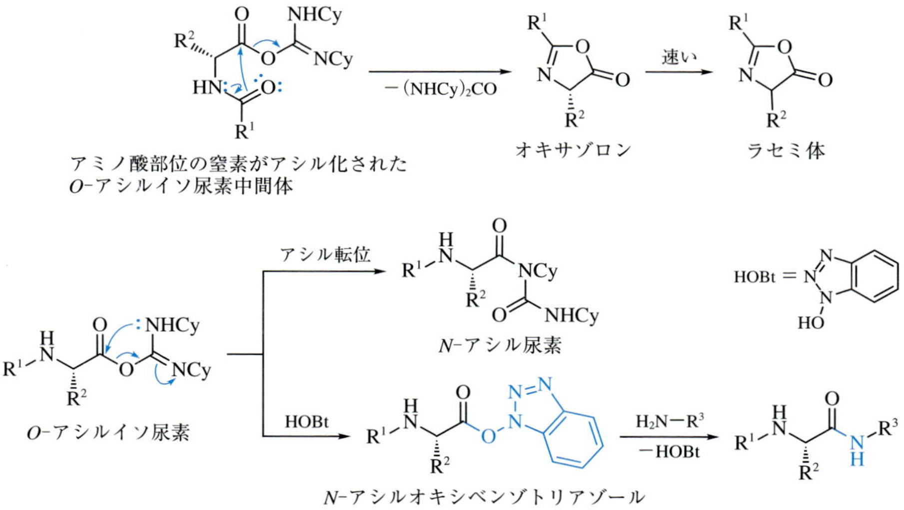

図 11・6 ラセミ化抑制剤を用いるペプチド結合生成法

d. ペプチド結合形成剤の発展

縮合剤と HOBt などのラセミ化抑制剤を組合わせると，ペプチド結合生成をよりいっそう効率よく行うことができる．そのため多種多様なペプチド結合形成剤が開発されている．これまで紹介したカルボジイミド型の縮合剤は，ペプチド結合の生成とともに尿素誘導体を副生するが，これはカルボジ

イミドが水和されて尿素を生成する際の安定化エネルギーが反応の駆動力として働いているからである．これを考えると，新しく開発されたペプチド結合形成剤は，縮合剤の部位とラセミ化抑制剤の部位をあわせもつようにデザインされている．カルボン酸を活性化する縮合剤の部位はカルボン酸から酸素原子一つをオキシドアニオン O^{2-} として受取って安定な化合物を形成し，カルボン酸を活性化して活性エステル型の中間体をつくるラセミ化抑制剤の部位は，安定なアニオンで優秀な脱離基として働く．ラセミ化抑制部位の共役酸のプロトンを捕捉するために，通常は塩基を加えて反応を行う．代

多種多様なペプチド結合形成剤とそのデザイン

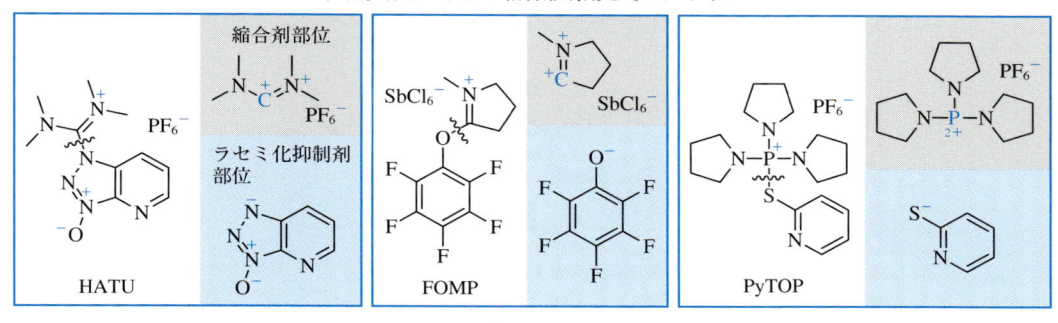

図 11・7 種々のペプチド結合形成剤とその反応機構

表的なものは HATU, FOMP, PyTOP である．図 11・7 を見ると，求電子剤と求核剤が順次働いている様子がわかる．

e. 大環状ラクタム合成

新しいペプチド結合形成剤は，環状ペプチドの合成にも利用できる．特に生物活性のある大環状ラクタム形成反応の最も強力な手段として有効である．実際に大環状ペプチドであるミクロシスチン LA の全合成において，環内にあるペプチド結合七つのうち実に四つまでが HATU を用いて形成されており，この縮合剤の効力がよくわかる．

ミクロシスチン LA　microcystin-LA

f. Merrifield 固相合成

もし通常の溶液反応系でペプチドを合成するならば，N 末端を保護したアミノ酸と C 末端を保護したアミノ酸を用意し，これを前述の縮合法により順次ペプチド結合を形成させて連結する．その後 N 末端および C 末端の脱保護を行えば目的のジペプチドが得られる．しかし，この間 5 段階もの反応を行わなければならない．したがって，アミノ酸を多数連結してタンパク質に相当する大きさのペプチドを合成するには気の遠くなる作業が必要になる．

このような背景のもと，1963 年に R. B. Merrifield は革命的なペプチド合成法を発表した（図 11・8）．ここでは N 末端を保護したアミノ酸を用意し，これを部分的にクロロメチル化したポリスチレン樹脂と反応させてベンジルエステルを固相表面に結合させる．これを開始アミノ酸とする．この樹脂の表面に担持されたアミノ酸の N 末端を脱保護し，別の N 末端保護アミノ酸との縮合を順次繰返していくことによって，目的に応じたアミノ酸配列を構築することができる．最後に，できあがったペプチドを固相担体から切り出せば，ペプチド合成が達成できたことになる．この方法によると，数十残基程度のオリゴペプチドならば問題なくアミノ酸配列を制御しながら合成できるため，医学・薬学・生化学などに大きな改革をもたらした．その業績を讃えて 1984 年 Merrifield にノーベル化学賞が授与された．

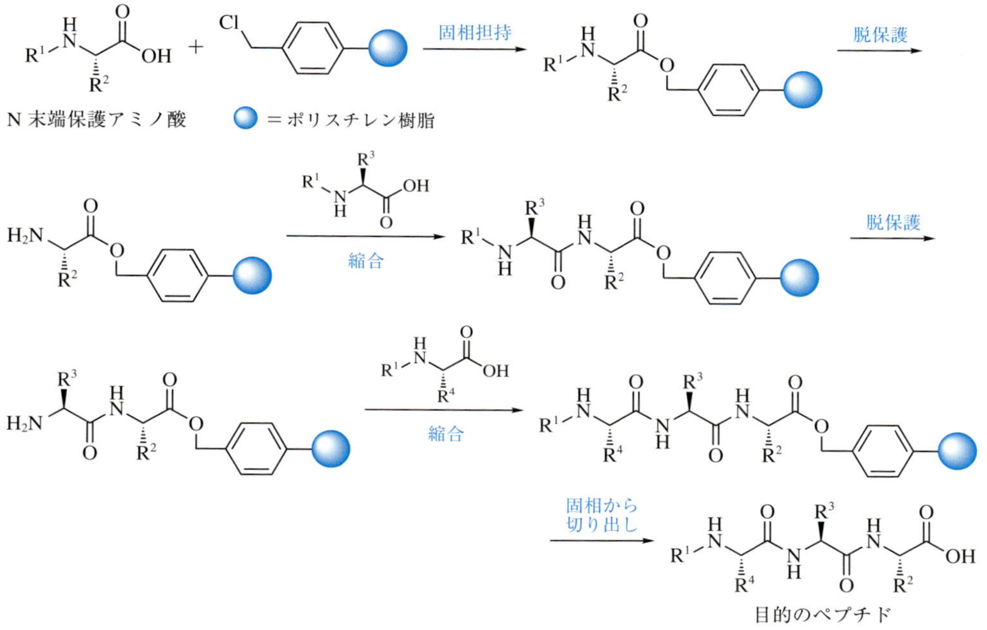

図 11・8 Merrifield によるペプチド合成法

11・6・3 遷移金属錯体を用いるアミド合成

　均一系遷移金属錯体を触媒として用いると，単純なアルコールとアミンから水素 2 分子を脱離させてアミド結合を形成することができる（図 11・9）．この反応ではリンと二つの窒素，計 3 原子で金属に配位するピンサー型の配位子を用いて合成したルテニウム錯体（**A**）を触媒として用いる．アルコールが（**A**）と反応すると，水素移動とピリジン環の形成を伴ってアルコキソヒドリド錯体（**B**）になり，ここから β 水素脱離を経てジヒドリドルテニウム錯体（**C**）とアルコール由来のアルデヒド（**D**）が生じる．（**D**）はアミンと反応してアミナール（**E**）になり，これが再びもとの（**A**）と反応し（**F**）となる．さらに続く β 水素脱離によってアミド（**G**）とジヒドリドルテニウム錯体（**C**）が生成する．（**C**）は水素分子の脱離と分子内水素移動を伴ったピリジン環の非芳香族化により，もとのルテニウム錯体（**A**）に戻って触媒サイクルが完結する．

11・7　縮合反応の繰返し：重縮合

　われわれの生活を支えるプラスチックには多種多様のものがあるが，これらすべては人工高分子である．そのなかでもポリエステル，ポリアミド，ポリカーボネートなどは，二官能性のモノマーの脱水縮合により得られ，縮合反応を何度も繰返して高分子鎖を形成するので，この反応を**重縮合**とよぶ．これらの高分子は官能基に依存したさまざまな物性を示すため，アルケン誘導体の付加重合によって得られるポリオレフィン系高分子とは異なる用途に広く使われている．

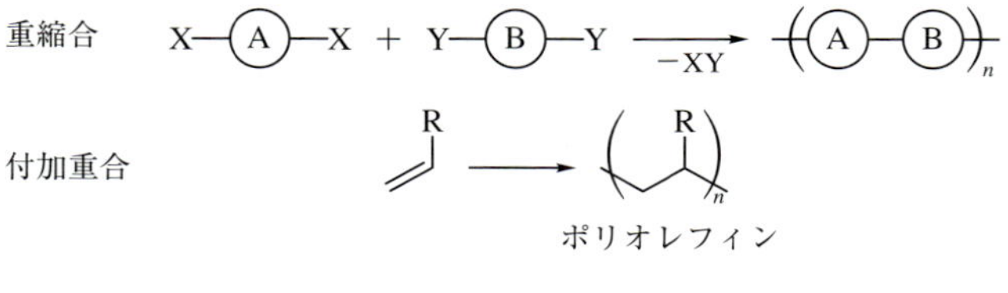

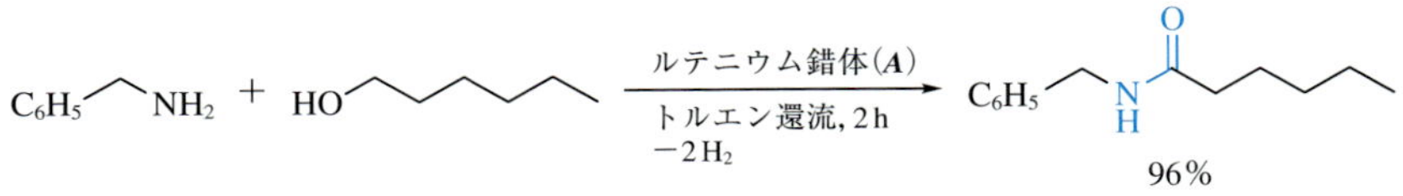

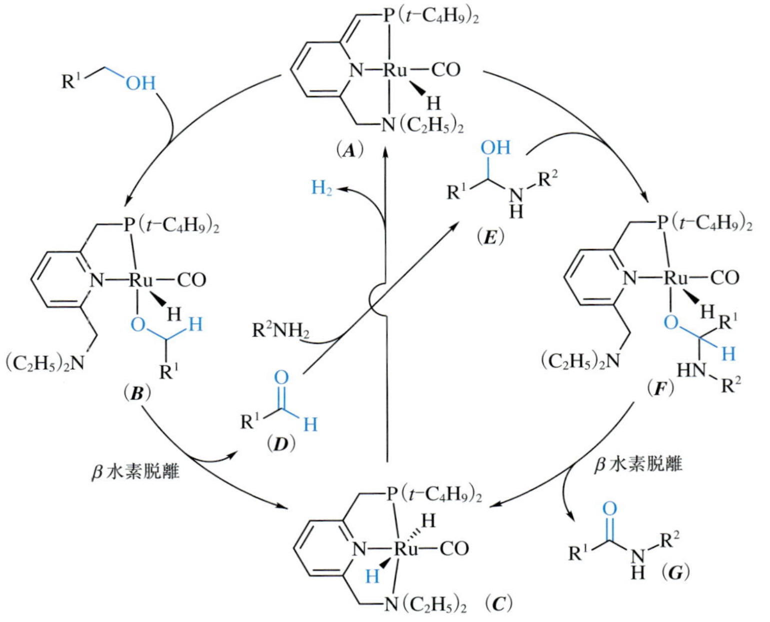

C_6H_5-NH_2 + HO-ペンチル $\xrightarrow[\substack{\text{トルエン還流, 2h} \\ -2H_2}]{\text{ルテニウム錯体}(A)}$ C_6H_5-NH-CO-ペンチル　96%

図 11・9 ルテニウム錯体(A)を用いた際の推定触媒反応機構

11・7・1 単純重縮合によるポリエステルとナイロンの合成

エステル結合を繰返し単位としてもつポリエステルのなかで，衣料繊維やペットボトルに利用されているポリエチレンテレフタラート（PET）は，テレフタル酸とエチレングリコールを真空中加熱する重縮合によって合成する．一方，アミド結合を繰返し単位としてもつポリマーをナイロンと総称し，これも衣料繊維として広く用いられている．ナイロンのなかで一般にナイロン-m,n とよばれているものは，炭素 m 個のジアミンと炭素 n 個のジカルボン酸を縮合して得られ，なかでもヘキサメチレンジアミンとアジピン酸に由来するナイロン-6,6 が最も広く利用されている．

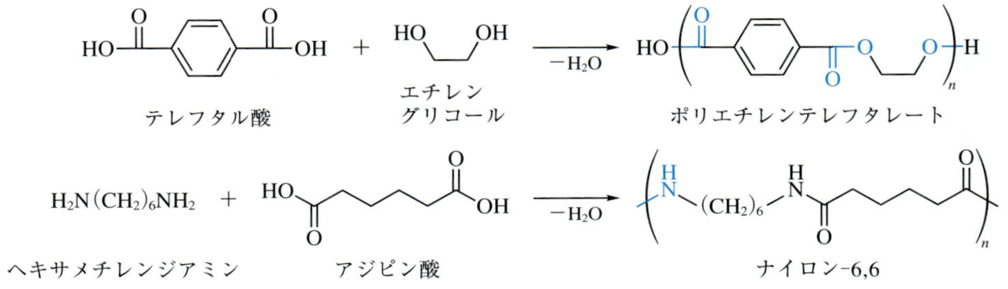

テレフタル酸 + エチレングリコール $\xrightarrow{-H_2O}$ ポリエチレンテレフタレート

$H_2N(CH_2)_6NH_2$ + アジピン酸 $\xrightarrow{-H_2O}$ ナイロン-6,6

11・7・2 ポリカーボネート：単純重縮合法とエステル交換による環境調和型プロセス

炭酸エステルを繰返し単位として含むポリカーボネートはホスゲンとビスフェノール A の重縮合によってつくられており，その透明性や耐衝撃性をいかして輸送機器や電子機器などに利用されてい

る．しかしポリカーボネートの合成に使われているホスゲンは毒性がきわめて高いガスであるため，より安全で低コストなプロセスを開発することが課題になっている．一つの解決法として，二酸化炭素とエチレンオキシドから得られるエチレンカーボネートを原料として，メタノールによる炭酸ジメチルへの変換，フェノールによる炭酸ジフェニルへの変換を経由し，最後にビスフェノールAとのエステル交換反応によってポリカーボネートを得る安全で安価なプロセスが開発された．一連の反応では，メタノールとフェノールが循環再利用されるので，反応全体でみると二酸化炭素とエチレンオキシド，ビスフェノールAからエチレングリコールとポリカーボネートが生成する原子効率の高いプロセスになっている．

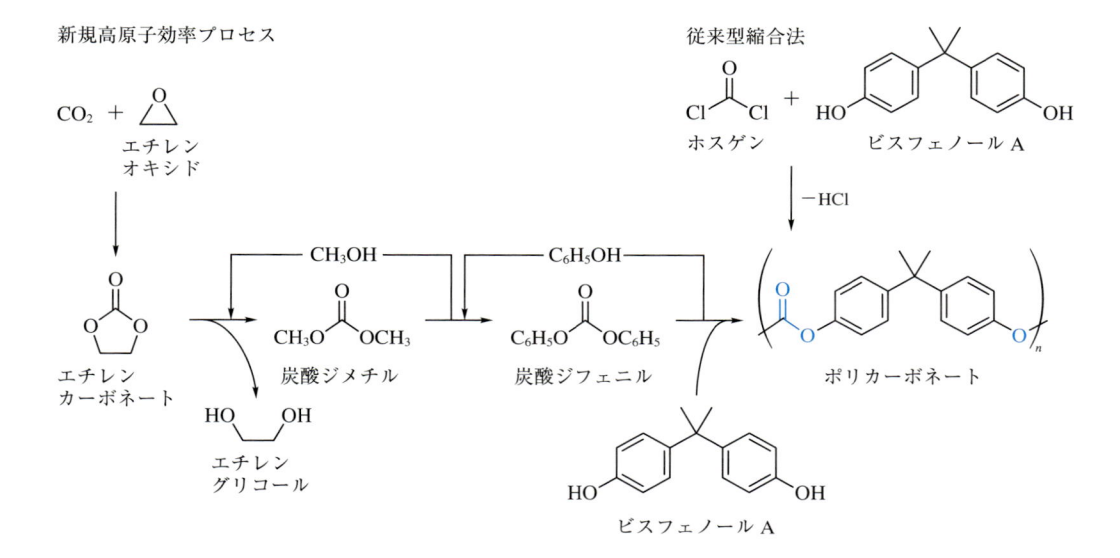

問題 11・1 Fischer エステル化の反応（カルボン酸 R^1CO_2H とアルコール R^2OH を Brønsted 酸とともに加熱）の機構を示せ．反応を円滑に進めてエステルを得るにはどんな工夫が必要か．

問題 11・2 ヘプタン-2,6-ジオンとヒドロキシルアミン塩酸塩から 2,6-ルチジンを得る反応の機構を示せ．

問題 11・3 ペプチド結合形成のときにラセミ化抑制剤を用いるが，その役割を述べよ．

12

保　護　基

　有機合成反応の有用性は，単に収率だけでなく，反応の選択性を含めて評価する必要がある．なかでも同じ分子に異なる官能基がいくつか共存する場合に，これらに対する反応の選択性は重要である．実際の合成では，基質の構造は単純ではなく，多数の官能基をもつことが多い．そのため，目的の反応を目的の官能基で収率よく実施することが必要になる．このとき，反応剤を工夫することによって官能基の反応性の順序を変えることができれば，可能な合成経路が大きく広がる．たとえば，2005年度のノーベル化学賞の対象となったメタセシス反応は，R. Grubbs が開発したルテニウム触媒を用いることにより，カルボニル基に影響を与えず官能基選択的にアルケンあるいはアルキンを反応させることができ，その有用性が飛躍的に向上した．しかし，一般に，官能基の反応しやすさの順序を変えることは容易ではない．そこで，保護基を用いる．

　ある官能基に対して目的の変換を行うときに，より反応しやすい官能基を一時的に不活性にして**保護**（protection）し，その間に目的の変換を行う．反応が終わったあとにその保護したものをはずしてもとに戻すと，予定した官能基だけを変換したことになる．このように官能基の反応性を"一時不活性化"させる置換基を**保護基**（protecting group または protective group）とよぶ．これは目的の変換反応に対して反応性が低い"官能基等価体"といえる．E. J. Corey は，合成等価体（synthon）や極性転換（umpolung）の概念とともに，種々の保護基も開発した．

　保護基には次の三つの条件が最低限必要である．1) 保護したい官能基を選択的に，また高収率で保護基に変換できること．2) 目的の変換反応の間，その保護基は安定で変化しないこと．3) 変換反応が終わると，他の官能基に影響を与えずに，定量的にもとの官能基に戻せること（保護基の除去，脱保護）．官能基選択性の向上を意図して保護基を用いると，保護基のつけはずしに2工程が増えることになる．このため，保護基のつけはずしでの収率が定量的であることが必須である．

　保護基を選ぶときには，変換反応に用いる反応剤の作用により変化しないことも必要である．たとえば，アルコールをアセタールである THP エーテルで保護した基質は，過酸によるエポキシ化などの酸化条件で過酸化物を生じることがあり，爆発の危険性が生じる．さらに，保護基によってキラル中心が新たに生じないことが望ましい．THP エーテルではアセタール生成により新しいキラル中心が生じるため，もとのアルコールにキラル中心があるとジアステレオマーを生じ，分析が複雑になり，精製も煩雑になるので注意が必要である．

　別の目的で保護基を使うこともある．たとえば，ある官能基を保護することにより，その化合物を安定にして取扱いやすくしたり，結晶化させて分離を容易にしたり，低沸点の化合物を高沸点化合物にしたり，X 線結晶構造解析で役立つ臭素などの重原子を導入したりすることができる．また，ジアステレオマーの形成により，もとのアルコールの光学純度測定に利用することも可能である．

　複雑な天然物の全合成では，反応基質は異なる官能基を多数もっていることが多い．保護基を含めた複数の官能基の反応性の順序を，どの段階でどのように制御するか．保護基の使い方が成功の鍵を

にぎる．理想の保護基に求められる性質は互いに干渉しない（orthogonal）ことである．ある保護基の脱保護の条件と他の保護基の脱保護の条件とが全く異なり，ベクトルが二つ直交しているように，互いに全く影響を与えない．すなわち，特定の保護基のつけはずしが特定の条件でのみ進行し，それ以外の条件下では全く影響されない，言いかえれば，保護基の除去はどのタイミングでも，他の保護基および官能基に影響を与えずに独立に行えることを意味する．

　官能基ごとに非常に多くの保護基がある．そのなかから，どの保護基を選べばよいか．保護基を選択する手順は次のようになる．

　　　　　　　　複数の官能基をもつ基質
　　　　　　　　　　↓　どの官能基を保護するか
　　　　　　　　官能基に応じた保護基を探す
　　　　　　　　　　↓　変換反応で保護基が影響を受けないか
　　　　　　　　反応条件に応じた保護基を選ぶ
　　　　　　　　　　↓　保護基のつけはずしの反応条件が他の官能基に影響を与えないか
　　　　　　　　　　　（脱保護の反応条件がより重要）
　　　　　　　　基質と反応に応じた保護基を選ぶ
　　　　　　　　　　↓　次に行う反応に最も有利なものはどれか
　　　　　　　　保護基を決定

12・1　官能基別の保護基の選択

　本節ではヘテロ原子をもつ官能基の保護を中心に取上げるが，炭素－炭素多重結合，特にジエンの保護・脱保護には Diels-Alder 反応/逆 Diels-Alder 反応（7 章）を利用することができる．また，炭素－炭素三重結合の保護・脱保護には $Co_2(CO)_8$ による錯体化と脱錯体化が利用できる（17 章）．

12・1・1　アルコールの保護

　炭素－炭素結合生成ではカルボニル基などの求電子性の官能基に炭素求核剤を作用させる反応を用いることが多い．アルコールの水素の pK_a は 16 程度であり，通常用いる炭素求核剤の共役酸の pK_a（約 40）よりも小さく，したがって酸性度が高い．そのため炭素求核剤を用いるときには，アルコールを保護しないと，その水素がプロトンとして引抜かれて反応を阻害するだけでなく，生じるアルコラートが副反応を起こすこともある．これらの理由から，アルコールの保護は有機合成において広く利用されている．

　アルコールを穏やかな条件下で，定量的に保護する反応には，エーテル化，シリルエーテル化，アセタール化，エステル化がある．代表的な保護基を表 12・1 にまとめる．

　最初にエーテル化を紹介する．エーテルは，酸・塩基の条件にきわめて安定で丈夫な官能基である．これは一般にアルコールを塩基性条件で有機ハロゲン化物と反応させて調製（Williamson 法）する．代表的なものとして，メチルエーテル，アリルエーテル，シリルエーテル，ベンジル（Bn）エーテル，p-メトキシベンジル（PMB，メトキシフェニルメチル略して MPM ともいう）エーテルなどがある．エーテルはたいていの反応条件で不活性できわめて安定である．逆にいえば，脱保護にはさまざまな条件を工夫する必要がある．次に脱保護の方法を紹介する．

　メチルエーテルをアルコールに戻すには，硬い Lewis 酸と軟らかい求核剤の両方の性質をもった反応剤，たとえば，BBr_3 や $(CH_3)_3SiI$（TMSI）を作用させる．$AlCl_3$ と RSH を作用させてもよい．BBr_3 を使った例を次に示す．ここでは Br^- が軟らかい求核剤になって CH_3 を求核攻撃している．しかし，

表 12・1 代表的なアルコールの保護基と略称

保護体の構造	保護基の略称		保護体の構造	保護基の略称
エーテル保護基	$RO-CH_3$		アセタール保護基 (THP構造)	THP
	$RO-CH_2CH=CH_2$		$RO-CH_2-O-CH_3$	MOM
	$RO-CH_2-C_6H_5$	Bn	$RO-CH_2-O-CH_2CH_2-OCH_3$	MEM
	$RO-CH_2-C_6H_4-OCH_3$	PMB または MPM	$RO-CH_2-O-CH_2-C_6H_5$	BOM
	$RO-CH_2-CCl_3$		$RO-CH_2-O-CH_2CH_2-Si(CH_3)_3$	SEM
	$RO-CH_2CH_2-Si(CH_3)_3$		エステル保護基 $RO-C(=O)-CH_3$	Ac
シリルエーテル保護基	$RO-Si(CH_3)_3$	TMS	$RO-C(=O)-t\text{-}C_4H_9$	Piv または Pv
	$RO-Si(C_2H_5)_3$	TES		
	$RO-Si(i\text{-}C_3H_7)_3$	TIPS	$RO-C(=O)-C_6H_5$	Bz
	$RO-Si(CH_3)_2\text{-}t\text{-}C_4H_9$	TBS または TBDMS		
	$RO-Si(C_6H_5)_2\text{-}t\text{-}C_4H_9$	TBDPS		

この例にみられるように,これらの Lewis 酸は強すぎて,他の保護基や官能基が影響を受ける可能性がある.そこで,より穏和な条件下で選択的に脱保護できるアルキルエーテルに代わる保護基を考えることになる.

[反応式: MsO, CH₃O, OAc, CH₃O₂C, OAc, CO₂CH₃ 置換シクロヘキサン → BBr₃, CH₂Cl₂, −78 °C → 環化生成物 80%]

t-ブチルエーテルはメチルエーテルよりは少し弱い酸性条件で脱保護できる.この場合には,TMSI や TiCl₄ などの硬い Lewis 酸で脱保護できるが,TMSI は他のエーテルやエステル,アセタールなどとも反応するので,注意が必要である.なお,t-ブチル基で保護するときは,メチルエーテルとは異なり,第三級炭素では S_N2 反応が進行しないのでハロゲン化 t-ブチルを使えない.そこで t-ブチルカチオンを発生させる S_N1 経由の方法,たとえば酸性条件下でイソブテンを反応させる.

[反応式: OH基を持つビシクロ化合物 → H₃PO₄, BF₃, CH₂Cl₂, −75 °C, 1.5 h つづいて室温終夜 → O-t-C₄H₉ 体 97% ⇒ OAc, O-t-C₄H₉ 体 → TMSI, CCl₄, 25 °C → OH, OAc 体 98%]

エーテルの脱保護に Lewis 酸を用いると,オキソニウム中間体が生じる.これをもっと穏やかな条件で発生させることができれば,加水分解による脱保護がより円滑に進む.こうして,テトラヒドロ

ピラニル (THP) エーテル, メトキシメチル (MOM) エーテルなどのアセタール保護基が開発された. 穏和な条件下で脱保護が可能なアセタール保護基としてはTHPやMOM以外に, MEM, BOM, SEMなどがある (表12・1参照).

エーテル保護基の導入は, t-ブチルエーテルを除き, 一般に塩基性条件であるのに対し, THPの導入には, ジヒドロピラン (DHP) を酸触媒とともに作用させる. この保護基の除去には, アルコール (あるいは水) を溶媒として用い酸触媒によってアセタール交換を行う. 酸としては, p-トルエンスルホン酸 (p-TsOH) のほか, 選択的な反応を行うには, より弱い酸である p-トルエンスルホン酸ピリジニウム (PPTS) を使う. これらの酸性条件はアセタールの導入反応の場合と同じく穏和である. たとえば, アルケンの異性化が懸念される基質でも, 問題なく脱保護できる.

THP保護基はふつうのエーテルと同様に, ブチルリチウムを使う塩基条件で安定である. しかし, 求核剤の対カチオンのLewis酸性が強いと, 反応や後処理の段階ではずれることがある. また, このTHP保護基の問題点は, 先に述べたように新たにキラル中心が生じることである. 基質にすでに別のキラル中心が存在するときには生成物がジアステレオマー混合物になるので, 注意が必要である.

アリルエーテルにロジウム触媒を作用させると, 1,3水素移動によってエノールエーテルへ異性化する. このエノールエーテルは, 酸性条件でオキソニウム中間体を生じ容易に加水分解される. そこでこの反応を利用すると選択的な脱保護が可能になる. また, フェノールのアリルエーテルにパラジウム触媒を作用させると π-アリルパラジウム錯体が生じてフェノールが遊離する.

アルコールの保護にはベンジルエーテルをよく用いる. ベンジルエーテルを導入するには, まずアルコールに水素化ナトリウムを作用させてアルコキシドに変換し, 次にここにハロゲン化ベンジルを加えるWilliamson法が一般的である. しかし, 塩基によって反応する基質の場合には, ベンジルカチオンを発生させて捕捉する手法がある. 次の例では保護が官能基選択的に進行する. ほかにも, 2,2,2-トリクロロイミド酢酸ベンジルを酸性条件で使う方法もある. 次に示す例では酸性ではなく塩基性条件でベンジル保護をしようとすると, 逆アルドール反応や脱離反応が副反応として起こってしまう.

ベンジルエーテルの脱保護には，水素雰囲気下で炭素に担持したパラジウム触媒を作用させる（水素化分解）か，液体アンモニア中ナトリウムやリチウムを作用させる Birch 還元の条件が使える．

単純なベンジル基よりも酸性条件にやや弱いが，DDQ などの酸化剤によって脱保護できる p-メトキシベンジル基（PMB，または MPM）がある．脱保護は，ベンジル位が酸化によりベンジルカチオンを生じ，ヘミアセタールを経て進行する．

メトキシ基が多いほど酸化されやすくなるため，3,4 位にメトキシ基が置換した DMB，3,4,5 位が置換した TMB なども開発されている．DMB の酸化電位は 1.45 V と PMB の 1.78 V に比べ低下するため，より穏和な酸化条件で選択的に脱保護ができる．

トリチル（Tr，トリフェニルメチル）エーテルも保護基としてよく使う．この保護基は，酸性条件（CH_3CO_2H, H_2O，あるいは DDQ, CH_3CN, H_2O）のほか，還元条件（Na, 液体 NH_3）でも脱保護できる．

特徴的な使われ方をするエーテル保護基として 2,2,2-トリクロロエチルエーテルがある．これの脱保護には亜鉛による還元を利用する．このさい β 脱離によって分解反応が起こる．この電子の動きは

ケイ素とフッ化物イオンでも再現できる．フッ化物イオンを使うと 2-シリルエチルエーテルは簡単にアルコールになる．

フッ化物イオンで直接脱保護できるエーテルに，シリルエーテルがある．シリルエーテルはアルコールに塩化トリアルキルシリルやトリアルキルシリルトリフラートとアミン（またはイミダゾール）を作用させると容易に合成できる．

この保護基をかける段階はケイ素での置換反応なので，ケイ素の置換基や基質であるアルコールの嵩高さに由来する立体障害に大きく影響を受ける．たとえば，$(CH_3)_3SiCl$（TMSCl）によるシリル化に比べると，$t-C_4H_9(CH_3)_2SiCl$（TBSCl または TBDMSCl）によるシリル化は遅い．シリル化反応が遅いときには，イミダゾールや 4-ジメチルアミノピリジン（DMAP）を触媒量添加し，DMF などの非プロトン性極性溶媒中で行うと反応を促進できる．

基質に第一級アルコールと第二級アルコールが存在するときには，TBSCl とイミダゾール（あるいは DMAP）の組合わせを用いて，第一級のアルコールだけを選択的に TBS 保護することができる．ここでは立体障害による反応速度の差を利用している．この条件下では第三級アルコールは反応しないが，TBSOTf と 2,6-ルチジンの組合わせを用いると第三級アルコールでも TBS 保護をかけることができる．

シリルエーテルの安定性，すなわち脱保護の容易さは，ケイ素上の置換基に大きく依存する．第一は置換基の嵩高さである．置換基が大きくなり立体障害が増すと，ケイ素への求核攻撃が起こりにくくなり，酸や塩基に対する安定性は増す．第二はケイ素上の置換基の電子的性質である．置換基の電子求引性が強いほど酸性条件で安定になる一方，塩基性条件に敏感になる．第三は置換基の種類による高配位シリカートの形成しやすさである．フッ化物イオンを用いるときにこの因子が影響する．酸，塩基条件下での安定性，加水分解に対するおおよその相対的安定性を表 12・2 に示す．

表 12・2　シリルエーテルの酸・塩基条件下における相対的な安定性

酸性条件下					塩基性条件下				
TMS <	TES <	TBS <	TIPS <	TBDPS	TMS <	TES <	TBS =	TBDPS <	TIPS
1	64	20,000	700,000	5,000,000	1	10〜100	20,000		100,000

シリルエーテルを脱保護するには，一般的には酸を用いるが，フッ化物イオンも有効である．ケイ素上の置換基により脱保護の速さが異なるので，シリルエーテル間の選択的な脱保護が可能になる．

エステルや炭酸エステルもアルコールの保護基として使うが，条件に応じて使い分けが可能である．脱保護に注目すると，エステルの加水分解は通常カルボニル基に対する求核攻撃が鍵となるので，電子求引基や立体障害を利用して保護基としての安定性を制御することができる．たとえば，保護したヒドロキシ基を八つ含む糖誘導体のただ一つの保護基のみを，電子求引基（α 位の Cl）で反応性を向上させることにより選択的に除去することができる．

単純なジオールの保護はアルコール保護基を二つ使えば十分だが，1,2-ジオールや1,3-ジオールでは，環状アセタールを形成させると独特の保護基として利用できる．アセタールの形成と除去には酸性条件を利用する．なかでもベンジリデンアセタールの脱保護は，通常の酸性条件下のアセタール変換以外に，水素化分解も利用できる．一方，これを水素化ジイソブチルアルミニウム（DIBAL-H）で還元すると，立体障害の少ない第一級アルコールの部分が優先的に還元されて，第二級アルコールのベンジルエーテルが得られる．特に糖の4位ヒドロキシ基を保護する目的で使われる．

全合成においては脱保護の順番を考慮して保護基の種類と着脱のタイミングを決めることが重要になる．たとえば，互いに離れたところにヒドロキシ基を六つもつ化合物があり，それぞれが表12・3に示す異なる保護基で保護されているとする．これらを順にはずす方法を考えよう．二通りの方法が可能であり，それらを脱保護の条件とともに表に示す．

表 12・3　アルコールの保護基の種類と脱保護の順序

	ROAc エステル	ROCH$_2$CCl$_3$ エーテル	ROBn エーテル	ROTBS シリルエーテル	ROTHP アセタール	ROCH$_3$ エーテル
脱保護の条件	K$_2$CO$_3$ CH$_3$OH	Zn CH$_3$OH	H$_2$ Pd触媒	F$^-$ THF	AcOH H$_2$O	BBr$_3$ BBr$_3$
脱保護の可能な順序	1 4	2 3	3 5	4 1	5 2	6 6

天然物全合成では，種々のヒドロキシ保護基をつけて，脱保護を異なる条件で行わなければならないことがよく生じる．木越英夫，山田静之らはアプリロニンAの合成で10種類近くの保護基を用い

アプリロニンA　aplyronine A

た．これを例にとって保護基の使い方を解説する．紙面の都合でかなり密な内容になっているので，1段階ずつゆっくりと読みといてほしい．

全合成を実行するには大量に供給可能な出発物を選び，立体化学を確実に制御できる反応を用いることが必須になる．アプリロニン A の上部の合成から始める．まず，D. A. Evans のアルドール反応を行い，Weinreb アミドに変換し，TBS で保護 ① して (A) を得ている．(A) から (B) への変換を考えよう．立体配置を信頼性よく制御して炭素鎖を伸長させるため，Sharpless の不斉エポキシ化反応を利用する．そのためにアミドをアルデヒドに還元したあと Horner–Wadsworth–Emmons 反応（HWE 反応）で α,β-不飽和エステルに導き，DIBAL-H で還元してアリルアルコールを合成する．(A) をつくる際の Evans アルドール反応も Sharpless エポキシ化反応も，R 配置と S 配置キラル中心をつくり分けることが可能な反応剤制御の反応であり，ベンジルエーテルや TBS エーテルは，それらの選択性に影響のない保護基である．(B) から (C) の段階でも，保護基を使い分ける．TBS と TES の二つのシリルエーテルは，のちに両者を区別することを念頭に使っている．なお，反応式中の反応剤のうしろの番号 ① や ② は，その反応剤を用いる反応によって着脱されるヒドロキシ基の保護基に対応している．

(C) のスルホン基を手がかりに，アルキル化を経てケトン (D) に導く．これを Julia オレフィン化によってさらに炭素鎖を伸ばし (E) に至る．次に TES エーテル ⑤ とトリチルエーテル ⑦ を，酸の強さを変えて順次脱保護する．まず酢酸で TES エーテルを除き MTM エーテル ⑥ に変換する．そののちトリチルエーテルを酸で除去し，アルデヒドに酸化する．ここではカルボニルの α 位ラセミ化を防ぐために Dess–Martin 酸化を用いている．

このアルデヒドを別の合成ブロックと反応させて得た (**F**) のピバロイル基 ⑧ を還元条件下で脱保護し，生じた第一級アルコールの Dess-Martin 酸化と HWE 反応を行う．次に HF・ピリジンを用いて TES エーテル ⑨ を選択的に脱保護する．穏やかな条件なので，TBS エーテルや環状アセタール，DMB アセタールは影響を受けない．そのあと HWE 反応で導入したエステルを加水分解し，先に脱保護して生じた第二級アルコールとラクトン形成を行う．

合成初期と後期では，保護基の扱い方が異なってくる．後になればなるほど官能基選択性のよい脱保護が必要になる．最後は官能基の微調整である．アプリロニン A はアミノ酸であるセリンとアラニンの誘導体がエステル結合で大環状ラクトンに結合している．また，末端には *N*-ホルミルエナミン構造をもっている．これらを順番に配していくには，まず (**G**) のヒドロキシ基 ⑩ を TBS 保護する．次に末端の環状アセタールを塩酸でラクトールにして NaBH(OCH$_3$)$_3$ でジオールに還元し，第一級アルコールをトリチルエーテル ⑪ で保護して (**H**) を得る．遊離の第二級アルコール ⑫ をアセチル保護したあと，トリチルエーテル ⑪ を除去し，アルデヒドに酸化したのち，*N*-ホルミルエナミン (**I**) に

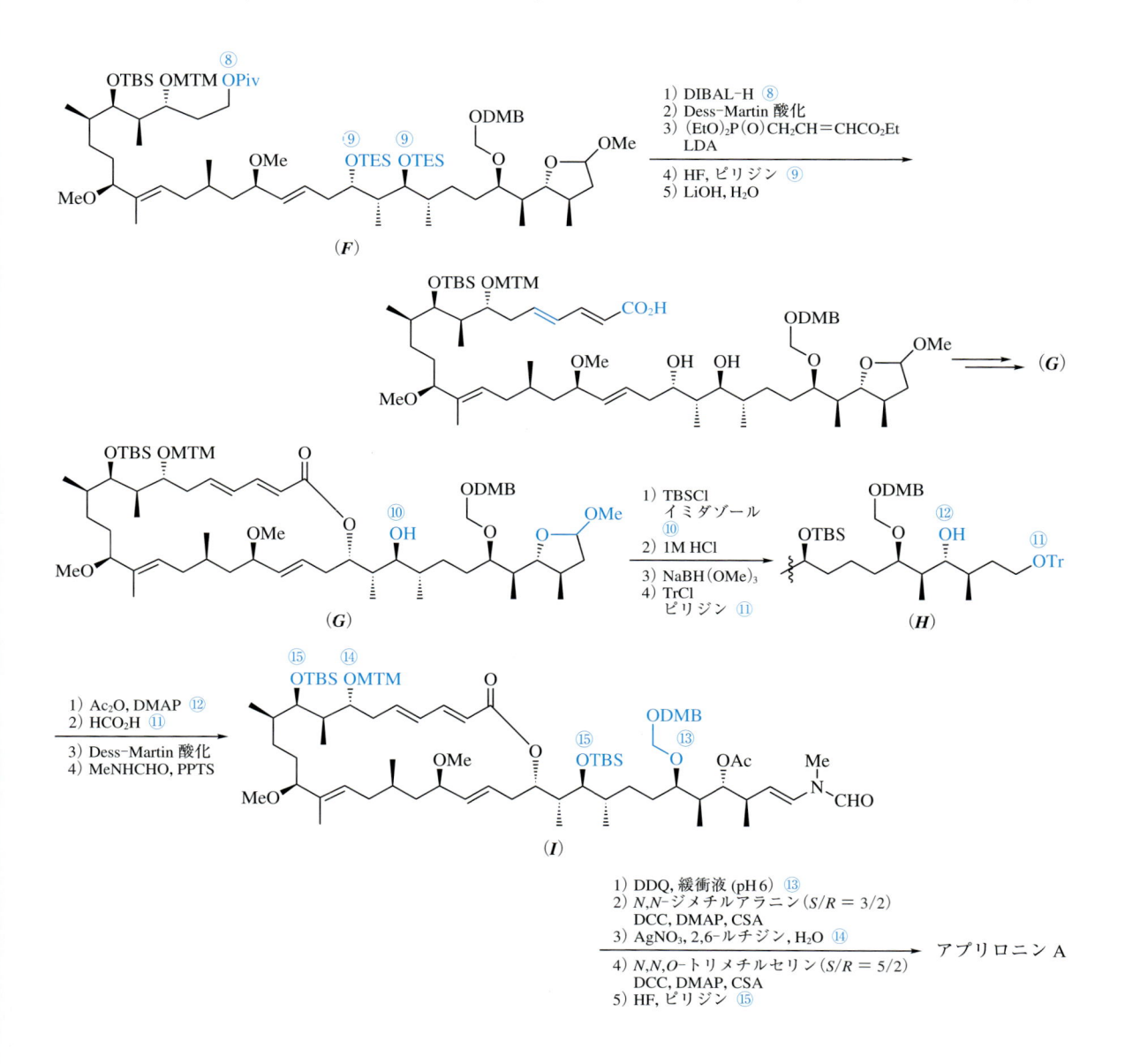

導く．最後に順次脱保護し，セリンとアラニンの誘導体を結合させ，残った TBS エーテル ⑮ を脱保護する．第二級アルコールを順序よく確実に除去するために，酸や塩基，フッ化物イオンとは異なる条件で脱保護できる DMB アセタールと MTM エステルを配したことがわかる．より穏やかな DDQ 酸化の条件で脱保護できる DMB アセタールを，PMB アセタールに代わって使っている．

　ここで述べたことは，完成した全合成の経路から説明しているのであり，実際の合成では最終段階の保護基一つの選択・変更により，前の合成段階の再考を余儀なくされることも多く，それだけに保護基の選択は重要でかつむずかしく，全合成の成否を決めることがしばしば起こる．

12・1・2　ケトンやアルデヒドの保護

　アルデヒドやケトンは，生理活性物質の活性発現にかかわる官能基であるだけでなく，炭素－炭素結合形成を実施する官能基として働く．カルボニル基が求核攻撃を受けるその容易さは，おおむね

$$\text{アルデヒド（脂肪族 > 芳香族）> 環状ケトン（シクロヘキサノンを含む）>}$$
$$\text{シクロペンタノン} > \alpha,\beta\text{-不飽和ケトン} \approx \alpha,\alpha\text{-二置換ケトン} \gg \text{芳香族ケトン}$$

の順序である．したがって，逆の順序で反応させたり，区別して反応させるときには，その効率的な保護・脱保護が不可欠になる．

　アルデヒドやケトンの保護基として最も頻繁に用いるのは，アセタールである（表 12・4）．モノチオアセタールやジチオアセタールも使える．これらは求電子性がなく，種々の求核剤に耐える．しかし，Lewis 酸や Lewis 酸性の対カチオンをもつ有機金属反応剤と反応することがあるので，注意を要する．

表 12・4　アセタールの安定性と脱保護の容易さ†

アルデヒド		ケトン					
より安定	はずれやすい	1.0 より安定	2.0	30.6 はずれやすい	13.0 より安定	16.5	172 はずれやすい

† 脱保護 (30℃)，ジオキサン-水 (7：3) 中 0.003 M 塩酸による加水分解の相対的速度比．

　アセタール保護をかけるには，酸触媒とともにカルボニル化合物にアルコールやジオールを作用させればよい．ケトンに比べアルデヒドのほうが速く反応するので，同じ分子に両方の官能基があるときには，アルデヒドを優先してアセタールに変換できる．また，カルボニル基の周辺の立体障害に敏感であり，次に示すように，同じケトンでも立体障害の少ないほうが先にアセタール化を受ける．

　このアセタール化反応は脱水縮合で，水 1 分子が必ず副生する．TMSOTf を触媒としてアルコールの TMS エーテルをカルボニル基に作用させると，水の代わりに安定な $(\text{TMS})_2\text{O}$ が生成する．水が生

成しないので，ケトアルデヒドではアルデヒドにスルフィドを付加させてこれをまず正四面体構造にして一時的に保護しておき，つづいてケトンをアセタール化することができる．この一時的保護基はアルカリ性水溶液で容易にもとに戻るので，無水条件が重要である．なお，アセタール生成時に水を生じない方法としては，2-エチル-2-メチル-1,3-ジオキソランを使うアセタール交換反応もある．

酸触媒による α,β-不飽和カルボニル化合物のアセタール化には問題がある．酸触媒がアルケンの π 結合にも作用して β,γ-不飽和ケトンへの異性化が競争的に進行するためである．しかし，この異性化は酸触媒を適切に選べば抑制できる．次の例ではフマル酸を用いれば α,β 体だけが得られる．

酸触媒	フマル酸	フタル酸	シュウ酸	p-TsOH
α,β 体 : β,γ 体	10:0	7:3	8:2	0:10

なお，TMSOTf を触媒として用いる方法は上の反応でも選択的に α,β 体を生じるが，α,β-不飽和アルデヒドと飽和ケトンが共存する場合にはケトンのアセタール化が優先する．

アセタールの脱保護は，酸触媒存在下アセトンとのアセタール交換によって容易に行える．酸触媒として，塩酸，p-トルエンスルホン酸などの Brønsted 酸や，塩化鉄などの Lewis 酸が使える．塩化パラジウムも使え，この方法ならシリル保護基 TBS を残してアセタールの脱保護が達成できる．

アルコールの代わりにチオールを用いてアセタール化を行うと，ジチオアセタールが生成する．ジチオアセタールはアセタールより水に対して安定であり，水を除かなくてよい．チオアセタールの生成はアセタール化とは異なり，電子的要因ではなく立体障害によって支配されるため，次に示すように共役エノンのカルボニル基を選択的に保護できる．

1,3-ジチアンや，1,3-オキサチアンのような硫黄を含むアセタールの脱保護には，硫黄に特異的に配位する2価の水銀塩が長い間使われた．しかし，水銀化合物は毒性があり，取扱いが面倒で簡単に廃棄できないという問題がある．そこで，N-ブロモスクシンイミド（NBS）による酸化やスルホニウム塩を経由する脱保護法が考案されている．これらは硫黄を含むアセタールに選択的な反応なので他の保護基に影響を与えない．また，NBSを用いる方法ではケトンのα位でのラセミ化も起こらない．

不安定で単離精製できないが反応中に保護基として働く一時的保護基がある．先に述べたように，アルデヒドはケトンよりも求核攻撃を受けやすいので，アルデヒドにリチウムアミドを付加させておくと，もはや求核付加を受けなくなる．この間にケトン部分に有機リチウム反応剤を付加させたのち，加水分解によりアルデヒドを再生すると，見かけ上アルデヒドは影響を受けず，反応性の低いケトンにのみ求核付加した生成物が得られる．

12・1・3 カルボン酸の保護

カルボン酸は pK_a 3〜6 の酸性水素をもっており，塩基条件の反応ではこれを保護しなければならない．また，ケトンほどではないにせよ，そのカルボニル基は求核攻撃を受ける．さらに，カルボン酸を保護すると取扱いが容易になる効果もある．たとえば，水に溶けにくくしたり，核磁気共鳴スペクトル（NMR）の観測が容易になったり，ガスクロマトグラフィーの測定に必要な揮発性を向上させるなどの効果がある．

最もよく用いるのは，エステル化である．カルボン酸をエステルに変換するには，少量ならジアゾメタンが簡単である．しかしジアゾメタンは毒性や爆発性をもち，大量合成には不向きである．通常は，昔ながらの酸触媒によるアルコールとの脱水縮合や，カルボン酸塩化物などの活性アシル化合物を経由する方法が第一の選択肢である．保護を目的とするエステル化では，他の官能基に影響を与えない穏和な条件で，カルボン酸を直接選択的にエステル化する必要がある．この場合には，ジシクロヘキシルカルボジイミド（DCC）とDMAPを併用する方法（Steglich法），塩化 2,4,6-トリクロロベンゾイルをトリエチルアミンと触媒量のDMAPを用いて対象のカルボン酸を混合酸無水物に変換し

たのちエステル化する方法（山口法），ヨウ化 N-メチル-2-クロロピリジニウムを用いる方法，そして光延反応がきわめて有効である．詳しくは§11・5を参照するとよい．

エステルをカルボン酸に戻す脱保護反応はアルカリ性水溶液による加水分解が一般的である．この反応の速さは，エステルのアルコール部分の種類によって大きく変化する．加水分解の速度は立体因子と電子因子の両方に依存し，その速度はおおよそ，EtO > BnO > MeO > PhO > PhS > NCCH$_2$O > o- または p-NO$_2$-C$_6$H$_4$O > C$_6$Cl$_5$O > C$_6$F$_5$O の順である．また，水酸化ナトリウムの代わりにアルカリ性過酸化水素を用いると，400 倍速くなる．

エステルカルボニル基は，アルデヒドやケトンと比べて求電子性は低いものの，金属水素化物や Grignard 反応剤などが求核付加する可能性がある．この問題はオルトエステルやオキサゾリンが解決してくれる．オルトエステル型の 2,6,7-トリオキサビシクロ[2.2.2]オクタン（OBO）は，エステル等価体ともいえる．この調製は，カルボン酸を酸塩化物に変換したのち，さらに 2 段階を経る．このオルトエステルの脱保護も 2 段階で行う，まずメタノール中，酸触媒でオルトエステルをエステルに変換し，つづいてアルカリ条件で加水分解する．

オルトエステルはニトリルからも効率よく合成できる．ニトリルを塩化水素を含む乾燥メタノールで加溶媒分解するだけでよい．そのメトキシ基を 1,3,5-シクロヘキサントリオールでアセタール交換すると，オルトエステルが得られる．このオルトエステル基は，Grignard 反応剤，有機リチウム反応剤や金属水素化物いずれにも不活性である．

光反応は，酸や塩基，金属触媒を用いる反応と全く異なる経路を通る．エステルやアミドは比較的安定な保護基であるが，o-ニトロベンジルエステルは光励起により，速やかに脱保護することができる．なお，光励起に用いる波長は保護基の種類によって異なるため，光の波長を変えることでどの部分を脱保護するか制御できる．

12・1・4 アミンの保護

生理活性物質にはアルカロイドやアミノ酸由来のペプチドなど窒素原子を含むものが多く，これらを化学合成する際，アミノ基の保護が不可欠になっている．アミノ基を保護するには，アミンの特性を考慮する必要がある．アルコールとは異なり，アミンを保護するのは水素だけでなく，窒素の塩基性と求核性を抑えることが課題になる．たとえば，アミン水素の保護にアルキル化を利用すると，窒素原子の Lewis 塩基性と求核性を高めてしまい，また，脱保護も一般に容易ではない．アルコールの保護でよく用いるシリル基は，Si−N 結合が加水分解されやすいために，有用でないことが多い．

アミンを電子求引基であるアシル基で保護しアミドに変換すると，窒素の非共有電子対が非局在化し，塩基性が低下する．しかし，一般にアミドは非常に安定であり脱保護がむずかしくなるため汎用的保護基とはいえない．またアミノ酸誘導体をアミド保護すると，次式で示すようなラセミ化を伴いやすいことも問題である．

以上のような理由により，アルコールの保護基とは異なるアミン独自の保護基が開発されてきた．アミン窒素原子の塩基性と求核性を十分低下させると同時に，穏和な条件で脱保護できる保護基としてカルバミン酸エステルがある．とりわけ t-ブトキシカルボニル（Boc）がアミノ基の保護基としてよく用いられている．有機リチウム化合物や水素化アルミニウムリチウムなどの求核剤に対し安定であるうえ，酸性条件で加水分解・脱保護できる．実際，Boc 基はトリフルオロ酢酸によって容易に除

去できるが，これは t-ブチルカチオンが生成しやすいためである．t-ブチルカチオンによる副反応を防ぐためチオールなどの捕捉剤を加えることもある．

カルバミン酸エステルが保護基として優れているのは，エステル部分を分解してカルバミン酸に変換すれば，これが自発的にアミンと二酸化炭素に分解することにある．このため，特定の条件でエステルをカルバミン酸に変換する工夫をすればよい．たとえば，ベンジルオキシカルボニル（Cbz または Z）は，ベンジルエステルを脱保護する条件（すなわち，パラジウムによる水素化分解や Birch 還元の条件）で選択的に脱保護できる．また，2,2,2-トリクロロエトキシカルボニル（Troc）は金属亜鉛による還元的 β 脱離を利用し C–O 結合を切断し脱保護する．2-(トリメチルシリル)エトキシカルボニル（Teoc）の脱保護では，フッ化物イオンによる β 脱離が使える．これらの C–O 結合切断の手法はアルコールの保護基でも利用されていることを思い出そう．

p-トルエンスルホニル（Ts）基は一般のアミノ基の保護基としてはきわめて安定で，脱保護に強アルカリ条件が必要になる．しかし，インドール，ピロール，イミダゾールの窒素保護基としては，それらヘテロ環が過酷な条件に耐え，その Ts 基の脱保護が比較的容易であるため，有用な保護基となる．

また，スルホニル保護基である p-ニトロベンゼンスルホニル（Ns）基を使うと，これは塩基性条件でのチオールとの反応で容易に脱保護できる．

第一級アミンの保護基としてよく用いるものにフタロイル（Phth）基がある．この保護基は Gabriel アミン合成でハロゲン化アルキルから第一級アミンを合成するときにアンモニアの水素二つを保護す

る目的に利用する．フタロイル基はヒドラジンを作用させると容易に脱保護できる．このとき，次にあげる例では Cbz 保護基は影響されない．なお，アミノ基を Phth 基で保護するには無水フタル酸以外に，フタル酸塩化物や N-エトキシカルボニルフタルイミドを用いてもよい．

このほか特記すべきアミノ基の保護基として，9-フルオレニルメトキシカルボニル (Fmoc) がある．ペプチドの合成でよく用いる Boc や Cbz 保護基は，先に述べたように酸触媒によって脱保護を行うので酸性条件に弱いが，Fmoc は酸性条件下でも非常に安定であることが特徴である．Fmoc のフルオレン部の 9 位（ベンジル位）水素は酸性度が高く (pK_a 25)，ピペリジンやジエチルアミン程度の弱塩基によってプロトンとして引抜かれ，脱炭酸を経てアミンに戻る．Fmoc はペプチドの固相合成において，アミノ酸のアミノ基保護にしばしば用いられている．

12・2 保護基を積極的に反応に活用する

ジチオアセタールはカルボニル基の保護基として使うが，さらに硫黄の性質をいかして積極的に利用することもできる．詳しくはヘテロ原子の活用 (15 章) で述べるが，その鍵はジチオアセタールの硫黄原子二つがカルボアニオンを安定化することを利用する**極性転換**である．

同じ保護基でも立体的にさまざまな大きさの保護基が開発されているので，保護基をつけることにより，その官能基の大きさを変えて反応選択性の制御に利用することができる．その例として，保護した α-ヒドロキシケトンへジメチルマグネシウムが付加する際の生成物の立体化学と保護基との関係を示す．

反応の基質（この場合は α-ヒドロキシケトン）が酸素などのヘテロ原子をもっているとその非共有

電子対は Lewis 塩基として金属に配位する．この配位の容易さ，強さにより反応の遷移状態の立体化学が影響を受ける．ヒドロキシ基をメチル基で保護した基質では，付加の速度が非常に大きく，メトキシ基がマグネシウムに配位した Cram の配位モデルに従う生成物が選択的に得られる．この保護基を嵩高いものに代えると，エーテル酸素原子のマグネシウムへの配位が阻害され，反応速度と選択性の低下をまねく．保護基の選定にあたっては，このような速度論的な影響も考慮する必要がある．

保護基 R	CH_3	TMS	TES	TIPS	H
相対的反応速度 k	約 1000	100	8	0.45	0.51
生成比 $RS/SR : RR/SS$	>99 : 1	99 : 1	96 : 4	42 : 58	—

不斉反応に保護基を利用した例を次に紹介する．メソ化合物で保護基が二つある場合，その一方を選択的に除去する，すなわちエナンチオ選択的に脱保護すると，生成物はキラルになる．たとえば，メソ形ジオールの二酢酸エステルをリパーゼで片方のエステルのみ加水分解すると，一方の鏡像異性体を多く含むヒドロキシエステルが得られる．

光学活性な 1,2- および 1,3-ジオールは容易に入手できる．カルボニル基そのものは平面なのでキラルでないが，光学活性なジオールを用いてアセタールに誘導すると，アキラルなカルボニル化合物にキラリティーを導入したことになる．もともとの基質がラセミ混合物であれば，ジアステレオマーとして光学分割できる．また，この不斉補助基を利用して，基質制御による反応（substrate-control reaction）を行うと，不斉反応が実現できる．例を二つ示す．

不活性な保護基といえども条件により反応に関与することがある．この可能性を常に頭の隅においておく必要がある．一例としてアセタールの隣接基効果を紹介する．カルボニル基をあわせもつ基質でトシル基をシアン化物イオンでシアノ基に変換しようとするとき，カルボニル基を保護せずに反応を行うと，トシル基のシアノ化は進行するものの，ケトンはシアノヒドリンに変換されてしまう．し

かし，反応混合物を酸処理すると再びケトンに戻るので，目的の変換が達成できる．これに対して，ケトンのカルボニル基をアセタールで保護しておくと，アセタールの隣接基効果により，全く異なる生成物が生じる．

保護基を使うと余分な2段階の反応が加わるので，保護基を使わずに官能基選択的変換が可能なら，そのほうが望ましい．また，アルコールは酸化によって容易にカルボニル化合物に変換できることを考えると，アルコールをケトンやアルデヒドのカルボニル基の等価体としてとらえることができる（21章参照）．したがって，カルボニル基の保護に目を奪われるのでなく，アルコールをそのまま（あるいは保護して）使い，必要なときに酸化すれば保護基と同じ効果が得られることになる．合成においては，常に広い視野で考えることが必要である．

問題 12・1 次のエステルを脱保護するにはどうしたらよいか考えよ．

問題 12・2 右に示す N-ベンゾイル-5-ブロモ-7-ニトロインドリンの可視光による加水分解の機構を示せ．

問題 12・3 アミンの保護基である Ns 基を除去するには DMF 中チオフェノールと炭酸カリウムを作用させる．この反応の機構を示せ．

13

エノラートの化学

　金属エノラートは**アルドール反応**（aldol reaction）における中間体であり，有機合成上きわめて重要な位置を占める．特にエノラートの立体選択的生成法とそれを用いるアルドール付加反応の立体制御については現在も精力的に研究されており，現代有機合成の中心的手段の一つとなっている．

13・1　エノールとエノラート

　カルボニル基をもつ化合物では互変異性によりケト形のほか，エノール形が存在する．アルドール反応をはじめとして，カルボニル化合物の反応性にはこの**エノール**（enol）の存在が重要である．たとえば，酸触媒によるアルドール反応ではプロトンにより活性化されたカルボニル基に対して，エノールが求核付加をする．アルドール反応は平衡反応であるが，生成する β-ヒドロキシケトンが酸性条件で脱水して反応が完結する．

　一方，塩基性条件では比較的酸性度の高いカルボニル基の α 水素が脱プロトンされて負電荷をもつ**エノラート**（enolate）を生成する．プロトン性溶媒と弱塩基を用いるアルドール反応もやはり平衡になるので，付加体から脱水によって反応が完結する場合が多い．このような条件では，生成した β-ヒドロキシカルボニル化合物にエノラートがさらに付加するなど反応が複雑になることがある．また，脱プロトン可能な α 水素が複数ある場合には，反応位置が複雑になり，選択的有機合成は実現できない．

　異なる二つのカルボニル化合物間のアルドール反応を**交差アルドール反応**（cross-aldol reaction）とよぶ．片方のカルボニル化合物がエノール化しない場合，交差アルドール反応は比較的うまく進行する．たとえば上式の反応では，アセトフェノンのメチル基の水素しか脱プロトンされないので選択的

にアルドール反応が進行し，脱水により不飽和ケトンが収率よく得られる．しかし，両方のカルボニル化合物がエノール化できる場合には，可能なアルドール付加体が混合物として生じる．そこで考え出されたのが，非プロトン性溶媒中，金属エノラートを位置および立体選択的に生成させてからアルドール反応を行う手法である．すなわち，一方のカルボニル化合物から金属エノラートを生成させておき，ここに第二のカルボニル化合物を反応させ，高選択的に交差アルドール付加体を得る．

13・2 金属エノラート

金属エノラートには大きく分けて2種類ある．アルドール反応の際にLewis酸が必要か否かによって反応機構が大きく変化し，立体選択性も影響を受けるので，金属による反応性の違いを理解することが大切である．Lewis酸性の高い金属のエノラートは一般に反応性が高い．

高反応性金属エノラート　金属自身にLewis酸性があり，Lewis酸の助けがなくてもカルボニル化合物と反応する．リチウム，マグネシウム，亜鉛，ホウ素，アルミニウム，チタンなどのエノラートである．水や酸素に対して不安定なものが多い．

低反応性金属エノラート　金属のLewis酸性が低く，カルボニル化合物との反応においてLewis酸を必要とする．ケイ素のエノラート（シリルエノラート）が代表である．これはシリルエノールエーテルともよばれる．水や酸素に対して安定であり，単離精製できるので異性体を分離することも可能である．

13・3 アルドール反応のジアステレオ選択性

金属エノラートを用いてアルドール反応を行うと，交差アルドール反応を達成できるだけでなく，生成物の立体化学の制御も行うことができる．アルドール反応では，生成物としてヒドロキシケトンのシン体およびアンチ体の二つのジアステレオマーが生成する可能性がある．ヒドロキシケトンの構造は天然物にしばしばみられる構造であり，この立体配置を意のままに制御することの重要性は大きい．

アルドール反応は本来可逆反応であり，アルドール付加体は**逆アルドール反応**（retro-aldol reaction）を起こす．このような条件では生成物は異性化し，そのジアステレオ選択性は生成物である6員環キレート中間体の安定性の差で定まる．すなわち反応は熱力学支配となり，R^2およびR^3がエクアトリアル配置である中間体がより安定であるので，アンチ体が優先して生成する．しかし，通常，生成物の安定性の差はそれほど大きくないので選択性は低い．つまり，熱力学支配条件下ではジアステレオマーの制御を十分に行うことができない．

しかし，6員環キレート中間体が安定になる金属を用いて低温で反応させると，反応を不可逆にすることができる．この場合には立体化学の制御は速度支配下で行える．ここでは反応の立体選択性は遷移状態のエネルギー差によって決まるので，遷移状態のエネルギー差が大きくなるように反応を設計すれば立体化学の高度な制御が可能となる．このようなアルドール反応には先に述べた高反応性金属エノラートを用いる方法と低反応性金属エノラートとLewis酸を組合わせて用いる方法の二つがある．

高反応性金属エノラートを用いるアルドール反応では，金属自身がLewis酸として働いて反応が円滑に進行する．反応は下図のように6員環遷移状態を経て進行する．(Z)-エノラートの反応において，二つの可能な遷移状態（A）および（B）があるが，（B）ではR^1とR^3の間の1,3-ジアキシアル反発をもつため不利となり，より有利な遷移状態（A）を経由してシンのアルドール付加体が生成する．同様に，（E)-エノラートの反応では遷移状態（C）を経由してアンチのアルドール付加体が生成する．このように，エノラートのE体とZ体は逆のジアステレオマーを生成するので，立体選択的にアルドール反応を行うにはエノラートの立体選択的な調製が鍵になることがわかる．6員環遷移状態を経由する場合にはR^1とR^3の間の反発が選択性に重要であるため，R^1やR^3として嵩高いものを用いると選択性は一般に向上する．また，ホウ素エノラートを用いると高い立体選択性がみられるが，これはホ

ウ素が4配位であり，そのホウ素と酸素の結合距離が短いため，遷移状態において立体的な影響が大きくなるためである．

一方，シリルエノラートなど低反応性金属エノラートのアルドール反応では，カルボニル化合物を活性化しないと反応が進行しないのでLewis酸の添加が必要となる．Lewis酸を用いたシリルエノラートのアルドール反応を一般に**向山アルドール反応**とよぶ．反応は非環状の遷移状態を経て進行し，エノラートの立体化学にかかわらずシン体を優先して生成することが多い．したがってこの場合，エノラートの立体化学を制御してもあまり意味がない．立体選択性はカルボニル化合物やエノラートの種類，用いるLewis酸によって影響を受けやすく，例外的な場合もある．また，Cl_3Si 基を利用するなどシリル基上の置換基を工夫してケイ素のLewis酸性を向上させれば，環状遷移状態を経て反応が進行するようになる．

13・4 エノラートの生成法

次にリチウムエノラートとホウ素エノラートを例にとり，エノラートの生成法を紹介する．

13・4・1 リチウムエノラート

リチウムエノラートは，有用な金属エノラートであるので，その生成法は古くから幅広く研究されてきた．エノラートの反応性を制御し高い選択性を得るためにリチウムをさまざまな金属に交換し，アルドール反応などに用いられている．

a. リチウムエノラートの立体化学の制御

リチウムエノラートはリチウムジイソプロピルアミド（LDA）（i-C_3H_7)$_2$NLi を用いてカルボニル基の α 水素を引抜いて調製することが多い．LDAのような嵩高い塩基を用いるのは，カルボニル基に対する求核付加を抑える必要があるからである．カルボニル基の α 水素の引抜き反応は，脱プロトンされる C–H 結合がカルボニル平面に対して垂直に立った配座（すなわち C–H σ 結合とカルボニル π 結合が平行となる配座）で進行する．これはプロトンが引抜かれて，生成するカルボアニオンの軌道がカルボニル基の π 軌道と共役してエノラートになって安定化を受けるためである．

リチウムがカルボニル基に配位した状態で窒素がプロトンを引抜くとき6員環遷移状態（**E**）あるいは（**F**）を経て反応が進む．ここで，遷移状態（**E**）では R^2 とイソプロピル基の立体反発があり，

遷移状態（F）では R^1 と R^2 の立体反発がある．生成するエノラートの立体化学は，R^1 と R^2 の立体反発が支配的か，R^2 とイソプロピル基の立体反発が支配的かによる．すなわち，R^1 が十分に嵩高い場合（第三級アルキル基，アリール基，第二級アミノ基など）には R^2 が R^1 との反発がない遷移状態（E）が有利となり，(Z)-エノラートを生成する．R^1 の嵩高さが中程度の場合には高い選択性が得られない．一方，R^1 がアルコキシ基（すなわちエステルの場合）など嵩が小さいときには，R^2 とイソプロピル基の立体反発がない遷移状態（F）を経由して（E)-エノラートを生成する．

しかし，HMPA を添加すると，配位性の強い HMPA がリチウムに配位してカルボニル基への配位を抑えるため，脱プロトンは非環状遷移状態を経て進行する．この場合，R^1 と R^2 の立体反発によって（Z)-エノラートが生成する．このように溶媒や添加剤もエノラートの立体化学に対して大きな影響を及ぼす．

b. リチウムエノラートの位置の制御

非対称ケトンでカルボニル基の両隣の炭素で脱プロトンが可能である場合，位置選択性が問題となる．通常のアルケンと同様，エノラートも多置換のエノラートがより安定なので，熱力学支配の反応条件下では，置換基が多い側で脱プロトンが起こり，置換の多いエノラートが優先して生成する．たとえば，弱塩基を用いたり，プロトン性溶媒中で脱プロトンを行うと，脱プロトンが可逆となり，熱力学的により安定なエノラートを生じる．一方，速度支配の条件下では置換基の少ないほうで脱プロトンが優先的に起こる．プロトン周辺の立体障害が少なく塩基が接近しやすいためである．LDA などの嵩高い強塩基を用いて低温で非可逆的な脱プロトンをする場合がこれにあたる．また，強塩基を用いる場合でも，小過剰の強塩基にケトンを加えていく場合には，エノラートとケトン間のプロトン交換が起こるため，反応は熱力学支配となる．このように用いる反応剤の量や加え方が，高い選択性を

実現する鍵となる.

α,β-不飽和ケトンの場合,LDA を用いた速度支配の条件では α' 位での脱プロトンが選択的に起こる.これはリチウムがカルボニル基に配位して環状遷移状態を経由するとき,アミド部分が γ 位まで届かず α' 水素のみを引抜けるからである.一方,熱力学支配の条件下では γ 位での脱プロトンが起こる.共役が広がってより安定なエノラートを生じるからである.

13・4・2 ホウ素エノラート

ホウ素エノラートはカルボニル化合物に対して第三級アミンの共存下にボロントリフラートを作用させて調製するのが一般的である.まずホウ素がカルボニル基に配位し,その電子密度を低下させ,α 水素の酸性度を高める.ここからアミンがカルボニル基に対して直交している水素を引抜き,エノラートが生成する.このさい,ホウ素がカルボニル酸素の非共有電子対二つのうちのどちらに配位しているかが重要となる.R^2 と R^1 の双方が嵩高い場合にはホウ素は R^2 に対してトランスで配位する.ここから脱プロトンが起こり,(E)-エノラートが優先的に生成する.一方,R^2 と R^1 が小さい場合には R^2 に対してシスで配位する.ここから脱プロトンが起こると,(Z)-エノラートが優先的に生成する.

具体的には次の例のように,ジシクロペンチルボロントリフラート (c-C$_5$H$_{11}$)$_2$BOTf を用いた場合には嵩高いジシクロペンチルボリル基とシクロヘキシル基との立体反発のため (E)-エノラートが生成する.一方,9-ボラビシクロノナン (9-BBN) から誘導されるボロントリフラートを用いた場合には,ホウ素まわりの嵩高さが減少し,(Z)-エノラートを生成する.

13・4・3 その他のエノラート生成法

脱プロトン化法以外にも，さまざまなエノラート生成法が開発されている．金属エノラートがいかに重要な反応剤であるかがこのことからもうかがえよう．たとえば，α-ブロモエステルを亜鉛粉末で処理すると亜鉛エノラートが生成する．これは **Reformatsky 反応**（レフォルマトスキー）としてよく知られた反応である．同形式の反応としてハロケトンからの金属や低原子価金属による還元的なエノラート生成があげられる．2価スズや亜鉛と $(C_2H_5)_2AlCl$ を用いるものが代表的である．

一方，共役カルボニル化合物に対する 1,4 付加反応や電子移動型の還元反応も重要である．有機銅反応剤を用いて 1,4 付加反応を行うと，アルキル基を β 位に導入しつつ，エノラートを位置選択的に生成できる．また，共役カルボニル化合物を Birch 還元する方法は，対応するケトンの脱プロトンでは選択的に生成させにくいエノラートを位置選択的につくることができる．次の例では縮環部の橋頭位の立体化学も制御していることに注目しよう．

13・5 金属エノラートを用いるアルドール反応

13・5・1 リチウムエノラートを用いるアルドール反応

リチウムエノラートを用いるアルドール反応では，環状遷移状態を経て反応が進行する．次式に示すように，エステル，たとえば 2,6-ジメチルフェニルエステルに LDA を作用させると，リチウムオキシ基 OLi と置換基 CH_3 がトランスの関係にある (E)-エノラートが生成する．ここにアルデヒドを

R =	
C_6H_5	88 : 12
$n\text{-}C_5H_{11}$	86 : 14
$i\text{-}C_3H_7$	>98 : 2
$t\text{-}C_4H_9$	>98 : 2

加えると6員環遷移状態を経て付加反応が進行し，アンチ体が優先して得られる．立体選択性は用いるアルデヒドの嵩高さにも依存する．一方，嵩高いケトンを用いた場合には，§13・4・1で述べたように，(Z)-エノラートが生成するので，アルデヒドとの反応ではシン体が優先する．

さらに，アルデヒドがキラルな場合には生成物の立体選択性は複雑になる．カルボニル基へのエノラートの攻撃の際にジアステレオ選択性を生じるからである．次の例のように，α位にキラル中心をもつアルデヒドの場合には，比較的高い選択性で連続する三つのキラル中心の立体化学を制御することができる．ケトンからは Z 体のエノラートが生じるので，シンのアルドール付加体が生成するが，アルデヒドのキラル中心との関係で2種類のジアステレオマーが生成する．この場合にも，エノラートの金属にアルデヒドの酸素が配位し，6員環遷移状態を経て反応が進行する．アルデヒドのキラル中心についての選択性は Felkin-Anh モデルを考えれば説明できる．

リチウムエノラートを用いるアルドール反応は，一般に低温で行うため速度支配で立体選択性が決まる．反応温度が高いと逆アルドール反応が進行し，立体化学が変化することがあるので注意を要する．次の例のような場合には反応が平衡反応となり，立体選択性は生成物であるアルコキシド中間体の熱力学的安定性によって決まる（熱力学的支配）．特に，生成物のアルコキシドが立体的に混み合っている場合には逆反応が進行しやすい．

13・5・2 ホウ素エノラートを用いるアルドール反応

§13・3で述べたように，ホウ素エノラートのアルドール反応は，環状遷移状態を経て望みの立体化学のアルドール付加体を高立体選択的に生成する．ホウ素エノラートの立体選択的合成法も確立しており，ホウ素エノラートを用いるアルドール反応は鎖状化合物の立体化学の制御法として最も基本的な手法となっている．そのため天然物合成にしばしば用いられている．さらにホウ素エノラートに不斉補助基を導入すると生成物が光学活性体として得られる．これについてはあとで詳しく述べる．

13・5・3 シリルエノラートを用いるアルドール反応

§13・3で述べたように，シリルエノラートを用いるアルドール反応にはLewis酸が必要である．この反応は，Lewis酸により活性化されたカルボニル基に対するアルケンの付加反応（**Prins反応**）の一種とみなすことができる．

Lewis酸として，四塩化チタン，三フッ化ホウ素エーテル錯体，トリメチルシリルトリフラートなどを利用することが一般的である．シリルトリフラートを用いる場合には，触媒量で反応が進行する．カルボニル基が活性化できさえすればよいので，金属Lewis酸である必要はない．トリフェニルカルベニウムイオン（トリチルカチオン）やBrønsted酸で反応を行う場合もある．

シリルエノラートを用いるアルドール反応の特徴は，アセタールをカルボニル化合物等価体として利用できる点である．アセタールとの反応では，β-アルコキシカルボニル化合物が得られる．また，α,β-不飽和ケトンに対しては選択的に1,4付加を行う．

近年，シリルエノラートを用いる反応において，Lewis酸として希土類金属トリフラートがしばしば用いられている．特にランタノイドトリフラートは水中でも利用できる．これは他のLewis酸では考えられない特性である．たとえばランタノイドトリフラートを用いると，向山アルドール反応を水中で行うことができる．特にホルマリン（ホルムアルデヒドの水溶液）を用いてアルドール反応を行うことができ，簡便なヒドロキシメチル化法として利用価値が高い．

一方，シリルエノラートをフッ化物イオンによって活性化する方法もある．フッ化物イオンがエーテルのシリル基を脱離させ，エノラートアニオンを発生させてアルドール反応を行う．この場合，エノラートアニオンの対イオンとして金属がないため，6員環遷移状態を経由する反応は起こらない．その結果，非環状遷移状態を経ることになり，エノラートの立体化学にかかわらずシン体が優先して生成する．フッ化物イオン源には，フッ化テトラブチルアンモニウムやフッ化セシウムをよく用いる．

シリルエノラートであってもトリクロロシリルエノラートではケイ素のLewis酸性が十分にあり、アルドール反応は環状遷移状態を経て進む。このさい光学活性なLewis塩基を添加しておくと反応はエナンチオ選択的に起こる。トリクロロシリル基に対して、光学活性なLewis塩基とカルボニル基の両方がケイ素に配位し、高配位ケイ素中間体を形成して反応が進行するためである。シリル基としてシラシクロブタンやジメチルシリル基を用いても環状遷移状態を経る。

シリルエノラートは安定で単離精製可能なエノラート等価体であり、アルドール反応以外にもさまざまな反応に電子豊富なアルケンとして利用できる。Lewis酸存在下で酸塩化物やハロゲン化アルキルと反応させれば、生じたアシルカチオンやアルキルカチオンを効率よく捕捉することができる。また、ハロゲン化、酸化やシクロプロパン化にも用いられている。さらに、リチウムエノラートの立体選択的調製に利用できる。すなわち、シリルエノラートのE,Z異性体を分離精製し、一方の異性体だけをメチルリチウムで処理すると、シリルエノラートの立体配置を保持したまま、一方の立体配置をもつリチウムエノラートに選択的に変換することができる。

13・6 エノラートの不斉合成への利用

13・6・1 不斉補助基を用いるアルドール反応

アルドール反応において光学活性なエノラートを使ってジアステレオ選択的に反応の面選択を行うことができる。なかでも光学活性オキサゾリジノンを不斉補助基として用いるEvans法が名高い。ここではホウ素が4配位になり、それ以上の配位数をとらないことが鍵である。ホウ素エノラート(**G**)はアミドのカルボニル基と分子内キレートを形成するが、この状態で4配位になり、アルデヒドのカルボニル基とさらに相互作用することはできない。アルデヒドとの反応時にはキレートがはずれた状態でアルデヒドのカルボニル基が配位し4配位の(**H**)あるいは(**I**)となる。このとき不斉補助基の向きはアミドカルボニル部分とエノラート酸素部分の双極子反発を避け、(**H**)の状態になると考えられている。この形で6員環遷移状態(**J**)を経て反応が進行し、高いジアステレオ選択性でアルドール付加体が生成する。反応生成物から不斉補助基を取除く方法も種々開発されている。加水分解によりカルボ

ン酸に導けるのはもちろんであるが，アルコール，エステル，チオエステル，アミドなどに変換できる．

これに対して，より高い配位数をとりうる金属のエノラートを用いると，選択性が逆転することがある．たとえば，チタンエノラートを用いると同じキラリティーをもつエノラートから逆の鏡像異性体が合成できるが，これは6員環遷移状態においてチタンにアルデヒドとオキサゾリジノン両方のカルボニル基が配位して反応するためと考えられる．一方，塩化マグネシウムをLewis酸として用いると高いアンチ選択性が認められている．

光学活性なホウ素反応剤からチオールエステルの光学活性なホウ素エノラートをつくり，ジアステレオ選択的にアルドール反応を行うこともできる．次式の5員環状ホウ素化合物を用いると高い選択性が実現できる．

13・6・2　光学活性Lewis酸を用いる不斉アルドール反応

シリルエノラートを用いるアルドール反応では，エノラートとしての反応性が低いため，Lewis酸によるカルボニル基の活性化が必要であることはすでに述べた．逆に，このことは光学活性なLewis酸触媒により反応が制御できることを示しており，エナンチオ選択的アルドール反応が実現可能とな

る.この目的のためさまざまな光学活性 Lewis 酸が開発されている.

シン：アンチ ＝ ＞99：1, ＞98% ee

97% ee

13・6・3 遷移金属エノラートを用いる不斉アルドール反応

遷移金属触媒によって触媒的に金属エノラートが生成し，これがアルデヒドと反応することによってもアルドール反応が進行する．たとえば，α,β-不飽和カルボニル化合物を光学活性ロジウム錯体存在下シランで還元すると，ロジウムエノラートが生成する．次にこのエノラートがアルデヒドと反応してアルドール付加体を生じる．このとき，ロジウム上に光学活性な配位子が存在すれば，生成物をエナンチオ選択的に得ることができる．最近ではシランの代わりに水素を還元剤とする反応も開発されている．

96% ee

また，ロジウム錯体を触媒として用いればさまざまな有機金属反応剤が α,β-不飽和カルボニル化合物に付加し，炭素－炭素結合生成を伴いながらロジウムエノラートを生成する．こうして生成したロジウムエノラートもアルドール反応に用いることができる．

41% ee　　0.8：1　　94% ee

ロジウム以外についてもさまざまな遷移金属を用いるアルドール反応が開発されている．

13・6・4 直接的不斉アルドール反応

これまで金属エノラートをあらかじめ調製して，これを用いるアルドール反応について述べてきた．これに対し金属を化学量論以上用いることなく，エノラート前駆体とカルボニル化合物のアルドール

反応を直接行うことができれば有効である．このようなアルドール反応を**直接的アルドール反応**という．そもそも古典的アルドール反応は，エノラート前駆体とカルボニル化合物に塩基を触媒量作用させるものであったが，平衡条件で反応が進むため，位置や立体化学の制御が困難であった．これをエナンチオ選択性をも含め高度に制御するのが直接的アルドール反応である．かつては困難であった反応が，金属の適切な選択と金属近傍の反応環境を巧妙に設計して実現されている．この現代有機合成化学の大きな成果を次に紹介する．

a. 光学活性希土類金属アルコキシドを用いる直接的不斉アルドール反応

光学活性なビナフトールのアルコキシドとランタン塩からなる多金属触媒が直接的アルドール反応に有効である．リチウムアルコキシドの部分でエノラートが生成し，アルデヒドはランタンによって活性化されて反応が進むと考えられている．異なる金属がそれぞれ別の機能を担う点が斬新である．さらに，中心金属として亜鉛を選択し，ビナフトール部が架橋された触媒を用いるとジアステレオ選択性が逆転する．

La 触媒   2（95% ee）：1（87% ee）
Zn 触媒   1（81% ee）：3（81% ee）

ランタン触媒

亜鉛触媒

高エナンチオ選択的アルドール反応は次に示す亜鉛二核錯体によっても達成されている．近年，複数の金属の協働作用は，高活性で高選択的な触媒設計のための重要な概念になってきている．

98% ee

亜鉛触媒

b. 有機分子触媒を用いる直接的不斉アルドール反応

金属を含まない比較的低分子の有機物が触媒する反応，いわゆる有機分子触媒による反応が近年注

L-プロリン

目を集めている．なかでも直接的不斉アルドール反応では，プロリンのほかさまざまな有機分子触媒が開発されている．詳しくは19章を参照．

13・7 ホモエノラート

カルボニル基の β 位に金属が結合した化合物は，金属エノラートとの類似性から，**ホモエノラート**（homoenolate）とよばれている．この β 金属カルボニル化合物は，メタロキシシクロプロパンとの平衡にあると考えられている．たとえば，シロキシシクロプロパンはその構造に該当する．これを四塩化チタンで処理するとチタンホモエノラートが生じ，アルデヒドと反応して γ-ヒドロキシカルボニル化合物を生成する．シロキシシクロプロパンはシリルエノラートのシクロプロパン化や β-ハロエステルをクロロシラン存在下で還元すれば簡単に得られる．また，β-ヨードエステルを金属銅で活性化した亜鉛で処理すると亜鉛ホモエノラートが得られ，遷移金属触媒を用いて有機ハロゲン化物や酸塩化物とのカップリングに利用できる．

13・8 Mannich 反応

炭素－窒素二重結合を含むイミンはカルボニル基と同様に分極しているため，炭素が求核攻撃を受けやすいことは容易に想像できる．イミンに対するエノラートの付加反応を **Mannich 反応** とよぶ．特にイミニウムイオンにするとイミンより反応性が高くなり，付加反応が容易に起こる．アルデヒドとカルボニル化合物を第二級アミンと酸性条件で反応させると，まずアミンとアルデヒドからイミニウムイオンが生じる．ここにケトンから平衡的に生じるエノールが反応し β-アミノケトンを生成する．平衡下での反応であるため，熱力学的に安定な多置換エノールから選択的に反応が進行する．

Eschenmoser 反応剤として知られている N,N-ジメチルメチレンイミニウム塩は安定であり，ヨードメチルアンモニウム塩の熱分解などによって得られる．シリルエノラートと反応させると，ケトンを α アミノメチル化することができる．生成したアミノケトンにヨウ化メチルを作用させると脱離反

応が進行し，結果としてケトンのα位をメチレン化することができる．次に示すように，嵩高いシリル基をもつシリルエノラートを用いるとケイ素が脱離せず脱プロトンが進行した生成物が得られることがある．

イミンをあらかじめ調製しておいて，ここに立体選択的に調製したエノラートを反応させる際，6員環遷移状態を経由すれば，アルドール反応と同様にジアステレオ選択的な反応が可能になる．しかし，アルデヒドと異なりイミンは窒素に置換基があるため，アルデヒドの場合と異なり選択性が逆転することがある．イミンを調製する場合には，窒素の置換基が炭素の置換基との立体障害のためトランス体のイミンが得られやすい．イミンのトランス体ではLewis酸は炭素の置換基とシン配位せざるをえないのに対し，アルデヒドでは立体障害のため置換基に対してLewis酸がアンチ配位する．結果的にアルデヒドとは逆の立体選択性を示す．なお，塩基性条件ではイミンは脱プロトンされ，メタロエナミンになりやすい．そのため，塩基性の低い金属エノラートを用いるなど工夫が必要である．また，エステルやチオエステルのエノラートを用いるとβ-ラクタムが生成するので，β-ラクタム系抗生物質の合成に有用である．

アルデヒドとアミンからイミンが生成する際には水が発生する．もし，イミン生成反応をLewis酸共存下で行えば，生成した水によりLewis酸が失活してしまう．しかし，希土類金属Lewis酸は，水に対して安定で失活せず機能する．たとえば，スカンジウム触媒を用いるとアルデヒドとアミンからイミンをあらかじめ調製しておく必要がなく，三成分カップリング反応によりβ-アミノエステルが得られる．

13・9 エノラートのアルキル化

エノラートの有機合成における利用法として，アルドール反応のほかにアルキル化も重要である．リチウムエノラートは高い求核性をもつので，ハロゲン化アルキルと反応させるとアルキル化体が得られる．しかし，ここではリチウムエノラートの塩基性が問題になる．すなわち，アルキル化により生成したケトンがリチウムエノラートによって再び脱プロトンされて新たなエノラートが生成し，これがさらにアルキル化される副反応がしばしば起こる．

もし，アルキル化が速やかに終了して，プロトン移動が抑えられれば，選択性よくモノアルキル化体が得られる．あるいは，リチウムエノラートの塩基性を低下させてもよい．たとえば，HMPAを加えてリチウムエノラートの求核性を向上させてアルキル化を速めたり，有機亜鉛や有機アルミニウム化合物を加えてアート錯体型エノラートへ変換して塩基性を低下させることも効果的である．

エノラートは脱プロトンだけでなく共役エノンへの1,4付加反応によっても得られる．たとえば有機銅アート錯体や有機亜鉛アート錯体が共役エノンへ1,4付加すると銅や亜鉛のアート錯体型エノラートが生成する．ここにアルキル化剤を加えると効率よくアルキル化が起こる．銅や亜鉛のアート錯体型エノラートでは，プロトン移動が起こりにくく，ポリアルキル化も起こりにくいのが利点である．このような反応では，共役エノンのα位とβ位の両方に置換基を導入できるので有用である．特に環状エノンを用いた場合には最初に導入したアルキル基が立体障害となり，エノラートのアルキル

化はトランス選択的に起こる．

以上のようにエノラートのアルキル化は，反応条件に十分注意すれば多重アルキル化を防ぎつつ立体化学を制御して実施することができる．しかし，アルキル化反応には，次に述べる活性メチレン化合物のアルキル化が，合成段階が増加するものの反応が容易で大量合成に向いているため，現在でもしばしば用いられている．

13・10 活性メチレン化合物のアルキル化

同一炭素原子に電子求引基が二つある化合物では，その炭素に結合した水素は高い酸性度を示す．このような化合物を**活性メチレン化合物**という．電子求引基としてはカルボニル基のほか，シアノ基やニトロ基，スルホニル基があげられる．このような化合物は金属アルコキシドのような比較的弱い塩基でも容易に脱プロトンでき，生成したエノラートは安定で，かつアルキル化などに用いることができる．活性メチレン化合物としてマロン酸エステルが昔から用いられてきた．マロン酸エステルを脱プロトン化・アルキル化し，エステル部を加水分解・脱炭酸して置換カルボン酸を合成する手法は，マロン酸エステル合成としてよく知られている．近年では有機触媒を用いるエナンチオ選択的アルキル化が達成されている．これについては 19 章に詳しい．

アルキル化剤としてはハロゲン化アルキルだけでなく，触媒的に生成した π-アリルパラジウム中間体も有効でアリル化反応が効率よく進行する．このような反応は**辻-Trost 反応**としてよく知られてい

る．光学活性なリン配位子を用いれば高エナンチオ選択的に反応を行うこともできる．

エノラートにキラル中心があればアルキル化の際にジアステレオ選択性が問題となる．エノラートの構造によっては高い選択性が発現するが，一般に選択性は基質の構造に大きく左右される．

>90 : <10

活性メチレン化合物のアルキル化により合成した α,α-二置換 β-ケトエステルを塩基性条件で処理すると，炭素−炭素結合切断が起こる．これは，α,α-二置換 β-ケトエステルは活性メチレンプロトンをもたないので，エノラート生成の代わりに RO^- がカルボニル基を攻撃するからである．このため，α,α-二置換 β-ケトエステルのエステル部分を加水分解するには，酸条件下で行うのがよい．

アセト酢酸エチルの活性メチレン部を脱プロトンし，これをさらに強塩基で処理することにより，ビスエノラートを生成させることができる．これを求電子剤と反応させると，より反応性の高い γ 位で選択的にアルキル化が起こる．

73%

エノラートをアルキル化するときには溶媒の選択が重要である．非プロトン性の極性溶媒を用いると金属イオンのみが溶媒和されて解離し，エノラートアニオンの負電荷は酸素に局在化する傾向がある．このため，アルキル化は酸素で起こりやすくなる（O-アルキル化）．また，エノラートの対イオンにカリウムイオンやアンモニウムイオンなど，よりイオン的に解離しやすいものを用いても，同様にして O-アルキル化が起こりやすい．

次に示すように活性メチレン化合物のエノラートは電子不足アルケンへMichael付加反応しやすい．

このとき，塩基触媒を工夫すれば反応をエナンチオ選択的に行うことができる．ランタン触媒やパラジウム触媒は触媒的不斉Michael付加反応に非常に有効である．

99% ee

光学活性ランタン触媒

13・11 エナミンのアルキル化

エナミンは窒素の非共有電子対がアルケンのπ電子系と共役し，アルケン部の電子密度を増大させているので，このアルケンのβ炭素の求核性が向上している．このため，種々のアルキル化剤とβ炭素で反応し，C-アルキル化体を生成する．よって，エナミンを経由すれば選択的にケトンのα位をアルキル化することができる．しかし，N-アルキル化やポリアルキル化が併発する問題もある．

13・12 N-メタロエナミンのアルキル化

イミンにアルキルリチウムやリチウムアミド，Grignard 反応剤などを作用させると，これらが塩基として働き，炭素－窒素二重結合のα水素を引抜く．これにより N-メタロエナミンが生成し，金属エノラートと同様アルキル化が可能になる．

N-メタロエナミンの特徴は窒素上の置換基を適切に選ぶことで，反応点の近くに不斉環境を容易に構築できることにある．たとえば，プロリンから誘導された光学活性なヒドラゾンを用いると，ジアステレオ選択的アルキル化が達成できることは，金属エノラートにはない有利な点である．

N-メタロエナミンの反応性で注目すべき特徴は，アルケンとも反応することである．亜鉛エナミドとエチレンとを反応させ，プロトン化するとα位がエチル化されたケトンが高いエナンチオ選択性で得られる．また，エチレン付加体は反応活性な炭素－亜鉛結合をもっているので，求電子剤と反応させることにより，次の炭素－炭素結合生成反応に利用することができる．

問題 13・1 次のアルドール反応の機構を示せ.

問題 13・2 次の反応でシリル基が脱離せず，二重結合をもつ化合物が生成する理由を説明せよ．

問題 13・3 次の開環反応の機構を示せ．

14

転位反応

　転位反応とは，結合の切断と新たな結合の生成を伴って分子内の原子の並び方が変わる反応で，熱・酸・塩基などによって促進されることが多い．ヒドロキシ基が脱離したり，転位後に生じたカルボカチオンとハロゲン化物イオンが結合することもあるが，基本的には分子の炭素数の変化を伴わない結合組替え反応を**転位反応**とよぶ．いくつかの反応部位をより簡便な方法で組立てたのちに望みの構造に変換することができれば，転位反応は有機合成の大きな武器となる．転位反応は，カチオンやアニオンなど電荷をもつ中間体を経る段階的なものと，軌道の相互作用に基づいて1段階で起こるシグマトロピー転位の2種類に大別できる．本章では，これら二つの転位反応について特に重要なものを解説する．転位反応は多岐にわたるので多くは紹介できないが，炭素－炭素結合生成を伴う例を中心に，自分で合成戦略を立ててみよう．

14・1　求核的な転位反応

　電荷をもつ中間体を経る転位反応は，移動する部位が電子をいくつもって移動するかによって3種に分類できる．電子数が1のラジカルや0であるカチオンが移動する例は少なく，ある原子とのσ結合に使われていた2電子を伴って，その隣の求電子的な原子に移動する反応が，その多様性および実用性のいずれにおいても優れている．このような求核的な転位反応は，これまでに紹介してきた求核置換反応や求核付加反応が分子内で進行する反応とみることができる．ハロゲン化アルキルの反応が，外部求核剤の存否あるいは脱離基の α, β, γ 炭素上の置換基の正電荷安定化能の違いによって，求核置換反応・脱離反応・分解反応（fragmentation）・転位反応といかにその形式を変えるか注目しよう．そうすれば，どのような条件が整えば，求核的な転位反応が進行するかがよく理解できるだろう．強力な外部求核剤（塩基として働く場合も含む）が存在する場合，ハロゲン化アルキルの反応形式としては，まず S_N2 反応と E2 反応がある．α 炭素の置換形態によっては S_N1 反応や E1 反応が優先する．一方，強力な外部求核剤が存在しない場合には，図 14・1 に示すように，α あるいは β, γ 炭素にある置換基のうちどれが最も高い正電荷安定化能をもつかによって反応形式が変わる．まず，α 炭素の置換基の正電荷安定化能が最も高い場合には，X^- の脱離によって α カルボカチオンが生じ，そのまま S_N1 反応や E1 反応を起こす（経路 a）．α 炭素の置換基の正電荷安定化能が低く α カルボカチオンが生じえない場合には，C－X 結合に対して逆平行（アンチペリプラナー anti-periplanar）の位置にある C－R^5 σ結合と C－X σ* 結合の間の軌道相互作用が重要な役割を果たす（図 14・1 下）．γ 炭素上の置換基の正電荷安定化能が最も高い場合には，$[R^5]^+$ の生成に伴って，C－R^5 結合の σ 軌道から C－X 結合の σ* 軌道 〔σ*(C－X)〕に電子が流れ込む分解反応（1 章参照）が進行する（経路 b）．塩基が存在し R^5 が水素である場合に起こる E2 反応と同形式の反応である．β 炭素上の置換基 R^3 あるいは R^4 の正電荷安定化能が最も高い場合には，R^5 が C－R^5 結合の σ 軌道 〔σ(C－R^5)〕にあった 2 電子を伴って

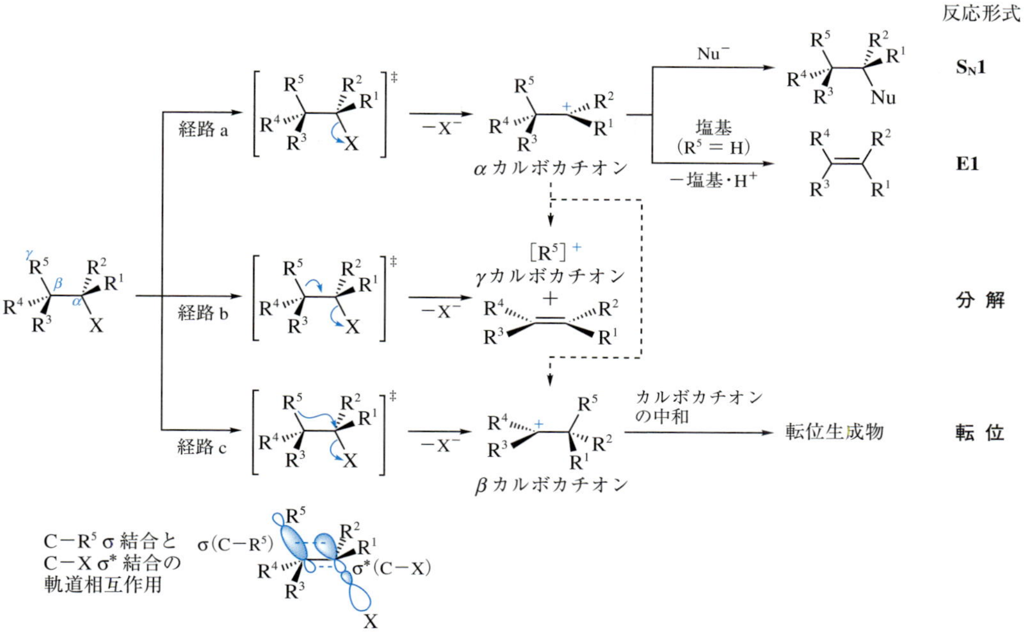

14・1 求核的な転位反応　　223

図 14・1　強力な外部求核剤のない条件下でのハロゲン化アルキルの反応経路

α炭素に移動する転位反応が優先する（経路 c）．移動によって生じる β 位の正電荷の中和の形式は，脱プロトンを伴うアルケンやカルボニル基の生成など，R^3 や R^4 の性質に応じて変わる．経路 a によって α カルボカチオンが生じたあとに，分解反応や転位を起こすことも多い（図中，破線の矢印で示した経路）．ここでは X^-（ハロゲン化物イオンやプロトン化されたヒドロキシ基）の脱離によって求電子的な炭素が生じるが，カルボニル炭素，カルベン，ニトレンを求電子剤とする転位反応も具体例をあげて解説する．

14・1・1　sp^3 炭素に対する求核置換反応

アルキル求核剤による sp^3 炭素上での置換反応には，通常アルキル金属のような強い求核剤が必要であるが，転位反応をうまく使えば，炭素原子と結合したアルキル基を求核剤として利用できる．ただしその炭素原子には，アルキル基が 2 電子を伴って移動した後に生じる正電荷を安定化できる置換基がなければならない．図 14・1 経路 c に示したような，β 炭素に結合したアリール基やアルキル基，水素が α 炭素に移動することによって生じる β カルボカチオンを経て進行する転位反応を **Wagner-Meerwein 転位** (ワグナー・メーヤワイン) と総称する．この反応が見つかった当初に盛んに研究されていた二環性テルペンの反応の例として，イソボルネオールのカンフェンへの変換反応を次に示す．ここではアルキル基の移動によって生じた正電荷は，その β 水素がプロトンとして脱離してアルケンが生成することで中和されるが，反応系内にある求核剤（溶媒や用いた酸の共役塩基など）によって捕捉されることもある．

Wagner-Meerwein 転位

イソボルネオール　　　　　　　　　　　　　　　　　　　　　カンフェン

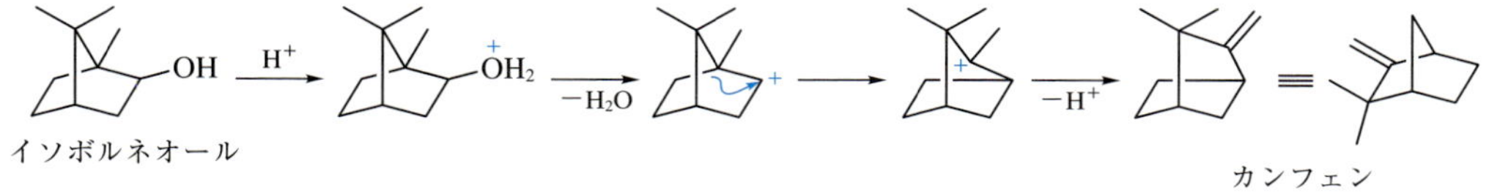

転位後に生じるカルボカチオンに酸素から非共有電子対が流れ込んで中和し，反応を終結させることも多い．たとえば，1,2-ジオールに酸を作用させると，脱離基となるヒドロキシ基と転位の結果生じるカルボカチオンを安定化するヒドロキシ基が隣り合っているので転位反応を容易に起こす．この反応を**ピナコール-ピナコロン転位**とよぶ．その名前の由来となっているピナコール（2,3-ジメチル-2,3-ブタンジオール）の反応を次に示す．まず，一方のヒドロキシ基がプロトン化され，電気的に中性の水が脱離する．生じるのは第三級カルボカチオンなので比較的安定であるが，メチル基の 1,2 移動で生じる正電荷が酸素の非共有電子対の共鳴効果によってより安定なカチオンになるため，転位が進む．ピナコールではヒドロキシ基以外の四つの置換基すべてがメチル基なので，どちらのヒドロキシ基が脱離するか，そして同一炭素にある二つの置換基のうちどちらが 1,2 移動するかは問題にならず，ピナコロンが単一生成物として得られる．

これに対し置換基四つすべてが異なるジオールの反応では制御が容易でないが，次に示すように，ある程度の対称性をもつジオールでは単一異性体が選択的に得られることがある．この反応では，より正電荷安定化能の高いフェニル基が二つ置換している炭素からヒドロキシ基が優先的に水として脱離し，つづくメチレン基の移動によって環拡大したケトンが得られる．

次のテトラアリールエチレングリコールの反応では，電子供与性の p-メトキシフェニル基が無置換のフェニル基に優先して 1,2 移動するので，電子豊富なアリール基の移動能がより高いことがわかる．

置換基四つすべてが異なるジオールの反応で位置選択性を制御するには，一方のヒドロキシ基をあらかじめより良好な脱離基に換えておく**セミピナコール転位**とよばれている手法が有効である．次の例では第二級アルコールを脱離能の高いトシラートに変換したのちに選択的に転位させている．脱離基と逆平行の結合が移動していることに注目しよう．

セミピナコール転位と同様の手法として，1,2-アミノアルコールを出発物とし，アミノ基をジアゾニウム塩に酸化（ジアゾ化）することによって窒素分子として脱離させる **Tiffeneau-Demjanov 転位**（ティフノー・デミヤノフ）がある．シクロヘキサン骨格をもつアミノアルコールの種々の異性体の反応における 1,2 移動の立体化

学について考えよう (図 14・2 参照). 脱離基と移動基が逆平行の関係にあることがいかに重要であるかがわかる. 脱離基であるジアゾニウム塩がエクアトリアル位を占める上の二つの異性体は, 逆平行の位置にある, ヒドロキシ基の結合した炭素上のアルキル基の攻撃を無理なく受けて, 環縮小したアルデヒドが得られる. ジアゾニウム塩がアキシアルに位置する下の二つの異性体では, 逆平行の位置, すなわち隣の炭素のアキシアル位にある基に応じて, 反応形式が変わる. 水素がその位置を占める場合には, ヒドリドが 1,2 移動して 6 員環のケトンが転位生成物として得られるのに対し, ヒドロキシ基がその位置にあると, その非共有電子対が脱離基の背面から求核攻撃してエポキシドが生じる.

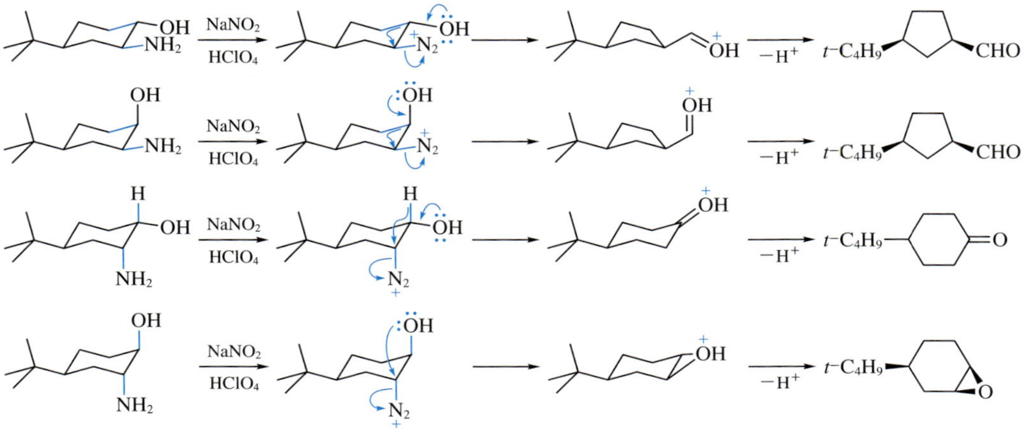

図 14・2 2-ヒドロキシシクロヘキサン-1-ジアゾニウム塩の Tiffeneau-Demjanov 転位の立体化学

これまでに紹介した転位反応では, まずカルボカチオンあるいはそれに準ずる求電子性の高い炭素原子が生じて, 求核性があまり高くない基がその炭素を目がけて 1,2 移動して転位が完結している. 本節の残りの部分では, これまでとは逆に求核性の高いカルボアニオンによって起こる求核置換型転位反応を取上げる. 2-ハロシクロアルカノンにアルコキシドを作用させると, 1 炭素分環縮小したシクロアルカンカルボン酸エステルが得られる. 鎖状のものも含めたこの種の α-ハロケトンの転位反応は **Favorskii 転位** とよばれている. 反応の発見以来その機構に関しては議論が多々あるが, 1 位と 2 位の炭素を ^{14}C で標識した 2-クロロシクロヘキサノンの転位生成物の解析などから, 今では図 14・3 の機構が広く受け入れられている. まず, C6 位の α 水素をプロトンとして引抜いて生じたエノラートが, 塩素に結合した炭素を求核攻撃しシクロプロパノン中間体となる. つづいて, アルコキシドのカ

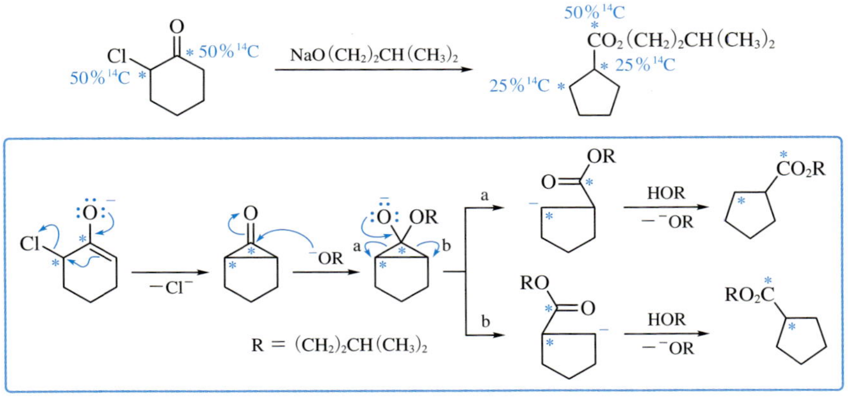

図 14・3 Favorskii 転位

226　　14. 転位反応

ルボニル基に対する付加とひずみの解消を駆動力とするシクロプロパン環の開裂が起こる．このさい a と b 二つの経路をとりうるが，ここでは中間体が対称であり，どちらの経路も同じ確率で起こりうる．実際，この機構は出発物の 2 位の標識された炭素が転位生成物のシクロペンタン環の 1 位と 2 位に等しく分散する実験結果とよく一致する．

しかし，ハロゲンと結合した炭素とは逆側の α 位に水素がなく，この機構では反応できない α-ハロケトンでも，同様の転位反応を起こす例がある．**準 Favorskii 転位**とよばれているこの反応では，まず水酸化物イオンのようなヘテロ原子求核剤が，カルボニル基に付加し，カルボニル基の再生に伴って，ハロゲンのない α 炭素がハロゲンと結合した α 炭素に 1,2 移動する．α 水素が橋頭位にある二環性の α-ハロケトンの反応では，この経路をとることがある．キュバン合成の鍵段階として利用されたのが，その一例である．

14・1・2　sp^2 炭素に対する求核付加反応

前項の準 Favorskii 転位におけるカルボニル基に対するヘテロ原子求核剤の付加とそれに続くカルボニル基の再生に伴う 1,2 移動は，他の転位反応でもよくみられる．準 Favorskii 転位ではハロゲン置換によって求電子的になった炭素の役割を，カルボニル炭素が担う反応が**ベンジル酸転位**（ベンジル-ベンジル酸転位ともいう）である．J. Liebig らによって 1838 年に報告されたベンジル（benzil）の例をはじめ 1,2-ジアリール-1,2-ジケトンで特にうまく反応が進行する．

α 水素をもつ脂肪族ジケトンや α-ケトアルデヒドの反応では，アルドール反応と競合してしまうことが多いが，ステロイド骨格の CD 環の再構築に用いた例では円滑に進む．逆アルドール反応（§13・3 参照）とアルドール反応が続いて CD 環連結部がトランスからシスに異性化したのちにベンジル酸

転位が進行する．非対称な1,2-ジケトンにおいても，二つの置換基のうちのいずれが移動するかにかかわらず，転位生成物は単一になる．この例でもD環側とB環側のどちらが移動しているのか明らかになっていないが，D環の立体化学は保たれている．

シクロヘキサジエノンのカルボニル基をプロトン化すると，β炭素の求電子性が高まり，γ位（4位）のアルキル基がこのβ炭素に対して求核的な1,2移動を起こす．1,2移動の結果生じたカルボカチオンは，求核攻撃を受けた炭素からプロトンが脱離してフェノールになる．この転位反応は，C. Djerassiらによって**ジエノン-フェノール転位**と名づけられた．多くの場合強酸を必要とするものの，芳香環生成による安定化を駆動力とするので，比較的穏和な条件で進行し，複雑な置換様式をもつフェノールの合成に有効である．

ジエノン-フェノール転位

14・1・3 カルベンに対する求核付加反応

カルベン炭素もオクテットを形成しないため電子不足になり，求電子性を示す．したがって，隣の炭素と結合している置換基が1,2移動することができる．移動の結果生じる正電荷はカルベンの2電子によって中和されてアルケンが生成する．次に示す**Wolff転位**（ウォルフ）では，α-ジアゾケトンからの窒素分子の脱離によってアシルカルベンが生じ，つづくフェニル基の1,2移動によってケテンとなる．窒素の脱離と1,2移動が協奏的に進行する機構も考えられている．ケテンが水と反応するとカルボン酸となり，求核剤としてアルコールやアミンを用いれば，それぞれエステルやアミドなどが得られる．

Wolff転位

基質であるα-ジアゾケトンは必ずしも入手容易ではないが，ジアゾメタンあるいはα-アミノ酸から比較的簡便に調製できる．ジアゾメタンを使う方法は**Arndt-Eistert反応**（アルント アイステルト）といい，酸塩化物などの活性アシル体をジアゾメタンと反応させたのちWolff転位させると，炭素一つ伸長したカルボン酸誘導体が得られる．α-アミノ酸をβ-アミノ酸に変換した例を次に示す．

Arndt-Eistert転位

α-ジアゾケトンを得る方法としては，α-アミノ酸を出発物とする Dakin-West 反応とそれに続く酸化が便利である．酸塩化物を作用させたのち脱炭酸を経て α-(アシルアミノ)ケトンに変換する．これに三酸化二窒素，続いてナトリウムメトキシドを作用させて，α 位に置換基をもつジアゾケトンを得る．Wolff 転位と組合わせると二置換ケテン中間体に導くことができる．

14・1・4　酸素や窒素に対する求核攻撃を経る反応

これまでは炭素-炭素結合生成を伴う転位反応を紹介してきたが，酸素や窒素のようなヘテロ原子が求電子性をもてば，アルキル基やアリール基はこれらヘテロ原子にも 1,2 移動する．このような炭素-ヘテロ原子結合生成を伴う転位反応を紹介する．酸素への求核的な転位反応の代表例として **Baeyer-Villiger 酸化**（転位）がある．ケトンに過酸を作用させると，カルボニル炭素と α 炭素の間に酸素が挿入した形のエステルが生じる．この反応の第一歩では，過酸の酸素が，酸によって活性化されたカルボニル基を求核攻撃する．つづいて，カルボキシ基が脱離すると同時にケトンの二つのグループのうちのどちらかが過酸の酸素に 1,2 移動する．酸素の非共有電子対が 1,2 移動によって生じた正電荷を中和する．このように，求電子的な元素が炭素から酸素にかわっただけで，ピナコール-ピナコロン転位と同じ形式で転位が進む．転位する基は過酸部分と逆平行の配座にあるものになるが，おおよその優先順位は，正電荷を安定化しやすい基が優先する．すなわち，第三級アルキル > 第二級アルキル ≧ フェニル > エチル > メチルである．移動する基の炭素の立体配置は保持される．

次に示すシクロペンタノン誘導体を酸化すると，位置選択的かつ立体配置保持で δ-ラクトンが得られる．これは高活性抗菌剤チエナマイシン（thienamycin）の合成前駆体である．

窒素への求核的な転位としては，オキシムからアミドを得る **Beckmann 転位**が重要である．Baeyer-Villiger 酸化ではケトンに酸素を挿入させていたのに対して，ここではオキシムを経てケトンのカルボニル炭素と α 炭素間に窒素を挿入させる．これら二つの反応を比べると，求電子的な原子が sp^3 酸素から sp^2 窒素にかわり，1,2 移動によって生じる正電荷を安定化する原子が酸素から窒素にかわっただ

けである．最後に水分子が求核攻撃することによってアミドが生成する．

　Beckmann 転位では通常酸によってオキシムのヒドロキシ基を水として脱離させているが，ヒドロキシ基よりよい脱離基，たとえばトシラートにする別法も有効である．脱離基に対してアンチの配座にある基が立体特異的に 1,2 移動するので，オキシムを立体選択的に調製できれば，望みのアミドが位置選択的に得られる．しかし，通常は反応条件でオキシムがシン-アンチ異性化を起こしやすいので，注意を要する．この異性化が反応条件に大きく左右される様子をメントンのオキシムの反応で紹介する．オキシ塩化リン-ピリジンの系では，そのままヒドロキシ基に対してアンチの位置にあるアルキル基が 1,2 移動するが，エーテル中で塩化水素を作用させると，オキシムがほぼ完全に異性化したのちに転位が進行する．

	比
POCl₃, ピリジン	98：2
SOCl₂, ピリジン	90：10
20% 硫酸	43：57
HCl/エーテル	5：95

　Beckmann 転位におけるカルボカチオン安定化の機構は Wolff 転位と似ていることに注目しよう．**Hofmann 転位**(ホフマン)をはじめアシルニトレンを中間体とする転位反応は，アシルカルベンを中間体とする Wolff 転位と反応全体が同形式である．特に Wolff 転位の一形式である Arndt–Eistert 反応と **Curtius 転位**(クルチウス)は，基質の調製法も含め全体が酷似している．"CH" が "N" になっただけである．転位して生じるイソシアナートは，水と反応すると脱炭酸を伴ってアミンになる．ウレタンフォームの製造原理である．イソシアナートがアルコールやアミンと反応するとカルバマートや尿素が得られる．

Curtius 転位

14・2　シグマトロピー転位

　シグマトロピー転位とは，σ 結合が π 電子系に隣接した位置で切断されると同時に新たな σ 結合が形成されて進む反応であり，結合の組替えが起こる転位反応である．反応中間体を生じないで 1 段階で環状遷移状態を経て進むペリ環状反応の一種である．シグマトロピー転位の形式は，$[i,j]$ で表す (1 章参照)．なかでも [3,3] シグマトロピー転位がその代表例であり，有機合成上の有用性も高い．最も単純な [3,3] シグマトロピー転位である Cope 転位を例に，反応の機構を紹介する．この反応は 1,5-ヘキサジエンから別の 1,5-ヘキサジエンへの転位反応であり，無置換体では，出発物と生成物の区別がつかない．[3,3] とよぶのは，切断されるもとの σ 結合を基準 (1,1) にすると，新たに生じる σ 結合の位置がどちらも 3 番目 (3,3) になるからである．シグマトロピー転位では，軌道間の相互作用が反応の進行に重要な役割を果たす．たとえば I. Fleming らは，フロンティア軌道法を用いて Cope 転

位を [4+2] 付加環化として説明している．まず，2 電子系の成分として C2−C3 π 結合をとり，共役 4 電子系の成分として C1−C1′ σ 結合と C2′−C3′ π 結合をとる．いす形配座をとった場合，後者の HOMO と前者の LUMO の C3′−C3 間の相互作用は結合性であり，反応が進行する．舟形でも C3′−C3 間は結合性相互作用となるが，C2−C2′ 間に反結合性相互作用が生じるので，いす形のほうが有利である．C1−C2−C3 および C1′−C2′−C3′ をそれぞれアリルラジカルとしてとらえて，これらの間の軌道相互作用を考えてもよい．もちろん Woodward と Hoffmann が提唱したように [σ2s+π2s+π2s] と考えてもよい．しかし，実際の反応機構とはかけ離れるものの，生成物を予想するのが簡便なので，これ以降に取上げるシグマトロピー転位については，下左式のように便宜上電子の動きを矢印で表して説明する．

14・2・1　Cope 転位：炭素のみを構成要素とする [3,3] シグマトロピー転位

前項で述べたとおり，1,5-ヘキサジエンの [3,3] シグマトロピー転位，すなわち転位に直接かかわる六つの原子すべてが炭素である [3,3] シグマトロピー転位を **Cope 転位**という．3 位の炭素が酸素に置き換わったものの反応は Claisen 転位として次項で扱う．Cope 転位生成物は出発物と同じ 1,5-ヘキサジエンになるので原理的に可逆反応であり，この平衡を生成物側に偏らせるには，生成物がより安定になる仕掛けが必要である．単に 3,4 位に置換基をもたせるだけでも，生成物が多置換アルケンになって有利になるが，C3−C4 結合部分が 3 員環や 4 員環などの小員環の一部になっていると，この環の開裂に伴うひずみの解消が原動力となり，環拡大してそれぞれ 7 員環あるいは 8 員環生成物が得られる．開環メタセシスと組合わせて，天然物合成に利用した例を次に示す．ここでは，いす形の遷移状態がとれないため舟形遷移状態を経て反応が進行し，シスで 5 員環と連結した 8 員環生成物が立体特異的に得られる．

平衡を右に偏らせるには，ヒドロキシ基を 3 位へ導入するのも効果的である．この場合，特に**オキシ Cope 転位**という．ヒドロキシ基をアルコラートに変換すれば，生成物がエノラートとなり，その加速効果は劇的となる．

14・2・2 Claisen 転位：ヘテロ原子を構成元素に含む [3,3] シグマトロピー転位

構成元素六つのうち 3 位が酸素になったアリルビニルエーテルの [3,3] シグマトロピー転位は **Claisen 転位**とよばれている．1912 年 R. L. Claisen がこの種の反応を二つ報告した．一つはアリルフェニルエーテルの o-アリルフェノールへの転位反応で，第一段のシグマトロピー転位の段階は芳香族性を失うエネルギー的に不利な過程であるが，つづいて速やかに互変異性化が起こり芳香族性を回復するため反応が進む．酸素と結合していたアリル基の α 炭素は必ずベンゼン環と結合するアリル基の γ 位にくる．この反応が Claisen 転位の基本形であるが，両オルト位に置換基をもつアリルアリールエーテルは，[3,3] シグマトロピー転位を 2 回起こし p-アリルフェノールを生じる（**パラ Claisen 転位**）．

Claisen 転位（芳香族）

アリルビニルエーテルも同様の転位を起こす．**脂肪族 Claisen 転位**あるいは **Claisen-Cope 転位**とよばれているこの種の転位反応を，ビニルエーテル調製に続いて進行させた例を次に示す．

脂肪族 Claisen 転位

酸素原子を窒素原子にかえた反応も可能で，これは**アザ Claisen 転位**とよばれている．

Claisen がアリルアリールエーテルの反応と同時に報告したもう一つの反応は，O-アリルアセト酢酸エステルの C-アリル化体への転位反応である．

カルボン酸誘導体のエノラートを O-アリル化してアリルビニルエーテルを調製し，これを [3,3] シグマトロピー転位させると γ,δ-不飽和カルボン酸誘導体が得られる．これは重要な合成法になっている．特にアリルエステルのエノラートをシリル化して調製したケテンシリルアセタールの反応は **Ireland-Claisen 転位**という．オキシ Cope 転位と同様，酸素官能基であるシロキシ基に加速効果があり，穏和な条件で反応が進行する．α-メトキシエステルから調製した (Z)-ケテンシリルアセタールがいす形遷移状態を経てジアステレオ選択的にシクロペンタノン誘導体に変換された例を紹介する．

Ireland-Claisen 転位

オルトエステルやアミドのアセタールをアリルアルコールと反応させることによって，アリルエステルなどを経ずに，系中で α-アルコキシあるいは α-アミノビニルエーテルを生成させて転位させる方法も開発されていて，それぞれ **Johnson-Claisen 転位** および **Eschenmoser-Claisen 転位** とよばれている．

Johnson-Claisen 転位

Eschenmoser-Claisen 転位

[3,3]シグマトロピー転位の最後の例として，構成元素にヘテロ原子を複数個含む反応を紹介する．インドールの代表的な合成法である Fischer 法では，この反応における唯一の炭素－炭素結合生成過程が，結合力が弱い窒素－窒素結合の切断を伴う[3,3]シグマトロピー転位である．

Fischer のインドール合成

14・2・3 その他のシグマトロピー転位

[3,3]シグマトロピー転位では，π結合二つと σ 結合一つが関与し，6員環遷移状態を経て反応が進行する．電子の動きを巻矢印で表すと，そのいずれもが，矢印の根もとには共有電子対があり，矢印の先は原子間にある矢印が三つ書ける．すなわち6電子が関与する．遷移状態の環の大きさが [ ] 内の数字の和になるのは偶然ではない．[2,3]シグマトロピー転位では5員環遷移状態を通ることになるが，矢印の根もとが非共有電子対であったり，矢印の先が原子間ではなくヘテロ原子に向かうことになる．図 14・4 に示すように，たとえば，アリルエーテルの転位反応である[2,3]Wittig 転位を Cope

14・2 シグマトロピー転位

転位と比べると，矢印の一つは負電荷の電子対から始まり，最後に負電荷をヘテロ原子にとどめる方向に向くが，電子の動き自体は同じである．

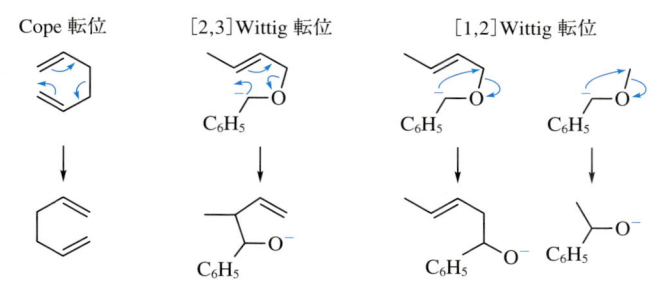

図 14・4 シグマトロピー転位における電子の動き

[2,3]Wittig 転位では，カルボアニオンが，より安定なオキシアニオンになるのが駆動力となっている．反応条件によっては，カルボアニオンが π 結合を介さずにアリル基の α 炭素を攻撃する[1,2]Wittig 転位生成物が副生するが，メチルエーテルにしておくと，[1,2]Wittig 転位のみが進行する．次に示すのは，[2,3]Wittig 転位を立体選択的に進行させてプロスタグランジン誘導体を合成した例である．ヘテロ元素として，酸素以外にも硫黄や窒素を含む化合物も同様の転位反応をする．

問題 14・1 次のアルコールに酸を作用させると，水の脱離とともに 1,2 移動が 7 回起こり，最後に脱プロトンによってアルケンが生じる．そのアルケンの構造を立体化学も含めて示せ．

問題 14・2 次の反応で 5 員環ラクトンが生じる．どのような経路で，どのようなラクトンが生じるか反応機構を示せ．

問題 14・3 次のアルデヒドとアルコールから出発して，酸触媒存在下のアセタール形成および熱分解に続く転位反応で (E)-シトラールを合成する方法を示せ．

15

ヘテロ元素を活用する合成反応
リン，硫黄，セレンの化学

　有機合成化学の中心は炭素−炭素結合の生成反応である．それらの炭素骨格生成反応において重要な役割を果たしているのは，炭素，水素，酸素，窒素の四つの元素であるが，これら以外にも炭素−炭素結合生成反応や選択的炭素骨格変換反応に欠かせない元素がいくつかある．これらは特徴的な性質と反応性をもっており，他の元素では実現できないような特異で有用な反応を数多く提供している．本章ではそれらの元素のなかから，リン，硫黄，セレンの三つのヘテロ元素を取上げ，イリドをはじめ，これらヘテロ元素で安定化された隣接カルボアニオンの化学を中心に解説する．

15・1　リンを活用する合成反応: Wittig 反応

　アルケンを得る方法としてアルコールからの脱水がある．しかし，脱水反応ではアルケンの二重結合の位置異性体の混合物が生成する．これに対してリンイリドを用いると，アルデヒドまたはケトンとの反応でアルケンをつくるときに，二重結合の位置異性体は生成しない．この反応を **Wittig 反応** とよぶ．リンイリド (phosphorus ylide) は，ハロゲン化アルキルとトリフェニルホスフィンからホスホニウム塩をつくり，これに塩基を作用させて調製する．イレン構造で書くこともある．リンイリドは求核剤としてカルボニル炭素を攻撃して β-オキシドホスホニウム塩（ベタイン）を生じる．つづいて O と P を含む 4 員環（オキサホスフェタン）が生じたのちトリフェニルホスフィンオキシド $(C_6H_5)_3P=O$ が脱離して，アルケンが生成する．なお，β-オキシドホスホニウム塩を経由せずに直接オキサホスフェタンが生成する機構も提唱されている．

$$CH_3I + (C_6H_5)_3P \longrightarrow CH_3\overset{+}{P}(C_6H_5)_3\ I^-$$
トリフェニルホスフィン　　トリフェニルホスホニウム塩

$$CH_3\overset{+}{P}(C_6H_5)_3\ I^- \xrightarrow{\text{塩基}} [\overset{-}{C}H_2-\overset{+}{P}(C_6H_5)_3 \longleftrightarrow CH_2=P(C_6H_5)_3]$$
　　　　　　　　　　　　　　　　イリド　　　　　　　　　　イレン

　イリド (ylide) には空気中では不安定で単離できない不安定イリドと空気中で安定な安定イリドがある．ホスホニウム塩 $[R-P(C_6H_5)_3]^+X^-$ の R がアルキル基の場合には，これを塩基で処理して得られるイリドは不安定イリドとよばれている．反応性が高く水や酸素と反応するので，窒素やアルゴンなどの不活性気体雰囲気下，無水の非プロトン性溶媒中で反応を行う．一方，R が電子求引基を含む場合，たとえば $(C_6H_5)_3\overset{+}{P}-\overset{-}{C}HCO_2C_2H_5$ などは安定イリドとよばれ，空気中で取扱えるほど酸素，水に

対して安定であるが反応性は低い．通常の条件下でアルデヒドとは反応するが，ケトンとは反応しにくい場合もある．

不安定イリドとアルデヒドとの反応ではZ体のアルケンが立体選択的に生成する．反応は次のように進行する．リンイリドのP=C結合とカルボニルC=O結合とが作用するとき，これらが直交するような形をとり，P=Cのπ軌道とC=Oのπ*軌道が相互作用して一挙にP, Oを含む4員環オキサホスフェタンが生成する．このとき，互いのアルキル基R^1とR^2が立体障害を避けるように接近する．こうしてcis-オキサホスフェタンが生成する．ここからトリフェニルホスフィンオキシドが脱離すると(Z)-アルケンが選択的に得られる．E体とZ体の異性体の生成比はリチウム塩（ハロゲン化リチウム）の有無によって変化する．リチウム塩のない場合にはZ体が高い選択性で生成する．実際，ベンズアルデヒドとイリド$(C_6H_5)_3P=CH$-n-C_3H_7の反応の場合，ハロゲン化リチウム存在下ではZ/E＝60/40であるのに対し，リチウム塩のない場合にはZ/E比は95/5である．リチウム塩があると，イリドとアルデヒドとの反応の逆反応の速度k_{-1}やk_{-2}の値が大きくなると考えられる．

一方，安定イリドとアルデヒドとの反応では，シス体とトランス体のオキサホスフェタンの間の平衡が非常に速い（$k_1, k_{-1}, k_2, k_{-2} \gg k_3, k_4$）．そのためにより安定な$trans$-オキサホスフェタンが優先的に生成する．しかもオキサホスフェタンからのトリフェニルホスフィンオキシドの脱離反応もトランス体のほうがシス体に比べて速い（$k_4 > k_3$）ため，選択的にE体のアルケンが生成する．

オキサホスフェタンのシス体とトランス体の間に平衡が存在することは次の実験で証明されている．α,β-エポキシエステルとトリフェニルホスフィンからオキサホスフェタンをつくる．このさいm-

クロロベンズアルデヒドを共存させておくと，ケイ皮酸メチルとともに m-クロロ体が得られる．この結果は系中で生成したオキサホスフェタンからベンズアルデヒドとイリド $(C_6H_5)_3P=CHCO_2CH_3$ が生成していること，すなわち反応が可逆であることを示している．

　Wittig 反応ではトリフェニルホスフィンオキシドが必ず副生する．生成物のアルケンを単離する際にはこれが邪魔になることが多い．そこでイリドの代わりにホスホン酸エステルを用いる方法，すなわち **Horner-Wadsworth-Emmons 反応** が開発された．水素化ナトリウムのような塩基でホスホン酸エステルの α 水素を引抜き，ホスホン酸エステルのナトリウム塩に変換する．これは反応性に富み，アルデヒドだけでなくケトンとも容易に反応して，一般に，より安定な E 体の α,β-不飽和エステルを生じる．ここで副生するホスホン酸のナトリウム塩が水に容易に溶けるため，反応の後処理によって簡単に除去できるのが利点である．

$$(C_2H_5O)_3P + BrCH_2CO_2C_2H_5 \longrightarrow (C_2H_5O)_2\underset{O}{P}CH_2CO_2C_2H_5 \xrightarrow{NaH} (C_2H_5O)_2\underset{O}{P}\overset{-}{C}HCO_2C_2H_5\ Na^+$$

$$\xrightarrow{C_6H_5CHO} \underset{H}{\overset{C_6H_5}{>}}\!\!=\!\!\underset{CO_2C_2H_5}{\overset{H}{<}} + (C_2H_5O)_2\underset{O}{P}O^-Na^+$$

ホスホン酸エステルのアルコール部分をトリフルオロエタノールやフェノールにかえると，α,β-不飽和エステルの Z 体が主生成物になる．

（反応式）

リン酸エステルや二リン酸エステルの加水分解や置換反応は，テルペンの生合成や生体内でのエネルギー獲得の経路として重要な役割を果たしている．有機化学においてもホスホリル基やホスホリルオキシ基は脱離基として働く．有機金属化合物と組合わせた反応を次に紹介する．リン酸アリールエステルにニッケル触媒とともに Grignard 反応剤や有機アルミニウム化合物を作用させると，クロスカップリング生成物が得られる．

（反応式）

エノールのリン酸エステルにパラジウム触媒存在下有機アルミニウム化合物を反応させると，ホスホリルオキシ基が脱離基となりアルケンが得られる．アルキル基やアルキニル基をアルケン炭素と結合させることができる．

15・2 硫黄を活用する合成反応

リンイリドと同様にスルホニウム塩またはオキソスルホニウム塩に塩基を作用させると硫黄イリドが得られる.

$$CH_3SCH_3 + CH_3I \longrightarrow (CH_3)_3\overset{+}{S}\overset{-}{I} \xrightarrow{塩基} (CH_3)_2\overset{+}{S}-\overset{-}{CH_2}$$

$$\underset{O}{CH_3\overset{\|}{S}CH_3} + CH_3I \longrightarrow (CH_3)_3\overset{+}{\underset{O}{S}}\overset{-}{I} \xrightarrow{塩基} (CH_3)_2\overset{+}{\underset{O}{S}}-\overset{-}{CH_2}$$

前節で述べたように,リンイリド $\overset{-}{C}H_2-\overset{+}{P}(C_6H_5)_3$ をシクロヘキサノンと反応させるとメチレンシクロヘキサンが得られる.これに対し,ジメチルスルホニウムイリド $(CH_3)_2\overset{+}{S}-\overset{-}{CH_2}$ をシクロヘキサノンに作用させると,エポキシドが生成する.途中に生成する O^- が硫黄原子の結合している炭素を攻撃してジメチルスルフィドが脱離するためである.

硫黄イリドを α,β-不飽和ケトンや α,β-不飽和エステルと反応させると,$(CH_3)_2\overset{+}{S}-\overset{-}{CH_2}$ のカルボアニオンは常に C=O を攻撃し,$(CH_3)_2\overset{+}{S}(O)\overset{-}{C}H_2$ のカルボアニオンは β 炭素を攻撃する.つづいてジメチルスルフィド $(CH_3)_2S$ またはジメチルスルホキシド $(CH_3)_2SO$ が脱離してそれぞれエポキシドあるいはシクロプロパンを生成する.菊酸エステルの合成にも利用されている.

硫黄イリドに関連して,硫黄で安定化されたカルボアニオンの反応を紹介しよう.α 位にフェニルチオ基をもつエステルに NaH を作用させるとフェニルチオ基をもたないエステルに比べ,より容易

にエノラートが生成する．ここに臭化アリルを加えると，S_N2 型の生成物が選択的かつほぼ定量的に生成する．Raney ニッケルで C_6H_5S 基を除去すれば，目的物が容易に得られる．

酸触媒存在下アルデヒドをプロパン-1,3-ジチオールと反応させると 1,3-ジチアンが生成する．この 1,3-ジチアンにブチルリチウムを作用させると硫黄原子二つに挟まれたメチレン炭素の水素がプロトンとして引抜かれる．ここにハロゲン化アルキルを加えるとアルキル化生成物が得られる．1,3-ジチアン部は加水分解によってケトンに変換できる．全体としてみると 1,3-ジチアンの 2 位のアニオンはアシルアニオン等価体とみなせる．

1,3-ジチアンにトリチルカチオンを作用させてヒドリドを引抜くと，1,3-ジチエニウムカチオンが生じる．このカチオンは 1,3-ジチアンを NCS または SO_2Cl_2 で塩素化して得られる 2-クロロ-1,3-ジチアンで代替できる．この塩素化体はエナミンあるいはマロン酸ジエチルのアニオンと反応して炭素-炭素結合を生成する．ジチオアセタールの加水分解と組合わせれば，このカチオン種はアシルカチオン等価体とみることができる．

1,3-ジチアンの類縁体に，メチル(メチルスルフィニルメチル)スルホキシド（略称 FAMSO）がある．1,3-ジチアンと同じようにアシルアニオン等価体として有用である．1,3-ジチアンの加水分解には水銀塩を用いる必要があるが，FAMSO の場合には酸を作用させるだけで加水分解が容易に起こり，対応するケトンやアルデヒドが生成するので有利である．

FAMSO のスルフィニル基をスルホニル基にすると，カルボアニオンの生成はさらに容易になる．ハロゲン化アルキルとホルムアルデヒドジメチルジチオアセタール-S,S-ジオキシドの反応は水酸化ナトリウム水溶液-トルエン 2 相系で相間移動触媒共存下 60°C で進行し，対応するアルキル化体が収率よく得られる．1,4-ジブロモブタンとの反応例を次に示す．環化体はメタノール中濃塩酸と加熱還流することによってシクロペンタノンに変換することができる．

硫黄に隣接するカルボアニオンとして最も単純なものは，フェニルメチルスルフィドのメチル基水素を引抜いて生じるフェニルチオメチルリチウムである．カルボニル化合物とほぼ定量的に反応する．生成したβ-ヒドロキシスルフィドはアルケンやエポキシドに収率よく変換できる．

$$C_6H_5SCH_3 \xrightarrow{s\text{-}C_4H_9Li} C_6H_5SCH_2Li \xrightarrow{(C_6H_5)_2C=O} C_6H_5SCH_2-\underset{C_6H_5}{\underset{|}{\overset{OH}{\overset{|}{C}}}}-C_6H_5$$

$$(C_6H_5)_2C=CH_2 \xleftarrow[\text{2) Li/NH}_3]{\text{1) }(C_6H_5CO)_2O} C_6H_5SCH_2-\underset{C_6H_5}{\underset{|}{\overset{OH}{\overset{|}{C}}}}-C_6H_5 \xrightarrow[\text{2) OH}^-]{\text{1) }(C_2H_5O)_3O^+BF_4^-} \underset{C_6H_5}{\overset{C_6H_5}{\text{エポキシド}}}$$

アルケンやエポキシドは，イリドを用いると1工程で合成できる．これに対し，上記の方法は，多段階を必要とするもののイリド法よりも総収率が高く，またエノラートを生成しやすいカルボニル化合物にも適用できる点が有利である．また中間体であるアルコールがそれぞれ単離できるので，オキシランの立体異性体を別べつに合成することもできる．

15・3 セレンを活用する合成反応

有機セレン化合物が有機合成で最もよく利用されているのは，アルケン合成においてである．反応としては，1) 反応基質への C_6H_5Se 基の導入，2) セレノ基のセレノキシドへの酸化，そして 3) セレノキシドのアルケンとセレネン酸への分解からなっている．まず，ハロゲン化アルキルからアルケンを合成する方法を述べる．

ハロゲン化物に $C_6H_5Se^-$ を求核置換させて C_6H_5Se 基を導入する．つづいて過酸化水素で酸化してセレノキシドに変換する．セレノキシドは室温でただちに脱離反応を起こし，アルケンになる．この反応は [2,3]シグマトロピー転位反応のひとつであり，シン脱離で進行しアルケンとセレネン酸 C_6H_5SeOH になる．脱離の際の配座は置換基がトランスどうしになるものが優先するので E 体のアルケンが選択的に生じる．対応するスルホキシドも同様の脱離反応をするが，この場合は加熱が必要である．これに対してセレノキシドの場合は室温で反応が進行することが大きな特徴である．

ハロゲン化アルキルの代わりにエポキシドを基質として用いるとアリルアルコールを合成することができる．

15. ヘテロ元素を活用する合成反応：リン，硫黄，セレンの化学

有機セレン化合物のアルケン合成への利用のなかでよく用いられる反応は，ケトンあるいはエステルの α,β-不飽和カルボニル化合物への変換反応である．ケトンあるいはエステルのエノラートに C_6H_5SeBr または C_6H_5SeCl を作用させてカルボニル基の α 位に C_6H_5Se 基を導入する．つづいて H_2O_2 でセレンを酸化するとフェニルセレノキシドになる．これは容易に脱離反応を起こし，α,β-不飽和カルボニル化合物が生成する．

アルケンを酢酸アリルへ変換する反応もセレン化合物の特徴的な合成反応である．(E)-4-オクテンに酢酸中，酢酸カリウムの存在下，C_6H_5SeBr を加える．こうして得たセレニドに過酸化水素を作用させると，(E)-5-アセトキシ-3-オクテンが収率よく生成する．二酸化セレンでアルケンのアリル位を酸化してアリルアルコールに変換する反応については，§10・2・4を参照してほしい．

ヒドロキシ基を含むアルケンに対して C_6H_5SeCl を作用させるとセレノエーテル化が起こる．このフェニルセレニル基を Raney ニッケルで還元的に除去するとエーテルが得られる．一方，過酸化水素でセレノキシドに酸化すると，ただちに脱離が起こり，アルケンが得られる．

セレンも，硫黄と同様，α 位のカルボアニオンを安定化する．この性質を利用すると，アルケンを簡単に合成することができる．まず，アリルセレニドに LDA を作用させ，セレノ基で安定化されたアリルアニオンを調製する．ここに RX を加えるとセレンの α 位でアルキル化が起こり，過酸化水素でセレノキシドに酸化すると，セレネン酸が脱離してトランス体のアリルアルコールが得られる．

15·3 セレンを活用する合成反応

なお，これらの反応に用いる C_6H_5SeX (X = Cl, Br) や C_6H_5SeNa は，次のように調製する．まず臭化フェニルマグネシウムに金属セレンを加え，セレンがフェニル基とマグネシウムの間に挿入したマグネシウムフェニルセレニドをつくる．ここに化学量論量の臭素を加えるとジフェニルジセレニドが得られる．最もよく用いる臭化フェニルセレニド C_6H_5SeBr と塩化フェニルセレニド C_6H_5SeCl はこのジフェニルジセレニドに臭素あるいは塩素ガスや塩化スルフリルをそれぞれ作用させる．一方，$C_6H_5Se^-Na^+$ はジフェニルジセレニドを $NaBH_4$ や金属ナトリウムで還元してつくる．

$$C_6H_5MgBr \xrightarrow{Se} C_6H_5SeMgBr$$

$$\downarrow Br_2$$

$$C_6H_5SeBr \text{ または } C_6H_5SeCl \xleftarrow{Br_2 \text{ または } Cl_2} C_6H_5SeSeC_6H_5 \xrightarrow{NaBH_4 \text{ または } Na} C_6H_5Se^-Na^+$$

問題 15・1 シクロヘキサノンにジメチルスルホニウムメチリドを反応させるとエポキシドが生成する．この反応の機構を示せ．

問題 15・2 第一級アルコールを脱水して末端アルケンに変換するには，アルコールを脱離基に代えたあと，嵩高い強塩基である DBU や t-ブチルリチウムを作用させれば可能であるが，全合成の場合には多くの官能基があり，使えないことが多い．そのような場合に，リンとセレンの特徴をいかした反応剤を利用すると目的の変換が達成できる．それぞれの反応剤の役割を考えながら機構を示せ．

16

金属−炭素 σ 結合を利用する炭素骨格形成

　さまざまな有機金属化合物や金属錯体を創製することによって，新しい有機合成反応が開拓されてきた．ノーベル化学賞の研究を例にとると，古くは Grignard 反応剤，K. Ziegler と G. Natta の重合触媒，E. O. Fischer と G. Wilkinson によるフェロセンの構造決定，H. C. Brown のヒドロホウ素化反応があり，最近では K. B. Sharpless，野依良治，W. S. Knowles の不斉酸化と還元，Y. Chauvin, R. H. Grubbs, R. R. Schrock のメタセシス，R. F. Heck，根岸英一，鈴木 章のクロスカップリング反応などがある．生物活性物質の全合成でも，数えられないほど多くの新しい有機金属化合物が使われている．
　有機化合物の合成になぜ有機金属化合物を用いるのか．そのおもな理由は反応性・選択性に優れているからである．本章と続く 17 章では，有機金属化合物を化学量論量使う反応を紹介する．可能ならば反応に用いる金属は触媒量ですませたい．特に遷移金属錯体を用いる触媒反応は 18 章で扱う．炭素−炭素結合を選択的につくり，望みの化合物を実際に合成するときには，条件が穏和で再現性がよいことが肝要なので，有機金属化合物を化学量論量用いる場合が多い．本章では，合成によく使う典型元素の有機金属化合物の反応と，反応機構を理解するうえで重要な電子の基本的な動きを中心に解説する．なお，金属−炭素 σ 結合の求核的な性質を利用する遷移金属化合物の反応でも，典型元素の有機金属化合物と似ているものは，ここで扱う．前半では金属化合物の性質とそれを利用する合成反応について，後半では選択的な変換を行うための反応剤の選び方を紹介する．

16・1 有機金属化合物の調製

　有機金属化合物の合成の歴史は，ドイツの E. Frankland まで遡る．それ以前には有機ヒ素化合物である $(CH_3)_2AsAs(CH_3)_2$ を，バーナーで有名な P. R. W. Bunsen が合成し，これが空気中で発火することが知られていたが，当時はまだその構造が十分には理解されておらず，ラジカル $(CH_3)_2As\cdot$ だと思われていた．Frankland は師である Bunsen の実験からヒントを得て，エチルラジカルをヨウ化エチルの亜鉛による還元でつくろうとした．今なら，エチルラジカルが安定に取出せるとは誰も考えないだろう．実際には，空気中で発火するジエチル亜鉛を得た．1849 年のことである．この研究は，有機合成のための最初の有機金属化合物といえる，α-ブロモエステルと亜鉛から Reformatsky 反応剤を調製する研究（1877 年）につながった．亜鉛に代えてマグネシウムを用いて研究したのが P. Barbier であり（1899 年より），有機マグネシウム化合物すなわち **Grignard 反応剤**(グリニャール) の発見につながった（次ページ囲み参照）．
　1956 年に H. C. Brown がエステルカルボニルだけでなくアルケンもボランで還元されることを見つけた．金属水素化物の金属−水素間へのアルケンの挿入である（251 ページ囲み参照）．その少し前の 1953 年には，ドイツの石炭化学研究所では，K. Ziegler が有機アルミニウムと遷移金属錯体を用いる

とエチレンが重合してポリエチレンが得られることを見つけていた．これは金属-炭素結合にアルケン二重結合が挿入して進行する重合反応である．いずれもノーベル化学賞の研究だが，両方とも当初の目的とは異なる実験結果に着目して新発見につながった．このような発見は"セレンディピティー（serendipity）"とよばれているが，異常な結果を見逃さない目をもっていないと幸運はつかめない．

まずは"有機金属化合物（反応剤）"の調製法に焦点を当てよう．典型的な方法とその出発物を図16・1に示す．

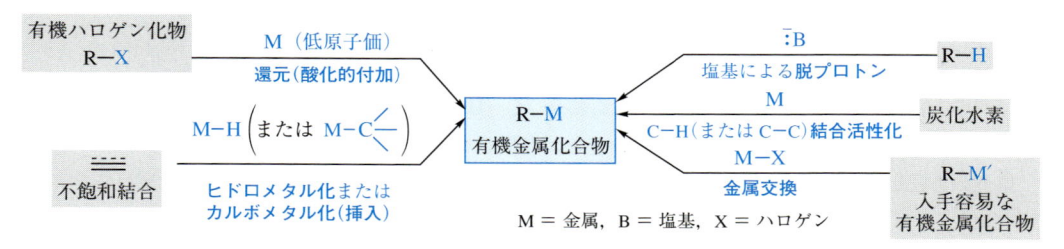

図 16・1 有機金属化合物の調製法

有機金属化合物の代表的な調製法には五通りある．第一は，有機ハロゲン化物 R-X を低原子価金属で還元して有機金属化合物 R-M をつくる方法である．直接法ともいい，Grignard 反応剤はこれに該当する．詳細は本節の後半で述べる．第二は，金属-水素結合や金属-炭素結合へ不飽和結合（化

Grignard 反応剤の創製

Grignard 反応剤が見つかったのは 100 年余り前である．1899 年にフランスリヨン大学化学科教授の P. Barbier はヨウ化アルキル，ケトン，マグネシウムの三つをエーテル中で混ぜると反応が起こり，加水分解すると，ケトンのアルキル付加体すなわちアルコールが得られることを見つけた．しかしこの反応は収率と再現性の点で問題があった．

そこで，当時 28 歳の V. Grignard に博士論文のテーマとしてこの反応を研究するよう勧めた．Grignard は何度も繰返し実験するうちに，まず無水エーテル中でヨウ化メチルとマグネシウムからヨウ化メチルマグネシウムをつくり，ここへケトンを加え加水分解すると，目的の付加体が再現性よく得られることを見つけ，1900 年に発表した．

その後，このような有機マグネシウム化合物はケトンだけでなくアルデヒド，エステル，アミドなどの求電子剤と反応する有用な反応剤であることを示し，Grignard は 1912 年接触水素化を発見した P. Sabatier とともにノーベル化学賞を受賞した．Grignard ほど有名ではないが，Barbier の名も"カルボニル化合物の共存下に有機金属化合物を調製して反応させる方法"の発見者として残っている．

Grignard は各段階における途中の反応活性種を明らかにして研究を進めたが，このことが将来の研究への大きな指針を示したわけで，単に混ぜて"もの"が得られる研究とは理解のレベルに大きな違いがある．また，研究室で指導者から示されるテーマはあくまで研究のきっかけであり，どう展開していくかは研究者自身に委ねられていることがよくわかる．

なお，Grignard reagent を"Grignard 試薬"と訳すことが多いが，"reagent"とは"反応するもの that which reacts"の意味である．"試薬""試剤"すなわち"ためしぐすり test agent"の意味はない．よって **Grignard 反応剤** と訳すほうが適切である．

合物）を挿入させる方法である．ヒドロホウ素化やエチレンの重合が例である．不飽和結合に水素（あるいは炭素）と金属が付加するので，ヒドロメタル化（あるいはカルボメタル化）反応ともいう．ヒドロメタル化反応については§16・3で，カルボメタル化反応については§16・6で取上げる．

第三の方法は，塩基を用いる有機化合物 R−H の炭素−水素結合からのプロトンの引抜きである．カルボアニオン R⁻ が生じ，対イオンが M⁺ なら有機金属化合物 R−M になる．塩基の強さ（共役酸の pK_a）と基質 R−H の pK_a を調べ，より強い塩基を用いて酸性度の高い水素を引抜く．市販のアルキルリチウム化合物（ブチルリチウム，s-ブチルリチウム，t-ブチルリチウム）やリチウムアミドを用いて調製することが多い．基質によっては M. Schlosser の開発した超塩基（ブチルリチウムと t-ブトキシカリウムからつくる）を用いてもよい（4 章参照）．

第四の方法は，金属錯体による炭素−水素結合（C−H 結合）や炭素−炭素結合（C−C 結合）の活性化反応である．中間に，金属−炭素結合をもつ有機金属化合物が生じる．

第五の方法として，金属交換（トランスメタル化）反応がある．入手しやすい有機金属反応剤 R−M′（M′＝リチウム，マグネシウム，亜鉛）を MX に作用させて有機基 R を M と結合させる．このさい，M はもとの M′ より電気的に陰性であることが条件になる．有機チタン化合物はこの方法でつくる（§16・2参照）．2010 年ノーベル化学賞の対象となったパラジウムやニッケルのような貴金属触媒を用いて有機ハロゲン化物を有機金属化合物とカップリングさせる反応では，触媒金属への金属交換反応が重要な段階である．

有機スズ化合物にブチルリチウムを作用させると，スズがリチウムに穏やかな条件で交換する．平衡反応だが，有機リチウム化合物のよい調製法である．次例のようにリチウムに配位できるメトキシメチル基でアルコールを保護してあることが鍵で，こうして平衡が右に偏る．スズ−炭素結合の立体配置は保持されたまま対応する有機リチウム化合物になるので，直接カルボニル付加反応に使える．

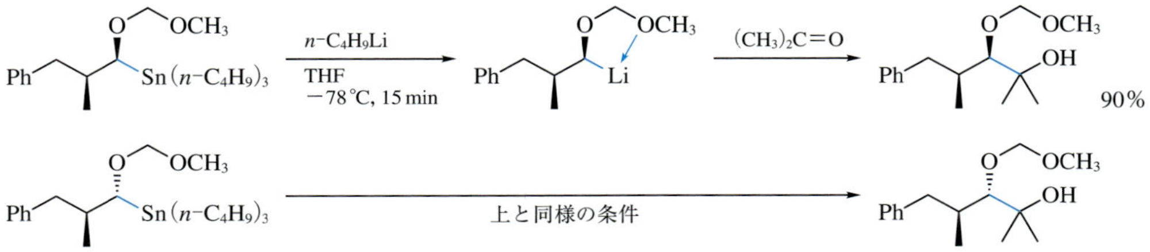

第一の調製方法に戻り，少し詳しく解説しよう．低原子価金属で有機ハロゲン化物 R−X を還元して有機金属化合物 R−M にするので，直接法ともいう．一般的であり頻繁に用いる．Grignard 反応剤の調製では，金属マグネシウムがハロゲン化物に 2 電子を供給し，生じる Mg^{2+} は対イオンとしてカルボアニオンを中和するとともに，カルボニル化合物に配位して有機基の付加を促進する（図 16・2）．

この調製方法では，低原子価金属の還元力が鍵である．その指標の一つは，酸化還元電位である．いくつかの低原子価金属の酸化還元電位を図 16・3 に示す．強い還元力をもつ金属マグネシウムを用いると，ハロゲン化アルキル，ハロゲン化アルケニル，ハロゲン化アリールを還元して対応する有機マグネシウム化合物（Grignard 反応剤）が生じることがわかる．ところが，金属亜鉛やクロム(II)ではハロゲン化アルケニルやハロゲン化アリールは還元できない．金属亜鉛やクロム(II)で還元できる

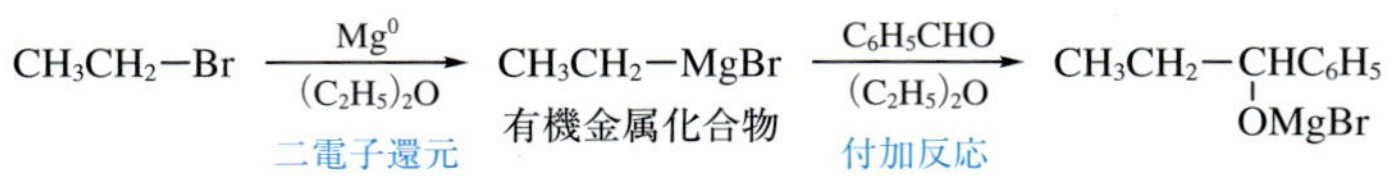

図 16・2　Grignard 反応における金属マグネシウムの役割

16・1 有機金属化合物の調製

標準酸化還元電位 ($E°$, V)

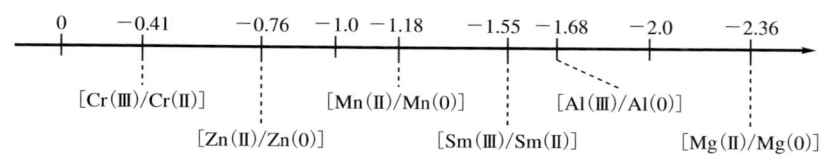

```
   0    -0.41    -0.76   -1.0  -1.18    -1.55   -1.68      -2.0         -2.36
───┼──────┼────────┼──────┼─────┼─────────┼───────┼─────────┼────────────┼──────→
       [Cr(Ⅲ)/Cr(Ⅱ)]                 [Mn(Ⅱ)/Mn(0)]      [Al(Ⅲ)/Al(0)]
                  [Zn(Ⅱ)/Zn(0)]              [Sm(Ⅲ)/Sm(Ⅱ)]         [Mg(Ⅱ)/Mg(0)]
```

図 16・3 おもな低原子価金属の酸化還元電位

のは, α-ブロモエステルやハロゲン化アリルなどの還元されやすい有機ハロゲン化物に限られることもわかる.

$$\text{Br-CH}_2\text{-CO}_2\text{C}_2\text{H}_5 \xrightarrow{\text{Zn-Cu}} \text{BrZn-CH}_2\text{-CO}_2\text{C}_2\text{H}_5$$

$$\text{CH}_2=\text{CH-Br} \xrightarrow{\text{Mg}} \text{CH}_2=\text{CH-MgBr}$$

$$\text{CH}_2=\text{CH-CH}_2\text{-Br} \xrightarrow{2\,\text{CrCl}_2} \text{CH}_2=\text{CH-CH}_2\text{-CrCl}_2 + \text{CrBrCl}_2$$

しかし酸化還元電位だけでハロゲン化物の還元が支配されているわけではない. たとえばクロム(Ⅱ)に微量のニッケル塩を加えると, ハロゲン化アルケニルやハロゲン化アリールから対応する有機クロム化合物が生成する. 還元力だけで比べるとニッケル(0)はクロム(Ⅱ)よりも弱い. 後周期遷移金属の基本的な反応である金属の酸化的付加の段階も電子移動による還元だが, 配位子により影響を受ける (§16・6参照).

入手しやすい有機金属化合物を有機ハロゲン化物に作用させて, ハロゲン－金属交換によって目的の有機金属化合物を得る手法も一般的だが, この変換も還元反応である. 多くは sp^2 炭素に結合するハロゲンたとえばヨウ素とリチウムとの交換反応である. リチウムやマグネシウム化合物と異なり, 有機亜鉛化合物は官能基があっても安定に存在する. このような有機亜鉛反応剤を調製するには, 電子豊富なアート錯体を還元剤としてしばしば用いる (§16・4参照).

Grignard 反応剤を調製するには, 通常, 削状金属マグネシウムに有機ハロゲン化物をエーテル中で加えるが, そのさい, 反応開始を促進するために, あらかじめヨウ素や 1,2-ジブロモエタンを微量加えておいてそこにまずハロゲン化物を少量加える. これは, 金属表面が通常は電子を通しにくい酸化皮膜で覆われていて有機ハロゲン化物への電子移動が速やかに起こらないため, 反応性の高いヨウ素や 1,2-ジブロモエタンをまず金属マグネシウムと反応させ, きれいな金属表面を露出させること, さらに色の変化やにごりの生成によって反応開始が確認できるなどの利点がある. 反応は発熱であるので, 残りのハロゲン化物をゆっくり加え, 金属がしだいにやせ細っていくことを確認する.

$$\text{CH}_3\text{CH}_2\text{CH}_2\text{CH}_2\text{-Br} \xrightarrow[(\text{C}_2\text{H}_5)_2\text{O}]{\text{Mg, I}_2(少量)} \text{CH}_3\text{CH}_2\text{CH}_2\text{CH}_2\text{-MgBr}$$

金属ナトリウムを包丁で切るとわかるように, 切断面は最初銀白色のきれいな金属光沢をしている. 金属の自由電子によるものである. しかしただちに空気酸化され, 表面は白色に変化する. 金属は一般に酸化されると金属光沢を失うが, アルミニウムは金属光沢を保っている. それは酸化皮膜が薄く緻密で透明なためである. 酸化皮膜に覆われていない活性な金属が調製できれば, 電子移動が速やかに起こる. 酸化皮膜を除くには, 金属を希塩酸で洗い, 不活性ガス中で乾燥する. 金属亜鉛の場合, 塩酸などの無機酸のほか $(\text{CH}_3)_3\text{SiCl}$ を少量使うこともある.

活性金属をあらかじめ調製しておいて電子移動を促進させる方法もある. たとえば, 減圧下で金属を高温に加熱し, その蒸気を低温の溶媒中に凝縮させて金属の超微粒子を得てこれを使う方法, 金属

塩をカリウム・黒鉛で還元し，黒鉛の層間に金属が挿入した形のものを用いる方法，アントラセンとの可逆的錯体形成を利用した金属（特にマグネシウム）の活性化法などである．なかでも，R. D. Rieke の開発した，金属塩 MX_n をカリウムやリチウムなどの還元力の強いアルカリ金属で直接に還元して金属微粒子 M^* を得る手法（**Rieke 法**）がよく用いられている．金属と溶媒の組合わせとしては，カリウムは THF，ベンゼンあるいはトルエン，ナトリウムは DME，ベンゼンあるいはトルエンを利用し，溶媒を加熱還流させて行うことが多い．この還元反応においては，金属塩の溶解性がしばしば問題になる．

$$MX_n + nK \longrightarrow M^* + nKX$$

電子輸送剤（electron carrier）であるナフタレンやビフェニルを，アルカリ金属に対し 5～10 mol% 加えると，この還元温度を常温以下に下げることができる．さらに一電子還元剤であるリチウムナフタレニドを化学量論量用いると，極低温で金属微粒子を得ることができる．

通常の削状のマグネシウムを使うと，エーテル中，第一級，第二級，第三級のハロゲン化アルキル，ヨウ化アリールおよび臭化アリールから対応する Grignard 反応剤が速やかに生じるが，二環性化合物の橋頭位ハロゲン，塩化アリールや塩化ビニルからは調製がむずかしい．エーテルなどの官能基を多く含むハロゲン化物も還元されにくく，Grignard 反応剤は調製しにくい．また，有機フッ素化合物は通常はマグネシウムで還元を受けない．ただ，Rieke 法で調製した活性マグネシウム Mg^* を用いると，これらからも対応する Grignard 反応剤が調製できる．

活性が低くて通常は還元に使えない金属でも Rieke 法で調製した金属を用いると，対応する有機金属化合物が低温でも調製できる．マグネシウム以外の Rieke 法による金属としては銅や亜鉛，ニッケル，バリウムなどが知られている．

16・2 アルキル金属化合物の反応性

有機金属化合物の金属−炭素 σ 結合は，その金属の電気陰性度に応じて，イオン結合から共有結合まで大きく変化する．したがって，この分極の度合によって有機金属化合物の性質や反応性が大きく左右される．金属元素の電気陰性度は一般に炭素より小さく，金属−炭素 σ 結合は金属が δ+ に，炭素が δ− に分極するため，有機金属化合物は炭素求核剤として作用する．金属の電気陰性度と，金属−炭素結合のイオン結合性の割合について表 16・1 に代表的なものを示す．

同じ周期の金属を比べると，電気陰性度は左にいくほど小さく，同じ族では下にいくほど小さい．第 1 族元素の有機金属化合物では，アルキルリチウムのリチウム−炭素結合は共有結合性が大きく，炭化水素に可溶であるが，アルキルナトリウム，アルキルカリウムになるとイオン結合性が増し，炭化水素に溶けなくなる．

金属と炭素の間のイオン結合性が増すほど，結合している炭素の塩基性が高くなる．たとえば，アルキルリチウムやアルキルマグネシウム，アルキルアルミニウムは水と激しく反応するが，アルキルホウ素やアルキルスズは水と反応しにくい．金属−炭素結合のイオン性が高いものは，一般にカルボ

16・2 アルキル金属化合物の反応性

表 16・1 おもな金属の電気陰性度[†1]と金属－炭素結合のイオン結合性[†2]

族番号	1	2	4	6	8	10	11	12	13	14
金属(M)	Li								B	C
電気陰性度―イオン結合性(%)	1.0 43								2.0 6	2.5
	Na 0.9 47	Mg 1.2 34							Al 1.5 22	
	K 0.8 51	Ca 1.0 43	Ti 1.4 26	Cr 1.6 19	Fe 1.8 12	Ni 1.8 12	Cu 1.9 9	Zn 1.6 19		
		Ba 0.9 47	ランタノイド 1.1〜1.2 38〜34							

†1　電気陰性度(青)は Pauling の値.
†2　イオン結合性(%) ＝ $[1-\exp\{-0.25(X_A-X_B)\}]\times 100$. X_A, X_B は原子 A, B の電気陰性度の値.
出典: L. Pauling, "The Chemical Bond", Cornel University Press (1967).

アニオンとしての反応性が高い. したがって, アルキルスズの求核性は対応するアルキルリチウムやアルキルマグネシウムより低く, アルキルスズは通常求核剤として働かない. しかし, 基質を活性化すると, これが可能になる. 次の反応では, 四塩化チタン触媒がエノンの β 位の求電子性を上げ, 分子内 1,4 付加反応を誘起する. 1,2 付加は全く起こらない.

塩基性も求核性もどちらもカルボアニオンのもつ性質であり, 強さの指標となるが, 塩基性はそのカルボアニオンのプロトンへの求核攻撃, すなわち, プロトンをどれだけ引抜きやすいかの平衡状態での尺度であり, 求核性はおもに炭素への求核攻撃の反応速度の尺度である. 両者は必ずしも比例するわけではない. 原子の大きさや分極率, 金属の Lewis 酸性, 置換基・配位子などによって反応性が変わるためである. 金属の種類によっても塩基性と求核性の割合が異なる. 次に第 1 族と第 2 族のフェニル金属をアセトフェノンに作用させたときの結果を示す. イオン結合性が高い有機金属化合物のほうが塩基として作用しやすい傾向がある. フェニルカリウムは塩基として作用し, エノラートだけを生成しカルボニル基へは全く付加しない. これに対して C_6H_5MgBr は求核剤として働き 1,1-ジフェニルエタノールだけを生じる.

M =	MgBr	Li	Na	K
エノラート	0%	75%	60%	67%
1,1-ジフェニルエタノラート	97%	14%	4%	0%

金属をリチウムからセリウムに代えると塩基性が弱くなり, エノール化しやすいカルボニル基でも求核付加反応を選択的に行えるようになる. アルキルセリウムだけでなく, アルキニルセリウムやアルケニルセリウム反応剤も同様に使える.

$$\text{テトラロン} + n\text{-}C_4H_9\text{-M} \xrightarrow{\text{THF}} \text{付加体}$$

$$\begin{array}{ll}
M = CeCl_2 & -78\,°C, 3\,h \quad 88\% \\
MgBr & 0\,°C, 4\,h \quad 6\%
\end{array}$$

Lewis 酸と Lewis 塩基の組合わせによる錯体形成での相性の良し悪しに基づいて導入された HSAB 則（§2・2・2 参照）は，有機金属化合物の反応性を理解するうえで有効な指針である．金属イオンでは，原子半径やイオン化ポテンシャルが大きく，有効核荷電の小さい Pd^{2+}, Pt^{2+}, Pt^{4+}, Cu^+, Ag^+, Au^+, Cd^{2+}, Hg^+, Hg^{2+} などの金属イオンが軟らかい酸であり，Fe^{2+}, Co^{2+}, Ni^{2+}, Cu^{2+}, Zn^{2+}, Rh^{3+}, Ir^{3+}, Ru^{3+}, Os^{4+} が境界領域にある酸，そしてその他のほとんどが硬い酸である．しかし，この分類はおよその目安であり，有機金属錯体になると，配位子により金属は性質を大きく変える．たとえば，BF_3 や $B(OR)_3$ は硬い酸であるが，トリアルキルボラン BR_3 は境界領域か軟らかい酸になる．硬い金属は硬い配位子と，軟らかい金属は軟らかい配位子と結合すると一般に安定になる．これが HSAB 則である．結合としてみると，硬いものどうしはイオン結合性が強く，軟らかいものどうしは共有結合性が高い．炭素配位子をもつ有機金属錯体は一般に軟らかい塩基に分類できる．

求核反応で反応点が二つあるとき，HSAB 則によって選択性が定性的に予測できる．フェニル金属反応剤のベンザルアセトフェノンへの付加を例にとろう．1,2 付加と 1,4 付加が可能だが，金属（イオン）が Zn^{2+} から Li^+ や K^+ へと硬さが増すとともに，より硬いカルボニル炭素への反応，すなわち 1,2 付加が優先する．

M =	1,2 付加	1,4 付加
ZnPh	0%	91%
AlPh$_2$	0%	94%
MgBr	5%	81%
Li	62%	26%
Na	39%	3.5%
K	52%	0%

有機金属化合物のカルボニル基への付加では，金属（イオン）はカルボアニオンの対イオンとしてだけでなく，カルボニル基に配位して Lewis 酸として作用する．このとき，金属と結合している配位子の電子的性質や立体的嵩高さが反応速度を左右する．また，使用している溶媒中で有機金属化合物が何量体として存在し，何量体として反応するかなど，会合の程度も重要である．

一般に，速い反応の選択性を向上させることは容易でないが，遅い反応だと選択性がでやすい．メチルリチウムとメチルチタン反応剤のケトンへの官能基選択的付加を例に示す．メチルリチウムの付加では反応が速すぎて差がほとんどみられない．一方，チタン－炭素結合はリチウム－炭素結合に比べてイオン結合性が低く求核性が弱いため，メチルチタン反応剤の反応は遅い．この差は反応温度と反応時間の違いから確認できる．チタンの低い反応性は，配位子であるアルコキシドの嵩高さにもよる．この立体効果がカルボニル近傍の微妙な立体障害の違いを認識して官能基選択性をもたらしている．

なお，この反応で使うメチルチタン反応剤は，メチルリチウムと $ClTi(O\text{-}i\text{-}C_3H_7)_3$ との金属交換に

$$\begin{array}{ll}
M = Li & 0\,°C, 2\,min \quad 51:49 \\
Ti(O\text{-}i\text{-}C_3H_7)_3 & 22\,°C, 2\,d \quad 15:85
\end{array}$$

より調製する．チタンの配位子を代えると，CH_3TiL_n の安定性と反応性は大きく変化する．

$$CH_3Li + ClTi(O\text{-}i\text{-}C_3H_7)_3 \longrightarrow CH_3Ti(O\text{-}i\text{-}C_3H_7)_3$$

チタン－炭素結合は共有結合性が強いため，有機チタン化合物の塩基性はアルキルリチウム化合物やアルキルマグネシウム化合物に比べて低い．そのため有機チタン化合物は，対応する RLi や RMgX と比較してエーテル系溶媒はもちろん，ほかの有機溶媒への溶解性が高い．したがって，これを R_2Zn や R_3Al から調製すれば，ジクロロメタンやヘキサンも使える．これらの特徴のために，次式の例のように $RTiL_n$ の Lewis 酸性が塩素の脱離を促進し，プロトンの脱離を抑えて第三級カルボカチオンの生成と求核置換を実現する．なお，第二級，第三級のアルキルチタン化合物は β 水素脱離を起こしやすく，ビニルチタン化合物は不安定で二量化しやすいため，メチルチタン反応剤以外あまり有用でない．

入手できる有機リチウム化合物は限られているので，求核性の大きいアルキル金属反応剤として Grignard 反応剤を用いることが多い．しかし，両者とも求核性（塩基性も）がきわめて大きいので，共存できる官能基は限られる．その場合には，アルキル亜鉛化合物を利用するとよい．たとえば，分子内にケトンやエステルなどの官能基をもつアルキル Grignard 反応剤は調製できないが，対応するアルキル亜鉛化合物はヨウ化アルキルにエーテル中で金属亜鉛を作用させることにより，容易に調製できる．ただし，用いる金属亜鉛の純度に注意が必要である．亜鉛には精錬法の違いにより，純度の高い電気精錬亜鉛と微量の鉛を含む蒸留亜鉛の 2 種がある．この反応では純度の高い電気精錬亜鉛を用いることが必須である．有機亜鉛化合物自身反応性は高くないが，パラジウムやニッケル，銅などの錯体や塩を添加すると容易に金属交換するため，根岸カップリングなど精密有機合成に不可欠な反応剤になっている．

16・3 電子不足の有機金属化合物: 有機ホウ素およびアルミニウム化合物の反応

ヒドロホウ素化反応は不飽和結合の還元，特に三重結合から二重結合の立体選択的な構築によく用いられてきた．実際，アセチレンとボランとの反応によってアルケニルホウ素化合物を調製し，これを利用することが多い．たとえば，パラジウム触媒を用いる鈴木-宮浦カップリングを用いると，穏やかな条件で炭素－炭素結合が生成する．有機ホウ素化合物は安定で扱いやすいため，今では芳香族化合物や複素環化合物を中心に数多くの有機ホウ素化合物が市販されている（18 章参照）．

有機ホウ素化合物のホウ素－炭素結合はほとんど分極していないため，分子量の小さいもの以外は水と反応しない．この点，後述のアルミニウム－炭素結合と大きく異なる．一方で，ホウ素もアルミニウムも価電子数が 6 の電子欠損原子で，そのため Lewis 酸性を示し，両金属とも酸素との親和性が高い．

	B–C	Al–C
結合長	0.157 nm	0.197 nm
電気陰性度	2.04 2.55	1.61 2.55
結合のイオン性	6%	22%

最初にホウ素の反応性を考えよう．ボラン BH_3 はその Lewis 構造式から明らかなように，オクテット則をみたさないので Lewis 酸である．そのため，気体では BH_3 ではなく 3 中心 2 電子結合をもつ B_2H_6 の二量体として存在する．このボランに Lewis 塩基であるエーテルやスルフィドを加えると，酸素や硫黄が配位した安定な錯体を形成する．実際にボランは THF 錯体やジメチルスルフィド錯体として市販されている．

ボラン BH_3 の構造　　ジボラン B_2H_6　　ボラン-THF 錯体　　ボランジメチルスルフィド錯体

炭素–炭素不飽和結合の HOMO の π 電子は，BH_3 のホウ素の空の p 軌道と相互作用して近づく．そのあと速やかに 4 員環遷移状態を経て反応が進行し，ホウ素–水素結合にその不飽和結合がシン形に挿入する．これが**ヒドロホウ素化反応**（hydroboration）である．三重結合のヒドロホウ素化反応を例に示す．

π 錯体　　4 員環遷移状態　　シン付加

ヒドロホウ素化反応の位置選択性には，不飽和結合における立体効果と電子効果が影響する．すなわち，ホウ素は置換基の少ない側の炭素と結合をつくるよう反応する．たとえば，末端アルケンではホウ素が末端の置換基の少ない炭素に結合するようにホウ素–水素結合への挿入が起こる．中間に生じる δ+ を置換基 R が電子を供与して安定化する方向が優先すると考えてよい．炭素–ホウ素結合を酸化して炭素–酸素結合に変換（後述）するとアルコールが生じるので，結果として末端アルケンに対し逆 Markovnikov 型に水が付加したことになる．

立体効果と電子的効果　　位置および立体選択的付加　　逆 Markovnikov 付加

BH_3 にはホウ素–水素結合が三つ存在する．アルケンの立体障害が小さいと BH_3 の三つのホウ素–水素結合に不飽和結合の挿入が起こるが，嵩高くなると一つあるいは二つの段階で挿入が止まる．反応剤にも使うテキシルボラン（$ThexBH_2$），ジシアミルボラン（Sia_2BH），9-BBN はこうしてつくる（ヒドロホウ素化反応，9 章参照）．

$ThexBH_2$
テキシルボラン

Sia_2BH
ジシアミルボラン

9-BBN
9-ボラビシクロ[3.3.1]ノナン

16・3 電子不足の有機金属化合物: 有機ホウ素およびアルミニウム化合物の反応

不飽和結合へのヒドロホウ素化反応ではホウ素-炭素結合をもつ有機ホウ素化合物が生じる.このホウ素-炭素結合は共有結合性が強く,簡単には切れないが,アルカリ性過酸化水素を作用させることによって酸素-炭素結合に代えることができる.このホウ素-炭素結合切断反応は,ホウ素の空の軌道にアルカリ性過酸化水素のアニオン OOH^- を受け入れてアート錯体が生じることから始まる.アート錯体からホウ素上の炭素置換基が酸素に転位し,酸素-炭素結合が生じる.特に,炭素-ホウ素結合の炭素が立体配置を保持して 1,2 転位することに注目しよう.次式の R につけた * はその立体配置が保持されていることを示している.

炭素-ホウ素結合のアルカリ性過酸化水素による切断

アルカリ性過酸化水素のアニオンに限らず,カルボアニオンをはじめさまざまな求核剤が配位するとホウ素のアート錯体(ボラート)が生じる.なお,金属アート錯体については §16・4 で詳しく述べる.

$$R^1{}_3B + R^2Li \longrightarrow \left[\begin{array}{c} R^1 \\ R^1-B-R^2 \\ R^1 \end{array} \right]^- Li^+$$

ボラートを経由してホウ素-炭素結合をホウ素-酸素結合に変換する機構を拡張すると,ホウ素-炭素結合を新たな炭素-炭素結合形成に利用することができる.たとえば,脱離基を α 位にもつカルボアニオン,すなわちカルベノイド (^-C-X, X は脱離基) を利用する.実際,カルベノイドを作用させると 1,2 転位が起こる.電子の動きはよく似ているし,転位する炭素の立体配置も保持で反応が進行することがわかる.

ヒドロホウ素化反応の発見

1979 年に,ノーベル化学賞を受賞した H. C. Brown は著書『ボラン—私はいかにして研究を進めたか』のなかで,ヒドロホウ素化反応を見つけた経緯を述べている.

博士研究員の B. C. Subba Rao が,水素化ホウ素ナトリウムと塩化アルミニウムから発生させた水素化物を用いて種々のエステルを還元していたときに,ほかのエステルでは水素化物が 2 当量で十分であったのに,オレイン酸エチルだけ 2.4 当量必要であった.古いオレイン酸エチルを使ったので,その中の不純物が原因かと最初は思ったが,純粋なオレイン酸エチルでも結果は同様であった.この割切れない実験結果から,オレイン酸エチルの炭素-炭素二重結合への水素化物の付加が原因であることをつきとめ,それがヒドロホウ素化反応発見の発端となった.Brown はその後,水素化ホウ素ナトリウムと塩化アルミニウムから生じていると考えていた水素化ホウ素アルミニウムや反応により生じると考えられる水素化アルミニウムではなく,ジボランが重要であること,特にエーテル(溶媒)のような弱塩基の添加により,ヒドロホウ素化が著しく促進されることを見つけた.

Brown は上記の著書のなかで "若者はこのような(実験での)わずかな矛盾に注意を払うことなく,それを通りすごして主目的に向かっていく傾向がある.実験を積み重ねていくに従ってそれら(わずかな矛盾)の重要性がわかってくる.一方で実験を積み重ね,職業上の責任が増大し偉くなってくると実験上の事実や観察に直接触れる機会が減ってくる.だが金塊を掘り当てる機会は,この観察や事実のなかにあるものなのである." と述べている〔( )内は補注〕.

Brown の名前のイニシャルは H.C.B となる.H と B の間に C=C を挿入したヒドロホウ素化を Brown の両親は予想していたのか! Brown 自身がそう書いている.

ホウ酸エステルのジオール部にキラルなものを使うと，C–Cl 結合の σ* 結合に C–B 結合が移動するので，転位するときの立体配座に偏りが生じる．そのため，ジアステレオトピックな塩素二つのうち，一方が選択的にボラートから脱離して不斉反応が実現できる．

(A) 80%, 95% de
(B) 92%, 96% de

1,2 転位反応の移動先の炭素は sp^3 炭素に限らない．次式は，sp^2 炭素への 1,2 転位を示す．脱離するハロゲンと反対側から炭素が攻撃して転位が起こるので，sp^2 炭素に結合しているホウ素がアルキル基に対してトランスからシスに立体配置を変える．すなわち sp^2 炭素で立体配置の反転が起こる．つづいてプロピオン酸で処理すると，炭素－ホウ素結合を炭素－水素結合に変換（プロトン化）できる．このようにアルケニルホウ素化合物の α 位にハロゲンがすでにある場合には，アルコキシドイオンを添加してアート錯体をつくるだけで 1,2 転位反応が進行する．

一方，アルケニルホウ素の α 位にハロゲンがなくても α 炭素を電子不足にすれば，1,2 転位反応が起こる．そのよい例が炭素－炭素多重結合にヨードニウムイオンを作用させる手法である．

アルケニルボランにヨウ素と水酸化ナトリウムを作用させると，塩 NaI が生じるとともに，I$^+$ と OH$^-$ が発生する．OH$^-$ はホウ素に配位してアート錯体（ボラート）を形成する．一方，ヨードニウムイオンはアルケニルボラートの二重結合の π 電子をひき寄せる．ホウ素の α 位が電子不足になり，ヨウ素と逆平行（anti-periplanar）の位置にあるシクロヘキシル基が 1,2 転位するとともに，ホウ素の β 炭素にヨウ素が結合する．さらに系中の OH$^-$ あるいは I$^-$ がホウ素に配位して再びボラートになった

16・3 電子不足の有機金属化合物: 有機ホウ素およびアルミニウム化合物の反応

のち，ヨウ素とアンチ脱離する．この反応では，ヨウ素の付加と 1,2 転位，脱離が立体選択的に進行するので，最終的にシス体のアルケンが選択的に得られる．

1,2-エニン化合物はクロスカップリング反応によって合成できるが，ジシアミルボランによるヒドロホウ素化を利用すると，アルケンの立体化学を制御しながら炭素−炭素結合を生成することができる．

一酸化炭素の Lewis 構造を書くと，寄与は小さいが，カルボニル CO はカルベン等価体（右側）の共鳴構造をとる．実際，トリアルキルボランとの反応では 1,2 転位が進むが，上で述べたカルベノイドと違って転位反応が 1 回では終わらない．条件に応じて，ホウ素上の置換基 R が順次転位して，ケトン $R_2C=O$ が生じたり，三つ転位して第三級アルコールが生成する．

このように有機ホウ素化合物における電子の動きの特徴は，電子を受取ってからある時間ののち放出する点にある．すなわち，ホウ素は，本来電子不足なので電子を求めるが，いったん，電子をもらってアニオン（ボラート）になるとホウ素上の置換基を隣に1,2転位させて電荷を中性に戻そうとする．

最後に，有機ホウ素化合物の別の二つの特徴を述べておこう．

ホウ素が炭素に置換すると，ホウ素の隣の α 位カルボアニオンを安定化する．これは，ホウ素の空の p 軌道に電子が流れ込み負電荷を非局在化させる（pπ-pπ 共役）ためである．このホウ素置換カルボアニオンを利用した反応を示す．

$$-\overset{|}{B}-\overset{|}{C}- \quad \text{pπ-pπ 共役}$$

もう一つの特徴は，トリアルキルボランが酸素と反応してアルキルラジカルを容易に生じる点である．そのため触媒量のトリアルキルボランをラジカル開始剤として利用することができる．ふつうのラジカル開始剤は熱分解させて使うが，トリエチルボランは低温でも使えるのが大きな特徴である（3章参照）．

$$R_3B + O_2 \longrightarrow R\cdot + R_2BO_2\cdot$$

さて，有機ホウ素化合物における授受の順序と時間差のある電子の動きは，周期表でホウ素の下にある有機アルミニウム化合物にもあてはまる．下図に示すように，アルミニウム化合物 R_2Al-Nu の Al は電子不足で Lewis 酸となる．酸素などヘテロ原子の非共有電子対やカルボアニオンなどの Lewis 塩基 :B を求める．ところが，いったん :B を受け入れると負電荷をもつアラナート $R_2(Nu)\overset{-}{Al}-\overset{+}{B}$ になるので，Nu を求核剤あるいは塩基として放出する．R_2Al-Nu の形では，Nu の求核性（塩基性）は高くないが，アート錯体になった途端に Nu が求核性を発揮する．これが塩基としても働く．これらの電子の動きをとらえ，両性反応剤あるいは酸・塩基複合反応剤ということもある．

アルミニウムと酸素の結合が特に強いため，有機アルミニウム化合物は酸素を含む基質と特徴的な反応をする．たとえば，トリフェニルメタノール（トリチルアルコール）に $(CH_3)_3Al$ を作用させる

16・3 電子不足の有機金属化合物: 有機ホウ素およびアルミニウム化合物の反応

と,メタンを発生してアルミニウムアルコキシドになるが,これはさらに炭素-酸素結合を切断し,安定なトリチルカチオンを生じる.これに副生したアラナートからメチル基が求核攻撃してメチル置換体が生成する.

有機アルミニウム化合物がカルボニル酸素に配位するとオキソニウムイオンを生じる.次式では,生じたオキソニウムイオンから6員環を形成するのにちょうどよい位置に二重結合のπ電子があるため,環化反応が進行する.極性溶媒中では溶媒和によって生じたカルボカチオンの寿命が長くなり,環化する時間的余裕が生じて環化体の収率が高い.カルボカチオンの生成と求核攻撃はタイミングが異なることがわかる.

オキシムに酸を作用させると,脱水と1,2転位を伴ってアミドが生じる.この反応を **Beckmann 転位**(ベックマン)という.ふつうは強酸を作用させるが,オキシムヒドロキシ基をトシル化しておいて有機アルミニウム化合物を用いると,穏和な条件で転位反応が進行する.この反応でも $(n\text{-}C_3H_7)_3Al$ はまず Lewis 酸として脱離基 $p\text{-}TsO^-$ を引抜いてアラナート錯体になり,転位によって生じたイミノカチオンにプロピル基が求核攻撃する.Beckmann 転位反応で1,2転位するのは,オキシム酸素に対しトランスの位置にある置換基である.南米のカエル毒プミリオトキシン C の合成例をあげる.オキシムのヒドロキシ基が立体障害の少ない E 体をとるので,次の Beckmann 転位でトランスにある橋頭位炭素が選択的に転位して目的の炭素骨格が生成する.

14章で述べたピナコール-ピナコロン転位も,ヒドロキシ基を脱離しやすいメタンスルホン酸エス

テルに代えたあと有機アルミニウムを作用させると，穏和な条件で進行する．この反応でも 1,2 転位する基は，次の例では明確でないが，脱離基と逆平行の配座を占めるものである．置換基の転位しやすさは実験的に，1-シリル-1-アルケニル＞フェニル＞一般のアルケニル≫アルキルの順である．この反応は，つくりやすい光学活性アルコールの立体配置を第三級炭素の立体配置に転写できるので有用である．

アルミニウム－酸素結合の結合解離エネルギーは，アルミニウムと窒素や硫黄などとの結合解離エネルギーに比べてかなり大きい．次式の反応では，この結合解離エネルギーの差を利用して炭素－酸素結合を炭素－硫黄結合に変換している．

	Al—O	Al—N	Al—S
結合解離エネルギー	489〜510	201〜393	364〜380 kJ mol^{-1}

末端アルキンのヒドロアルミニウム化反応により生じた 1-アルケニルジイソブチルアランは，2-シクロヘキセノンとは反応しないが，鎖状の共役エノンには 1,4 付加する．これは，鎖状のエノンの場合には C1 と C2 間の単結合が s-シスの立体配座をとり，6 員環の遷移状態を経て反応が進行するためと考えられている．2-シクロヘキセノンの場合には，環構造により配座が s-トランスに固定されているので同じ機構では反応できない．イソプレンオキシドに水素化ジイソブチルアルミニウム（i-C_4H_9)$_2$AlH を作用させると，酸素がアルミニウムに配位し，6 員環遷移状態を経てアルミニウムに結合した水素がヒドリドとしてアルケンの末端の炭素に付加する．

16・3 電子不足の有機金属化合物：有機ホウ素およびアルミニウム化合物の反応

Claisen 転位は，もともとアリルフェニルエーテルから o-アリルフェノールへ転位することから普遍化された反応である．芳香族化合物では比較的進行しやすいが，脂肪族のアリルビニルエーテルでは反応にさらに高い温度が必要である．

Claisen 転位反応
[3,3]シグマトロピー転位

ビニルジヒドロピラン

有機アルミニウム化合物の Lewis 酸性と，アート錯体になると置換基が求核剤として働く特徴を利用すると，Claisen 転位反応とともに，アルミニウム上の置換基が，転位により生じるカルボニル基に求核付加した化合物が生成する．下に反応の機構を模式的に示す．なお，上のビニルジヒドロピランの反応も $(C_2H_5)_2AlCl$ と PPh_3 を同時に使えば，25 ℃，1 時間でより円滑に進行する．

上の式では生じる二重結合の立体化学は制御されずほぼ 1 対 1 である．しかし，アルミニウム反応剤の置換基を大きくすることにより，トランス体はもとより，ふつうの直鎖の脂肪族アリルビニルエーテルからの Claisen 転位反応では生成しないシス体や光学活性な γ,δ-不飽和アルデヒドを合成することもできる．反応剤開発の醍醐味である．

MABR

(R)-ATBN-F

16・4 有機銅反応剤とアート錯体

金属塩や錯体，有機金属化合物において，Lewis 酸性をもつ中心金属に Lewis 塩基が配位したアニオン性の錯イオンを**アート錯体**という．有機合成に最初に登場したのは銅のアート錯体である．まず銅アート錯体を中心に有機銅反応剤を取上げる．

アルキルリチウム RLi やアルキルマグネシウム RMgX を α,β-不飽和ケトンに作用させると，通常は 1,2 付加反応が起こり，アリルアルコールが生成する．ところが，CuCl を触媒量加えておくと 1,4 付加体が選択的に生成することを 1941 年に M. S. Kharasch が見つけた．次式に示す結果は，メチル基がマグネシウムから銅に金属交換し，生じたメチル銅の 1,4 付加反応がメチルマグネシウムの 1,2 付加反応よりも速やかに進行したこと，さらに銅塩が触媒として再生することを示している．

Grignard 反応剤に銅塩を触媒量添加する方法では再現性がしばしば問題になるが，溶媒に溶ける高純度の銅塩 Li_2CuCl_4, Li_2CuCl_3, $CuBr\cdot S(CH_3)_2$, CuCN を触媒として用いて $BF_3\cdot O(C_2H_5)_2$ や $(CH_3)_3SiCl$ を添加すると，再現性がよくなるうえ，従来では反応しなかった β 置換エノンへの付加も円滑に起こる．

実際の合成では，有機銅反応剤による反応をより確実に進行させるために，RLi や RMgX に対して銅塩を 1 当量用いる．すなわち，RLi（あるいは RMgX）と Cu(I) 塩を 1 対 1 で混ぜると有機銅反応剤 RCu が生じる．共存する無機塩を除いた RCu は反応性がほとんどないが，これに金属塩あるいは，ホスフィンやスルフィドなどの配位子を添加すると，反応剤の安定性が増すとともにエーテル系溶媒に溶解し，反応性も向上する．RCu にさらに RLi（あるいは RMgX）をもう 1 当量加えると，銅アート錯体であるホモクプラート R_2CuLi（あるいは R_2CuMgX）が得られる．このジアルキル銅反応剤は，有機銅反応剤 RCu に比べてエーテルへの溶解性が高く，より安定で扱いやすいうえ反応の再現性もよいため，頻繁に用いられている．$(CH_3)_2CuLi$ のような銅アート錯体は **Gilman 反応剤**（ギルマン）ともよばれている．

有機銅反応剤は，一般に，エーテル系溶媒中，1 価の銅塩 CuX と有機リチウム反応剤や Grignard 反応剤 RM を 0 ℃で反応させて調製するが，調製法や溶媒，CuX と RM との比率，X と M の種類（すなわち副生するヨウ化リチウムなどのアルカリ塩の種類），添加物などにより生成する有機銅反応剤の組成，構造，安定性，反応性が大きく異なる．そのためふつうは $(CH_3)_2CuLi\cdot LiBr$ のように，反応剤のすべての成分と比がわかるよう記述する．

銅アート錯体をはじめ有機銅反応剤は酸素や湿気に対して鋭敏であるだけでなく，一般に熱的に不安定である．その理由は β 水素脱離による分解反応が進行しやすいことによる．前述のように，熱的に比較的安定で扱いやすい反応剤が開発されてきたが，低温でも長期間保存ができないため，用いる直前に調製するのが一般的である．

16・4 有機銅反応剤とアート錯体

すでに述べたように，有機リチウム反応剤や有機マグネシウム反応剤では共存できる官能基が限られている．これに対して，穏和な条件下で調製できて官能基の許容性も高い有機基の供給源として，有機亜鉛反応剤や有機ジルコニウム反応剤が重宝されている．

有機銅反応剤を用いる代表的な反応としては，α,β-不飽和カルボニル化合物への 1,4 付加反応，アルキンへの付加反応，ハロゲン化アリルへの S_N2' 型の置換反応，エポキシドへの求核付加反応などがある．以下に順次紹介しよう．

求核剤が 1,4 付加する基質すなわち Michael 受容体のなかでも，α,β-不飽和エステルはケトンよりも反応性が低い．また，β,β-二置換基質では立体障害のために付加反応が一般に遅くなる．このような場合には，$(CH_3)_3SiCl$ や $BF_3 \cdot O(C_2H_5)_2$ などの Lewis 酸を併用すると収率が向上する．また後述の高次銅アート錯体 $(R_2CuCN)Li_2$ を用いてもよい．

銅反応剤	
$(CH_3)_2CuLi \cdot BF_3 \cdot O(C_2H_5)_2$	70%
$CH_3Cu \cdot BF_3 \cdot O(C_2H_5)_2$	88%
$(CH_3)_2CuLi$	0%

R_2CuLi が α,β-不飽和カルボニル化合物へ 1,4 付加すると，まず銅エノラートが生じる．このエノラートは反応性が低く，アルデヒドを加えてもアルドール付加体の収率は低い．アルキル化も容易でない．そこで，反応系中に $(CH_3)_3SiCl$ や $(RO)_2P(O)Cl$ を加えてエノールエーテルの形でいったん捕捉して，これらをアルキル化に利用するともとの α,β-不飽和カルボニル化合物の α 位の求核性を向上させることができる．アクロレインへの 1,4 付加の例を示す．

R_2CuLi の 1,4 付加では，銅と結合する二つの R のうち通常は一つしか使えない．R が大切な場合でも半分捨てることになる．この問題を避けるには，銅と強く結合して移動しない配位子を利用する．R_2CuLi の R がビニル，アルケニル，フェニル基では移動が容易だが，銅と強く結合しているアルキニル基，フェニルチオ基，シアノ基などは移動しない．そこで，R_2CuLi の R として移動しない基（ダミー配位子とよぶ）R^D を一つだけあらかじめ配位させたヘテロクプラート（heterocuprate）RR^DCuLi を用いる．ダミー配位子として $CN, C_6H_5S, t\text{-}C_4H_9O, CH_2Si(CH_3)_3$ を用いることが多い．

R_2CuLi の調製に用いる CuI に代えて酸化されにくく扱いやすい CuCN も使える．CuCN に有機リチウムを 2 当量以上加えた反応剤を総称して**高次銅アート錯体**（higher-order cuprate）とよぶ．ダミー配位子（次式の例では 2-チエニル基，2-Th）とともに用いると，有機リチウム化合物 1 当量だけで 1,4 付加などの反応が選択的に達成できる．

もう一つの解決法は，モノアルキル銅反応剤 RCu の低い反応性を向上させて使えるようにする工夫である．プロスタグランジン E_2 の短段階の高効率合成を例に解説する．この三成分連結法によれば，R を効率的に 1,4 付加させ，生じたエノラートを効率よくアルキル化（プロパルギル化）することができる．ヨウ素－リチウム交換によってアルケニルリチウム R^1Li をつくり，CuI とトリブチルホスフィンを加えてアルケニル銅反応剤を調製する．ここにシクロペンテノンを加え，生じたエノラートに塩化トリフェニルスズを加えてスズのエノラートをつくる．最後に HMPA を加えてヨウ化プロパルギルと反応させる．HMPA の添加によりエノラートの会合が抑えられ求核性が向上している．

銅アート錯体は共役エノンだけでなく，アセチレンカルボン酸エステルにも 1,4 付加する．アルキンに対してシン付加するため，三置換のエテン酸エステルが立体選択的に合成できる．有機銅反応剤のアルキンへの付加反応は多置換エチレンの立体選択的合成によく用いられている．

β 位に脱離基となるフェニルチオ基，アセトキシ基，トリフラートなどが置換した α,β-不飽和エステルに R_2CuLi を作用させると，シン付加・アンチ脱離により，脱離基と同じ位置に R を導入することができる．

アルキンに対するカルボメタル化反応はアルケンのなかでも特に三置換エチレンを立体選択的に合成する重要な反応である（§16・6 参照）．有機銅反応剤の付加反応は，アルキンがエステルやケトンと共役しない末端アルキンであっても銅が位置選択的に末端炭素と結合し，しかもシン選択的に付加する．生じた有機銅反応剤はエポキシドに求核付加するが，例外なく立体障害の少ない炭素で S_N2 型に起こる．亜鉛と金属交換すると，根岸クロスカップリングによって立体配置の定まった共役ジエンを得ることができる．

エーテル中で Grignard 反応剤 RMgBr と CuBr を混ぜて調製する RCu・MgBr$_2$ も末端アルキンへのカルボメタル化に有用である．生じた銅反応剤は種々の求電子剤 E$^+$ と反応して立体配置の定まった三置換エチレンになる．求電子剤としてヨウ素を加えると，立体配置保持でヨードアルケンが得られる．ヨウ素を立体選択的にリチオ化したのちハロゲン化アルキニルを加えると速やかにカップリングし，エンイン体が生成する．

銅アート錯体をハロゲン化アルキル RX に作用させると，簡単にアルキルカップリング体が得られる．脱離基 X が OTs≧I＞Br≫Cl の順に反応性が低下する．ヨウ化アルキルを除いて，S$_N$2 機構で進行するため，脱離基が結合している炭素の立体配置が反転する．ヨウ化アルキルでは電子移動が併発してアルキルラジカルが生じ，出発物の立体化学は一部失われる．

ハロゲン化アリルに対する求核置換反応では，反応位置（S$_N$2 か S$_N$2′ か）と立体化学（脱離基に対して，シン攻撃かアンチ攻撃か）の選択性が問題になる．基質や銅アート錯体の種類によって選択性は大きく変わる．たとえば，R$_2$CuLi では π-アリル銅中間体を経るため位置選択性（S$_N$2 型あるいは S$_N$2′ 型）は認められないが，次の例のように n-C$_4$H$_9$Cu と (C$_2$H$_5$)$_2$O・BF$_3$ を併用すると，S$_N$2′ 型の生成物を立体選択的に得ることができる．このとき脱離基が AcO と HO では立体反転と保持で異なっている．

ハロゲン化プロパルギルやプロパルギルアルコール誘導体に銅アート反応剤を作用させると，アレンが得られる．これは信頼できるアレン合成法になる．S$_N$2′ 型置換反応で進行するので，光学活性なアルコールから光学活性アレンが得られる．

ホウ素やアルミニウムのアート錯体と同様，銅や亜鉛，マグネシウム，マンガン，コバルトのアート錯体においても金属のα炭素に脱離基が置換していると，有機基が金属から1,2転位して新しい炭素－炭素結合が生じる．1,1-ジハロシクロプロパンや1,1-ジブロモアルケンに金属アート錯体を作用させると，立体選択的な *gem*-二置換反応が可能である．水カビの精子誘引物質サイレニンの合成中間体をつくるのに使われた．ここではまず立体障害の少ないエキソ位の塩素がアート錯体の金属とハロゲン交換を起こし，銅と結合している有機基が残りのハロゲンの背後から1,2転位するので立体配置が反転する．生じたシクロプロピル銅をヨードメタンでメチル化している．

アート錯体では中心原子が電子過剰な状態なので，1) 中心原子に結合している置換基一つが求核剤として炭素を攻撃したり，塩基として水素を攻撃する．あるいは，2) 2電子を他の分子に与える，すなわち還元剤として働く．

トリブチル亜鉛錯体（亜鉛アート錯体，ジンカート）をプロパルギル形基質と反応させた例を次に示す．まず末端アルキンの水素が引抜かれてアルキニルジンカートが生成するが，つづいてブチル基の一つが亜鉛から1,2転位するとともに，プロパルギル位のメシラート基が脱離してアレニル亜鉛が生じる．塩化亜鉛を加え，配位子交換によって亜鉛のLewis酸性を上げたのち，アルデヒドを加えると，亜鉛と同じ側で反応したアンチのホモプロパルギルアルコールが得られる．

次の反応は亜鉛アート錯体のTMP配位子がアニソールのオルト位の水素を選択的に引抜いている．

シリルマンガンのアート型反応剤は内部アルキンに付加する。生じた β-シリルアルケニルマンガンアート錯体の還元的脱離が速く、シリル基を二つ導入することができる。ビストリメチルシリルアセチレンからテトラ(トリメチルシリル)エテンが一挙に得られる。この化合物は四つの嵩高いトリメチルシリル基によって二重結合が少しねじれており、サーモクロミズム（温度による色の変化）を示す。

16・5 アリル金属反応剤による立体選択的な炭素骨格の形成

アリル金属化合物をカルボニル化合物へ付加させ、アリル付加体の二重結合を酸化的に切断するとアルドールが得られるため、アルドール反応を補完する反応として多用されている。さまざまなアリル金属反応剤のうち特徴あるものをいくつか紹介しよう。

大量調製が比較的簡単で市販されているアリル金属反応剤としては、マグネシウム、亜鉛、アルミニウムのものがある。これらはそれぞれ対応するハロゲン化アリルを金属で還元して調製する。入手しやすく、不活性ガス雰囲気下なら安定なので、金属交換を経て他のアリル金属化合物に変換することも多い。アリル金属化合物は一般に反応性が高く、カルボニル化合物と速やかに反応する。α,β-不飽和カルボニル化合物には 1,2 付加する。アリル亜鉛のカルボニル付加は安価なうえ確実であるので、ホモアリルアルコールの大量合成に適している。

アリル亜鉛化合物とアルデヒドとの反応は、置換の多い炭素の側で起こる。この位置選択性は、クロチルマグネシウムやクロチルリチウムでも認められる。これはアリル金属化合物では、一般に置換の少ない炭素が金属と結合したものが安定に存在し、6 員環遷移状態を経て γ 位で付加することによる。

アリル Grignard 反応剤や亜鉛化合物は反応性が高いため、たとえばケトンとアルデヒドの二つの官能基を含む基質で、アルデヒドだけに付加させることはむずかしい。反応性が適度に穏和な反応剤が必要になる。このような場合にはアリルクロム化合物を用いるとよい。アリルクロム化合物は官能基選択性、特にアルデヒド選択的に付加が進行することが大きな特徴である。ケトンにも付加するが、両官能基が共存すると、まずアルデヒドに選択的に付加する。アリルクロム化合物は、対応するハロゲン化アリルをクロム(II)塩で還元して調製する。よく使われている塩化クロム(II)は一電子還元剤なので、ハロゲン化アリルに対し 2 当量必要である。

ジアステレオマーの一方、アンチ体を立体選択的(stereoselective)に得るにはクロチルクロムを THF 溶媒中で用いるとよい。クロチルクロムは、E 体、Z 体どちらのハロゲン化アリルから調製しても、同じアンチ体のジアステレオマーを生じる。このような反応を特に stereoconvergent な反応という。

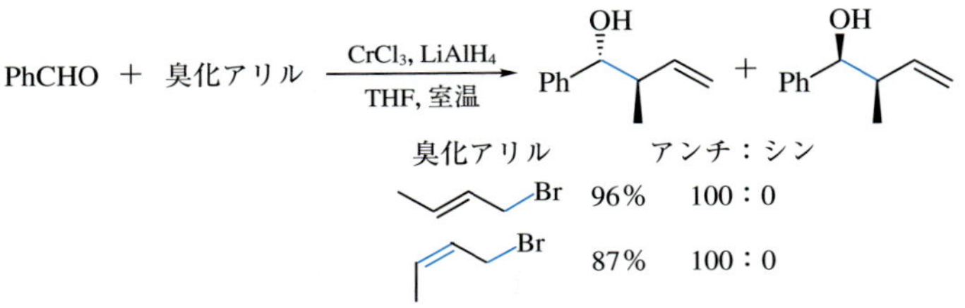

PhCHO ＋ 臭化アリル　$\xrightarrow{\text{CrCl}_3,\text{ LiAlH}_4}{\text{THF, 室温}}$

臭化アリル		アンチ：シン
～～Br	96%	100：0
～～Br	87%	100：0

アリル金属の生成とアルデヒドへの付加の機構を図16・4に示す．アリルクロム化合物の反応では，低原子価金属 M は $CrCl_2$ に，ML_n は $CrCl_3$ に溶媒などが配位したものに対応する．アリルクロム化合物のアルデヒドへの付加は6員環遷移状態を経て進行する．アルドール反応の遷移状態モデルとして用いられていた Zimmerman-Traxler モデルを使うと，立体選択性が合理的に説明できる．クロチルクロム（$R=CH_3$）のアルデヒド付加反応で，アンチ体が選択的に生成したのは，アリル金属間の速い平衡（青枠で囲った部分）があり，最も安定で反応性の高い (E)-クロチルクロムによるアルデヒド付加が進行すること，さらに，Zimmerman-Traxler モデルにおいて，立体障害が少なくなるように R^1（メチル基）とアルデヒドの R^2 両方がエクアトリアル位を占めた結果と理解できる．

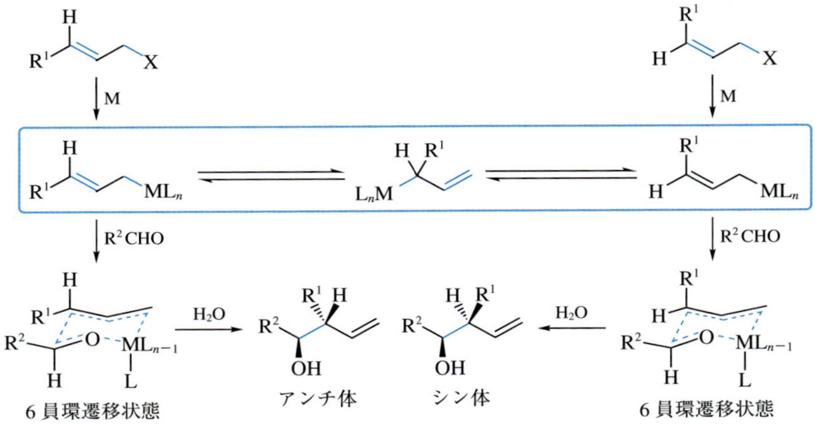

X ＝ ハロゲン，$OP(O)(OC_2H_5)_2$，L ＝ X または溶媒分子

図 16・4　アリル金属の生成とアルデヒドへの付加

アリルクロム化合物はアルデヒドが共存する反応条件でも穏やかに調製できるので，分子内環化反応に使える．次式はトランス体のアリルクロム化合物のアルデヒドへの付加であり，シン体のジアステレオマー2種類のみが選択的に生じる．この環化反応では，離れたエポキシドのキラル中心が環化のときの立体配座に影響するため，2種類のジアステレオマーのうち一方が優先する．

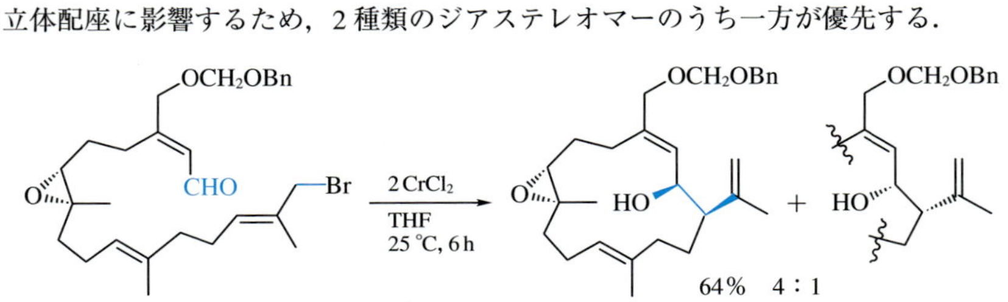

アリル金属間の平衡（図16・4）が，アルデヒドへの付加に比べて遅く，無視できる場合には，(E)-クロチル金属化合物からはアンチ付加体が，また Z 体からはシン付加体が生成する．すなわち，立体特異的反応（stereospecific reaction）が実現できる．たとえばアリルホウ素やアリルボロン酸エステル

16・5 アリル金属反応剤による立体選択的な炭素骨格の形成

ではアリルホウ素の異性体間の平衡が遅いため、アルデヒドへの付加が立体特異的に進行する。クロチルボロン酸エステルの E 体と Z 体は、対応するアリルカリウム化合物をクロロボロン酸エステルで捕捉すれば調製できる。

上式のアリルボロン酸ピナコールエステルに代えて光学活性酒石酸エステルを結合させた光学活性アリルホウ素反応剤を用いると、不斉反応が実現できる。

* n/n 相互作用とは非共有電子対どうしの相互作用をいう

空気中でも安定で、保存がきくので市販されているアリルシランはアリル化剤として使える。アリルシランのカルボニル化合物への付加は細見-櫻井反応とよばれている。アリルシランはカルボニル等価体であるアセタールとも反応し、アルコキシ基一つをアリル基で置換した生成物を与える。アリルシランをカルボニル化合物やその等価体と反応させるには、Lewis 酸触媒により求電子性のカルボニル化合物(や等価体)をさらに活性化する必要がある。Lewis 酸触媒としては、$TiCl_4$, $BF_3 \cdot O(C_2H_5)_2$,

SnCl$_4$, C$_2$H$_5$AlCl$_2$ が有効である．エーテル系溶媒は Lewis 酸に配位して酸性度を下げるので，ジクロロメタンなどハロアルカンが溶媒として適している．反応は位置選択的に進行する．ケイ素の結合している炭素からみて γ 位で求電子剤と反応し，ケイ素が脱離する．これは，ケイ素の γ 位の電子密度が σ–π 共役によって向上していること，ケイ素が β 位のカチオンを σ–p 共役により安定化すること，などの理由が考えられている．

なお，アリルシランをカルボニル化合物に付加させるには，アリルシランにフッ化物イオンを触媒量添加して高配位アリルシリカートアニオンをつくり求核性を向上させる方法もある．Lewis 酸条件下の反応とは異なり，この反応ではアリルシランの構造が生成物には反映されない．

Lewis 酸触媒によるクロチルシランのアルデヒドへの付加では，クロチルシランの立体化学に関係なく，ホモアリルアルコールのシン体が生成する．これは，先に示した 6 員環状の遷移状態を経るのではなく，Lewis 酸 (LA) が配位したアルデヒド酸素と，アリルシランのケイ素が逆平行となる鎖状の遷移状態を経て進行するためである．クロチルクロム化合物のアルデヒドへの付加とは相補的な関係になる．

キラルな Lewis 酸を触媒として用いることにより，不斉アリル化反応が達成されている．

16・5 アリル金属反応剤による立体選択的な炭素骨格の形成

アリルシランは Lewis 酸触媒共存下 α,β-不飽和カルボニル化合物に 1,4 付加する.

周期表でケイ素の下に位置するスズも，アリル金属反応剤として利用できる．アリルスズはアリルシランと同様に，Lewis 酸触媒によってカルボニル化合物に付加する．キノンとの反応では，まず 1,2 付加を経たのちアリル転位をする．3-メチル-2-ブテニルスズとキノンの反応を次に示す．1,2 付加もアリル転位も立体障害を避けるよう置換の少ない α 位で付加した化合物が生成する.

アリル金属化合物のカルボニル化合物への付加はほかにも多くの例があるが，特徴的なものを二つ，次に紹介する．

第一は，水のようなプロトン性溶媒のなかでもカルボニル化合物への付加が行えるアリルインジウム化合物である．通常のアリル金属は水と反応してプロトン化を受けるが，アリルインジウム化合物は水中でも寿命が長いため，カルボニル化合物との反応が行える．したがって，この反応ではヒドロキシ基は保護する必要がない．

第二は，Rieke 法（前述）などで得た活性な低原子価金属を用いて，低温でアリル金属化合物を調製して利用するもので，なかでもアリルバリウム化合物の反応は他のアリル金属反応剤と大きく異なる特徴がある．一般に，クロチル金属反応剤のアルデヒドへの付加は，6 員環遷移状態を経るので，金属の γ 位で付加した化合物が生成するが，クロチルバリウム化合物を低温で注意深く調製すると，出

発物のハロゲン化クロチルのハロゲンの結合していたα位で付加した生成物を二重結合の立体配置を保ったまま得ることができる．また，アリルバリウム化合物はエノンとは選択的に1,4付加する．

アリル銅もRieke法で調製できる．シアン化銅のTHF溶液をリチウムナフタレニドで還元して得たRieke銅 Cu^* を，$-100\,°C$ の低温で 2,3-ジクロロプロペンに作用させると，vic-二銅反応剤が調製できる．より反応性の高いアリル位でまず反応させ，次にビニル位で求電子剤と順次反応させることができる．

活性なマグネシウム金属を用いてアリル Grignard 反応剤を調製すると，カルボニル化合物だけでなく，同一分子にある炭素－炭素二重結合とも同じように反応する．これをマグネシウム-エン（ene）反応という．環化反応のあと生じるアルキル Grignard 化合物は，アルデヒドや二酸化炭素と反応する．この反応を二度利用してセスキテルペンの一種カプネレンが全合成された．

アリルマグネシウムは臭化亜鉛(II)が共存すると，アルキニルリチウムやアルケニルリチウムの不飽和結合にカルボメタル化する．まず金属交換によってアリル亜鉛化合物が生じ，これが金属アルキニドとハロゲン化物配位子を介して近づき，不飽和結合へ付加し，gem-二金属化合物が生じると考えられている．求電子剤を順次加えることにより，アルケン末端炭素に異なるハロゲンを導入できる

(§ 16・6 参照).

16・6 アルケニル金属反応剤による立体選択的な炭素骨格形成

アルケニル金属反応剤は，カルボニル化合物へ付加してアリルアルコールを生成し，また有機ハロゲン化物とカップリングして多置換アルケンを生成する．一般にアルケニル金属化合物はその立体配置を保持して求電子剤と反応するので，この種の反応はアルケンの立体選択的合成に用いられる．アルケニル金属反応剤を調製するには，ハロゲン化アルケニルのハロゲン-金属交換による還元，アルキンのヒドロメタル化あるいはカルボメタル化，別のアルケニル金属化合物からの金属交換などがある．

アルケニルリチウム化合物は，対応するヨウ化物や臭化物を有機リチウム化合物でハロゲン-リチウム交換により合成することが多い．塩化物は交換の効率が悪く，あまり用いない．通常，エーテル系溶媒中でヨウ化物または臭化物に t-ブチルリチウムを 2 当量作用させる．下右に示す臭化ビニルに t-ブチルリチウムを作用させる反応のように，まず Br-Li 交換反応で臭化 t-ブチルが生じるが，これは加えた t-ブチルリチウムによりさらに脱離反応が進行するので，2 当量必要である．ヘキサン中でブチルリチウムを 1 当量作用させてもよい．このときは副生する臭化ブチルの脱離が遅い．

アルケニルリチウム化合物は，比較的安定な有機スズ化合物から金属交換によって調製することもできる．スズ-リチウム交換も，ハロゲン-リチウム交換と同様，立体配置保持で進行しアルケニルリチウムが生じる．

アルケニルリチウムの調製法として，Shapiro 反応は意外に便利である．ケトンのトシルヒドラゾンにアルキルリチウムを 2 当量加えると，窒素上の水素だけでなくヒドラゾンの α 炭素からも水素がプロトンとして引抜かれてジアニオンが生じる．昇温するとスルフィン酸アニオンと窒素分子が脱離してアルケニルリチウムが生じる．非対称ケトンのヒドラゾンで α 水素が両側にある場合，置換基が少なく立体障害の小さい炭素に結合した水素が速度支配により優先して引抜かれる．なお，ヒドラゾンのトシル基には両オルト位に水素があり，これも引抜かれて別の反応が起こることがあるので，両オルト位にメチル基をもつメシチルヒドラゾン 2,4,6-$(CH_3)_3C_6H_2NHN=CR_2$ を用いるほうが一般によい結果が得られる．

アルケニル Grignard 反応剤は，THF 中ハロゲン化アルケニル，特に臭化アルケニルに金属マグネシウムを作用させて調製する（直接法）．アルキル Grignard 反応剤より調製は容易である．

アルケニル Grignard 反応剤は，ヨウ化アルケニルにジイソプロピル Grignard 反応剤 $[(CH_3)_2CH]_2Mg$ を作用させ，ヨウ素-Mg 交換を行っても調製できる．マグネシウムにはイソプロピル基も結合しているが，アルケニル基が優先してアルデヒドに付加する．

直接法で Grignard 反応剤を調製する場合，反応の規模がきわめて小さいときやエーテルなどの酸素官能基を多く含むハロゲン化物からの調製はむずかしい．また，ハロゲン-リチウム交換を利用してアルケニルリチウムを調製する場合，アルキルリチウムを用いると官能基選択性が問題になる場合がある．このようなときには，アルケニルクロム反応剤を用いるとよい．ハロゲン化アルケニルに塩化クロム(Ⅱ)と触媒量の塩化ニッケル(Ⅱ)を作用させるだけで穏やかに調製できる．特に，アルデヒド共存下に調製できる（カルボニル化合物共存下に有機金属反応剤を生成させる方法を Barbier 法という，243 ページ囲み参照）ので，分子内環化反応はもちろん小スケールから大量合成にも適している．官能基選択性とともに次に例を示す．溶媒としては，クロム塩およびニッケル塩をよく溶かす DMF や DMSO を用いる．立体障害が特に大きくない場合には，ハロゲン化物の立体配置保持でアルケニルクロムが生じ，アルデヒドへの付加を達成する．穏やかな反応条件で確実に進行するアルデヒドへの

不純物の効用

野崎-檜山-岸反応（NHK 反応）ともよばれているアルケニルクロム反応剤の最初の論文〔K. Takai, K. Kimura, T. Kuroda, T. Hiyama, H. Nozaki, *Tetrahedron Lett.*, **24**, 5281 (1983)〕には，ROC/RIC 社の純度 95% 以上の塩化クロム(Ⅱ)を DMF 中で作用させると，ハロゲン化アルケニルとアルデヒドの Barbier 型付加反応が進行すると書かれている．ニッケルは加えなくていいのだろうか．

当初，この反応はニッケルを加えなくても進行したので，論文として報告されたが，その後他社の塩化クロム(Ⅱ)を用いると，ほとんど反応が進行しないことがわかった．再現性がないことは大問題である．それから数年，"なぜあのときは反応したのか"という疑問を明らかにするために検討が続けられ，反応がうまく進行したのは，数％混入していたニッケル塩によることが 3 年後に明らかにされた〔K. Takai, M. Tagashira, T. Kuroda, K. Oshima, K. Utimoto, H. Nozaki, *J. Am. Chem. Soc.*, **108**, 6048 (1986)〕．米国ハーバード大学の岸 義人も同時にニッケルの効果を見つけ，この反応を利用して当時最も複雑な構造をもつ天然の生理活性物質であったパリトキシンの全合成を完成した．

たまたま偶然に混入していた微量のニッケルが新しい反応を導いたわけで，全く幸運であった．とはいえ，有機化合物は蒸留や再結晶で純粋なものを用いることに気を遣うが，薬品として購入した無機化合物は，そのまま使うことが多いので，純度には注意を払う必要がある．

Grignard 型付加反応であり，分子量が非常に大きい天然物であるパリトキシンの全合成（岸 義人，1994 年）や赤潮の毒の一つであるブレベトキシンの全合成（K. C. Nicolaou, 1995 年）をはじめ種々の天然物の合成に用いられている．

反応機構は次のように理解されている．ニッケル(II) がクロム(II) により還元されてニッケル(0) が生じ，これにハロゲン化アルケニルの sp^2 炭素-ハロゲン結合が酸化的付加し，生じたアルケニルニッケルとクロム(III) との金属交換によりアルケニルクロム反応剤が生成する．用いるクロム(II) の量は，金属マンガンとクロロトリメチルシランを用いることにより触媒量に減らすことができる．その場合の反応機構を青で示す．マンガンの還元力はクロム(II) より強いが，ハロゲン化アルケニルを直接還元できない．また，クロロトリメチルシランはクロムのアルコキシドをシリルエーテルに変換するとともに，クロム(III) を還元されやすい塩化物に戻す．

アルケニル金属反応剤は，二置換および三置換エチレンの立体選択的な合成には欠かせない．二置換エチレンを合成する確実な方法は，末端アルキンへのヒドロメタル化である．生成する末端の (E)-アルケニル金属反応剤やこれをヨウ素処理して得られる (E)-ヨウ化アルケニルを二置換エチレンに変換する．代表的なヒドロメタル化反応は，ヒドロホウ素化，ヒドロアルミニウム化反応，ヒドロジルコニウム化，ヒドロマグネシウム化，ヒドロシリル化，ヒドロスタンニル化である（9 章，§16・3 参照）．ここではヒドロジルコニウム化反応に焦点を当てて次に説明する．

Schwartz 反応剤〔クロロビス(η^5-シクロペンタジエニル)ヒドリドジルコニウム，$Cp_2Zr(H)Cl$〕は，

ヒドロホウ素化やヒドロアルミニウム化反応と同様，アルキンにシス付加する．炭素-ジルコニウム結合の反応性はあまり高くないが，ジルコニウムよりも求電子性の高いアルミニウムや銅（§16・3 参照）と金属交換すると，反応は進むようになる．また，ジルコニウム，ホウ素，アルミニウム，スズ，ケイ素などのアルケニル金属化合物は，パラジウムやニッケルなどの遷移金属触媒への金属交換が速やかに進むので，クロスカップリング反応の求核剤として使われている．

アルケニルジルコニウムやアルケニルアルミニウムを用いるカップリング反応では，ハロゲン化亜鉛（$ZnCl_2$ や $ZnBr_2$）を加えると反応が速くなる．

非対称アルキンへのヒドロメタル化やカルボメタル化反応では，三重結合に対する立体化学だけでなく位置選択性が問題になるため，これらを制御する必要がある．位置選択性を調べるには，立体障害が小さくて電子効果が調べやすい末端アルキンやそのシリル置換体がよく用いられる．また，酸素官能基の配位を利用して付加の位置選択性を制御するために，プロパルギルアルコールおよびその誘導体もよく用いられる．E. J. Corey が幼若ホルモンの合成にヒドロメタル化を利用した例を示す．メトキシド共存下に水素化アルミニウムリチウムをプロパルギルアルコールに作用させて生じたZ体のアルケニルアルミニウム中間体をヨウ素処理すると，立体配置を保持したままヨードアルケンを生成する．これにジエチル銅をカップリングさせると E 体の三置換エチレンが立体選択的に合成できる．

アルケニルリチウムやアルケニルマグネシウム，アルケニルジルコニウムに銅塩を加えて調製した銅アート錯体を用いるカルボメタル化反応は§16・4で述べた．ここでは α,β-不飽和アミドにアルケニル基を 1,4 付加させる例のみを示す．

末端アルキンのカルボメタル化反応にメチル銅やジルコニウムまたはアルミニウム反応剤を用いるとメチル基を含んだ多置換エチレンが合成できる．天然のテルペン類によくみられる三置換エチレン部分の合成には，特に $(CH_3)_3Al$ とジルコニウム触媒 Cp_2ZrCl_2 の組合わせを用いる根岸法が有用である．

詳細な反応機構は明らかではないが，Zr と Al 両者の混合錯体がアルキンへ付加して進行すると考えられている．

生じたアルケニルアルミニウムをヨウ素処理すると目的の立体配置が明確なヨウ化アルケニルが得られる．これはカップリング反応によっていろいろな三置換エチレンに誘導することができる．

なお根岸法においてエチル基を導入する目的で，$(CH_3)_3Al$ の代わりに $(C_2H_5)_3Al$ を用いても，目的物は得られない．CH_3CH_2-Al からの β 水素脱離が競争して起こるためである．

16・7 有機金属反応剤による Wittig 型アルケン合成

炭素－炭素二重結合を位置選択的かつ立体選択的につくることが有機合成の基本として重要なので，さまざまな方法が古くから開発されてきた．おもな手法を図 16・5 にまとめる．

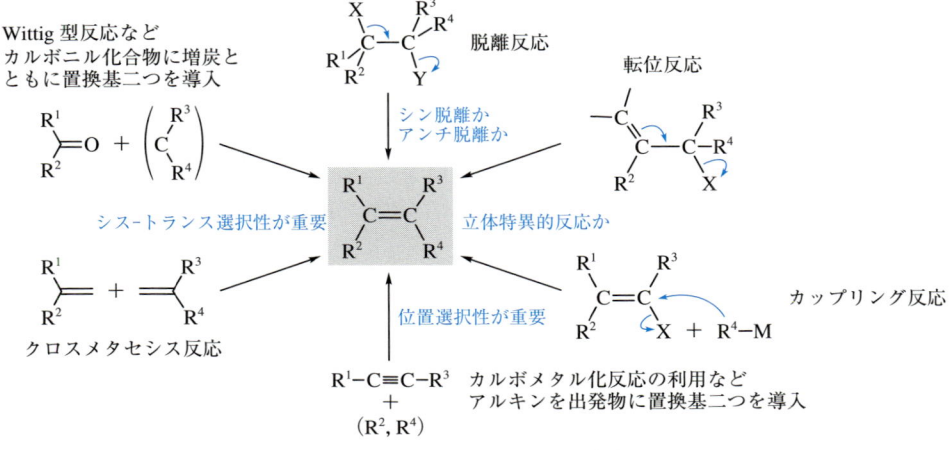

図 16・5 炭素－炭素二重結合生成法

アルデヒドやケトンのカルボニル基を炭素—炭素二重結合に変換するには，Wittig 反応剤を用いる方法が第一選択肢になることが多い．このほか，スルホンの α 位のアニオンを利用した後にスルフィン酸アニオンを脱離させて二重結合を生成する Julia 反応，ケイ素化合物の α 位のアニオンを用いてカルボニル化合物と反応させ，その後，アルコキシドアニオンとケイ素を脱離させる Peterson 反応などは，ヘテロ原子の特性をうまく利用している（15 章参照）．近年開発されたアルケンのクロスメタセシス反応は，2 種類のアルケン炭素を交換する反応である（7 章参照）．これらの反応ではアルケンのシス-トランス異性体制御が重要になる．Wittig 反応については 15 章で解説したので，ここではそれ以外の反応を解説する．

なお，二置換アルケンの立体異性体を調製するには，対応するアルキンを還元するのが最も簡便で信頼性の高い方法である．一方，三置換アルケンの合成にはアルキンのヒドロメタル化あるいはカルボメタル化反応が適している．反応の立体化学はシス付加であるので，ここでは位置選択性の制御が鍵になる．また，対応するハロゲン化アルケニルの立体異性体が入手できるなら，有機金属反応剤とのクロスカップリング反応が使える（17 章参照）．

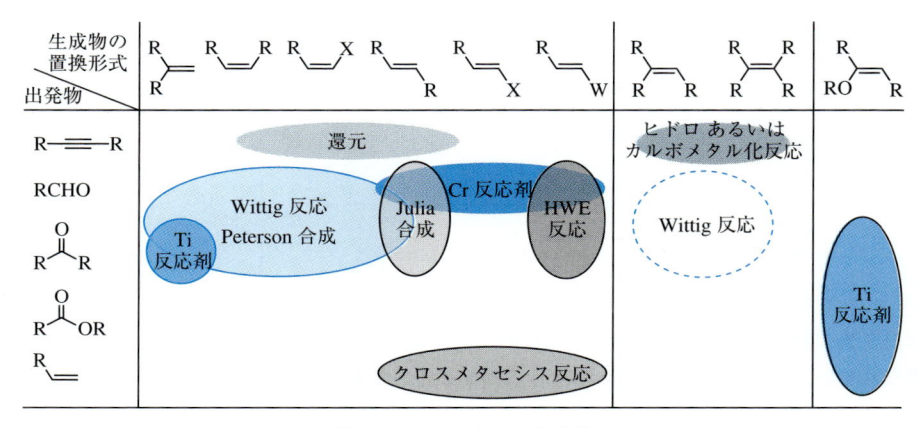

図 16・6 アルケンの合成法

出発物と生成物の置換形式でさまざまなアルケン合成反応を図 16・6 にまとめる．

カルボニル化合物からアルケンを合成する場合，先に述べたように第一選択肢は Wittig 反応である．しかし，これは万能でなく，リンイリドの構造によって，反応が進行しない，あるいは選択性がないなど，目的の変換がむずかしい場合が少なくない（図 16・7）．その欠点を補う反応剤として，ケイ素，チタン，クロムなどの元素の特徴を利用する反応剤が開発されている．

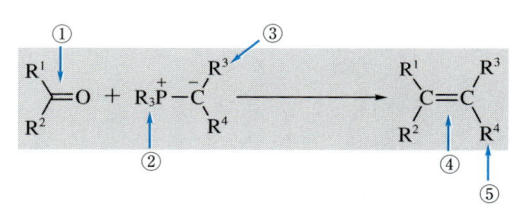

① カルボン酸誘導体のカルボニル基はアルケンに変換できない
② ホスホニウム部が嵩高いため立体障害の大きいカルボニル化合物は反応しにくい
③ 塩基性が強いためエノール化しやすいケトンには不適
官能基選択性が高くない
④ シス-トランス選択性：共役による安定化のない E 体のアルケンはつくりにくい．また三置換・四置換アルケンでは立体選択性が低い
⑤ 官能基の置換したアルケンはつくりにくい

図 16・7 Wittig 反応の特徴と問題点

カルボニル基のメチレン化にはリンイリド $Ph_3P=CH_2$ をまず使うが，フェニル基三つが結合したリ

ン部分が嵩高いため、立体障害の大きなケトンではメチレン化反応が起こりにくい。この場合には、まず硫黄やケイ素の α 位のアニオン反応剤 $PhSCH_2Li$ や $(CH_3)_3SiCH_2MgCl$ をケトンに付加させ、そのあと硫黄の場合には還元的に、またケイ素の場合には Peterson 型脱離を経てアルケンに変換する。

また Wittig 反応剤、たとえば $Ph_3P=CH_2$ は塩基性が強いため、テトラロンのようなエノール化しやすいカルボニル化合物は Wittig 反応に不活性なエノラートに変換されてしまうのでメチレン化は進行しない。さらに、カルボニルの α 位でのエピマー化やラセミ化を起こす。塩基性が小さいメチレン化剤として、チタノセン-メチレン錯体 $Cp_2Ti=CH_2$ を反応系中で発生する Tebbe 錯体 (Tebbe 反応剤) $Cp_2Ti(Cl)CH_2Al(CH_3)_2$ やジメチルチタノセン $Cp_2Ti(CH_3)_2$ がある。Tebbe 錯体は赤橙色の結晶であり、トルエン溶液が市販されている。また、ジハロアルカン (CH_2Br_2, CH_2I_2) を $TiCl_4$ 存在下、亜鉛と微量の鉛で還元して得られる反応剤も有効である。次式では、α 位の脱プロトンによるエノンやそのメチレン化によるジエンの副生が抑えられ、目的のメチレン化反応が選択的に進行する。また、この反応剤は、先に述べた立体障害の大きなケトンのメチレン化反応にも有効である。Wittig 反応では副生成物が多く得られる。

Wittig 反応はエステルカルボニル基を炭素-炭素二重結合に変換することができないが、有機チタン反応剤なら可能である。Tebbe 反応剤を用いると、アルデヒドやケトンのカルボニル基のメチレン化反応はもちろん、エステルカルボニル基のメチレン化反応も進行する。しかし両者が共存する場合には、ケトンのメチル化反応が優先する。

置換基のある Tebbe 錯体はつくれないので、エステルカルボニル基のアルキリデン化には使えないが、Schrock 型の金属-アルキリデン錯体 $M=CHR$ なら使える。しかし、錯体の調製がむずかしいうえ置換基 R に一般性がなく、また反応生成物であるアルケニルエーテルの立体選択性が低いなどの欠

点があり，一般的な合成法ではない．これに対し，TiCl$_4$−TMEDA 錯体を触媒量の鉛存在下に亜鉛で還元して得られる低原子価チタンと，gem-ジブロモアルカン RCHBr$_2$ から得られる反応剤を用いると，エステルのアルキリデン化反応が収率よく進行する．置換基 R に一般性があり，生じるアルケニルエーテルの立体選択性が非常に高い．アリルエステルから得られるアリルビニルエーテルは Claisen 転位反応の出発物になる．

アルキリデン化反応と分子内メタセシス反応を組合わせると，環状ビニルエーテルが一挙に合成できる．

ジチオアセタール RCH(SC$_6$H$_5$)$_2$ に 2 価チタノセン錯体 Cp$_2$Ti[P(OC$_2$H$_5$)$_3$]$_2$ を作用させてもチタン−アルキリデン反応剤が調製できる．出発物のジチオアセタールがカルボニル化合物から容易に合成できるので有利である．Cp$_2$Ti[P(OC$_2$H$_5$)$_3$]$_2$ は市販の Cp$_2$TiCl$_2$ を P(OC$_2$H$_5$)$_3$ 共存下にマグネシウムで還元して調製する．この方法は，特にヘテロ原子が置換した置換アルケンの合成法として有用である．

できるだけ穏和な条件で共存する他の官能基に影響を与えずに (E)-二置換エチレンを合成するときには，同一炭素にクロムが二つ結合している gem-ジクロム反応剤をアルデヒドに作用させる方法が便利である．gem-ジクロム反応剤は gem-ジヨード化合物を塩化クロム(II)で還元して調製する．

一般に (Z)-アルケンは，リチウム塩を共存させずに，不安定イリドをアルデヒドと反応させれば合成できるが，(E)-アルケンをアルデヒドから穏和な条件下に合成することはむずかしい．特にアルデ

ヒド以外に，多くの酸化状態の異なる酸素官能基をもつ化合物ではさらにむずかしくなる．しかしクロム反応剤ではこれが可能である．

ハロゲン化物としてヨードホルム CHI$_3$ を用いると，1 段階でアルデヒドから E 体のヨードアルケンが選択的に得られる．なお，ジヨードメタンから得られる Wittig 反応剤 (C$_6$H$_5$)$_3$P＝CHI はアルデヒドと反応して Z 体のヨードアルケンを選択的に生じるので，これらは互いに相補的である．

ジブロモメチルシラン (CH$_3$)$_3$SiCHBr$_2$ やジクロロメチルボロン酸エステル (RO)$_2$BCHCl$_2$－LiI を用いると，アルデヒドから炭素が一つ増えたアルケニルシランやアルケニルボロン酸エステルの E 体を選択的に合成することができる．これらの gem-ジクロム反応剤はアルデヒドと選択的に反応し，共存するケトン，エーテル，ニトリルには影響を与えず，官能基選択性が高い．生じるヨードアルケンやアルケニルシラン，アルケニルボロン酸エステルはクロスカップリング反応など，さまざまな変換反応に利用できる．

メタセシス反応がアルケン合成に広く利用されるようになった．金属-アルキリデン錯体の中心金属にチタン，モリブデン，ルテニウムを採用することによって触媒が進化してきたのに伴い，他の官能基と比べアルケンとの反応の選択性が著しく向上したことが大きな理由である．特に **Grubbs 触媒**とよばれているルテニウム錯体の開発により，カルボニル基に影響を与えずにクロスメタセシスが行えるようになり，アルケン合成の信頼できる手法になった．炭素－炭素二重結合の切断による組替えで

あるメタセシス反応は平衡反応なので，その平衡を目的とする生成物側へ傾ける必要がある．そこでたとえば，末端アルケンどうしで反応を行い，生じる低沸点のエチレンを反応系外に出して反応を進める工夫をしている．同一分子どうしのホモカップリングをいかに防ぐかも重要な点である．一方の末端アルケンのホモカップリング反応の速度が非常に遅い組合わせを選ぶことにより，目的のクロスメタセシス反応が選択的に進行する．なお，分子間クロスメタセシスでは一般に安定な二置換エチレンの E 体が選択的に得られる（18章参照）．

問題 16・1 次の反応では末端アルキンへのプロピル銅反応剤の付加を利用して昆虫の生理と関係のある (2Z,6Z)-7-メチル-3-プロピルデカ-2,6-ジエン-1-オールを合成している．[ ] 内の有機銅中間体アとイの構造を示し，それぞれの反応を説明せよ．

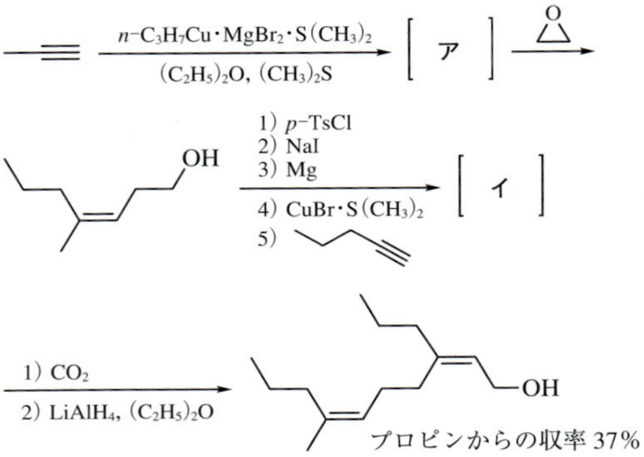

問題 16・2 次の反応で得られる化合物を示せ．なお，最初の銅アート錯体の反応では立体障害の少ない R とトランスの位置にある臭素が反応する．

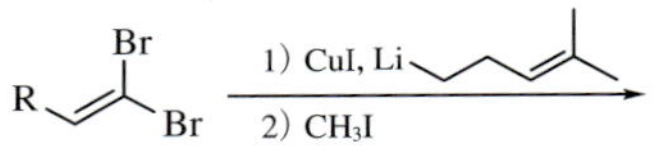

問題 16・3 安定なクロチル亜鉛とアルデヒドとの反応では，ジアステレオ選択性（アンチ/シン選択性）はみられない．その理由を説明せよ．

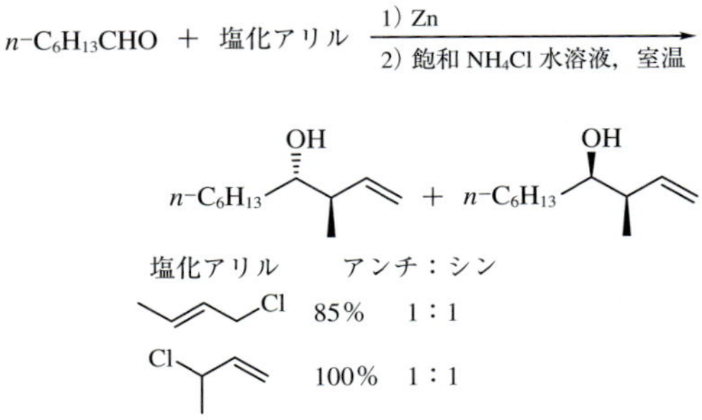

問題 16・4 ビールホップの中に含まれるセスキテルペンであるフムレンは炭素 11 員環に E 体の二重結合を三つ含む混み合った構造をもっている．このフムレンの全合成において，アルミニウムアミドがオキセタン（酸素を含む 4 員環）の開環に用いられている．オキセタンの開環によるホモアリルアルコール生成において，E 体が選択的にできる理由を図 1 を参考に説明せよ．

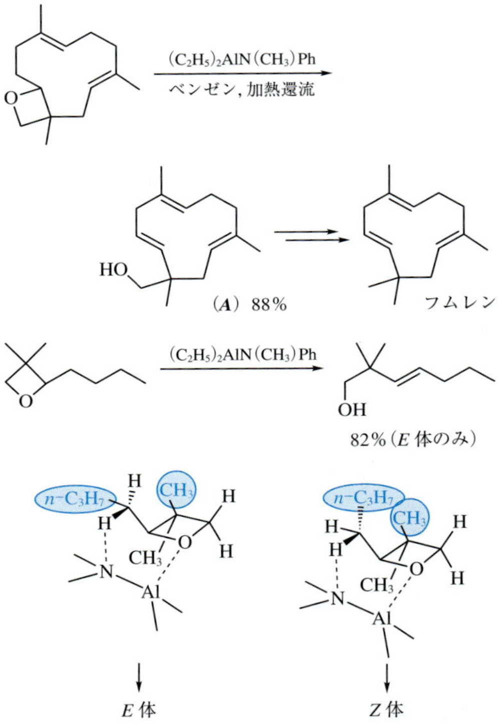

図 1

なお，このフムレンの全合成ではアルコール (**A**) のヒドロキシ基を水素に還元する段階で，単純に脱離基（メシラートなど）に変換し，金属水素化物を用いる還元は行えなかった．その理由を考えよ．

問題 16・5 Tebbe 反応剤をラクトンに作用させて調製したアリルビニルエーテルに，ジクロロメタン中トリイソブチルアルミニウムを作用させると，Claisen 転位反応による環拡大が起こり 8 員環が生成する（図2）．この反応の機構から，青で示す結合と官能基は生成物のどの部分になっているかを考え

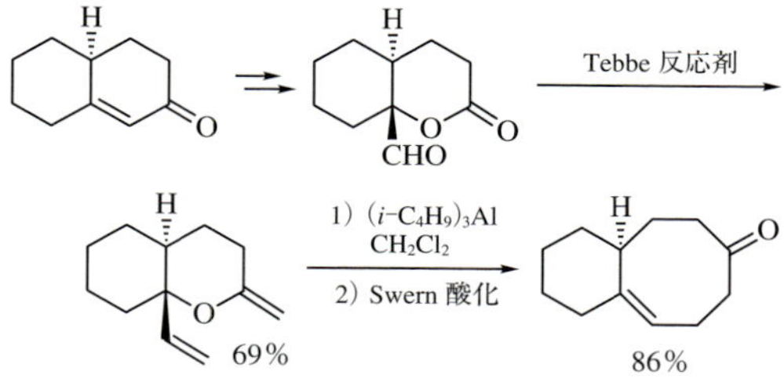

16. 金属-炭素σ結合を利用する炭素骨格形成

279

図 2

よ．なお，トリイソブチルアルミニウムは形式的に Meerwein-Ponndorf 還元と同様の機構で働くと考えてよい．

問題 16・6 次の反応では，ホモアリルアルコールがジアステレオマー過剰率(de) 80%，84% ee で得られる．反応の遷移状態を考え，主生成物の立体構造を正しく書け．

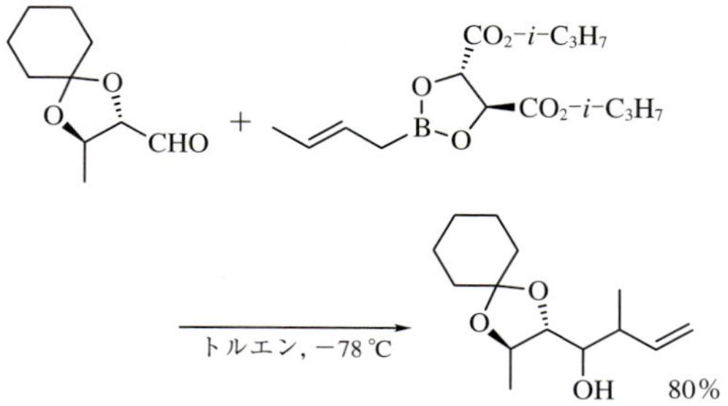

問題 16・7 Ag_2O で酸化処理する前の化合物の構造を考えよ．

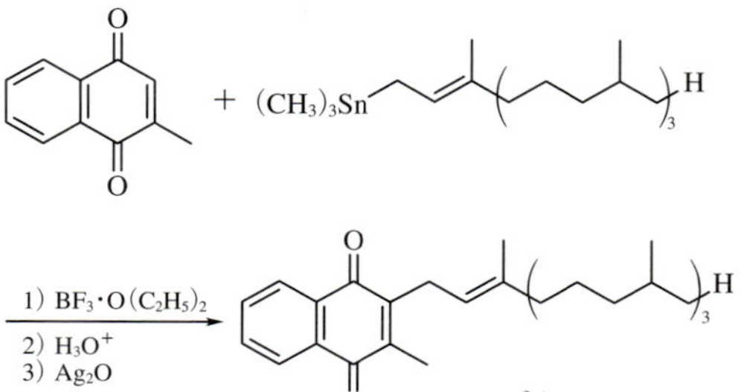

問題 16・8 ビタミン A の合成経路の一部を次に示す．カルボメタル化反応とクロスカップリング反応がどのように使われているか，確認せよ．

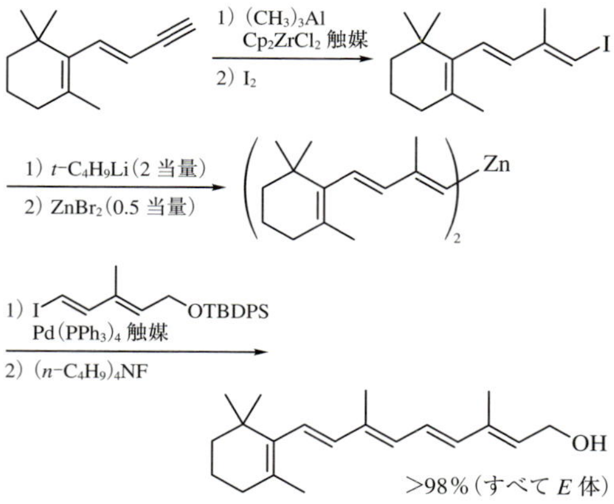

問題 16・9 天然の生理活性物質ルタマイシン B はスピロアセタールをもつ 26 員環のラクトンである．その大員環を形成する最後の段階で鈴木-宮浦カップリング反応を使い，カップリング反応の両端部分の合成において，クロム反応剤による E 体のヘテロ置換アルケン合成反応を用いている．確認せよ．

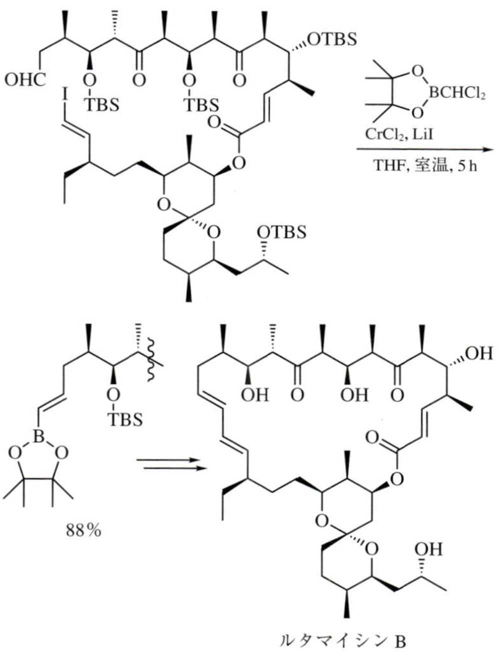

17

遷移金属化合物を利用する炭素骨格形成

前章では，おもに有機典型金属化合物の金属－炭素 σ 結合を用いる炭素骨格形成反応について紹介した．これに続き本章では，有機遷移金属化合物を化学量論量用いるいくつかの代表的な反応について解説する．典型金属化合物との相違を検証しつつ，遷移金属化合物を用いることで，いかに有機合成の幅が広がるかを学んでほしい．ここで学ぶ素反応を組合わせることで，次章で述べる遷移金属触媒反応の触媒サイクルが形成されている．

17・1 遷移金属錯体と 18 電子則

有機反応の電子の動きを曲がった矢印（巻矢印）で書いて反応機構を説明する際，まず分子やイオンの Lewis 構造を書く．このときの基本原則が，結合を構成する原子核のまわりに 8 電子あると安定な貴ガス構造（ns^2np^6）となり，その構造が安定に存在すると考えるオクテット則である．周期表からも確認できるこの法則を，第 4 周期以降の遷移金属に拡張したものが **18 電子則**であり，オクテット則と同様に経験則である．d 電子まで考慮に入れて貴ガス構造の電子配置を考え，$ns^2(n-1)d^{10}np^6$ のすべての軌道に電子が詰まっているとき，その遷移金属錯体は 18 電子則に従っているといい，多くの場合安定である．錯体の金属の総価電子数は次式によって表される．

$$\text{錯体の金属の総価電子数} = d^n + \text{配位子から供与される電子数}$$

$$d^n = \text{金属の価電子数} - \text{錯体の金属の形式酸化数}$$

金属の価電子数はその 0 価金属の d 電子数に相当する．たとえば，クロム原子の電子配置

表 17・1 遷移金属の種々の酸化数（価数）での d 電子数

	3 族	4 族	5 族	6 族	7 族	8 族	9 族	10 族	11 族
	Sc	Ti	V	Cr	Mn	Fe	Co	Ni	Cu
	Y	Zr	Nb	Mo	(Tc)	Ru	Rh	Pd	Ag
	La	Hf	Ta	W	Re	Os	Ir	Pt	Au
	Ac								
酸化数					d 電子数				
0	3	4	5	6	7	8	9	10	—
+1	2	3	4	5	6	7	8	9	10
+2	1	2	3	4	5	6	7	8	9
+3	0	1	2	3	4	5	6	7	8
+4		0	1	2	3	4	5	6	7

表 17・2 代表的な錯体の価電子数

錯体	計算	錯体	計算
Ni(CO)$_4$ カルボニル錯体	Ni(0), d^{10} CO×4　　2e$^-$×4 10+(2×4) = 18e	Cr(CO)$_6$ カルボニル錯体	Cr(0), d^6 CO×6　　2e$^-$×6 6+(2×6) = 18e
Co$_2$(CO)$_8$ カルボニル錯体	Co(0), d^9 CO×4　　2e$^-$×4 Co−Co 結合の半分 1e$^-$ 9+(2×4)+1 = 18e
K[PtCl$_3$(CH$_2$=CH$_2$)] Zeise 塩	Pt(II), d^8 Cl$^-$×3　　2e$^-$×3 C=C　　2e$^-$ 8+(2×3+2) = 16e	IrCl(CO)(PPh$_3$)$_2$ Vaska 錯体	Ir(I), d^8 CO　　2e$^-$ PPh$_3$×2　　2e$^-$×2 Cl$^-$　　2e$^-$ 8+(2+2×2+2) = 16e	RhCl(PPh$_3$)$_3$ Wilkinson 錯体	Rh(I), d^8 PPh$_3$×3　　2e$^-$×3 Cl$^-$　　2e$^-$ 8+(2×3+2) = 16e
Cp$_2$Fe サンドイッチ化合物	Fe(II), d^6 C$_5$H$_5^-$ (Cp$^-$)×2　　6e$^-$×2 6+(6×2) = 18e	Cr(C$_6$H$_6$)$_2$ サンドイッチ化合物	Cr(0), d^6 C$_6$H$_6$×2　　6e$^-$×2 6+(6×2) = 18e	Cp$_2$TiCl$_2$	Ti(IV), d^0 Cp$^-$×2　　6e$^-$×2 Cl$^-$×2　　2e$^-$×2 0+(6×2+2×2) = 16e
CpFe(CH$_3$)(CO)(PPh$_3$)	Fe(II), d^6 Cp$^-$　　6e$^-$ CO　　2e$^-$ PPh$_3$　　2e$^-$ CH$_3^-$　　2e$^-$ 6+(6+2+2+2) = 18e	CpMo(η^3-C$_6$H$_5$CH$_2$)(CO)$_2$	Mo(II), d^4 Cp$^-$　　6e$^-$ CO×2　　2e$^-$×2 η^3-ベンジル　　4e$^-$ 4+(6+2×2+4) = 18e	Ni(cod)$_2$	Ni(0), d^{10} C=C×4　　2e$^-$×4 10+(2×4) = 18e

$1s^2 2s^2 2p^6 3s^2 3p^6 3d^4 4s^2$ を考えると 3d よりも 4s のほうが少し低い位置にあるので，d^6 とは書かない．しかし，孤立した原子ではなく，配位子が金属のまわりにある状態では，3d 電子と 4s 電子のエネルギー差はほとんどないため，両方の電子を足した数を d^6 とする．すなわち 0 価のクロムの場合には族の番号 6 が価電子数になる．第 4 周期の金属の 0 価の d 電子数は，Sc(3)，Ti(4)，V(5)，Cr(6)，Mn(7)，Fe(8)，Co(9)，Ni(10)．第 5，第 6 周期についても同族では同じ数の d 電子をもつ（表 17・1）．

$Cr(CO)_6$ を例にあげて錯体の電子数を数えてみよう（表 17・2）．この錯体のクロムの形式酸化数は 0 である．0 価のクロム Cr(0) の価電子数は 6 であり，一酸化炭素は 2 電子供与の配位子なので，合計で 2×6＝12 電子が配位子からクロムに供給されている．したがって $Cr(CO)_6$ は 6＋12＝18 電子となる．18 電子の錯体では配位座（配位可能な場所）がすべて埋まっており，配位的に飽和な錯体になって，一般に安定である．これに対し，18 電子に足りない配位的に不飽和な錯体は，反応性に富むことが多い．なお，配位子から供与される電子数は各配位子の供与電子数の総和である．配位子には負電荷をもつものと中性のものがあり，その供与電子数は表 17・3 のとおりである．

表 17・3 配位子と供与電子数

	配位子	供与電子数		配位子	供与電子数
ハロゲンアニオン	X:⁻	2	η^3-アリル		4
アルキルアニオン	R:⁻	2	η^4-ジエン		4
ヒドリド	H:⁻	2	η^5-シクロペンタジエニル(Cp^-)		6
ホスフィン	R_3P	2			
一酸化炭素	:CO	2	η^6-ベンゼン		6
カルベン	R_2C	2			
エチレン	＝	2			

ベンゼンはふつう，6 電子供与の配位子（つまり η^6-ベンゼン）として働き，一酸化炭素三つと置き換えると 18 電子を保ったまま錯体をつくることが可能である．この錯体（η^6-C_6H_6)$Cr(CO)_3$ も，同様に配位的に飽和で安定な錯体である．次節で扱う．

$Cr(CO)_6$ も (η^6-C_6H_6)$Cr(CO)_3$ もクロム (0) 錯体である．一般に，ある金属の形式酸化数とは，すべての配位子を電子対とともに取除いたときに金属に残る電荷のことである．この酸化数は電子を数えるときに役立つ形式上の表示であり，金属の物理的特性を示すものではなく，また，測定できるものでもない．さらに，配位子の化学的な性質は，形式酸化数を必ずしも反映しない．たとえば，金属水素化物では，結合している水素を形式的に常にヒドリド H^- として扱うが，金属水素化物のなかには H^+ を出して強い酸としてふるまう錯体もある．

次に，安定な鉄錯体として知られているフェロセン Cp_2Fe を例に考える．シクロペンタジエニルアニオン Cp^- も 6 電子供与の配位子である．この錯体は全体として電荷は中性なので，Fe(II) に Cp^- が二つ配位した錯体として計算する．鉄は 8 族で 2 価なので d^6，Cp^- から 6×2＝12 電子が供与され，錯体としては 18 電子となる．$Fe(CO)_5$ では Fe(0)，d^8，18e であることを自分で確かめよう．

合成反応によく用いる Cp_2TiCl_2 では，全体として電荷がないので，Ti(IV) に Cp^- が二つ，Cl^- が二つ配位した錯体として計算する．チタンは 4 族で 4 価なので d^0，Cp^- と Cl^- から 6×2＋2×2＝16 電子が供与されて，16 電子錯体となる．18 電子にみたない配位不飽和な錯体なので比較的不安定に思えるが，実際には空気中で扱えるくらいの安定性がある．これは，シクロペンタジエニル環 (Cp) が傘のように立体的にチタンを覆い，第五の配位子となる Lewis 塩基がチタン原子に近づいてくるのを立体的に阻害しているためである．

エチレンが白金 Pt に配位した Zeise 塩（表 17・2 参照）が 1827 年に単離された．P. I. Mendeleev の

周期表の発表が 1869 年であり，ベンゼンの発見が 1825 年であったことを考えると，いかに古い時代に Zeise 塩が合成されたかがわかる．エチレンが π 結合で配位した Zeise 塩のほうが，E. Frankland が合成した σ 錯体のジエチル亜鉛よりも四半世紀も前につくられたことになる．Zeise 塩ではエチレンが配位子だが，合成するにはエチレンを使わず，エタノール溶媒中で塩化白金酸カリウムを加熱する．Zeise 塩のような平面 4 配位型錯体を Werner 型錯体，それ以外を非 Werner 型錯体という．

Zeise 塩のエチレンが配位する様子は図 17・1(a) のように書くことができる．二重結合の π 電子（HOMO）が Lewis 塩基として配位し，Lewis 酸である白金の空の d 軌道に 2 電子を供与（donation）する．それだけではなく，白金の d 電子がエチレンの空の π* 軌道（LUMO）に電子を逆供与（back-donation）している．

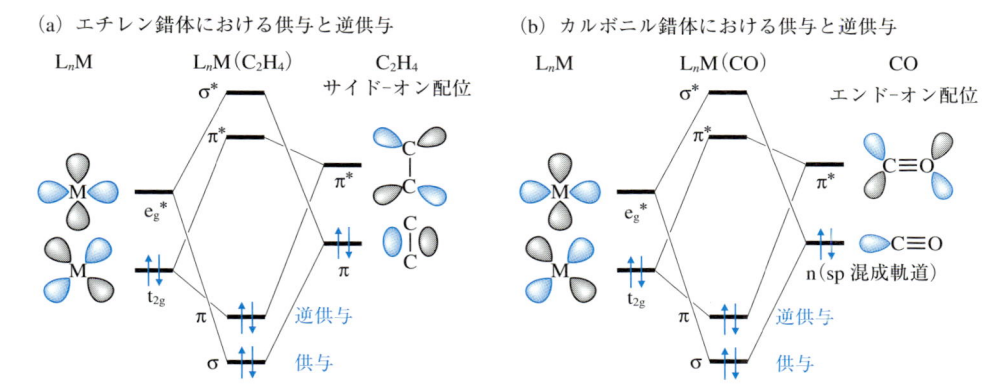

図 17・1　配位子との相互作用：供与と逆供与

炭素-炭素二重結合の π 電子が金属に配位して電子を供与するだけであれば，π 結合の電子密度は減少する．二重結合の炭素は π 電子に覆われているため，通常求核攻撃を受けることはほとんどないが，金属への配位により電子密度が減少すると，求核攻撃を受けるようになる．その典型例が Wacker 酸化の最初の段階である．

逆に，金属の電子密度が高く逆供与が大きいと η^2 で結合している炭素二つがアニオンとしての求核性をもつことになる．二重結合だけでなく三重結合でも同様のことが起こるが，ジルコニウムやタンタルのアルキン錯体がその典型例である（§ 17・5 参照）．

金属カルボニル錯体における供与と逆供与の状況を図 17・1(b) に示す．一酸化炭素の場合にはその非共有電子対が配位するのでエンド-オン型になるが，それ以外はエチレンの配位とよく似ていることがわかる．

金属に有機基が配位することにより有機金属化合物が生じるが，この有機金属化合物を逆の視点からみると，反応性の高い有機基が金属に配位することにより安定化されているとみることができる．図 17・2 に示すように，カルボアニオン，カルベン，ベンザインはそれぞれ単独では非常に反応性の

図 17・2　典型的な有機金属化合物と対応する有機基

高い活性種であるが，金属が配位することにより錯体として安定に取出せるようになる．

金属−炭素σ結合をもつ有機金属化合物を比べると，遷移金属の場合は典型元素の金属より一般に不安定である．これは，遷移金属化合物の場合には金属−炭素の結合解離エネルギーが小さいからではなく，活性化エネルギーの小さい分解経路，たとえばβ水素脱離や還元的脱離などが存在するからである．たとえば，遷移金属のエチル錯体はβ水素をもつため，メチル錯体と比べ安定性が大きく低下することが多い．

17・2 クロム−アレーン錯体の利用

クロム(0)ヘキサカルボニル $Cr(CO)_6$ をベンゼン誘導体（アレーン）と反応させると η^6-クロム−アレーン錯体（図 17・3）が生成する．この錯体は，ベンゼン環のπ電子（6 電子）がクロムトリカルボニル $Cr(0)(CO)_3$ に配位した形の錯体である．この錯体は，芳香族炭化水素溶媒中で $Cr(CO)_6$ を加熱してつくるが，$Cr(CO)_6$ が昇華しやすいので，調製は簡単ではない．そのため，$Cr(CO)_6$ に代えて（ナフタレン）$Cr(CO)_3$ 錯体や $Cr(CO)_3(NH_3)_3$ 錯体を用いることが多い．特に前者は，芳香族炭化水素を大過剰用いなくても，穏和な条件下で配位子交換をする．

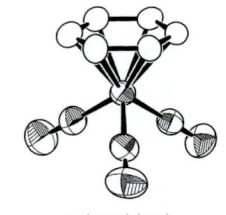

$Cr(C_6H_6)(CO)_3$

図 17・3　クロム−アレーン錯体の単結晶 X 線構造解析

$$\text{ArR} \xrightarrow[\text{熱}]{Cr(CO)_6} \text{[Cr(CO)}_3\text{-ArR]} + 3CO$$

Cr(0), d^6, 18e

クロム−アレーン錯体にアルキルリチウムを作用させたときの典型的な反応を図 17・4 にまとめる．

ベンゼン環がクロムに配位すると，ベンゼン環の電子密度が減少し，ベンゼンの sp^2 炭素と結合する水素の酸性度が増大して，低温で容易にリチオ化（脱プロトン）できるようになる．このリチオ化は，アニソール，クロロベンゼン，フルオロベンゼンなどの置換ベンゼンの場合には，それぞれの置換基のオルト位で選択的に起こる．求電子剤 E^+ と反応させたのち，酸化剤（たとえばヨウ素）でクロムを酸化的に除去すると，置換ベンゼンが得られる．

Y = H, OCH_3, Cl, F
E^+ = CO_2, CH_3I, C_6H_5CHO, $(CH_3)_2C=O$ など

ベンゼン環はπ電子で覆われているので，ベンゼン環への求核攻撃は，通常ニトロ基など電子求引基が置換した芳香族化合物に限定されているが，クロムトリカルボニル錯体に変換すると，π電子密度を強制的に減らすことができるので，求核反応が可能になる．配位しているクロムトリカルボニル部分は嵩高いため，その立体障害により，ベンゼン環やその側鎖への種々の攻撃は，クロムが配位した面と逆の側から起こる．ベンゼン環に強い電子供与基〔OCH_3, $N(CH_3)_2$〕が置換している場合には，

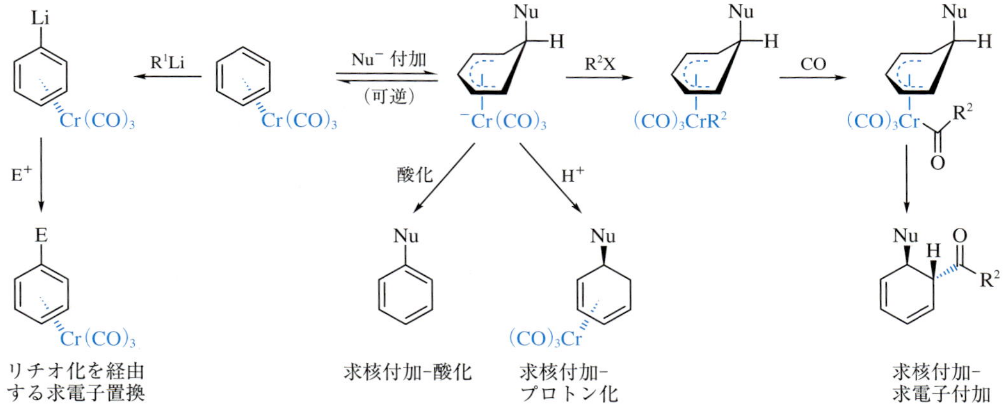

17・2 クロム-アレーン錯体の利用

図 17・4 クロム-アレーン錯体とアルキルリチウムの反応

この求核付加反応は90%以上の選択率でメタ位に起こり，残りはオルト位で起こる．なお，クロムカルボニルはヨウ素処理により酸化的に取去ることができる．

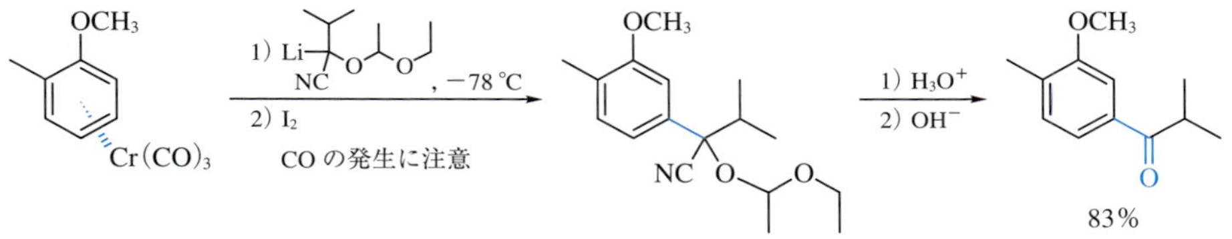

求核剤としては，LiCR[S(CH$_2$)$_3$S]，LiC(SCH$_3$)$_3$，LiCH$_2$CN，LiCH$_2$CO$_2$R などの有機リチウム化合物が使える．硫黄で安定化されたリチオジチアン LiCR[S(CH$_2$)$_3$S]はアシルアニオン等価体，LiC(SCH$_3$)$_3$はアルコキシカルボニルアニオン等価体である．上の反応では，ヨウ素酸化で芳香環に戻したが，求核剤の芳香環への付加により生じるアニオンを，ハロゲン化アルキル RX で捕捉すると，単なるアルキル化生成物ではなく，アシル(RCO)付加体が生成する．このアシル付加は，クロムに配位しているカルボニル基が移動して起こる．次に例を示す．メチルチオ基三つにより安定化されたアニオンを5位に付加させたのちヨウ化メチルを添加すると，クロムとメチル炭素の間に CO が挿入するので，結果的に6位でアセチル基を捕捉した形の生成物が得られる．反応の位置選択性は 6.1：1 と最初のアニオンの付加が5位で起こったものが8位への付加に優先する．この反応では，トリフェニルホスフィンにより Cr(CO)$_3$ を還元的に除去している．なお，Cr(CO)$_3$ は一般に無置換ベンゼンよりも電子供与基のついたベンゼンのほうが配位しやすいが，例にあげたこの置換ナフタレンの場合には逆に置換基のないベンゼン環のほうに配位している．

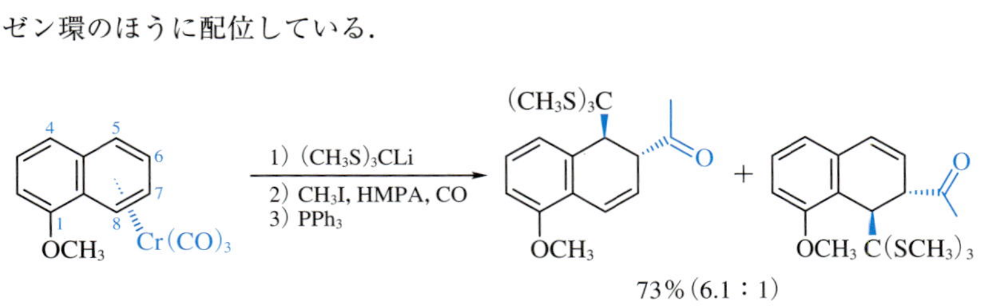

η^6-クロム-アレーン錯体では，ベンジル位にアニオンが生成すると，Cr(CO)$_3$ が電子求引基として作用するので，負電荷が芳香環だけでなくクロムにも非局在化し，ベンジル位のアニオンが安定化を受ける．ところが，Cr(CO)$_3$ の配位はベンジル位のカチオンも安定化する．このことは Cr(CO)$_3$ が電

子供与基としても作用することを示している．相反する二つの作用は矛盾しているようにみえるが，$Cr(CO)_3$ は原則として電子求引性はもつが，電子の出し入れを調節する電子プールとして働くと考えてよい．そう考えると，ベンジル位ラジカルも安定化されることがわかる．

ベンジル位のアニオンは安定になるが，芳香環水素とベンジル位の水素との間で，脱プロトンによるリチオ化が競合する場合には，芳香環水素の脱プロトンが優先する．そのため，ベンジル位でアルキル化やアシル化をしようとする場合，次式のように芳香環上の水素を $(CH_3)_3Si$ 基で置換して保護しておく必要がある．さらにベンジル位のなかでも脱プロトンの容易さに順序があることがわかる．アルキル化，アシル化とも，$Cr(CO)_3$ の立体障害を受け，これの逆側の面から起こる．なお，ここで生じるケトンをメチレン化するときに Wittig 反応剤 $(C_6H_5)_3P=CH_2$ でなく，チタン反応剤（§16・7参照）を用いるのは，このケトンがエノール化しやすいためである．

クロムカルボニルによるカチオン安定化の例を次に紹介する．最初の還元反応では，$Cr(CO)_3$ が α-テトラロンの α 面に配位しているので，$LiAlH_4$ のヒドリド H^- の攻撃は紙面の上側から起こる．ヒドロキシ基をアセチル化したのちトリメチルアルミニウムを作用させると，ベンジルカチオン経由でメチル化が起こる．このメチル化反応は，クロムの反対側から起こる．

クロムカルボニルに配位したベンゼン環は簡単にははずれないので，配位している面は区別されている．そのため，オルト位やメタ位に異なる置換基をもつ二置換ベンゼンのクロム錯体では，非等価な芳香環面に由来して面性キラリティーが生じる．たとえば，次の二つの化合物は互いに鏡像異性体の関係になる．また，ベンジル位の炭素にキラル中心が存在すると，ジアステレオマーが存在する．たとえば（C）は四つある立体異性体の一つになる．

具体例を示そう. o-メトキシベンズアルデヒドのクロムトリカルボニル錯体の鏡像異性体は, 光学活性のバリノールを加えてイミンに変換すると, ジアステレオマーの関係になるので, カラムクロマトグラフィーで容易に分けることができる. それぞれを加水分解すると光学活性な鏡像異性体が得られる.

光学活性なクロム-アレーン錯体は一置換ベンゼンのクロム錯体へのエナンチオ選択的置換基導入によっても調製できる. キラルなリチウムアミドを使うと, エナンチオトピックな水素を選択的に引抜くことができる. 求電子剤で捕捉すると, 面性キラリティーをもつクロム-アレーン錯体が調製できる. また, ベンゼン環の側鎖上にキラル中心をもつクロム-アレーン錯体では, その側鎖の配座が$Cr(CO)_3$との立体障害により制限を受けるので, ジアステレオトピックな水素の一方が選択的に引抜かれる. その結果, 一方のジアステレオマーが優先して生成する.

17・3 鉄-ジエン錯体, 鉄-オキシアリル錯体の利用

鉄カルボニル錯体$Fe(CO)_5$あるいは$Fe_2(CO)_9$, $Fe_3(CO)_{12}$に光照射したり加熱したりすると, COが解離して16電子の配位不飽和な$Fe(CO)_4$が生じる. ここにあらかじめ共役ジエンを共存させておくと, さらにCOが解離し, 鉄(0)カルボニル-ジエン錯体が得られる. この共役ジエン錯体のジエン部

分はふつう s-シスの形で配位して 18 電子の安定な錯体を生成する.6 員環ジエンの場合,二重結合が共役するように異性化して配位することがある.Fe(CO)$_3$ が配位面を選ぶと,光学活性なジエン錯体が生じる.

共役ジエンは単純な二重結合よりも一般に反応性が高いが,鉄カルボニルに配位した共役ジエンはとても安定である.アルドール反応(LDA を塩基として用いる条件や TiCl$_4$ を用いる向山アルドール反応),Wittig 反応,還元(NaBH$_4$,H$_2$-Lindlar 触媒),OsO$_4$ による 1,2-ジオールへの酸化などの条件にも影響を受けない.一方で,アレーンのクロムカルボニル錯体と同様に,セリウムで酸化的に処理すると Fe(CO)$_3$ 部分は容易に除けるので,共役ジエンの保護基として利用することができる.

エノールエーテルは酸により加水分解されやすいし,共役ジエンは酸によって重合しやすい.しかし,エノールエーテルでもありジエンでもある部分を Fe(CO)$_3$ で保護しておくと,メトキシメチル(MOM)エーテルの脱保護の条件にも安定である.

鉄-ジエン錯体の反応性には,前節で扱ったアレーンのクロムカルボニル錯体との類似点がいくつもある.光学活性錯体が調製できることや,酸化的に処理すると Fe(CO)$_3$ 部分を除去できることも似ている.さらに,鉄-ジエン錯体の近くで反応が起こるときに Fe(CO)$_3$ との立体障害により求核剤や求電子剤による攻撃の面が決まること,鉄に配位しているジエンに求核剤や酸化剤が反応すること,配位しているジエンのアリル位のアニオンやカチオンが安定化されることなども似た点である.

次の例では Fe(CO)$_3$ と逆の面からメチル化が 2 回進行し,その結果,両方のメチル基とも α 配置になる.

鉄-ジエン錯体への求核攻撃には,クロム-アレーン錯体のときと同じ求核剤が使える.求核剤の付加は,速度論的には 4 位炭素を攻撃して η^3-アリルアニオンが Fe(CO)$_3$ に配位した形が有利であるが,

可逆反応であり，熱力学的に安定な3位炭素を攻撃した形が優先する．この求核攻撃のあと一酸化炭素の挿入が起こり，生じた錯体を求電子剤で捕捉すると，シクロヘキセンの3,4位に立体選択的に置換基を導入したことになる．

鉄-ジエン錯体を $Ph_3C^+BF_4^-$ で処理すると，アリル位の水素がヒドリド H^- として引抜かれ，鉄のペンタジエニルカチオン錯体になる．このカチオン性ジエニル錯体はもとの鉄-ジエン錯体と比べると，当然ながら求核攻撃を受けやすくなり，もっと弱い求核剤とも反応する．β-ケトエステルのエノールが分子内求核攻撃してスピロ化合物が生成する．

安定なジエンだけが鉄カルボニル錯体を形成するわけではない．前駆体となるジハロゲン化物を鉄カルボニルで還元して，寿命が短くて安定に取出せないような活性種を生成させると，これがそのまま $Fe(CO)_3$ で捕捉されて，比較的安定な形になる．シクロブタジエンの例を示す．アセチレンカルボン酸メチルの存在下に Ce(IV) で酸化するとシクロブタジエンがもう一度生成し，式に示したように [4+2] 反応が進行する．o-キノジメタンも比較的安定な鉄カルボニル錯体として単離できる．

鉄カルボニルのトリメチレンメタン錯体も同様に合成できる．鉄カルボニルへの配位が，活性種の保護と利用を兼ねた例である．

この反応を α,α'-ジブロモケトンに適用して，$Fe(CO)_5$ と反応させると同様の還元が起こり，酸素が鉄(II) に配位したオキシアリルカチオンが生じる．このオキシアリルカチオンはトリメチレンメタ

ン錯体の酸素類縁体であり，共役ジエンと[3+4]付加環化反応して7員環化合物を生じる．置換基のない 1,3-ジブロモアセトンからは直接オキシアリルカチオンが生じないが，1,1,3,3-テトラブロモ体を用いれば[3+4]付加体を得ることができる．余分な臭素は亜鉛還元で除去する．

17・4 Fischer 型カルベン錯体の利用

金属－炭素結合を M=C〈のように二重結合で表せる錯体は，大きく分けて2種類ある．その一つは，6〜8族の金属（Cr, Mo, W）の低原子価の錯体で，カルベン炭素に置換しているヘテロ原子との共鳴や，配位子の一酸化炭素により安定化されている．この錯体を **Fischer 型カルベン錯体** とよぶ．形式上，電気的に中性で2電子供与のカルベンが金属に配位したとみなせる．$M(CO)_5$ 部分は強い電子求引性の原子団なので，このカルベン炭素原子は求電子的な性質を示す．あたかも Cr=C 結合が O=C 結合と同様の反応性を示す．これに対し，前周期遷移金属の高原子価の錯体は，カルベンというよりも4電子供与のジアニオンが金属に配位したとみなせる錯体で，**Schrock 型カルベン錯体** という．Schrock 型錯体のカルベン（アルキリデンともいう）炭素は求核性を示す．

Fischer 型カルベン錯体　　　　Schrock 型カルベン錯体

Fischer 型カルベン錯体は6族金属では Cr＞Mo≫W の順に合成しにくくなるため，クロム-カルベン錯体の反応が，最もよく研究されている．市販されている安定なクロム(0)ヘキサカルボニルにメチルリチウムなどの求核剤 R^- を加えると，これがカルボニル錯体に配位している CO に付加し，$Cr=C(O^-)R$ が生成する．これをトリメチルオキソニウム-テトラフルオロホウ素錯体などの求電子剤で捕捉すると，クロム-カルベン錯体が収率 90% 程度で得られる．このカルベン錯体は酸性では分解する．さらに，カルベン炭素の隣の炭素に分岐がある Fischer 型カルベン錯体は，カルボニル配位子との立体的な反発で不安定になるため，つくりにくい．

Fischer 型カルベン錯体は，アニオン性金属錯体と酸ハロゲン化物やアミドとの反応によっても合成できる．たとえば，$Cr(CO)_6$ をカリウムグラファイトあるいはナトリウムナフタレニドで還元するとアニオン性クロム錯体になる．これに酸ハロゲン化物などを作用させるとアニオン性アシル錯体にな

り，さらに求電子剤との反応によってカルベン錯体が得られる．

$$Cr(CO)_6 \xrightarrow{C_8K \text{ または} \atop Na \text{ナフタレニド}} M_2Cr(CO)_5 \quad (M = K, Na)$$

$$M_2Cr(CO)_5 \xrightarrow{R^1CCl \atop \parallel O} (CO)_5\bar{Cr}-\overset{O}{\underset{}{C}}-R^1 \xrightarrow{(CH_3)_3O^+BF_4^-} (CO)_5Cr=\underset{R^1}{\overset{OCH_3}{C}}$$

$$M_2Cr(CO)_5 \xrightarrow{R^1CNR^2_2 \atop \parallel O} (CO)_5\bar{Cr}-\overset{O^-}{\underset{NR^2_2}{C}}-R^1 \xrightarrow{(CH_3)_3SiCl} (CO)_5Cr=\underset{R^1}{\overset{NR^2_2}{C}}$$

クロム–カルベン錯体は，18eの配位的に飽和な錯体であり，固体状態では空気中でも取扱えるほど安定である．しかし，光（高圧水銀灯など）や熱により，配位しているCOが解離すると，16eで反応性の高い配位不飽和種を生じる．このように配位的に不飽和になると，三重結合などの不飽和結合と反応するきっかけができる．COを置換活性がより大きいエーテル〔THFや$(C_2H_5)_2O$〕やアルケン，アルキンなどの配位子に交換した錯体を用いることがある．

$$(CO)_5Cr=\underset{R}{\overset{OCH_3}{C}} \xrightleftharpoons[+CO]{\text{熱または光} \atop -CO} (CO)_4Cr=\underset{R}{\overset{OCH_3}{C}} \xrightarrow{L} (CO)_4Cr=\underset{\underset{L}{|}}{\overset{OCH_3}{C}}-R \quad L = THF, O(C_2H_5)_2, \overset{}{\underset{}{C=C}}, -C\equiv C-$$

クロム–カルベン錯体を例に，Fischer型カルベン錯体の反応性を紹介しよう．$Cr(CO)_5$部分は強い電子求引性をもち，この部分を酸素に置き換えた形のエステル（次の例では酢酸メチル）とよく似た反応性を示す．たとえば，Lewis酸などの求電子剤はカルベンのヘテロ原子に配位する．また，このカルベン炭素原子は求電子性をもち，種々の求核剤（RLi, RSH, RRNHなど）の攻撃を受ける．こうして，酸素以外のヘテロ原子をもつクロム–カルベン錯体が合成できる．この反応はエステル交換反応に対応する．

$$(CO)_5Cr=\underset{CH_3}{\overset{OCH_3}{C}} \xrightarrow{:NuH} (CO)_5Cr-\overset{\overset{+}{O}CH_3}{\underset{CH_3}{\underset{|}{C}}}-Nu \longrightarrow (CO)_5Cr=\underset{CH_3}{\overset{Nu}{C}} \quad NuH = RNH_2, RSH \text{ など}$$

クロム–カルベン錯体のα位の水素は，エステルと同様に酸性度が高いため，低温でブチルリチウムによりプロトンとして引抜かれて，カルボアニオンが生成する．これにハロゲン化アルキルを作用させるとアルキル化反応が起こる．また，Lewis酸とアルデヒドを加えるとアルドール反応をする．エ

$$(CO)_5Cr=\underset{CH_3}{\overset{OCH_3}{C}} \xrightarrow[-78℃]{n-C_4H_9Li} \left[(CO)_5\bar{Cr}=\underset{CH_2}{\overset{OCH_3}{C}} \leftrightarrow (CO)_5\bar{Cr}-\underset{CH_2}{\overset{OCH_3}{C}} \right]$$

$$\xrightarrow{TfO-CH_2-C\equiv CH} (CO)_5Cr=\overset{OCH_3}{C}-CH_2CH_2CH_2-C\equiv CH \quad 62\%$$

$$\xrightarrow[SnCl_4]{n-C_3H_7CHO} (CO)_5Cr=\overset{OCH_3}{C}-CH_2-\underset{n-C_3H_7}{\overset{OH}{CH}} \xrightarrow[(C_2H_5)_3N]{CH_3SO_2Cl} (CO)_5Cr=\overset{OCH_3}{C}-CH=CH-n-C_3H_7 \quad 63\%$$

$$(CO)_5Cr=\overset{OCH_3}{C}-CH_3 \xrightarrow{n-C_4H_9Li} (CO)_5Cr=\overset{OCH_3}{C}-CH_2^- \xrightarrow{\triangle} (CO)_5Cr=\overset{OCH_3}{C}-CH_2CH_2CH_2-O^- \longrightarrow (CO)_5Cr=\overset{}{\underset{}{C}}\text{(THF ring)} \quad 50\%$$

ポキシドとの反応では，生成するアルコキシドイオンがカルベン炭素を求核攻撃して，カルベン炭素にあるアルコキシ基と置換し，THF 5 員環を形成する．

エポキシドとの反応ではテトラヒドロフラン環の 2 位の炭素がカルベンとして配位した錯体が得られるが，ホモプロパルギルアルコールからも環化と異性化を利用して同様の錯体が得られる．エーテルの配位した $Cr(CO)_5$ にホモプロパルギルアルコールを作用させると，その三重結合の π 電子が配位した η^2-金属-アルキン錯体を経て，金属-アルケニリデン錯体が生成する．アルケニリデン錯体の中央の sp 炭素に求核剤が付加反応すると金属-カルベン錯体が生じる．したがって金属-アルケニリデン錯体はケテン等価体とみてもよい．

金属-アルケニリデン錯体の生成とそれに対する求核付加による Fischer 型カルベン錯体の合成を一般式で表すと次のようになる．

上で述べた環化異性化反応を利用するとクロムやモリブデンのカルボニル錯体では 5 員環が，タングステンのカルボニル錯体を用いると 6 員環が生成する．生じたタングステン-カルベン錯体をトリエチルアミン存在下に $(n\text{-}C_4H_9)_3SnOTf$ で処理するとアルケニルスズ化合物に変換できる．

配位的に不飽和な 6 族の $M(CO)_5$ 錯体と末端アルキンとの反応で生成する金属-アルケニリデン錯体は，アルコール以外にもさまざまな求核剤と分子内反応して環をつくる．求核剤としてエノールシリルエーテルを用いた例を示す．条件を変えることにより，三重結合の末端炭素で環化した 6 員環と内部炭素で環化した 5 員環がそれぞれ選択的に生じる．

6 族金属-カルベン錯体をトリエチルアミンや N,N-ジメチルアミノピリジンで処理すると，錯体が分解して，一見，カルベンが生成して隣の C–H に挿入した形のビニルエーテルを生じる．

17・4 Fischer型カルベン錯体の利用

次に示すように，環化異性化反応とプロトン化反応を組合わせると，6族金属カルボニル錯体の使用量を触媒量に減らすことができることになる．実際に，解離しやすいトリエチルアミンが配位した $[(C_2H_5)_3N]Mo(CO)_5$ を用いると，ホモプロパルギルアルコールの環化異性化反応を触媒量で行える．この反応は複素環合成にも応用できる．

カルベン炭素にベンゼン環やアルケニル基が置換した金属-カルベン錯体は，配位子の一酸化炭素が解離すると，16電子錯体になり，アルキンが配位できる．アルキンとはメタセシス型反応を行い，さらにカルベン錯体に配位している一酸化炭素1分子が反応に関与し，ヒドロキノン誘導体のクロム錯体が生じる．この反応は **Dötz 環化反応** とよばれている．配位不飽和な16電子錯体を経ることもあり，特に溶液の脱酸素処理は重要である．また，収率よく生成物を得るためには，アルキンを数回に分けて加えたほうがよい．反応は次の図のように進むと考えられている．非対称アルキンの場合には，その置換基の大きさにより位置選択性が決まる．

たとえば，1-ペンチンとクロム-カルベン錯体との反応では，アルキン上のプロピル基はヒドロキシ基の側にくる．Dötz 環化反応の後処理として，空気中で硝酸セリウム(IV)アンモニウム（CAN）を用いて酸化すると，p-キノン誘導体が得られる．

クロム-カルベン錯体に可視光を当てると金属-炭素二重結合にCOが挿入し，金属がケテンのC=

Cに配位した形の錯体を生成する．この錯体の寿命は短く，反応する前にすぐもとに戻るため，一見して変化がないようにみえるが，カルベン炭素と共役してジエン部分があると，このケテン錯体が，効率よく付加環化して芳香環が生成する．

この反応途中に発生したケテンも，ケテン特有の反応をする．たとえば，イミンと反応させると，β-ラクタム環を構築する．

クロム–カルベン錯体が，$Cr(CO)_5$ にカルベンが配位して生成したと考えると，アルケンとの反応で3員環ができても不思議ではない．実際，COの解離による16電子の錯体生成，アルケン二重結合の配位，メタラシクロブタン形成，還元的脱離によりシクロプロパン化が進行する．

エンインを基質として用いると，二重結合よりも三重結合のほうが反応性が高いので，まずメタセシス型の反応が進行し，クロム–カルベン錯体が生成する．生じたカルベン錯体が適当な位置にある二

重結合と反応してメタラシクロブタン中間体を生じる．その還元的脱離によりシクロプロパン化合物が生成する．後処理でエノールエーテルは加水分解を受けてケトンになる．

17・5 金属–アルキン錯体およびアルケン錯体の利用

二重結合，三重結合はπ結合の電子がその電子を金属に供与して配位するとともに，金属から電子を逆供与されて，錯体を安定化する．金属–カルベン錯体の場合に反応性が大きく異なる Fischer 型錯体と Schrock 型錯体があるのと同様に，金属–アルキン錯体でも金属の価数や配位子の種類により，供与と逆供与の均衡が変わり，反応性が大きく変化する．

図 17・5 は 3-ヘキシンとテトラメチルエチレンジアミンがタンタルに配位した錯体の ORTEP 図である．上にあるアルキン三重結合 C–C≡C–C が金属へ配位することによって大きく曲がっていることがわかる．

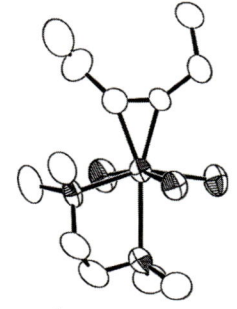

$TaCl_3(CH_3CH_2C≡CCH_2CH_3)$-(TMEDA)

図 17・5 タンタル–アルキン錯体の単結晶 X 線構造解析

17・5・1 コバルトのアルキン錯体

最初に安定な金属–アルキン錯体であるジコバルトヘキサカルボニル $Co_2(CO)_6$ に三重結合が配位したコバルト–アルキン錯体を取上げる．この錯体は，アルキンと $Co_2(CO)_8$ を混ぜ，CO 二つをアルキンに置換してつくる．アセチレンのπ電子が四つ（π結合二つ）ともコバルトとの結合に使われている．ジフェニルアセチレンの錯体では，三重結合の炭素－炭素結合間の距離は 0.145 nm となり，単結合と二重結合の間の長さである．コバルト–コバルト結合をもち 18 電子則をみたしているが，その結合は三重結合と直交している．

三重結合のπ電子はコバルトとの錯体形成に使われているので，π電子が関与する三重結合としての反応性は低い．このことを利用すると，二重結合と三重結合の両方をもつ化合物の三重結合をコバルト錯体に変換しておき，二重結合を反応させたのちに酸化して三重結合に戻せる．このようにコバルトとの錯体化は三重結合の保護として使える．

クロム–アレーン錯体では $Cr(CO)_3$ が電子プールとして働き，フェニル基がベンジル位カチオンを安定化したが，次に示すコバルト–アルキン錯体ではプロパルギル位のカチオンが安定化される．アセトキシ基だけでなく，アルコキシ基も脱離基として利用でき，S_N1 型の求核置換反応が進行する．この反応は **Nicholas 反応**（ニコラス）とよばれている．

コバルトの配位により三重結合の両端から出る結合が曲がるので，この特性を Nicholas 反応とともに利用すると，7,8 員環が比較的容易に合成できる．

コバルト-アルキン錯体にアルケンと一酸化炭素を作用させるとシクロペンテノンが生成する．この反応は **Pauson-Khand 反応**とよばれている．

分子間反応では，アルキンのより嵩高い置換基 R^1 がシクロペンテノンの 2 位に結合したものが主生成物として得られる．しかし，アルケンの置換基 R^3 による位置異性体の生成は制御しにくいので，分子内反応で位置選択的に反応を行う方法がよく用いられる．

17・5・2 ジルコニウム，タンタル，チタンのアルキン錯体

ジルコニウム-アルキン錯体の合成法を次式に示す．アルキンのヒドロジルコニウム化で生じた錯体にメチルリチウムを加えメチル化する．そこに配位力の強い $P(CH_3)_3$ を作用させると，メタンが脱離するとともに，ジルコノセン-アルキン錯体が生じる．$P(CH_3)_3$ が配位したアルキン錯体は $Zr(IV)$, d^0 で 18 電子をみたしており比較的安定である．

配位的に不飽和なジルコノセン錯体 Cp_2Zr にアルキンを直接作用させても同様にジルコノセン-アルキン錯体が調製できる．二塩化ジルコノセンにブチルリチウムを 2 当量加え昇温すると，生じたジブチルジルコノセンが連続して β 水素脱離と還元的脱離を起こし，配位不飽和なジルコノセンが生じる．ジルコノセンは 14 電子であり，不安定で分解が速いが，アルキンとホスフィンを反応系中に共存させておくと，18 電子錯体のジルコノセン-アルキン錯体を形成する．これは配位飽和なので，炭素-炭素二重結合などを挿入させるためには，ホスフィン配位子をはずし，一度，配位不飽和な 16 電子錯体にすることが必要になる．なお，アルキンの代わりにエチレンを共存させておくと，比較的安定なジルコナシクロペンタンが生成するが（後述），この錯体は逆反応によりジルコノセンを生じるの

17・5 金属-アルキン錯体およびアルケン錯体の利用

で，その等価体として使える．

タンタルとチタンも，低原子価状態でアルキンに作用させると対応するアルキン錯体が調製できる．これらは，三重結合が低原子価金属に酸化的付加したとみることもできる．生じた金属-アルキン錯体では，金属と η^2 で結合している炭素の求核性の強さは，当然，金属の種類により異なる．たとえばタンタル-アルキン錯体を重水で処理すると，シス位に重水素が二つ導入されて (Z)-アルケンが高収率で得られる．ここでは金属と η^2 で結合している炭素が求核的であることがわかる．

テトライソプロポキシチタンまたは $ClTi(O$-i-$C_3H_7)_3$ に，i-C_3H_7MgCl を 2 当量加えると，チタン(IV)上でイソプロピル基の不均化が起こりチタンが 2 価に還元され，チタン(II)-プロペン錯体が生じる．これにアルキンを加えると配位しているプロペンと交換してチタンのアルキン錯体になる．このプロペン錯体は 2 価のチタン活性種 $Ti(O$-i-$C_3H_7)_2$ と等価な反応剤である．塩酸でプロトン化すると，タンタルの場合と同様，水素二つをシス位に導入できる．トリメチルシリルアセチレンとチタン(II)-プロペン錯体から得られるチタン-アルキン錯体に，s-ブチルアルコールを 1 当量加えると，結合の一つだけを選択的にプロトン化することができる．形式的にトリメチルシリルアセチレンの三重結合に位置および立体選択的にヒドロチタン化反応を行ったことになる．トリメチルシリルアセチレンに**ヒドロアルミニウム化反応**を行うと，アルミニウムはケイ素が置換した炭素と結合するので，この反応では位置選択性が逆になる．

前周期元素のジルコニウム，タンタル，チタンなどの金属-アルキン錯体にカルボニル化合物を加えると，その炭素－酸素二重結合が金属－炭素結合に挿入したオキサメタラシクロペンテンが生成する．この化合物は，カルボニル基への求核反応による生成物とみることもできる．たとえば，次式の中間体であるオキサタンタラシクロペンテンを加水分解すると E 体の三置換アリルアルコールが選択的に生成する．加水分解の前にヨウ素処理すると，二重結合にヨウ素が置換したアリルアルコールが生成

する．タンタル-アルキン錯体がシス位に固定された1,2-ジアニオン等価体として働いたことになる．

末端アルキンから調製したジルコノセン-アルキン錯体にアセトンを作用させると，その反応の位置選択性は2.4：1と高くない．非対称内部アルキン（$R^1C\equiv CR^2$, $R^1\neq R^2$）のジルコノセン錯体では，位置選択性の制御はさらにむずかしい．

一般に，位置選択性を高めたいときによく使う手法に，アルキンの一方の置換基を$(CH_3)_3Si$基に代えて，その立体障害や電子的影響を利用する方法がある．次式では，タンタル-アルキン錯体へのアルデヒドの挿入（1,2付加反応）が$(CH_3)_3Si$基から遠い炭素で起こる．なお，この付加体をNiO_2で酸化した後，生じたジエノンをLewis酸触媒によりNazarov環化させると，導入しておいた$(CH_3)_3Si$基が，β位のカチオンを安定化する（β効果）向きに環化が起こり，その後$(CH_3)_3Si$基が脱離し最終的に二重結合をケイ素が置換していた炭素側にもつシクロペンテノン骨格が生成する．

分子間反応を位置選択的に達成するには，同じ分子の適切な位置にある置換基の配位による制御（あるいは結合制御）を利用することもできる．タンタル-アルキン錯体への炭素−炭素二重結合の挿入を例として示す．タンタル-アルキン錯体はジルコノセン-アルキン錯体とは異なり，アルケンを加えただけでは挿入が起こらない．挿入反応を起こすためには炭素−炭素二重結合を錯体に近づけ，配位させる必要がある．このために，まず，タンタル-アルキン錯体の塩素配位子をアルコキシドと配位子交換する．これによって反応のエントロピーを稼ぐだけでなく，二重結合の挿入の位置選択性を制御する．ヒドロキシ基から5員環をつくりやすい位置に二重結合をもつアルコールでは，この二重結合だけが反応する．

17・5 金属-アルキン錯体およびアルケン錯体の利用

ジブチルジルコノセンからジルコノセンを 0 ℃ で生成させるときにエチレンを共存させておくと，比較的安定なジルコナシクロペンタンが生成する．これにアルキンを加えると，ジルコナシクロペンタンの炭素-炭素結合（破線部）が切れるとともにエチレンが解離し，ジルコナシクロペンテンが生成する．さらに別のアルキンを加えると，ジルコナシクロペンタジエンが生成する．ニッケル触媒を添加して，第三のアルキンを加えると，多置換ベンゼンが調製できる．第三成分としてニトリルを用いると，多置換ピリジンが合成できる．硫黄やリンを含んだ複素環も合成できる．

ジルコノセン-アルキン錯体を用いたエンイン化合物の環化反応を次に示す．ジルコノセン錯体にアルキンとアルケンを酸化的環化させてジルコナシクロペンテンをつくる．ここでは分子内反応なので二重結合が位置選択的に挿入する．またビシクロ環が生成するときに，橋頭位に新たにキラル中心が生じる．この立体配置が図示したものに決まる理由を考えよう．なお，この反応は，量論量のジルコノセンを用いて Pauson-Khand 反応を一段ずつ実施した形になっている．

ジルコノセン Cp_2Zr のような低原子価の金属活性種は 1,6-エンインと反応し，5 員環を二つ形成してメタラシクロペンテンを生成する．チタノセン-プロペン錯体も同様に 1,6-ジエンと反応し，チタナシクロペンタンを生成する．この錯体は活性種 $Ti(O-i-C_3H_7)_2$ の等価体である．

カルバサイクリンの骨格構築に，この $Ti(O-i-C_3H_7)_2$ 等価体による還元的環化反応を用いた例を示す．チタンを含むビシクロ[3.3.0]骨格の立体障害の小さいエキソ側でエステルの α 位の C-Ti 結合がアルデヒドと反応し，残ったもう一方の C-Ti 結合が分子内でエステルと反応してシクロペンタノン部分が生じている（下式，反応機構は次ページ上の青枠内に示す）．

55 %（C13 の α-OH : β-OH = 84 : 16）

C−Ti 結合の反応性は一般に低く，エステルとは反応しないが，上のような分子内反応やチタナシクロプロパンの場合には，エステルと反応できる．チタナシクロプロパンは 1,2-カルボジアニオン等価体としてエステルと反応し，シクロプロパノールを生成する．この反応は **Kulinkovich 反応**（クリンコビッチ）とよばれている．末端アルケンの配位したチタナシクロプロパンは，シクロペンテンの配位した錯体との配位子交換反応により調製できる．シクロペンテンの錯体は先にも述べたように 2 価のチタン活性種 $Ti(O\text{-}i\text{-}C_3H_7)_2$ と等価な反応剤となっている．生成したチタナシクロプロパンが 1,2-ジアニオンとして酢酸エチルと反応し，シクロプロパノールが生成する．この反応ではメチル基とブチル基がシスの配置になる．

エステルの代わりにアミドを用いると，シクロプロピルアミンが得られる．二重結合を分子内にもつ N,N-ジアルキルアミドからは二環性のシクロプロピルアミンが生成する．チタンは酸素との親和性が強いので，アミドの場合にもチタン−酸素結合を形成する形で反応する．Tebbe 錯体によるアミドカルボニル基のメチレン化反応と同様である（§16・7 参照）．次式では出発物のアミドがアミノ酸由来のキラルなアミドなので，ジアステレオマーが 2 種類生成している．

17・6　McMurry カップリングとピナコールカップリング

カルボニル化合物 2 分子が脱酸素を伴ってアルケンを生じるカップリング反応を **McMurry**（マクマリー）カップリングという．目的とは異なる予想外のよい結果を得ることをセレンディピティー（serendipity）と

17・6 McMurryカップリングとピナコールカップリング

よぶが，このカップリング反応もそのようにして見つかった．J. E. McMurryは，共役エノンの脱酸素反応を行おうとして，LiAlH$_4$とともに酸素との親和性が強く脱酸素反応を促進すると考えられるTiCl$_3$を加えた．その結果，予想外の二量体，共役トリエンが生成することを見つけた．

この反応は，TiCl$_3$にLiAlH$_4$を加えたことにより低原子価チタン（錯体ではなく不均一なもの）が生じ，その表面でケトンが一電子還元されてケチルラジカルが生じ，そのカップリング二量化と脱酸素反応によって進行したと考えられている．反応温度を低くして加水分解すると1,2-ジオールが生成するが，この反応については本節の後半で述べる．なお，同時期に向山光昭もTiCl$_4$と亜鉛から得た反応剤で同様の反応が進行することを認めているので，向山-McMurryカップリングということもある．

低原子価チタン表面上に二つのカルボニル基が近づいてカップリングするので，ジカルボニル化合物の反応では，環化が起こる．大きさがふつうの環だけでなく，4員環のようなひずみのある小員環や，逆に大員環も比較的高い収率で得られる．これがMcMurryカップリングの大きな特徴である．

McMurryはTiCl$_3$をLiAlH$_4$と組合わせて反応を見つけたが，TiCl$_3$をジメトキシエタン（DME）溶媒中で2日間還流して得られるTiCl$_3$(dme)$_{1.5}$を亜鉛-銅合金で還元して使うほうが再現性がよい．この反応剤を用いると，エステル，炭酸エステル，アセタール，シリルエーテルなどの酸素官能基が基質にあっても関係なく，目的のカップリング反応が行える．

カルボニル化合物のホモカップリング二量化反応も速やかに進行する．立体障害の非常に大きい内部アルケンや共役の長い β-カロテンも高収率で合成できる．

ホモカップリングに比べ，異なる分子間のカップリングはむずかしい．通常は，沸点の低い（安価な）ケトンを過剰量用いる．次式ではアセトンを大過剰使用し，ホモカップリングにより副生する 2,3-ジメチル-2-ブテンが除去しやすいことを利用している．

ケトエステルが McMurry カップリングすると，アルケニルエーテルが生成する．これは酸処理すると速やかにケトンとなる．

ケトアミドの McMurry カップリングは，複素環とくにインドール環の合成に威力を発揮する．TiCl$_3$ をカリウム-グラファイトあるいは亜鉛で還元して調製する反応剤がよく用いられている．次式の例は複素環を四つ一挙に生成するので，いかに効率のよい変換反応であるかがわかる．このようなインドール環の合成反応では，(CH$_3$)$_3$SiCl を酸素捕捉剤として用いると，用いるチタン塩の量を減らすことが

17・6 McMurry カップリングとピナコールカップリング

できる．

カルボニル化合物のピナコールカップリング反応によって 1,2-ジオールをつくるとき，以前は金属マグネシウムを用いていた．マグネシウムからカルボニル基に一電子が移動し（一電子還元），生じたアニオンラジカルのカップリングにより二量体が生成する．

先にも述べたように，McMurry カップリングを穏やかな条件下に行って加水分解すれば 1,2-ジオールが単離できる．この反応はジベレリン酸やタキソールの全合成における環形成に用いられている．

金属還元によるピナコール合成反応は，やはりカルボニル基への一電子移動（一電子還元）から始まる．そのため，用いる低原子価金属の還元力が大きいことが重要であることはまちがいないが，この機構からすると，カルボニル基に配位して，求電子性を高める Lewis 酸性をもつ低原子価金属を用いると，一電子還元が速やかに進行し，1,2-ジオールの生成が促進されることが予想される．実際，チタン(Ⅲ)，バナジウム(Ⅱ)，サマリウム(Ⅱ) などの低原子価前周期金属の錯体がピナコールカップリングによく用いられるようになったのは，この理由による．

一電子還元が起こりやすい芳香族カルボニル化合物がピナコールカップリングのよい基質である．ベンズアルデヒドのホモカップリングにチタン錯体を用いると高いジアステレオ選択性（dl：$meso$ 比）が認められるが，脂肪族アルデヒドでは収率もジアステレオ選択性も高くない．

しかし，脂肪族カルボニル化合物でも，分子内環化反応はチタン錯体を用いると室温で進行する．特にこのカルボニル化合物のピナコールカップリングでは，マグネシウムを還元剤とし，生成するチ

タンアルコキシドからチタンを引離すために $(CH_3)_3SiCl$ を加えると, チタン錯体の使用量を触媒量にまで減らせる. 環化反応で生じる 1,2-ジオールのシス/トランス比は環の大きさにより大きく異なる.

低原子価金属錯体によるアルデヒドのピナコールカップリングに対しては, 反応機構がいくつか提案されている. **A** はラジカルどうしがカップリングするもの, **B** は生じたアニオンラジカルがアルデヒドに反応するもの, **C** はオキサメタラシクロプロパンのアルデヒドへの付加, **D** はジアニオンのアルデヒドへの付加である. 金属の種類や溶媒などの反応条件によっても左右されると考えられている.

同じ分子どうしをホモカップリングさせてピナコール体を得ることは簡単だが, クロスカップリング反応を選択的に行うことはむずかしい. 窒素が配位する特殊な基質では, 3 価のバナジウムを亜鉛で還元して得られる低原子価バナジウムを用いると, 分子内のキレーションによる制御が可能である. こうしてホモカップリングを抑えてクロスカップリングを優先的にかつ立体選択的に行うことができる.

サマリウム(II) もピナコールカップリング反応をはじめ, いろいろな一電子還元反応によく用いられている. サマリウム(II) を有機合成に最初に使ったのは H. Kagan である. サマリウム(II) は, THF 中サマリウム金属に ICH_2CH_2I や CH_2I_2 などを加えて酸化し調製する. 濃青色溶液であるが, サマリウム(II) の溶解度はあまり高くないため, 濃度は比較的低い. このサマリウム(II) を用いるとピナコールカップリングが容易に進行する. 一般に, 芳香族に比べ脂肪族アルデヒドやケトンのカップリング反応は遅い. この反応のジアステレオ選択性は低原子価チタンの場合と同様に一般に高くない.

R^1	R^2	時間	収率
C_6H_5	H	0.5 分	95%
$n\text{-}C_7H_{15}$	H	3 時間	85%
C_6H_5	CH_3	0.5 分	95%
$n\text{-}C_6H_{13}$	CH_3	24 時間	80%

サマリウム(II) を分子内ピナコールカップリングに用いた例は多い. 例を次に示す. ここでは反応

17·6 McMurryカップリングとピナコールカップリング

生成物の立体配置が反応条件により逆転する．出発物の 6 員環のいす形配座は，置換基三つがエクアトリアル位を占めて安定なので，生成物の立体配置は 2 位置換基の配座により決まる．サマリウムの配位子として強固に配位できるヘキサメチルリン酸トリアミド（HMPA）の有無により，アルデヒド酸素に配位するサマリウムに違いが生じるため，生成物の立体化学が異なったと考えられている．

サマリウム(II)でカルボニル基を一電子還元すると，アニオンラジカルが生じるが，これはカルボニル基への 1,2 付加だけでなく，α,β-不飽和カルボニルへの 1,4 付加反応に用いることもできる．

ピナコールカップリングは，ジベレリンやタキソールの環形成に使うと，アルドール反応に匹敵する炭素骨格構築の重要な手段になる．分子間でのクロスカップリングは実現がむずかしいが，分子内反応，すなわち環化反応では反応点どうしが近づく効果があるため，潜在能力の高い合成反応である．しかしこの分子内反応による環化生成物のシス/トランス比は，環の大きさ，反応条件，基質分子の置換基の立体障害あるいは酸素官能基のキレーションによる配座への影響などにより変化する．

問題 17·1 クロム-アレーン錯体への求核攻撃の方向やベンジル位の安定化などの特徴が，どのように利用されているか考えてみよう．

問題 17·2 アリルホウ素化合物の不斉付加反応の選択性を考えよ．

問題 17·3 環化反応の出発物となるクロム-カルベン錯体は，Shapiro 反応で生じたアルケニルリチウムを $Cr(CO)_6$ に作用させ，$(C_2H_5)_3O^+BF_4^-$ で捕捉して調製する．次のそれぞれの段階の反応機構を示せ．

問題 17・4 デンドロビンの全合成において，ジルコナシクロペンタンを経由し，一酸化炭素の挿入による三環性ケトンの合成が検討された．途中に生じていると想定されたジルコナシクロペンタンを塩酸で処理したところ水素の発生とともに，2種の生成物が収率58%，27%で得られた．二つの最終生成物が得られた機構を推測せよ．なお，実際には一酸化炭素を作用させることにより，目的のケトンが収率47%で得られている．

問題 17・5 高脂血症治療薬のメビノリンの合成では，ビシクロ[4.4.0]デカン骨格の構築に低原子価チタンが用いられた．酸素官能基どうしの反応であり，目的化合物にも酸化状態の異なる酸素官能基があるので，カップリング反応ではヒドロキシ基の保護を注意深く行っている．12章を読み，塩基性条件下で使える保護基を確認しよう．

18

遷移金属触媒反応

　遷移金属を用いることによって，有機合成の幅が大きく広がっている．しかし，遷移金属は高価なものが多く廃棄も困難であることが多いので，利用を触媒量にとどめることが望ましい．そのためには，用いる錯体あるいは系中で発生させた活性種を何段階かの素反応を経てもとの形に戻す，すなわち，素反応を巧みに組合わせて循環式の工程，"触媒サイクル"を成立させることが重要である．本章では，まず遷移金属の代表的な素反応について説明し，次に工業的に重要な炭素－炭素結合生成反応を四つ取上げ，素反応の組合わせによって触媒サイクルがいかに形成されていくかを解説する．また，遷移金属触媒における基質の変遷を大まかに辿ることによって，遷移金属触媒反応の特徴をつかむ．

18・1　遷移金属の代表的な素反応

　遷移金属触媒反応には素反応がいくつかある．それぞれの遷移金属が得意とする素反応を組合わせて，相性のよい基質の反応を触媒しているだけといっても過言ではない．なかにはパラジウムのように比較的広範囲の反応を触媒するものもあるが，多くの遷移金属は得意な素反応や相性のよい基質の数が限られるので，触媒反応の種類は多くない．しかし，数多くある遷移金属それぞれの特徴をいかすことによって，多彩な遷移金属触媒反応を実現している．本節では，遷移金属触媒反応の機構を理解するうえで重要な素反応を簡単に説明する．

18・1・1　配位と解離

　基質が反応するためには，それに先だって金属に配位しなければならないことが多いだけでなく，配位子によって中心金属の性質が制御されるので，配位は重要な素反応である．また，触媒反応生成物や配位子が金属から離れることによって，次の反応に必要な空の配位座が生じるので，解離も反応の進行に大きな影響を与える．このように，配位と解離は決して軽視できない重要な素過程であるが，本章では詳しくはふれない．

18・1・2　結合の組替え：σ結合メタセシス，挿入と脱離，付加環化

　M－X 結合（M＝遷移金属）と Y－Z 結合が，4 中心遷移状態を経て結合を組替える一連の変換が知られている．基本的に，それぞれの結合の次数がいかなるものであっても，結合の組替えが可能であるが，特に重要な組合わせ三つを図 18・1 に示す．(a) では M－X 結合および Y－Z 結合のいずれもが単結合（σ結合）であり，これらの結合が切断されて新たに単結合が二つ形成する．遷移金属 M のアニオン性配位子が X から Y にかわるこの反応を **σ結合メタセシス**（σ-bond metathesis）とよぶ．Z が金属である場合には **金属交換**（トランスメタル化）といい，特に有機典型金属との反応が重要である（§18・2・4 参照）．必ずしも正確ではないが，この金属交換の機構を有機化学的に電子の動きで示せ

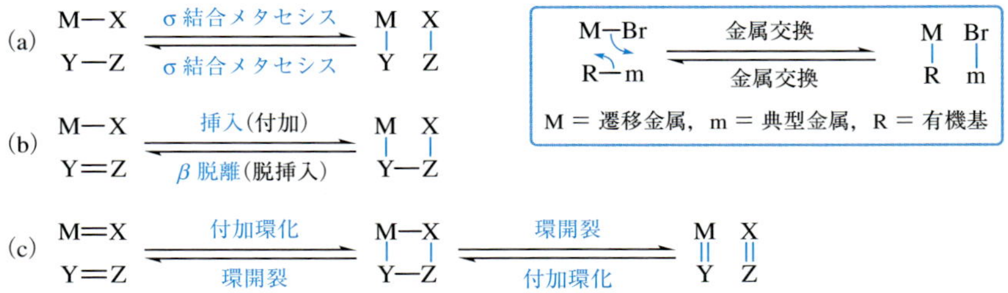

```
(a) M—X   σ結合メタセシス   M X
    Y—Z   ⇌                 | |
          σ結合メタセシス    Y Z

   ┌─────────────────────────────────────────┐
   │ M—Br         金属交換        M Br       │
   │ R—m     ⇌                    | |        │
   │              金属交換        R m        │
   │ M = 遷移金属, m = 典型金属, R = 有機基  │
   └─────────────────────────────────────────┘

(b) M—X   挿入(付加)       M X
    Y=Z   ⇌                 | |
          β脱離(脱挿入)     Y—Z

(c) M=X   付加環化    M—X   環開裂     M X
    Y=Z   ⇌          | |   ⇌           ‖ ‖
          環開裂      Y—Z   付加環化    Y Z
```

図 18・1　結合の組替えとその反応形式

ば図 18・1 の青枠内のように表せる．つづいて取上げる (b) および (c) の反応も含め，M—X や M=X 結合と Y=Z 結合のどんな組合わせにおいても，関与する軌道は変わるものの，同じように考えれば有機化学的に理解しやすい．(b) の M—X 単結合と Y=Z の反応では，前者が後者に付加することになるが，通常この素反応は後者が前者に**挿入**するという．この過程とその逆になる β 脱離は，特に重要な素反応で，前周期から後周期まで多くの遷移金属で知られている．特に水素の脱離は容易で，この β 水素脱離をいかに促進するかあるいは抑制するかが触媒反応の成否の鍵を握ることも多い．(c) の二重結合どうしの反応では，まず付加環化によってメタラシクロブタンが生じるが，異なる方向で逆の過程を経ることによって二重結合の組替えが完了する（§7・7，§18・3・2 参照）．

18・1・3　酸化的付加と還元的脱離

これまでに取上げた素反応では中心金属の酸化数は反応の前後で変わらなかったが，これらの素反応を酸化や還元を伴う素反応と組合わせると触媒反応の可能性は大きく広がる．その立役者は本項で紹介する酸化的付加と還元的脱離である（図 18・2）．当然のことながら，触媒サイクルに中心金属の酸化過程が含まれるならば，還元過程も含まれなければ触媒サイクルは成立しない．すなわち，触媒となる金属には酸化されやすく還元されやすい性質が求められるので，後周期遷移金属がこの種の過程を含む反応の良好な触媒となる．

酸化的付加とは，ある結合（X—Y）が金属を二電子酸化しながら付加する素反応である（図 18・2a）．X—Y 結合が切断され，X および Y がアニオン性配位子として配位するので，配位数が 2 増える．C—X（ハロゲン）から H—H，C—M（金属），M—M 結合など，求電子性が高いものから低いものまでさまざまな結合が金属を形式的には二電子酸化しながら付加するが，中心金属の正電荷の増加量は，実際は 2 よりもずっと小さい．配位と酸化的付加の境界があいまいな場合もある．たとえば，アルキンの配位では，π 電子の金属への σ 供与のみで結合している例はむしろまれで，金属の充塡 d 軌道からアルキンの π* 軌道への電子の流れ込み（π 逆供与）も結合の形成に寄与している（図 18・2b）．逆供与の程度は電子豊富な金属と電子不足のアルキンの間で特に大きく，メタラシクロプロペン

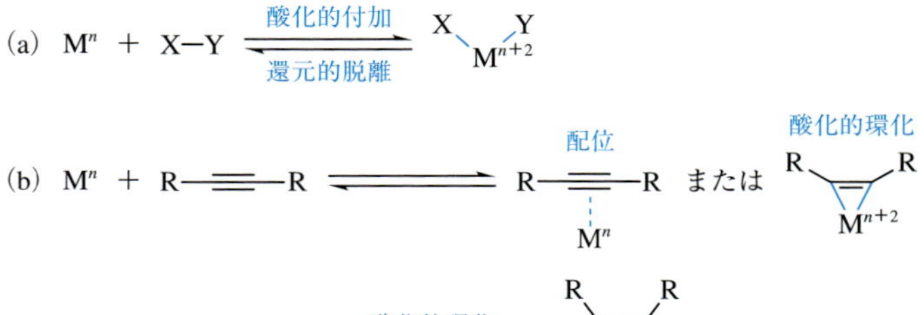

```
                    酸化的付加         X   Y
(a)  M^n + X—Y   ⇌                     \\ //
                    還元的脱離           M^{n+2}

                                                              酸化的環化
                                   配位
(b)  M^n + R≡≡≡R  ⇌       R≡≡≡R   または    R\\   //R
                                   ¦                   \\ //
                                   M^n                 M^{n+2}

                    酸化的環化      R       R
                                     \     /
(c)  M^n + 2R≡≡≡R  ⇌                  \   /
                    還元的開裂      R—\\ //—R
                                        M^{n+2}
```

図 18・2　酸化的付加と還元的脱離

とみなせる場合もある．ここでは，三重結合から二重結合に結合次数が下がる代わりに，新たな σ 結合二つで金属と結合し，金属の酸化数は 2 増加する．このような酸化的付加を**酸化的環化**とよぶ．より典型的な酸化的環化は，不飽和炭化水素 2 分子が金属を酸化しながら付加する反応で，不飽和炭化水素間にも結合が生じ 5 員環以上の**メタラサイクル**ができる．不飽和炭化水素 2 分子は同じものである必要はないが，例としてアルキン 2 分子の金属に対する酸化的環化を示す（図 18・2c）．

一方，**還元的脱離**は酸化的付加の逆反応で，金属に結合したアニオン性配位子二つが金属に 1 電子ずつ，あわせて 2 電子を与えながら脱離し，これら二つのグループ間で結合を形成する（図 18・2a）．これらが有機基である場合には炭素-炭素結合が形成されることになり特に重要である．多くの場合，還元的脱離が登場するのは触媒サイクルの最終段階である．

18・1・4　配位子に対する直接的反応

これまで取上げてきた素反応とは異なり，反応基質が金属と直接相互作用することなく，遷移金属錯体の配位子を攻撃する場合もある．一般的かつ重要な求核剤の反応に次の二つがある．第一は不飽和結合の π 電子が金属に配位している場合によくみられるもので，反応の前後で金属と配位子の間の結合が保たれ，金属の形式電荷は変わらない．高酸化状態にある金属に配位したアルケンに対する，配位面の裏側からの求核剤の攻撃が，その典型例である（図 18・3a）．結合様式は変わるが，アルケンと金属の間の結合は保たれたまま求核剤とアルケンの間に新たな結合が生じる求核付加反応である．アルケンに加えて他の不飽和炭化水素や一酸化炭素で同様の反応が進行する．

もう一つは，金属-配位子結合の切断に伴い，その結合形成に使われていた電子が金属の d 軌道におさまり，金属が 2 電子還元を受ける反応で，通常 σ 結合した配位子上で起こる．代表的な例は，π-アリル遷移金属に対する求核剤の攻撃である（図 18・3b）．金属-配位子結合は切断され，その結合に使われていた電子とともに金属が脱離する求核置換反応である．実際には π-アリル錯体のまま反応が進行するが，電子の動きがわかりやすいように，σ-アリル錯体経由の機構も（　）内に併記しておく．還元的脱離と同様に，酸化的付加を含む触媒サイクルの最終段階に登場することが多い．実際に，アリル求電子剤の低原子価遷移金属に対する酸化的付加によって π-アリル錯体を生じさせ，これにマロン酸ジエステルのナトリウム塩のような求核剤を攻撃させる反応がよく知られている（§ 18・5・2 参照）．

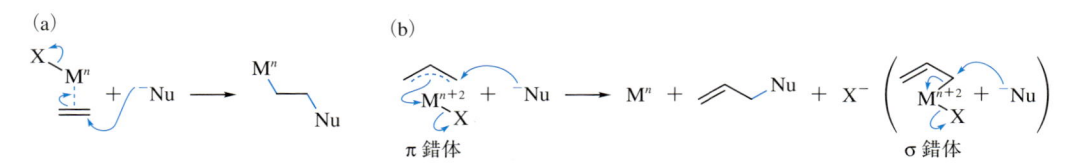

図 18・3　配位子に対する求核剤の反応形式

18・2　遷移金属触媒反応の歴史

20 世紀の初めから，石炭や石油などの化石資源を原料とする不飽和炭化水素や一酸化炭素，水素ガスを利用したさまざまな工業原料の生産に遷移金属触媒が用いられてきた．遷移金属の d 軌道が，不飽和炭化水素や一酸化炭素の π^* 軌道や水素分子の σ^* 軌道と軌道の対称性が合致して効果的に相互作用し，極性が低く反応性に乏しいこれらの分子をうまく活性化できるからである．一方，実験室における精密合成では，極性の高い官能基をもつ有機化合物がより重要な役割を担ってきた．複雑な化合物を組立てるのに際して，それぞれはっきりした求核性および求電子性をもつ部位どうしをつなげていくほうが，予測が容易であるうえ，効率や選択性の点で優れているためである．ここでは典型元

素の金属が活躍する．たとえば，有機ハロゲン化物から調製した有機典型元素の金属化合物が，有機ハロゲン化物やカルボニル化合物などの求電子剤と反応する．

遷移金属触媒反応に有機ハロゲン化物やカルボニル化合物が基質として用いられるようになったのは比較的最近のことであるが，これに伴って遷移金属触媒反応の幅が飛躍的に広がり，天然物合成など実験室レベルの有機合成にも頻繁に用いられるようになってきた．本節では，歴史的に重要な炭素－炭素結合生成反応を四つ取上げ，遷移金属の素反応がいかにうまく触媒サイクルに組込まれているかを反応機構を追いながら紹介する．

18・2・1　ヒドロホルミル化：不飽和炭化水素 ＋ 合成ガス

アルケンを合成ガス（synthesis gas あるいは syngas，水素と一酸化炭素の混合ガス）と反応させ，炭素数が一つ増したアルデヒドを得る反応を，**ヒドロホルミル化**（hydroformylation）あるいは**オキソ**（oxo）**反応**とよぶ．炭化水素から極性官能基をもつ化合物を得る重要な反応で，O. Rölen によって 1938 年に開発された．たとえばプロペン（プロピレン）からのブタナールの工業的製造に用いられている．

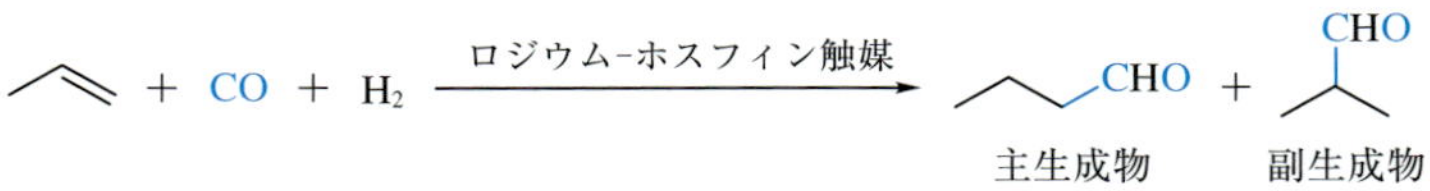

当初はコバルトが触媒に使われていたが，最近は活性がより高いロジウムを触媒とし，嵩高いホスフィン配位子を用いて，工業的に重要な直鎖アルデヒドを分枝アルデヒドに対して，より選択的に得ている．この反応の前身ともいえる反応が，1923 年に開発された．鉄などの触媒に合成ガスを高温で作用させて炭化水素を得る Fischer–Tropsch 反応である．

Fischer–Tropsch 反応

$$n\,CO + (2n+1)\,H_2 \xrightarrow{\text{触媒}} C_nH_{2n+2} + n\,H_2O \qquad n\,CO + 2n\,H_2 \xrightarrow{\text{触媒}} C_nH_{2n} + n\,H_2O$$

アルカン　　　　　　　　　　　　　　　　　　　　　　　アルケン

触媒 ＝ Fe, Co, Ni, Ru, ...

ヒドロホルミル化の反応機構はいまだに議論されているが，ロジウム触媒を用いた場合に提唱されている代表的なものをプロペンの反応で示す（図 18・4）．遷移金属の基本的な素反応を数多く含む触媒サイクルである．まず，プロペンがロジウム（ヒドリド）カルボニル(I)錯体に配位したのち，ロジウム－水素結合に挿入する．生じたプロピルロジウム(I)錯体に一酸化炭素がもう 1 分子配位しロジウム－プロピル結合に挿入する．つづいて水素分子の水素－水素結合がブタノイルロジウム(I)錯体

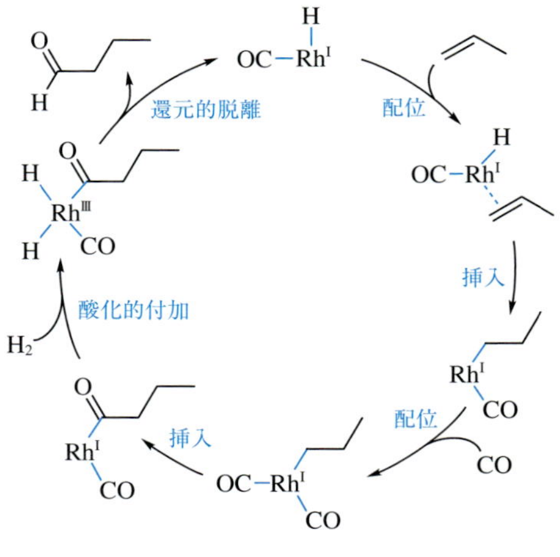

図 18・4　ロジウム錯体を用いるヒドロホルミル化反応の触媒サイクル

に酸化的付加し，生じたロジウム(III) 錯体からブタナールが還元的脱離し，ロジウム(ヒドリド)カルボニル(I) 錯体が再生する．プロペン挿入の向きが逆になると，分枝アルデヒドである 2-メチルプロパナールが生じる．

18・2・2　アルケンの重合：不飽和炭化水素のみ

不飽和炭化水素間の反応は，前項の合成ガスと不飽和炭化水素の反応よりも遅れて開発された．ここでは工業的にきわめて重要な重合反応を紹介する．不飽和炭化水素の重合に遷移金属触媒が初めて用いられたのは，Ziegler-Natta 触媒によるアルケンの重合である．$TiCl_4$-$Al(C_2H_5)_3$ 触媒系を用いると，それまで高圧が必要だったエチレンの重合が常圧で進行することを，1953 年に K. Ziegler らが明らかにした．2 年後に G. Natta によって，用いるチタン触媒前駆体を $TiCl_3$ にかえると触媒活性が向上しプロペンの重合も可能となることが報告された．Ziegler と Natta はこの功績によって 1963 年にノーベル化学賞を受賞し，遷移金属錯体と有機金属化合物からなるこの種の重合触媒は **Ziegler-Natta 触媒** とよばれている．トリエチルアルミニウムとの反応で生じたアルキルチタンの Ti−C 結合に対するアルケンの連続挿入によってポリマーが成長し，β水素脱離によって重合が停止する．その後，ジルコニウムをはじめとする 4 族遷移金属のシクロペンタジエニル錯体を主触媒とするメタロセン触媒，シクロペンタジエニル配位子をもたないが同様の前周期遷移金属錯体からなるポストメタロセン触媒，さらに最近では後周期遷移金属触媒も重合に用いられている．

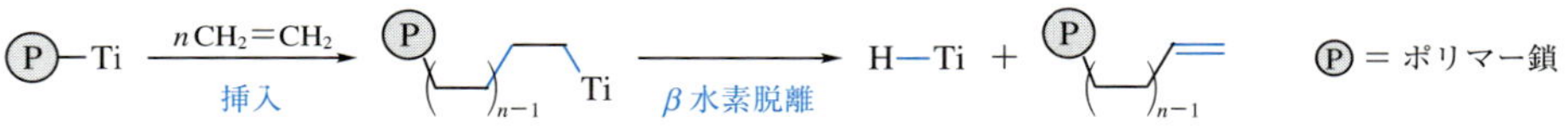

Ⓟ−Ti $\xrightarrow{nCH_2=CH_2}$ Ⓟ−(　)$_{n-1}$−Ti $\xrightarrow{\beta 水素脱離}$ H−Ti + Ⓟ−(　)$_{n-1}$=　　　Ⓟ = ポリマー鎖
　　　　挿入

18・2・3　Monsanto 法：一酸化炭素 ＋ メタノール ＋ 酸触媒

次に求電子剤が遷移金属触媒反応に登場する例を述べよう．1970 年に Monsanto 社がロジウムとヨウ化水素を触媒として一酸化炭素とメタノールから酢酸製造を始めた．

$$CH_3OH + CO \xrightarrow{\text{ロジウム-ヨウ化水素触媒}} CH_3COOH$$

これ以前にもヨウ化コバルトを触媒とする同様の酢酸合成反応がすでに工業化されていたが，ロジウムとヨウ化水素の組合わせのほうがはるかに高い活性を示し，この Monsanto 法が現在最も主要な

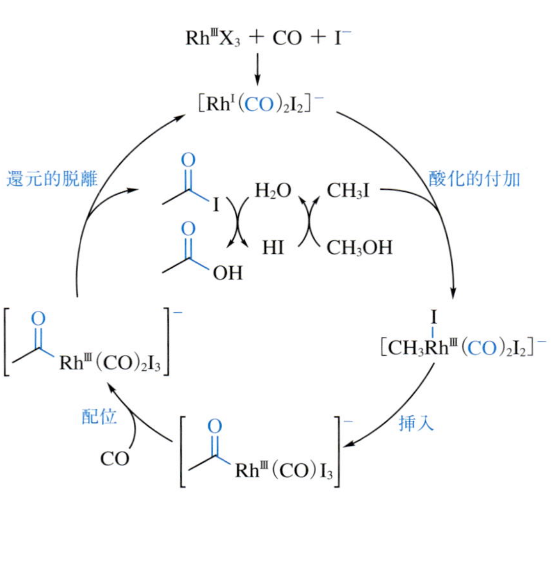

図 18・5　Monsanto 法の触媒サイクル

酢酸製造法になっている．原料のメタノールは合成ガスから容易に合成できるので，酢酸が非石油資源である合成ガスのみから得られることになる．Monsanto 法以前は，石油に由来するエチレンをパラジウム触媒を用いてアセトアルデヒドに変換したのち（Wacker 酸化，§10・2・3 参照），さらに酸化するのが酢酸の工業的合成のおもな方法であった．

　Monsanto 法の反応機構は図 18・5 のとおりである．メタノールが酸触媒（ヨウ化水素）によってヨウ化メチルに変換されたのち，3 価の前駆体から系中で還元されて生じたロジウム(I) 錯体に酸化的付加する．生じたメチル-ロジウム(III) 錯体のロジウム-炭素結合に一酸化炭素が挿入することによってアセチルロジウム(III) 錯体になる．最後に還元的脱離によってロジウム(I) 錯体を再生すると同時にヨウ化アセチルが生じ，これが水と反応して酢酸になり，同時にヨウ化水素が再生される．このころから，有機ハロゲン化物，特にハロゲン化アリールやハロゲン化アルケニルの，パラジウム(0) 錯体やロジウム(I) 錯体のような低原子価遷移金属錯体に対する酸化的付加を経る触媒反応が数多く報告されるようになった．

18・2・4　クロスカップリング反応：有機金属化合物 ＋ 有機ハロゲン化物

　有機ハロゲン化物のような求電子剤に続いて，1970 年代に有機金属化合物のような強い求核剤が遷移金属触媒反応に頻繁に使われるようになった．ここではその代表例である，有機ハロゲン化物とのクロスカップリング反応を取上げよう．M. S. Kharasch（カラッシュ）らが 1938 年にコバルトが触媒として働くことを報告するなど，クロスカップリング反応の原形はすでに知られていた．その後ニッケル触媒を用いる Grignard 反応剤とハロゲン化アリールあるいはハロゲン化アルケニルの実用的なクロスカップリング反応が熊田 誠, 玉尾皓平, R. Corriu らによって 1972 年に報告されたのを機に，パラジウム触媒を用いる例を中心にさまざまな典型元素の有機金属化合物を用いる反応が開発された．

$$R^1-m \; + \; X-R^2 \xrightarrow{\text{パラジウム触媒}} R^1-R^2 \qquad m = \text{典型元素金属}$$

　用いる触媒や基質の種類によって反応機構は異なるが，最も一般的なパラジウム触媒反応における代表的な触媒サイクルを図 18・6 に示す．まず有機ハロゲン化物がパラジウム(0) 錯体に酸化的付加する．生じたパラジウム(II) 錯体と有機金属化合物の間で金属交換（トランスメタル化）が起こり，二つの有機基をもつパラジウム(II) 錯体に変換され，最後にクロスカップリング生成物が還元的脱離すると同時にパラジウム(0) 錯体が再生する．有機ハロゲン化物の酸化的付加体を有機金属化合物以外の求核剤と反応させるとさまざまな反応に展開でき，また有機金属化合物の反応相手として，有機ハロゲン化物以外に不飽和炭化水素を用いる反応も開発されている（§18・6 参照）．

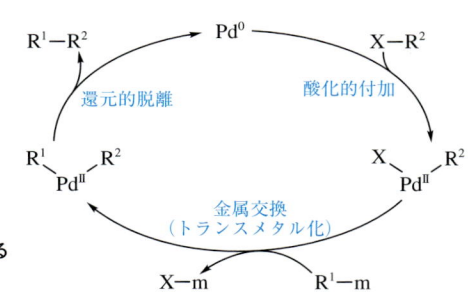

図 18・6　パラジウム錯体を用いる触媒サイクル

　次節以降では，本節で取上げた四つの反応をもとに，用いる基質によって遷移金属触媒反応を四つに分類して紹介しよう．

18・3 不飽和炭化水素のみの反応

遷移金属と相性のよい不飽和炭化水素が基質となる反応は,前節で述べた重合反応以外にもさまざまなものが知られている.単一あるいは複数の不飽和炭化水素がオリゴマー化やメタセシスを起こしたり,C−H 結合が炭素−炭素多重結合に付加すると,複雑な炭素骨格を簡単に構築できる.また,不飽和結合の移動が効果的に有機合成に用いられた例もある.

18・3・1 オリゴマー化

前節で取上げた Ziegler-Natta 触媒を用いるアルケンの重合では,炭素−炭素二重結合が炭素−金属結合に対する挿入を繰返してポリマーが生成する.挿入が数回で終わるとオリゴマーになるが,挿入回数の制御は容易でないので,精密有機合成には向かない.しかし,β 水素脱離を起こしやすい系では,金属−水素結合にアルケンが 2 分子挿入したのちに β 水素が脱離するので(1 分子挿入したのちに β 水素脱離によって出発物に戻る逆反応は頻繁に起こっていることになる),アルケンの二量体が選択的に得られる.

アクリル酸誘導体の頭-頭カップリングが,ナイロンの原料であるアジピン酸の前駆体合成に利用されている.

異なるアルケン間の反応では交差二量体を選択的に得るのが一般に困難であるが,エチレンガスを用いる場合のように,基質の一方を大量に用いることによって,この問題を回避できる例もある(ブテンが副生する).たとえば,スチレン類とエチレンの交差二量化が,抗炎症作用をもつイブプロフェンの前駆体合成に利用されている.

連続挿入よりも制御が容易なオリゴマー化の機構として,2 分子の不飽和炭化水素の低原子価遷移金属に対する酸化的環化によって生じるメタラサイクルを経由するものがある.アルキンの環化三量化を例に一般的な反応機構を示す(§7・6 参照).まず,アルキン 2 分子が遷移金属に対して酸化的環化を起こす.生じたメタラシクロペンタジエンの金属−炭素結合に対してアルキンがさらに挿入し,

還元的脱離するとベンゼン誘導体が得られる．

機構として，メタラシクロペンタジエンとアルキンの間で Diels-Alder 型の付加環化反応が進行したのち，ベンゼン誘導体が還元的脱離するものも提唱されている．どちらの機構で進行するかは，用いる金属触媒に依存する．異なる 2 種あるいは 3 種のアルキンの交差環化三量化では異性体が多数生じる可能性があり，望みのものを選択的に得るのは困難であるが，一部を分子内反応にすれば，選択性の問題をうまく回避することができて有機合成の強力な手法となることが K. P. C. Vollhardt らによって示された．ステロイドの D 環に相当するシクロペンタノンを側鎖にもつ 1,5-ヘキサジインとビス (トリメチルシリル)アセチレンをコバルト触媒を用いて [2+2+2] 付加環化させ，生じるベンゾシクロブテンが電子環状反応で開環する．つづいて，o-キノジメタン部位がシクロペンタノン上のビニル基と Diels-Alder 反応をしてステロイド骨格ができる．生成物の構造は，脱シリル化を施して既知化合物に導くことによって確認されている．

[2+2+2] 付加環化は，アルキン 3 分子の反応以外にアルキン 2 分子とアルケン 1 分子，あるいは，アルキン 2 分子とニトリル 1 分子の反応などさまざまな組合わせが可能で，種々の 6 員環生成物が得られる．さらに，ニッケル触媒存在下，アルキン 4 分子が [2+2+2+2] 付加環化によって 1,3,5,7-シクロオクタテトラエンに変換されたり，1,5-シクロオクタジエンや 1,5,9-シクロドデカトリエンが 1,3-ブタジエンの [4+4] あるいは [4+4+4] 付加環化によって得られることが，W. Reppe らによる 1948 年の最初の例以来数多く報告されている．Ziegler-Natta 触媒を用いる trans,trans,cis-1,5,9-シクロドデカトリエンの合成例を示す．脂環式の C_{12} 化合物の代表的な工業製法の一つである．

18・3・2 メタセシス

不飽和炭化水素どうしの反応として，前節のものとは全く異なる形式で進行するのがメタセシスである．§7・7 で詳しく述べたように，アルケン 2 分子が結合の組替えを起こし新たなアルケン 2 分子を生じる**アルケンメタセシス**（オレフィンメタセシスともいう）の反応機構は遷移金属-カルベン錯

体とアルケンが[2+2]の付加環化と環開裂を繰返す単純なものである（図7・7参照）．ここでは第二世代 Grubbs 触媒を用いる閉環メタセシスを利用したムスコンの合成例をあげるにとどめる．

メタセシスはアルキンどうしでも進行し，アルケンの場合と同様にアルキン 2 分子から新たなアルキン 2 分子が生じる．さらに，同一分子内にアルケン部位とアルキン部位をもつエンインの反応では，結合の組替えに伴って環化が進行する．多環式アルカロイドの合成に利用した例を示す．ルテニウム–ベンジリデン錯体から生じたメチレン錯体が，アルキン部位との[2+2]付加環化によってアルケニルアルキリデン錯体に変換され，これがアルケン部位と反応する機構が提唱されている．

18・3・3 炭素－水素結合の炭素－炭素多重結合に対する付加

芳香族化合物の炭素－水素結合の低原子価遷移金属錯体に対する酸化的付加は比較的容易なので，これをいかした炭素－水素結合の炭素－炭素多重結合に対する付加反応は古くから知られていたが，芳香族化合物に関する位置選択性や触媒活性の点で問題があった．カルボニル基などのヘテロ原子官

能基のオルト位の炭素－水素結合がルテニウム錯体に酸化的付加したのち炭素－炭素多重結合に付加することが 1993 年に村井真二らによって明らかにされ（前ページ下式），先の二つの問題が一挙に解決されると，この C－H 結合活性化を利用した付加反応が大きく発展した．配向基として，合成が容易でしかも反応後の変換も容易なカルボニル基のようなふつうの官能基が利用できるので，合成的な有用性が高い．

アルキンの sp 炭素－水素結合は容易に遷移金属錯体に酸化的付加するので，この C－H 結合活性化を利用するとアルキンの二量化が可能である．二つの異なるアルキン間での交差二量化では，合成的に有用な多置換共役エンインが生じる．付加する側と受ける側の役割分担がはっきりしていれば，ホモ二量化を抑えることができる．付加がむずかしい内部アルキンを電子不足にして受け手としての能力を高め，これに末端アルキンを付加させるなど基質の組合わせに制限があるが，レチノイドの合成などにも利用されている．

最近になって C－CN 結合をニッケル 0 価錯体に酸化的付加させることによって活性化し，この結合を炭素－炭素不飽和結合に付加させる反応が開発された．最初に報告されたベンゾニトリルのアルキンに対する付加反応の例を示す．これ以前にも，ひずみの解消などを原動力として活性化した炭素－炭素結合を付加反応に利用した例はあったが，入手容易なニトリルが利用できる点で優れている．

18・3・4 異 性 化

二重結合をはじめとする不飽和結合の移動は遷移金属触媒が得意とする反応である．分子内にヒドロキシ基やアミノ基があるアルケンの二重結合が移動し，ケトンやエナミンになって異性化が止まる例が知られている．アリルエーテルのアルケニルエーテルへの異性化の例を次に示す．式の右に示すπ-アリルイリジウム錯体を経由して異性化が起こり，トランス体のビニルエーテルが選択的に得られる．対応するアミンの反応としては，不斉触媒存在下アキラルなアリルアミンから光学活性エナミンへ異性化させる (−)-メントールの工業的製造が知られている．また，異性化を炭素－炭素結合生成反応をはじめとするさまざまな反応と組合わせるのも有用である．たとえば，内部アルケンが末端アル

ケンに異性化したのち反応したり，逆に炭素－炭素結合が生じたのちに，その結合をまたぐ形で異性化が進む例が知られている．

18・4 不飽和炭化水素と合成ガス(一酸化炭素, 水素)の反応

18・4・1 カルボニル化: 不飽和炭化水素と一酸化炭素の反応

遷移金属触媒存在下アルケンに合成ガスを作用させるとアルケンのヒドロホルミル化体が得られることはすでに述べたが(§18・2・1 参照)，水素の代わりにアルコールを用いると脂肪族エステルが得られる．触媒としてパラジウムを用いることが多い．加水分解によって抗炎症薬であるナプロキセン (naproxen, S 体のカルボン酸) のメチルエステルの合成例を示す．反応機構として Pd－H 結合に対してアルケンと一酸化炭素が連続的に挿入するヒドロホルミル化と同様の過程を含む機構と，メトキシパラジウムの Pd－O 結合に対する一酸化炭素とアルケンの連続挿入を経る機構の二つが提唱されている．アルコールの代わりに水やアミンを用いるとカルボン酸やアミドが得られる．

アルキンのヒドロホルミル化の例がほとんどないのに対して，アルキンのヒドロエステル化はニッケル触媒を用いる反応が **Reppe** 反応（レッペ）として古くから知られていた．このニッケル触媒反応はアクリル酸誘導体の合成法として工業的に用いられていたが，猛毒の Ni(CO)$_4$ が生じるので，最近はパラジウム触媒を用いることが多い．カルバペネム抗菌薬への応用例を次に示す．

このほかにもアルキン，アルケン，一酸化炭素が [2+2+1] 付加環化反応を起こしシクロペンテノンを生じる Pauson-Khand 反応（ポーソン カーン）がある．前節で取上げた不飽和炭化水素の環化三量化において不飽和炭化水素 1 分子が一酸化炭素に置き換わった反応に相当し，反応機構も密接に関連している．

芳香族化合物とアルケンが一酸化炭素を介して三成分カップリングを起こす反応も知られている．イミダゾールのほか，オキサゾリンやピリジンなどの sp^2 窒素の存在が導入基として必須であるが，反応は完全な位置選択性およびアトムエコノミーを伴って進行し，官能基選択性も高い．炭素－水素結合のルテニウム錯体に対する酸化的付加ののち，Ru－H 結合へのアルケン挿入およびいずれかの Ru－C 結合への一酸化炭素の挿入，最後に還元的脱離する機構で反応が進むと考えられている．

18・4・2 不飽和炭化水素と水素の反応

不飽和炭化水素と水素の反応としては，水素化が第一にあげられる．均一系あるいは不均一系の遷移金属触媒存在下，炭素－炭素多重結合がすべて還元されて単結合になる．活性が穏和な触媒を使うと，三重結合を二重結合に変換することもできる．また，不斉配位子を用いるアルケンの不斉水素化は光学活性化合物を得る強力な手段となっている．これらの反応については 9 章で取上げたので，ここでは還元が炭素－炭素結合生成を伴って進行する反応を一例あげるにとどめる．(R)-BINAP を配位子とするロジウム触媒存在下 1,6-エンインに水素ガスを作用させると還元を伴って環化が進行し，アルキリデンテトラヒドロフランが高い不斉収率で得られる．エンインのロジウム錯体に対する酸化的環化によって生じるロダシクロペンテンを中間体とする機構が提唱されている．1,6-ジインを用いても同様の還元的環化が進行する．

18・5 有機ハロゲン化物の反応

遷移金属触媒反応において，§18・2・3 で紹介した Monsanto 法の有機ハロゲン化物よりも早く，酸素をはじめいろいろな酸化剤が求電子剤として使われてきた．パラジウム-銅触媒存在下，水と酸素を反応させて，エチレンをアセトアルデヒドに酸化する Wacker 法は，1959 年に開発された，遷移金属触媒反応の歴史においても重要な反応である．Wacker 法の詳細は§10・2・3 を参照されたい．本節では，ハロゲン化アリールをはじめとする有機ハロゲン化物の反応を中心に紹介する．ここでは，次節で扱う有機金属化合物との反応（狭義のクロスカップリング反応）以外の，ハロゲン化アリールやハロゲン化アルケニルと弱い求核剤との反応を取上げる．ただし，アミンやアルコールのようなヘテロ原子求核剤やエノラート，末端アルキン，芳香族化合物などとの反応は，反応機構の類似性から広義のクロスカップリング反応とみなされているので，§18・6・1 で取上げる．

18・5・1 ハロゲン化アリールおよびハロゲン化アルケニルの反応

ハロゲン化アリールおよびハロゲン化アルケニルは遷移金属触媒反応における代表的な求電子剤である．これらを基質とする触媒反応では，多くの場合，炭素－ハロゲン結合の低原子価遷移金属錯体に対する酸化的付加で触媒サイクルが始まり，挿入などによって酸化的付加体の有機基が変換されたり，金属交換によってハロゲンが置き換えられたのちに，還元的脱離によって中心金属がもとの低原子価に還元されると同時に生成物が得られる機構で反応が進行する．これらハロゲン化物がハロゲン化アルキルよりも遷移金属触媒反応における良好な求電子剤であるのは，π 結合をもち sp^3 炭素－ハロゲン結合よりも酸化的付加を起こしやすいためだけでなく，酸化的付加体が β 水素脱離を起こさず安定性が高いからである．酸化的付加は，パラジウムやニッケルでは S_N2 型より 3 中心遷移状態を経由して進行する．ハロゲン化アルキルの酸化的付加を鍵段階とする Monsanto 法（§18・2・3 参照）がうまく進行するのは，対応する酸化的付加体からの β 水素脱離が起こらないヨウ化メチルを用いるからである．通常ハロゲン化アルキルは遷移金属触媒反応においてよい求電子剤とはいえない．トリフルオロメタンスルホナート（OTf と略記する）もハロゲン化物と同様に求電子剤として使える．フェノール類からアリールトリフラートが容易に得られるほか，エノラート経由でケトンやアルデヒドをアルケニルトリフラートに変換できるので，アルケニル求電子剤としてはハロゲン化アルケニルより

も入手容易な場合が多い．酸化的付加の起こりやすさは対象となる金属によって変わるが，パラジウムに対してはおおむね I > OTf ≧ Br > Cl の序列になる．

a. アルケンとの反応

ハロゲン化アリールのパラジウム(0)錯体への酸化的付加体において，Pd–C 結合にアルケンが挿入するとアルキルパラジウムが生成する．ここから β 位の水素が脱離すると二重結合が再び生じる．見かけ上，アルケンの水素がアリール基に置換されるこの反応は，溝呂木 勉および R. F. Heck によって独立に見つけられ，**溝呂木-Heck 反応**とよばれている（図 18・7）．さまざまなアルケンが使えるが，特にアクリル酸誘導体やビニルアレーンの反応性が高く，それぞれケイ皮酸およびスチルベンの誘導体が得られる．ハロゲン化アルケニルからは共役ジエンが合成できる．反応の位置選択性は高く，置換の少ない炭素で優先的に炭素-炭素結合が生じる．一置換アルケンの反応ではトランス二置換アルケンが主生成物になる．

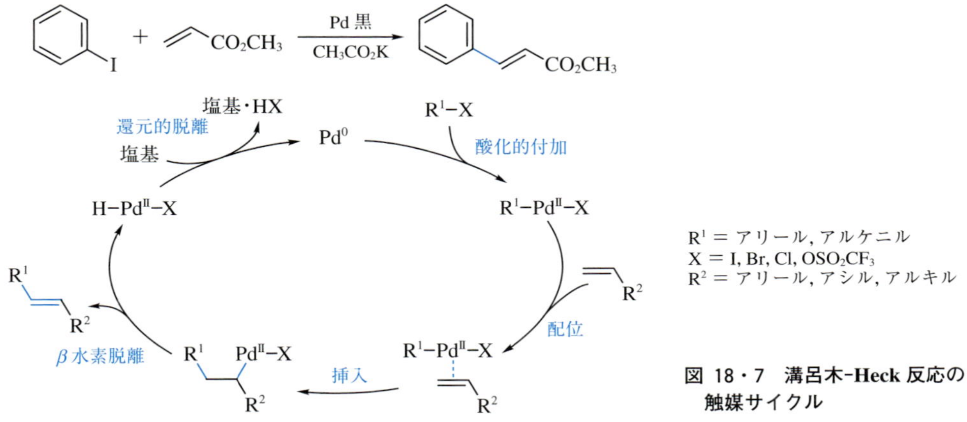

図 18・7 溝呂木-Heck 反応の触媒サイクル

R^1 = アリール，アルケニル
X = I, Br, Cl, OSO_2CF_3
R^2 = アリール，アシル，アルキル

アルキンも酸化的付加体の Pd–C 結合に挿入するが，β 水素脱離が起こりにくくアルケニルパラジウムで止まってしまう．しかし，ここでアルケニルパラジウムと反応するものが近傍にあると，触媒反応が成立する．それを応用して，鎖状の化合物から一挙にステロイド骨格の四つの環を構築した例を示す．まずヨウ化アルケニルがパラジウム(0)錯体に酸化的付加したのち，Pd–C 結合にアルキンが 2 回，つづいてアルケンが 2 回挿入し，最後に β 水素脱離を起こす．4 個の炭素-炭素結合生成に伴って四つの環が生じる．

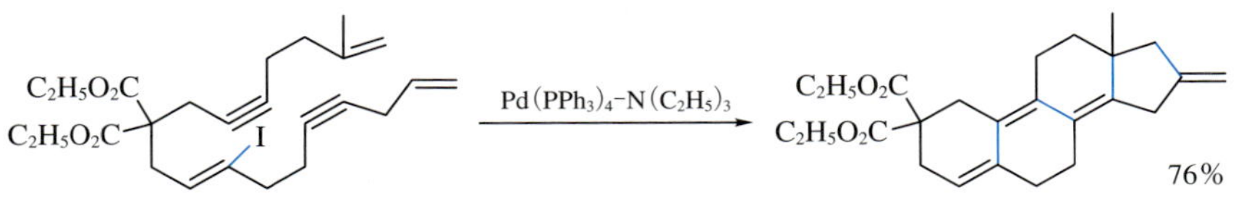

b. カルボニル化

パラジウム触媒存在下アリールあるいはアルケニル求電子剤を一酸化炭素およびプロトン性化合物と反応させると，カルボン酸やエステル，アミドなどが得られる．系中で生じるヨウ化メチルから酢酸を合成する Monsanto 法と基本的に同じ反応である．エストロンから生理活性化合物を合成した例を図 18・8 に示す．塩基存在下エストロンにトリフルオロメタンスルホン酸無水物を作用させると，フェノール部位とケトン部位をそれぞれアリールおよびアルケニルトリフラートに変換できる．脱離

図 18・8　パラジウム触媒を用いるエストロンのカルボニル化

基が同じ場合には通常アルケニル求電子剤のほうがアリール求電子剤よりも反応性が高く，まず，アルケニルトリフラートが選択的に一酸化炭素および第二級アミンと反応し α,β-不飽和アミドになる．残ったアリールトリフラート部位はパラジウム触媒の配位子を代えるだけでカルボニル化でき，エステルに変換できる．提唱されている反応機構を図 18・9 に示す．まず，トリフラートがパラジウム(0)錯体に酸化的付加する．一酸化炭素が配位したのち，プロトン性化合物のヘテロ原子がカルボニル炭素を攻撃してアシル錯体が生じる．最後に還元的脱離によってカルボン酸誘導体が得られると同時にパラジウム(0)錯体が再生する．

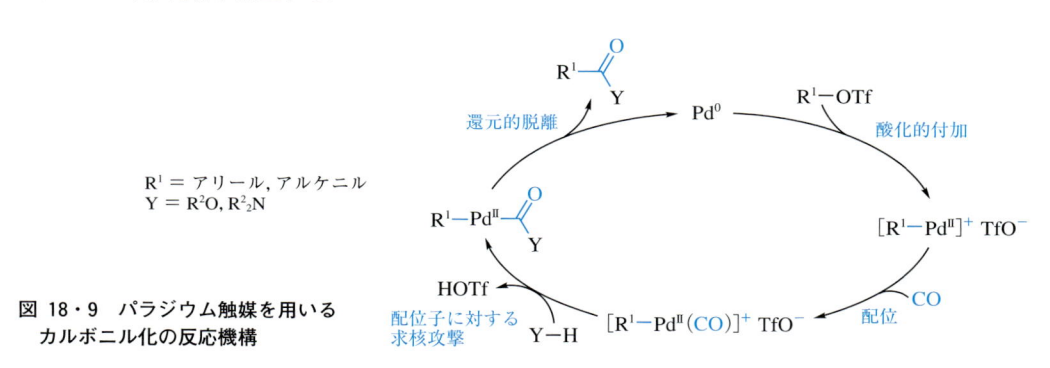

図 18・9　パラジウム触媒を用いるカルボニル化の反応機構

18・5・2　アリル求電子剤の反応

ハロゲン化アリールなどと同様に，ハロゲン化アリルやアリルエステルは容易に低原子価遷移金属錯体に酸化的付加し，多くの場合，σ-アリル錯体ではなく π-アリル錯体を生じる．低原子価遷移金属錯体が脱離基と結合した sp^3 炭素を S_N2 型で攻撃するが，そのさいアルケンの配位が効果的に働き，通常のハロゲン化アルキルと比べ，アリル求電子剤は格段に酸化的付加を起こしやすい．π-アリル錯体が生じると，このアリル–金属結合に不飽和化合物が挿入したり，金属に配位した求核剤がアリル基と還元的脱離するなどの反応が起こるが，より一般的で重要な反応は π-アリル基への求核剤の直接攻撃である．この種の反応ではパラジウム触媒が特に有効で，全変換は辻-**Trost 反応**とよばれている．炭素求核剤をはじめアミンやアルコールなど幅広い求核剤を用いることができる（図 18・10）．マロン酸ジエステルのナトリウム塩が代表的な炭素求核剤であるが，1,3-ジケトンや β-ケトエステルなど同程度の酸性度の活性メチレンをもつ化合物の塩が，軟らかい求核剤として π-アリルパラジウムをパラジウムの反対側から攻撃し，アリル化体を生じる．塩を用いる代わりに，マロン酸ジエステルのような電気的に中性な基質から塩基によって系中でプロトンを引抜いて炭素求核剤を発生させてもよい．

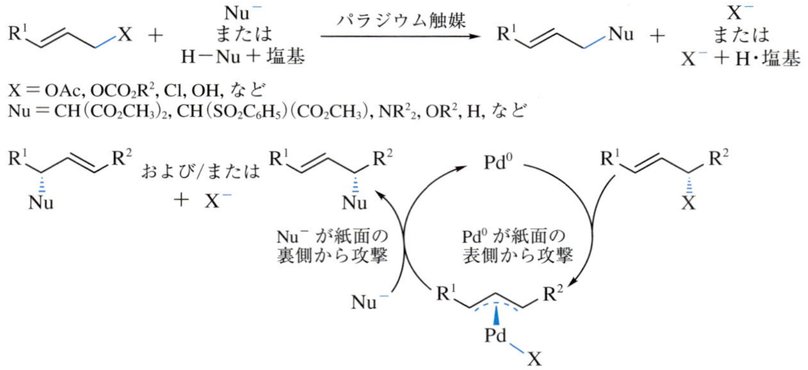

図 18・10 π-アリルパラジウムに対する求核剤の反応

炭酸エステルを用いると酸化的付加のあとに脱炭酸を伴ってアルコキシドが生じるので，塩基を用いる必要がない．たとえば，次に示すアスコルビン酸（ビタミン C）を用いる反応ではエノールが求核剤として働き，炭酸アリルと中性条件で反応する．

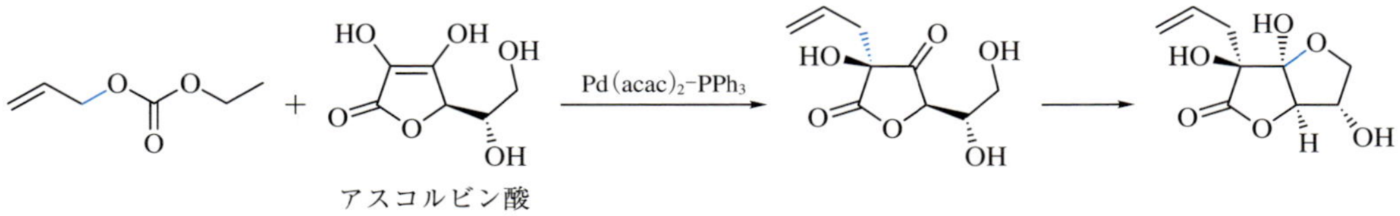

アスコルビン酸

窒素求核剤の反応として，ビタミンの一種であるビオチンの合成に応用した例を示す．

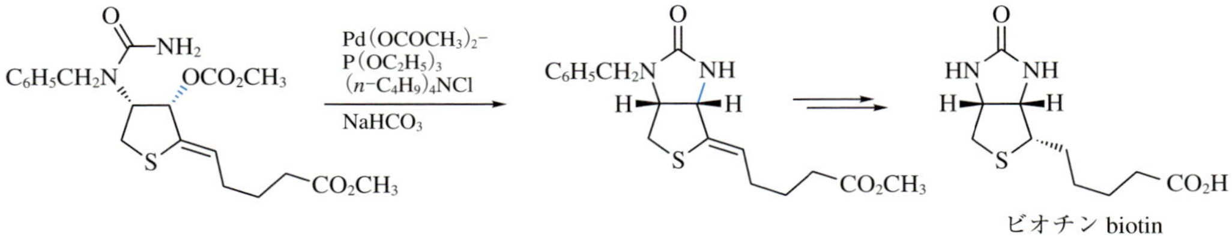

ビオチン biotin

18・6 有機金属化合物の反応

遷移金属触媒を用いる有機金属化合物の反応は古くから知られていたが，この種の反応が有機合成に本格的に用いられるようになったのは，ニッケル触媒を用いる Grignard 反応剤とハロゲン化アリールやハロゲン化アルケニルとのクロスカップリング反応が報告された 1970 年代以降である．本節では，遷移金属触媒を用いる有機金属化合物の反応を反応相手によって二つに分けて説明する．その反応相手とは，有機ハロゲン化物と不飽和炭化水素である．なお，前者との反応では，反応機構の類似性から，ヘテロ原子化合物や炭化水素など有機金属化合物以外の求核剤と有機ハロゲン化物の反応も紹介する．一方，後者との反応では，不飽和炭化水素の炭素－炭素多重結合に対する金属－炭素結合や金属－水素結合の付加を鍵反応とする反応について述べる．

18・6・1 クロスカップリング反応

a. 有機金属化合物の反応

遷移金属触媒を用いる有機金属化合物と有機ハロゲン化物の反応，すなわち狭義のクロスカップリング反応には，今やさまざまな有機金属化合物を用いるものが知られている．

$$R^1-m + X-R^2 \xrightarrow{\text{遷移金属触媒}} R^1-R^2$$

m = Mg, Li, Zn, Al, B, Sn, Si, など
R^1, R^2 = アリール, アルケニル, アルキル, アルキニル, アシル, など

日本人研究者がその発展に大きく貢献した分野で，多くのカップリング反応に日本人の名前がついている．実用的な反応の最初の例は，1972年に報告されたニッケル触媒とGrignard反応剤を用いる熊田-玉尾-Corriu（コリュー）カップリングである．最近では使いやすく適用範囲の広いパラジウムのほうが好まれて使用されている．現時点では制約があるものの，遷移金属第1周期の鉄やコバルトなどの安価な金属も触媒となる．有機金属化合物としては，マグネシウムに続いて，アルミニウムや亜鉛，ジルコニウム（いずれも根岸カップリング），スズ（右田-小杉-Stille（スティレ）カップリング），ホウ素（鈴木-宮浦カップリング），ケイ素（檜山カップリング）と，おおむね求核性の高い反応剤からしだいに低いものが用いられるようになった．求核性が高い有機金属化合物を用いる反応では活性化剤が必要でない．一方，求核性の低いものを用いる反応は，活性化剤が必要になるが官能基選択性に優れている利点がある．パラジウムやニッケル触媒はsp^2炭素求電子剤を用いる反応に有効であるが，鉄やコバルト触媒はsp^3炭素求電子剤であるハロゲン化アルキルの反応に適している．パラジウム錯体を用いた場合の一般的な触媒サイクルでは，図18・6で示したように，0価錯体が求電子剤と反応したのち，生じた2価錯体が有機金属化合物と金属交換する．ニッケル触媒では，1価と3価の間で変換するともいわれているが，基本的には同様のサイクルで反応が進行する．ところが，鉄やコバルトを触媒とする場合や，パラジウム触媒でも配位子や基質によっては，遷移金属が有機金属化合物とまず反応し，つづいて求電子剤と反応する場合もある．次にMg, Zn, Sn, B, Siを含む有機金属化合物を用いるクロスカップリング反応について，具体例を一例ずつあげる．

熊田-玉尾-Corriu カップリング

根岸カップリング

右田-小杉-Stille カップリング

鈴木-宮浦カップリング

檜山カップリング

求核性が高いGrignard反応剤のカップリングでは，パラジウムやニッケルなどの触媒が系中で0価錯体に容易に還元されるので，安定で扱いやすい2価錯体を前駆体として用いることができる．入手容易で求核性の高い有機リチウムなどにハロゲン化亜鉛を加えて簡単に調製できる有機亜鉛の反応は，もとの有機金属化合物をカップリングに直接使えない場合に有効である．種々の方法で精製できるほど安定であるにもかかわらず，有機スズ化合物は特に活性化剤を用いなくてもカップリングでき

る反応性を備えている．アルキンのヒドロホウ素化やヒドロシリル化（次項参照）を立体および位置選択的に進行させる方法が数多く知られているので，アルケニルホウ素化合物やケイ素化合物のカップリング反応はアルケンの合成によく用いられる．これらクロスカップリング反応は産業界で広く利用されている．そして，その貢献によって"有機合成におけるパラジウム触媒によるクロスカップリング"に対して R. F. Heck，根岸英一，鈴木 章に 2010 年度のノーベル化学賞が授与された．

b. ヘテロ原子求核剤の反応

ハロゲン化アリールのハロゲン原子を，窒素や酸素などのヘテロ原子をもつ基で置き換えることもできる．有用な反応であるが，トリフェニルホスフィンなどの従来から用いられてきた一般的な配位子が万能でなかったため，幅広い基質に適用できるようになったのは，数多くの種類の配位子が工夫されるようになった最近のことである．BINAP や 1,1′-ビス（ジフェニルホスフィノ）フェロセン（DPPF），トリ（t-ブチル）ホスフィンなどを配位子としてパラジウム触媒を用いると，第一級や第二級脂肪族アミンおよび芳香族アミンが反応する．非対称なトリアリールアミンなど他の方法で得るのが困難なアミン類の合成に有用である．アルコールも同様の条件でハロゲン化アリールと反応するほか，硫黄やリンを含む化合物からもそれぞれスルフィドやホスフィンなどが得られる．クロスカップリング反応と同様に反応はハロゲン化アリールのパラジウム(0) 錯体に対する酸化的付加で始まる．つづいて酸化的付加体のハロゲン原子とヘテロ原子が置き換わり，最後に還元的脱離によってカップリング生成物が得られると同時にパラジウム(0) 錯体が再生される．銅を量論量用いるこの種のカップリング反応は **Ullmann 反応**（ウルマン）として 100 年以上前から知られていたが，ジアミンやジケトンなどの窒素や酸素を配位元素とする二座配位子を用いるだけで，触媒量の銅で反応するようになる．

c. エノラートの反応

パラジウム-トリフェニルホスフィン触媒存在下，活性メチレン化合物のエノラートがハロゲン化アリールとカップリングすることは 20 年以上前から知られていたが，用いることができる活性メチレン化合物はマロノニトリルやシアノ酢酸エステルのようなシアノ基をもつものに限られていた．1997 年三つのグループが独立に，パラジウム触媒存在下ケトンの α 位がハロゲン化アリールによってアリール化できることを見つけた．前節のハロゲン化アリールとヘテロ原子求核剤の反応と同様に，パラジウム-ビスホスフィン触媒と金属アルコキシドやアミドなどの塩基の組合わせが有効である．

d. 末端アルキンの反応（薗頭-萩原反応）

パラジウム触媒存在下，末端アルキンとハロゲン化アリールがカップリングすることはすでに知られていたが，銅を共触媒として用いることによって反応条件が格段に穏和になることを，1975 年薗頭らが見つけた．この反応は，**薗頭-萩原反応**あるいは単に**薗頭反応**とよばれ，有機機能材料の合成に，

広く用いられている．また，この反応は，二つの触媒が協力して働く．パラジウム触媒が通常のクロスカップリング反応の場合と同様に働く一方で，銅触媒は塩基の助けを借りて末端アルキンと反応し，アルキニル銅を生じる．これがアルキニル基の求核性を高めて，Ar–Pd–X と金属交換できるようにしていると考えられている．

$$\text{Ph–I} + \text{H–C≡C–CH}_2\text{OH} \xrightarrow[(\text{C}_2\text{H}_5)_2\text{NH}]{\text{PdCl}_2(\text{PPh}_3)_2\text{–CuI}} \text{Ph–C≡C–CH}_2\text{OH}$$

e. 芳香族化合物との反応

2000 年ごろから，末端アルキンよりもさらに求核性の低い芳香族化合物をハロゲン化アリールと直接カップリングさせる反応が報告されるようになった．芳香族化合物に関する位置選択性に問題があるが，アトムエコノミーの観点から，アリール金属を調製する必要がない利点はきわめて大きく，今後の発展が大いに期待されている．現時点でも，ヒドロキシ基やカルボニル基，含窒素基などの配位官能基をもつ芳香族化合物を用いれば，これらが配向基として働き，オルト位など近傍を選択的にアリール化できる．

通常，パラジウムやルテニウム，ロジウムなどの遷移金属触媒を，炭酸塩などの無機塩基と組合わせて用いる．無置換のベンゼンあるいは p-キシレンなどでは位置選択性に問題はないが，配位性官能基のない芳香族化合物の反応例は少ない．配向基が位置選択性だけではなく，芳香族化合物の反応性の向上ももたらしているためである．例の一つとして，電子不足なペンタフルオロベンゼンを，パラジウム触媒を用いてアリール化したものがある．

パラジウムに配位したカーボナートイオンあるいはカルボキシラートイオンが，電子不足な芳香族化合物からプロトンを引抜く機構が提唱されている．次に示すイリジウム触媒を用いる例では，酸化的付加と還元的脱離を経る機構でなく，ヨウ化アリールからアリールラジカルが生じ，これが芳香族化合物に付加すると考えられている．エントロピー的に有利な分子内反応を，複雑な骨格の構築に利用した例が多い．このほか，低原子価遷移金属錯体（ほとんどの場合パラジウム 0 価錯体）に対するハロゲン化アリールの酸化的付加体が求電子剤となる芳香族求電子置換反応も知られており，特にイ

Cp* = ペンタメチルシクロペンタジエニル

ンドールなどの電子豊富な芳香族複素環化合物がよく用いられる．

18・6・2　不飽和炭化水素との反応

　これまで紹介してきたように，炭素－炭素多重結合は，遷移金属がかかわるさまざまな結合に挿入できる．典型元素の有機金属化合物（R－m）と遷移金属（M）の反応で生じる M－C や M－H，M－m 結合などにアルキンやアルケンを挿入させたのち，還元的脱離や σ 結合メタセシスを起こさせて，種々の有用な化合物に導くことが可能となる．アルキンの反応を例に，基本となる反応経路を三つ示す（図 18・11）．経路 A は，R－m 結合（R＝H,C,m）の低原子価遷移金属錯体 M に対する酸化的付加で始まる触媒サイクルであり，アルキン挿入に続く還元的脱離によって R－m 結合のアルキンへの付加体（R に応じて，ヒドロメタル化体，カルボメタル化体，ビスメタル化体）が得られる．これに対して経路 B および C は，σ 結合メタセシスと挿入からなり，中心金属が形式電荷を変えずに進行する経路である．B では A と同様に R－M 結合の付加体が生じ，C では R と H の付加体が得られる．

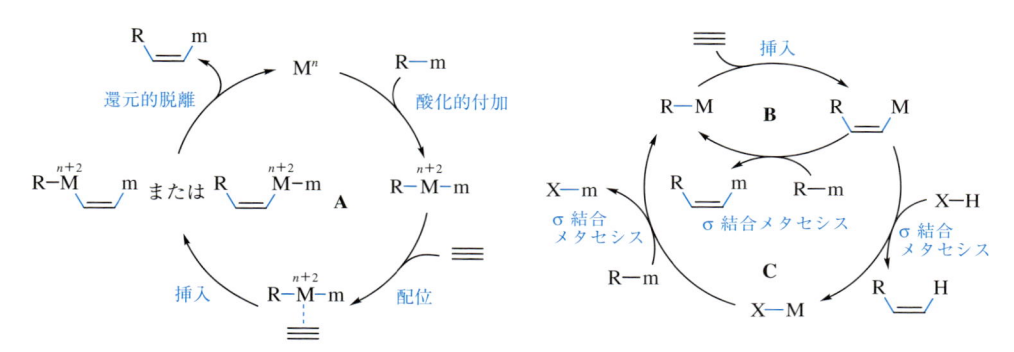

図 18・11　不飽和炭化水素の触媒サイクル

a. ヒドロメタル化

　ヒドロメタル化とは，炭素－炭素不飽和結合に金属－水素結合を付加させる反応である．電気的にあまり陽性でないケイ素やスズ，ホウ素などの金属と水素の間の結合は，比較的容易に低原子価遷移金属錯体に酸化的付加するので，経路 A（R＝H）に従うアルキンのヒドロメタル化の例は非常に多い．アルキンのヒドロメタル化は，得られるアルケニル金属をクロスカップリング反応に用いることができるので，特に有用性が高い．触媒なしで付加が進行するヒドロホウ素化などでも，触媒を用いることによって立体選択性および位置選択性を変えることができるので，種々の遷移金属触媒反応が研究されている．用いる遷移金属触媒によって，異性体をつくり分けることも可能で，たとえばヒドロシリル化では，白金触媒を用いるとトランス体のアルケニルシランが生じる．これに対して，ルテニウム触媒を用いると α 置換ビニルシランが選択的に得られる．前者では A に従う機構が，後者では B に似た酸化還元を含まない機構が提唱されている．

$$n\text{-}C_4H_9-\!\!\!\equiv\!\!\!- \;+\; H-SiCl_3 \xrightarrow{H_2PtCl_6\cdot 6\,H_2O} \underset{n\text{-}C_4H_9}{\diagup\!\!\!\diagdown}SiCl_3$$

$$n\text{-}C_6H_{13}-\!\!\!\equiv\!\!\!- \;+\; H-Si(CH_3)_2 \xrightarrow{Cp^*RuH_3[P(C_6H_5)_3]} \underset{n\text{-}C_6H_{13}}{\diagup\!\!\!\diagdown}Si(H_3C)Cl_2 \;+\; n\text{-}C_6H_{13}\diagup\!\!\!\diagdown Si(CH_3)Cl_2$$

$$92:8$$

　アルケンのヒドロメタル化では，アルキンの場合と同様の機構で，アルキル金属が得られる．この

ヒドロメタル化体は，炭素－炭素結合生成に使えるほか，酸化によってアルコールに導ける．触媒的不斉ヒドロシリル化およびヒドロホウ素化によって，光学活性アルコールが高い光学純度で得られる．パラジウム触媒を用いると共役ジエンのヒドロホウ素化が1,4付加で進行し，アリルホウ素化合物が得られる．触媒なしでは1,2付加によってホモアリルホウ素化合物が得られるのとは対照的である．

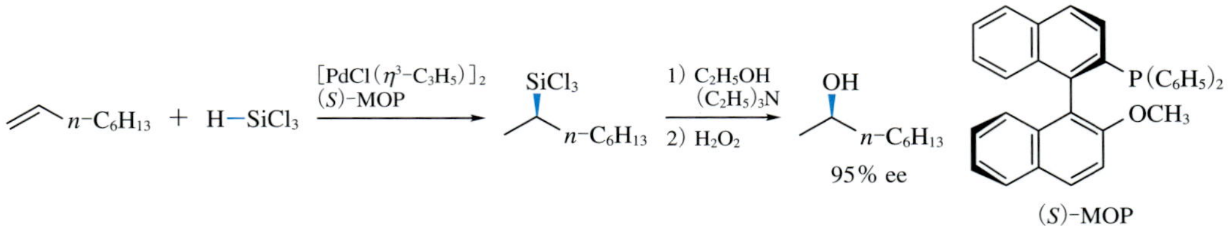

b. カルボメタル化

ヒドロメタル化と同様に経路 **A** あるいは経路 **B** に従ってアルキンやアルケンのカルボメタル化が進行する．しかし，金属－水素結合とは異なり，金属－炭素結合は低原子価遷移金属錯体の酸化的付加はむずかしくなるので，**A** で進行するカルボメタル化の例はきわめて少ない．アルキニルスズのパラジウム(0)錯体に対する酸化的付加を鍵段階とするアルキンのアルキニルスタンニル化は，その数少ない例である．アルキニルスタンニル化以外でも，アリルスタンニル化が同様の機構で進行するが，同じパラジウム触媒を用いるアルキンのカルボスタンニル化が，配位子をかえるとアルキンの酸化的環化を経て進行し，アルキンの二量化カルボスタンニル化体が選択的に生じる．

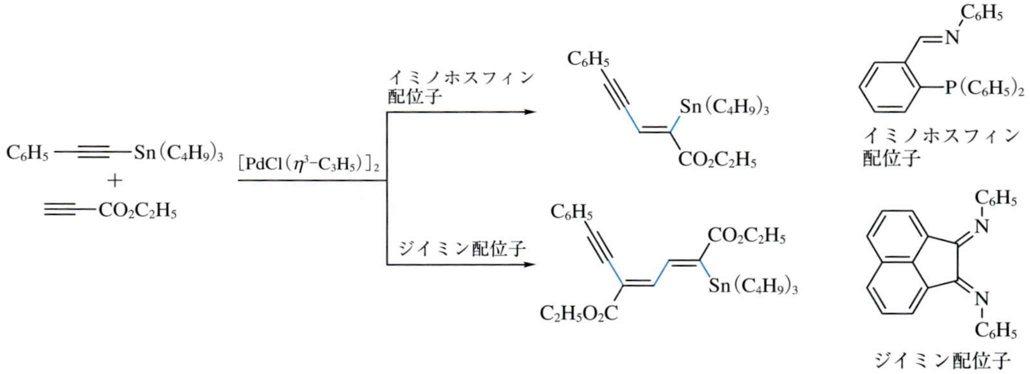

アルキンのアルキルメタル化のなかで最も重要なのは，ジルコニウム触媒を用いるカルボアルミニウム化である（図 18・12, § 16・6 参照）．特に Cp_2ZrCl_2 触媒とトリメチルアルミニウムを用いる末

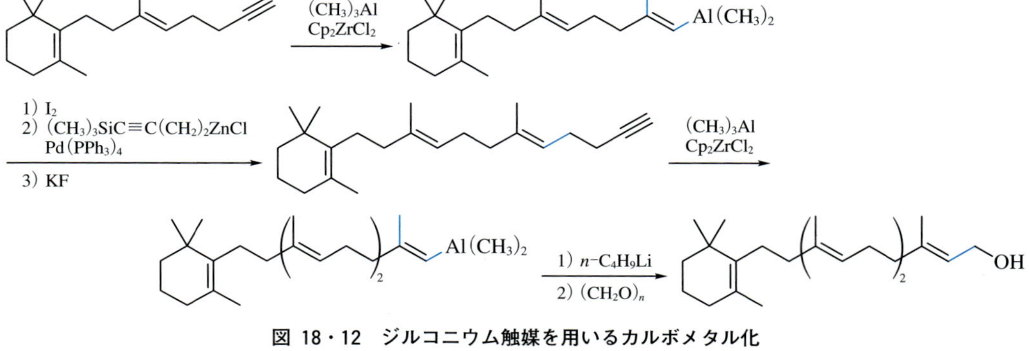

図 18・12 ジルコニウム触媒を用いるカルボメタル化

端アルキンのメチルアルミニウム化は，立体選択性および位置選択性が高い．末端アルキンのカルボメタル化体である (E)-2-メチル-1-アルケニルアルミニウムを種々の求電子剤と反応させると，テルペノイドをはじめとするさまざまな天然物に導くことができるので有用である．この反応は，経路 **B** に従って進行すると提唱されている．

同様の触媒と有機金属化合物の組合わせはアルケンに対するカルボメタル化にも有効で，飽和炭化水素中への不斉炭素の導入に利用されている．

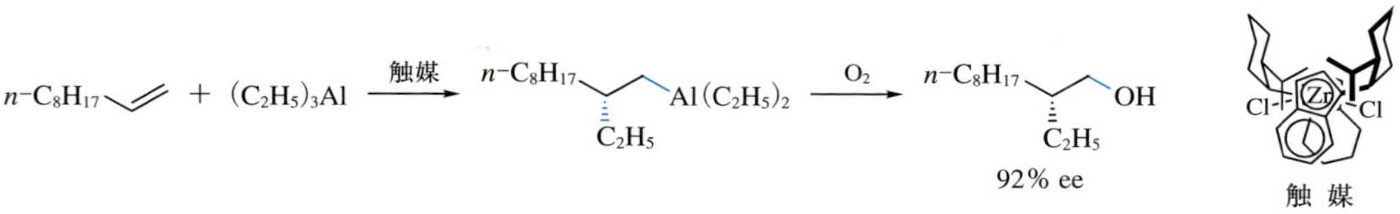

c. ヒドロ炭素化

図 18・11 の経路 **B** における R–M 結合に対するアルキン（アルケン）挿入は起こるものの，つづく金属交換が進行せずに R–M 種が再生されない場合でも，経路 **C** のように X–H（水やアルコール）との σ 結合メタセシスが進行するならば，アルキン（アルケン）のヒドロ炭素化が可能となる．アリールホウ素化合物のような，求核性が低く X–H と直接は反応しない有機金属化合物を用いて，ヒドロアリール化体を得る方法が報告されている．アルキンに対する反応は，ロジウムやニッケル，パラジウムが触媒になる．アリールボロン酸をロジウム触媒と組合わせると，α,β-不飽和カルボニル化合物をはじめとする電子不足アルケンに対する不斉共役付加反応が実現する．光学活性な BINAP やジエンを不斉配位子として用いると，きわめて高いエナンチオ選択性で付加が進行する．

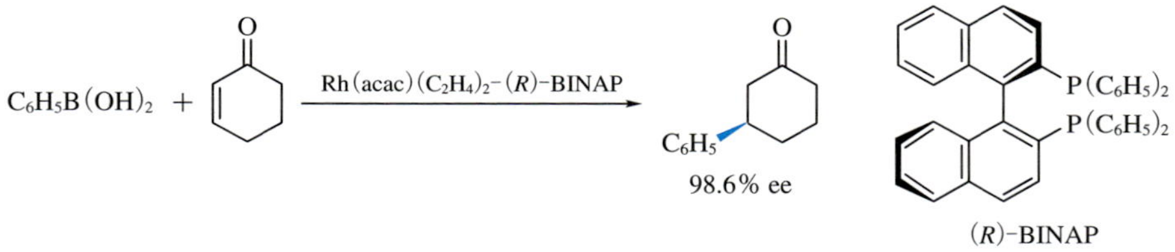

問題 18・1 次の反応の機構（触媒サイクル）を示せ．ただし，触媒は $Ru=CHC_6H_5$ と略記してよい．ここでは末端アルケンから反応していく機構が提案されている．

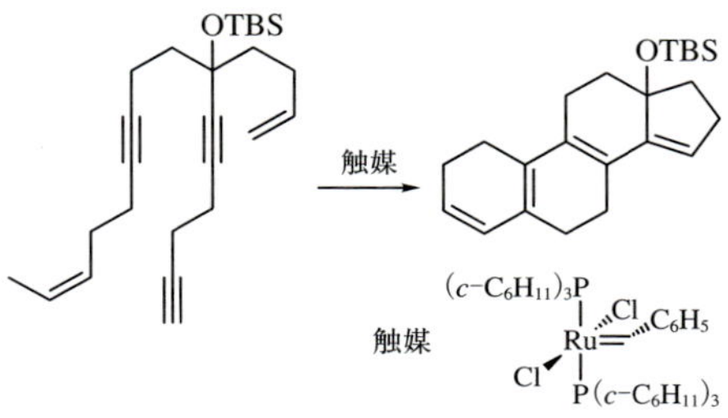

問題 18・2 次のアルケンのヒドロエステル化反応が $H–Pd^+$ から始まる触媒サイクルを示せ．また，$CH_3O–Pd^+$ から始まる機構も示せ．

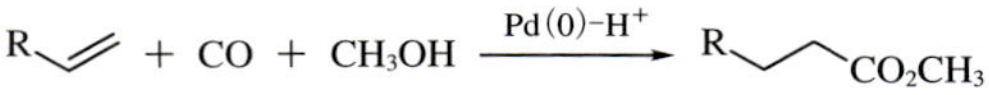

問題 18・3 $(-)$-モルヒネの全合成のなかで，(A) から (B) への変換に遷移金属触媒反応が使われている．どのような触媒と反応剤を組合わせるとよいかを答えよ．また，反応機構を示せ．

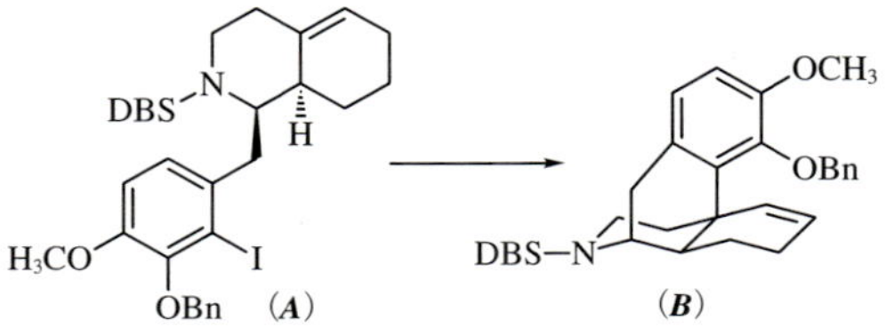

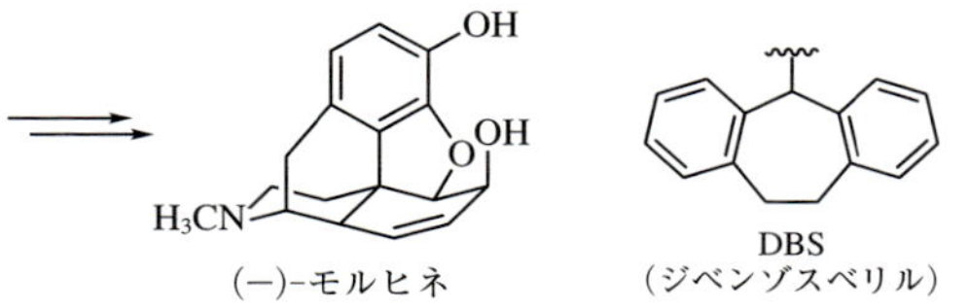

19

有機分子触媒反応

われわれの体内では機能を司る酵素に加えて，補酵素が重要な働きをしている．補酵素は生物が生きていくために進化過程において獲得した有機分子触媒で主要部分はビタミンともよばれている．たとえば，生体内で還元作用を行うニコチンアミドアデニンジヌクレオチド（NAD^+）とその還元体である NADH，α-ケト酸を α-アミノ酸に還元的アミノ化するだけでなく逆に脱アミノや脱炭酸，アミノ酸のエピマー化を行うピリドキサール類（ビタミン B_6），ベンゾイン縮合におけるシアン化物イオンと同じように炭素の極性転換をして炭素－炭素結合を生成したりアミノ酸の異性化に関与するチアミン二リン酸，二酸化炭素を固定してカルボキシル化するビオチン，酸化反応を触媒して代謝に関与するフラビンアデニンジヌクレオチド（FAD），アルドール反応に関与するだけでなく解糖系に関与する補酵素 A，などである（図 19・1）．この補酵素 A に関しては 2 章で簡単にふれた．

　有機分子触媒は，金属を利用することなく，水素，炭素，窒素，酸素，リン，硫黄など，資源として豊富な元素からのみなる触媒であると規定することもできる．その特色は，金属触媒と比較して毒性が低く，かつ資源として豊富であり，近年重視されている持続可能な社会の実現および環境負荷の軽減に有効である．上で述べた補酵素の生体機能を模倣していろいろな構造のものが提案されている．これらは一般に，取扱いや触媒構造の微調整が簡単であり，安定・安価・環境に優しいなどの長所があるので，金属触媒の抱える問題点，すなわち，金属の種類によっては高価，有毒で廃棄が困難であったり，水や酸素に不安定であることなどを克服するための有効な手段と期待されている．2000 年ごろになり，プロリンを触媒として用いる直接的不斉アルドール反応，アミノ酸由来の光学活性第二級アミン塩を触媒とする不斉 Diels-Alder 反応，光学活性な相間移動触媒を用いる非天然型アミノ酸の不斉合成が実現されて均一系触媒化学の有力な手段になってきている．

19・1 有機分子触媒による不斉アルドール反応

19・1・1 Hajos-Parrish-Eder-Sauer-Wiechert 反応

　先駆的研究として Hoffmann-La Roche 社の Z. G. Hajos，Shering AG 社の R. Wiechert が独立して発表した，プロリンを触媒とする分子内不斉アルドール反応をまず最初に紹介する．

反応は図 19・2 に示すように，まず触媒である L-プロリンの第二級アミンと基質のカルボニル部位

19・1　有機分子触媒による不斉アルドール反応　　　329

NAD⁺(酸化型)　　NADH(還元型)

ニコチンアミドアデニンジヌクレオチド

ピリドキサミンリン酸

ピリドキサールリン酸

FAD(酸化型)　　FADH(還元型)

フラビンアデニンジヌクレオチド

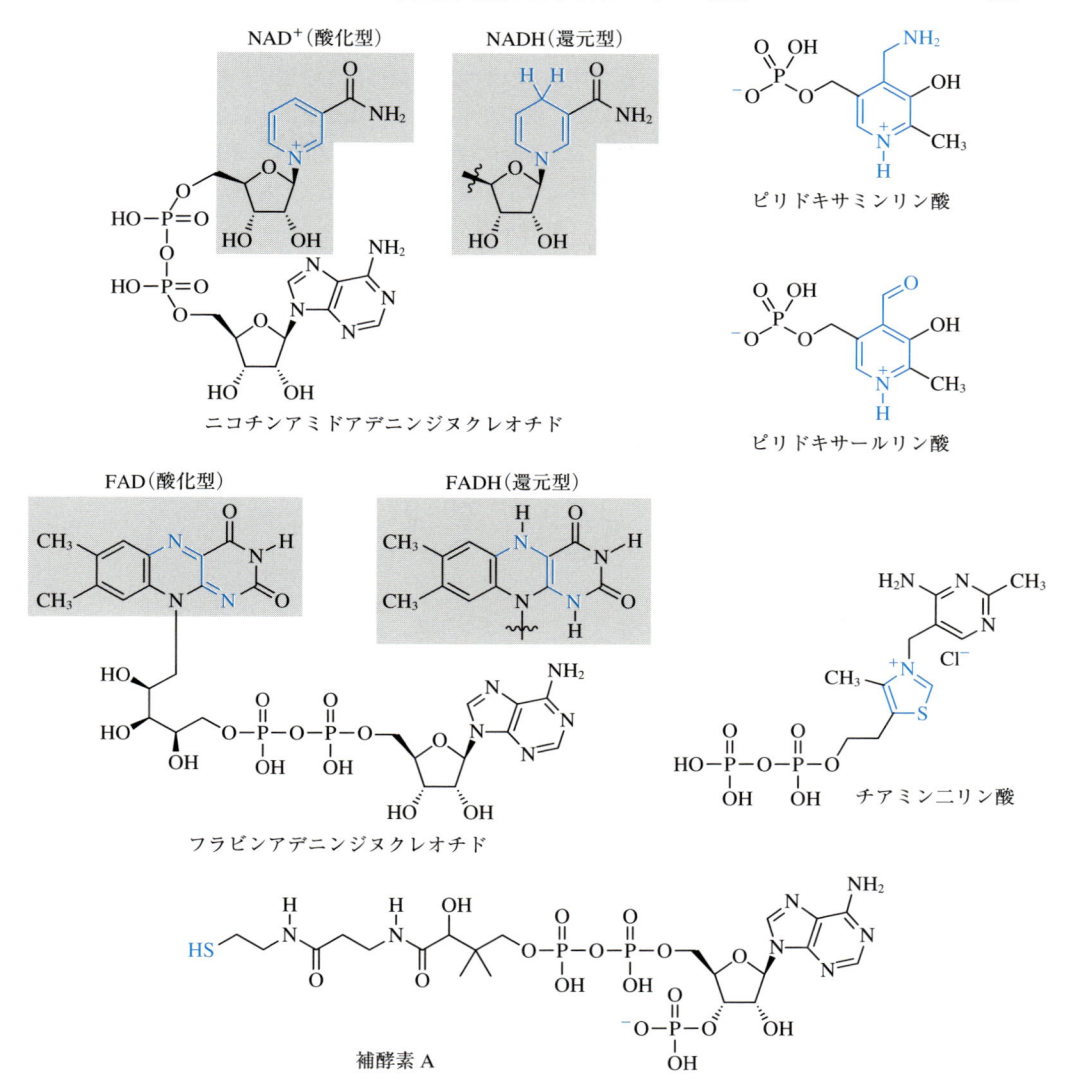

チアミン二リン酸

補酵素 A

図 19・1　補 酵 素

図 19・2　分子内不斉アルドール反応の触媒サイクル
(エナミン形成 / エナミン / 分子内アルドール反応 / イミニウム塩 / 加水分解 / プロリン)

図 19・3　I 型アルドラーゼによるアルドール反応の機構

が脱水縮合し，エナミンを生成する．つづいてエナミンの求核性によって分子内アルドール反応が起こる．ここで不斉誘起が生じる．このときプロリンのカルボン酸部位が求電子部位であるカルボニル酸素と水素結合し，反応活性化に寄与している．生じたイミニウム塩が反応中に生じた水によって加水分解され，目的のアルドール付加体を生じると同時に触媒であるL-プロリンが再生する．

このようなエナミン形成を経るアルドール反応は，I型アルドラーゼ（アルドール反応を促進する酵素）による反応機構と等価であるといえる（図19・3）．

19・1・2　分子間直接的不斉アルドール反応

Hajos, Wiechert らの発見はその重要性にもかかわらず，以後30年あまりほとんど注目されることはなかった．2000年になって B. List, C. Barbas らはプロリン触媒を用いて分子間直接的不斉アルドール反応に成功した．アセトンと各種アルデヒドとのアルドール反応をプロリンを触媒量用いて行い，光学活性な化合物を得た．

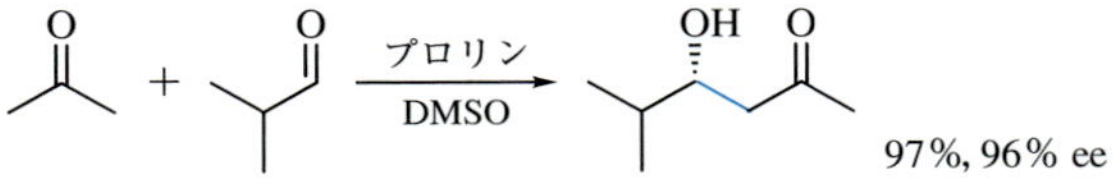

反応は図19・4に示す触媒サイクルのように，エナミン形成，分子間アルドール反応，つづく加水分解を経る．特にエナミン形成の段階について詳しく解説する．まずプロリン窒素の非共有電子対がケトン炭素を求核攻撃し，付加体を生じる．つづいて脱水によって得られるイミニウム塩が異性化して，反応活性種であるエナミンが形成する．このエナミンのカルボン酸部位とアルデヒド酸素が水素結合によって介した遷移状態をとることにより，反応が進行すると理解されている．結合生成ののち生じるアルドールのイミニウム塩が加水分解を受けて，目的とするアルドール付加体が得られ，同時に触媒であるプロリンが再生する．

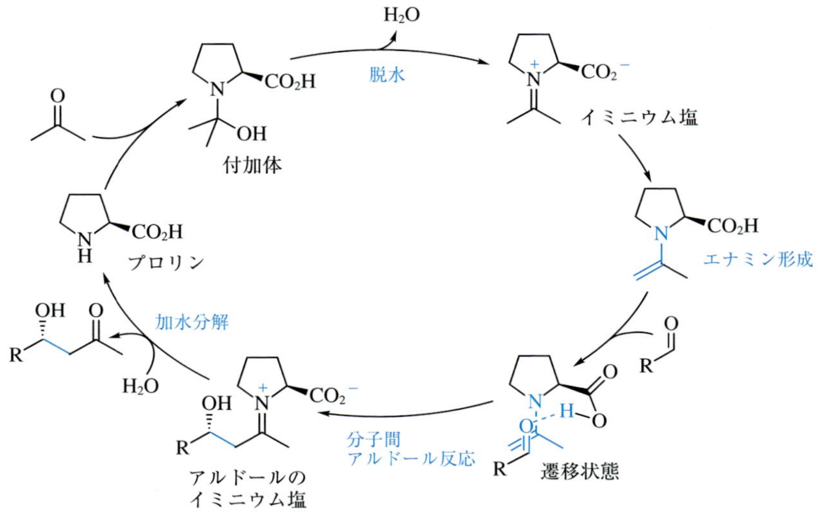

図19・4　分子間直接的不斉アルドール反応の触媒サイクル

アルデヒドどうしのアルドール反応は一般に制御がむずかしいが，特定のアルデヒドではアルドール体が選択的に生成する．たとえば，プロリンを触媒とする α-アルコキシアルデヒドの分子間不斉アルドール反応では，相当するアルドール体が生じる．この反応と向山アルドール反応を組合わせると，

種々の六炭糖が短段階で合成できる.

また,ジアルデヒドの分子内アルドール反応では,光学活性シクロヘキサノールが得られる.

プロリンは両鏡像異性体とも安価に入手可能であり,プロリンを用いる不斉反応は実用的な見地から有用な場合が多い.しかし,一般に触媒量を比較的多量必要とし,不斉収率が必ずしも高くない.このため,プロリンのカルボン酸部位をテトラゾールやアミド,スルホンアミドに変換した触媒が考案されている.

一方,不斉源として骨格が安定で修飾が容易な光学活性なビナフチルアミノ酸を触媒とする,4-ニトロベンズアルデヒドとアセトンの直接的不斉アルドール反応に適用すると,高い鏡像異性体過剰率のアルドール体が得られる.さらに,さらに高活性な光学活性なビフェニルアミノ酸の触媒反応も提案されている.

19・2 不斉 Mannich 反応

Mannich 反応は,アルドール反応におけるアルデヒド受容体をイミノ化合物に代えたものである.特に**不斉 Mannich 反応**にはプロリンやその誘導体を触媒に用いると,シン選択性が認められる.ところが,ビナフチル骨格を有する光学活性なアミノスルホンアミドを触媒に使うと,逆のアンチ選択

性が認められるようになる．

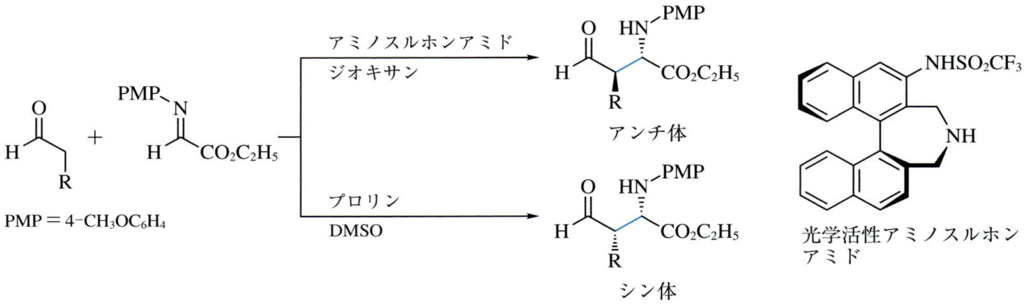

このような不斉 Mannich 反応は，光学活性 Brønsted 酸を用いても可能である．たとえば，水素結合形成基を近傍にもつイミンとケテンシリルアセタールの Mannich 型反応は，3,3′ 位に置換基をもったビナフトール由来の光学活性リン酸を触媒に使うことにより，高エナンチオ選択的におもにシン体が得られる．

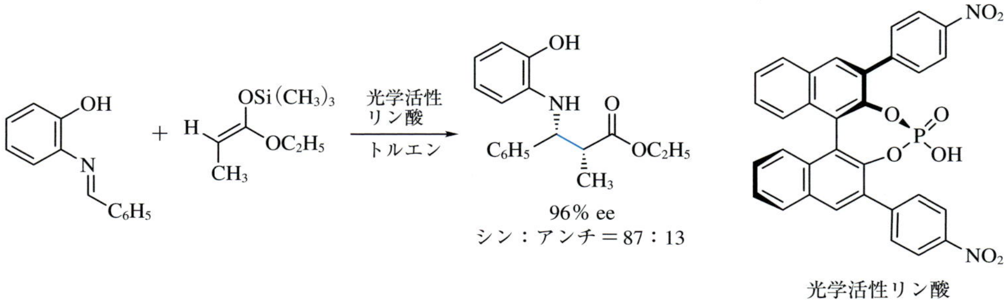

19・3 イミニウム塩形成による不斉 Diels-Alder 反応

不飽和カルボニル化合物とジエンとの不斉 Diels-Alder 反応の実現には，カルボニル酸素が Lewis 酸へ配位して活性化することが必要であると考えられていた．これと全く異なる活性化法として，不飽和カルボニル化合物と第二級アミンの塩酸塩からイミニウム塩を形成させて，LUMO を低下させる方法が確立された．

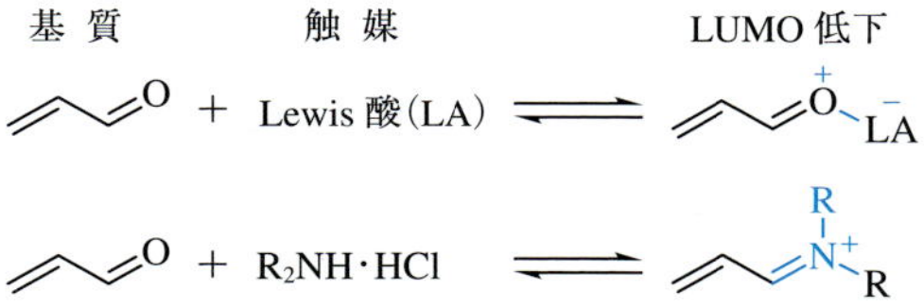

フェニルアラニンから容易に合成できる 5 員環第二級アミンを触媒として用いると，α,β-不飽和アルデヒドといろいろなジエンとの触媒的不斉 Diels-Alder 反応が実現できる．

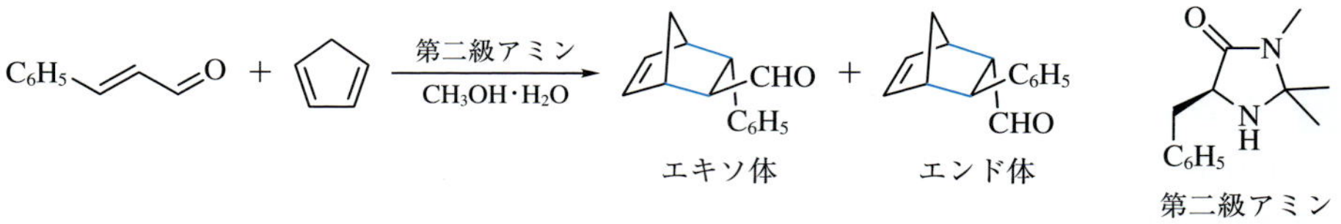

この反応は，図 19・5 に示す触媒サイクルで進行すると考えられている．まず，第二級アミンの塩

酸塩が α,β-不飽和アルデヒドとイミニウム塩を形成する．その結果，基質の LUMO が低下し，ジエンの HOMO との相互作用が容易になって，シクロペンタジエンとの Diels-Alder 反応が起こる．最後に，生成した Diels-Alder 付加体のイミニウム塩が加水分解されて，付加環化体を生じるとともに触媒が再生する．

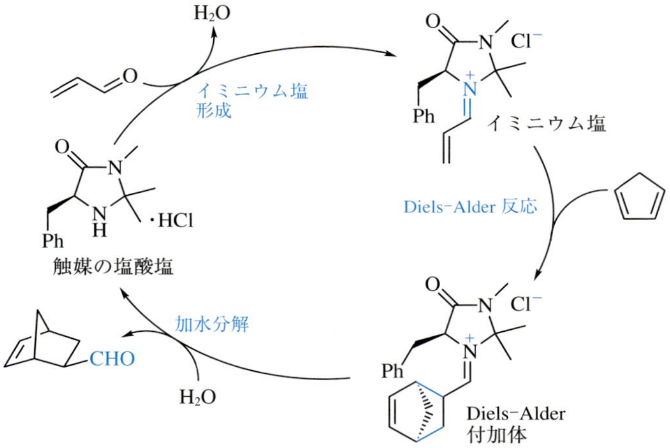

図 19・5　不斉 Diels-Alder 反応の触媒サイクル

しかし，この触媒では，α 置換型不飽和アルデヒドを用いると，触媒活性のみならずエナンチオ選択性も低くなる．この場合でも，ジアミン型触媒なら高エナンチオ選択性をもたらす．さらに光学活性ビフェニル骨格をもつジアミン触媒を用いると，β 置換型不飽和アルデヒドとの反応で，高いエキソ選択性が認められる．

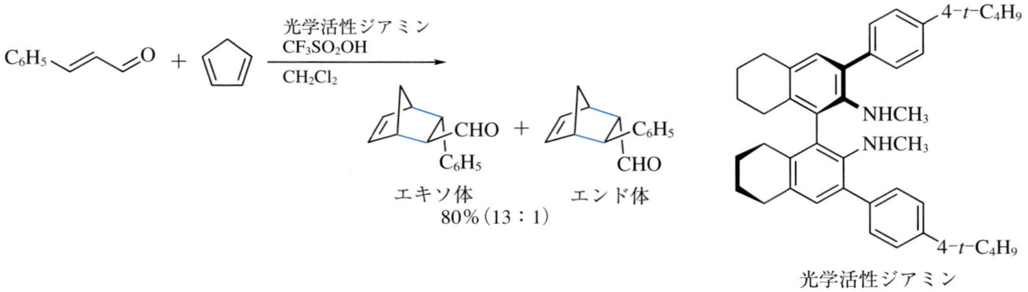

19・4　不斉 Friedel-Crafts 反応

α,β-不飽和アルデヒドとピロール誘導体との不斉 Friedel-Crafts 反応に触媒として光学活性第二級アミンの塩を用いると，共役付加反応が起こり，ここでも高いエナンチオ選択性が認められている．

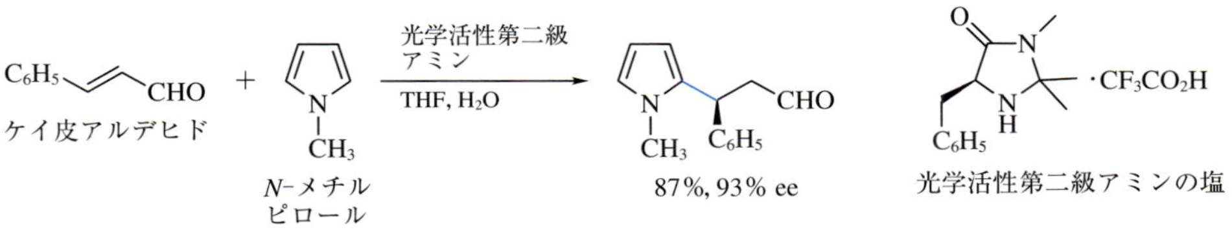

イミニウム塩形成による活性化を利用した不斉 Diels-Alder 反応は，α,β-不飽和カルボニル基質に

は有効であるが，その一方でカルボニル基質以外には有効でない．光学活性なチオ尿素を触媒として用いると，ニトロアルケンへの共役付加の活性化も可能になり，インドールの不斉 Friedel–Crafts 反応が実現できる．

この反応では，触媒のヒドロキシ基を嵩高いシリル基で保護すると触媒活性やエナンチオ選択性が大幅に減少する．また，N-メチルインドールを用いると生成物がほぼラセミ体で得られることから，インドールの窒素に結合した水素原子と触媒のヒドロキシ基の酸素原子との相互作用が重要であると考えられ，これを介して触媒が両反応基質と相互作用するために，反応性と選択性が向上すると考えられている．

19・5 不斉アザ Friedel–Crafts 反応

光学活性リン酸触媒は不斉 Mannich 反応に有効であるが，同様に受容体として活性化されたイミン化合物を用いると，2-メトキシフランとの不斉アザ Friedel–Crafts 反応が進行する．特に触媒のビナフチル骨格の 3,3′ 位に嵩高いヘキサメチルメタターフェニル基を導入することによって，高いエナンチオ選択性が実現できる．

19・6 相間移動触媒反応

現象自体は 1960 年代から知られていたが，**相間移動触媒反応**（phase transfer catalysis reaction）という言葉は，"第四級アンモニウム塩やホスホニウム塩が混ざり合わない二つの相（有機相と水相または有機相と固相の組合わせである場合が多い）を移動し，それぞれの相に存在する基質間の反応促進に決定的な役割を果たす現象をさす"ものとして，1971 年に C. M. Starks によって命名された．代表

例は，触媒量の臭化ヘキサデシルトリブチルホスホニウムの介在によって進行する 1-クロロオクタンのノナンニトリルへの求核置換である（図 19・6）．この反応では 1-クロロオクタンが水に溶けずに有機相を形成し，シアン化ナトリウム NaCN が水相に存在する形の二相である．両親媒性（有機相・水相どちらとも混ざり合う性質）をもつホスホニウム塩が水相からシアン化物イオン CN^- をホスホニウム塩の対イオンとして有機相に移動させ，有機相を形成する 1-クロロオクタンと反応し，ノナンニトリルを生成するとともに，触媒は塩化ホスホニウムとして再生する．

$$n\text{-}C_8H_{17}Cl + NaCN \xrightarrow[H_2O]{(n\text{-}C_4H_9)_3P(CH_2)_{15}CH_3Br} n\text{-}C_8H_{17}CN + NaCl$$

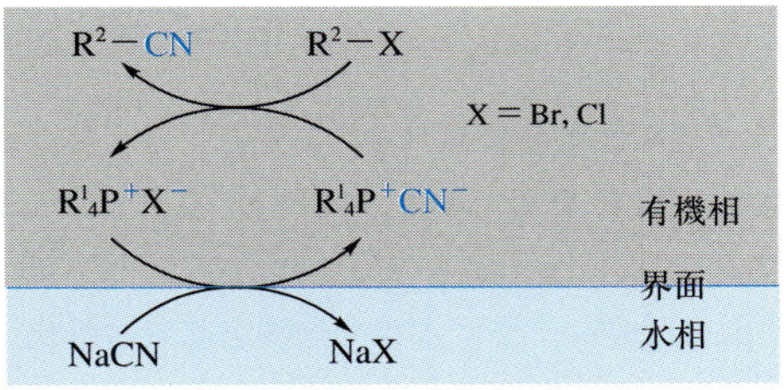

図 19・6　相間移動触媒反応

相間移動触媒反応は比較的穏和な条件で進行し，さらに水はもちろん空気と接触しても反応が阻害されないため，触媒的不斉合成への展開が早くから画策され，光学活性な相間移動触媒（phase transfer catalyst: PTC）による不斉メチル化反応が実現されている．次式の生成物は尿酸排泄促進薬である (*S*)-インダクリノンの合成に利用された．ここで使われた光学活性 PTC **A** は，キナの木の皮から単離できるシンコニンを第四級アンモニウム塩に変換して調製する．

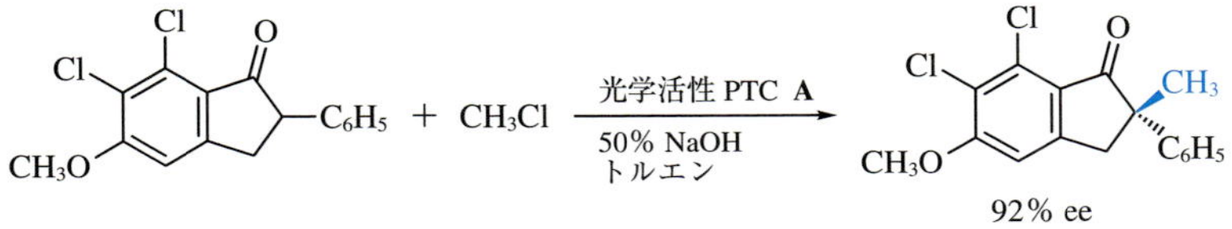

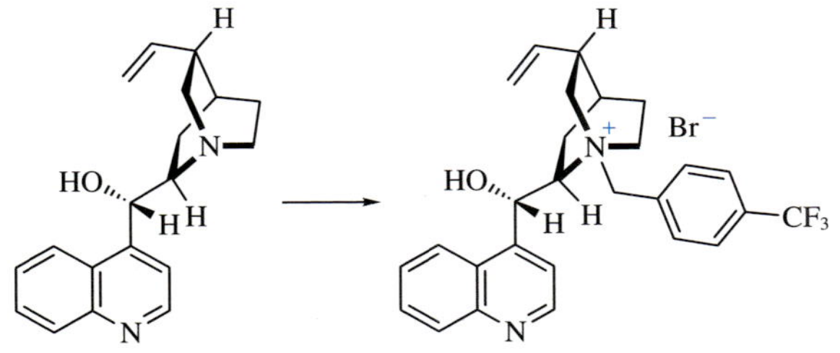

シンコニン cinchonine　　光学活性 PTC **A**

グリシンエステルのベンゾフェノンイミンを相間移動触媒で不斉アルキル化する反応にもシンコニンの第四級塩が使えるが，これのジアステレオマーであるシンコニジン由来の触媒 PTC **B** を利用する

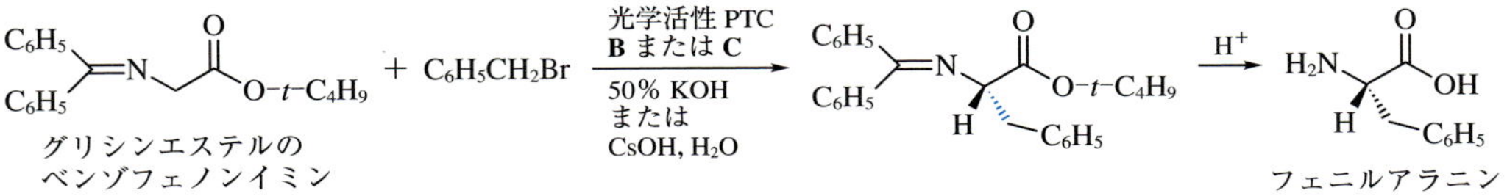

光学活性 PTC **B**　94% ee

光学活性 PTC **C**　99% ee

と，94% ee もの高いエナンチオ選択性が認められる．しかし，丸岡啓二が開発した非天然型の光学活性ビナフトールから誘導できる PTC **C** を用いると，99% ee のエナンチオ選択性でアミノ酸誘導体が不斉合成できる．

　相間移動触媒によるアルキル化反応は，まず水相で無機塩基（水酸化カリウム，水酸化セシウムなど）により基質の脱プロトンが起こり，水相と有機相の界面に金属エノラートが生成する．つづいて触媒である第四級アンモニウム Q^+ のハロゲン化物イオン X^- とエノラートが交換し，アンモニウムエノラートと無機塩 MX が生じる．アンモニウム塩となって脂溶性の増加したエノラートは水相から有機相へ移動し，有機相のハロゲン化アルキルと反応する．その結果，アルキル化体が生成し，同時に触媒であるハロゲン化アンモニウム Q^+X^- が再生する（図 19・7）．

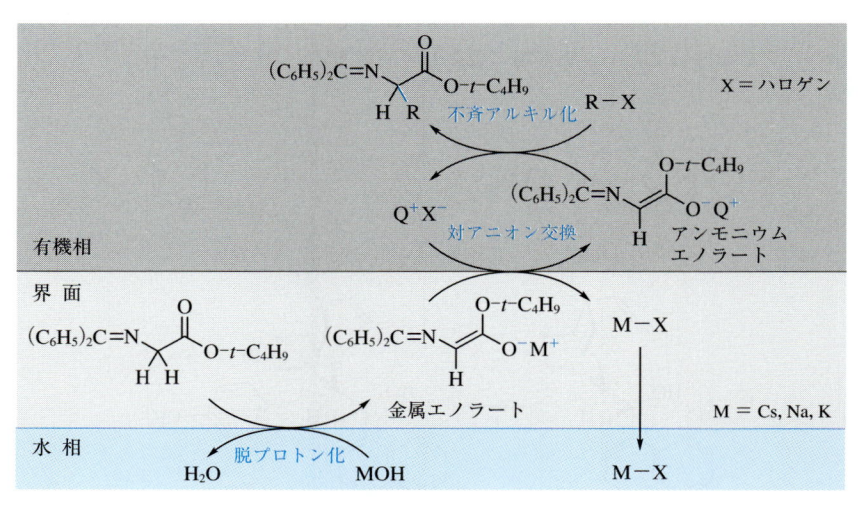

図 19・7　相間移動触媒によるアルキル化反応

　光学活性 α,α-ジアルキルアミノ酸は天然に存在しないが，ペプチド修飾や酵素阻害剤あるいは不斉合成におけるキラルプールとしての需要が高い．光学活性ビナフチル由来の相間移動触媒は，このような光学活性 α,α-ジアルキルアミノ酸を簡便に不斉合成する手法として有効である．すなわち，グリシン誘導体を，2 種の異なるハロゲン化アルキルで順次アルキル化することにより，同一容器内で一挙に不斉二重アルキル化反応が進行する．得られたジアルキル化体は，酸処理によって容易に光学活性 α,α-ジアルキルアミノ酸に導ける．この手法の利点は，2 種の異なるアルキル化剤の加える順序を入れ替えれば，同じ触媒を用いて両鏡像異性体が合成できることにある．

アルキル化剤に代えてアルデヒドを用いるとアルドール反応が進み，β-ヒドロキシ-α-アミノ酸が生成する．これは生理活性ペプチドの重要なキラルプールとして，また，不斉合成におけるキラルプールとしても有用である．下記の光学活性 PTC **D** 2 mol% とともに，トルエン-水酸化ナトリウム水溶液の二相系でグリシンエステルのベンゾフェノンイミンとアルデヒドを直接混合すると不斉アルドール反応が進行して，アンチ体の β-ヒドロキシ-α-アミノ酸エステルのベンゾフェノンイミンが生成する．

このようなスピロ型の光学活性 PTC の構造を単純にした光学活性 PTC **E** をグリシン誘導体の不斉アルキル化反応に適用すると，わずか 0.01〜0.05 mol% の触媒量でも反応が円滑に進行し，しかも優れたエナンチオ選択性が得られる．また，アラニン誘導体の不斉アルキル化も同様の条件下で進行し，α,α-ジアルキルアミノ酸の実用的不斉合成が可能である．

19・7 不斉森田-Baylis-Hillman 反応

森田-Baylis-Hillman 反応とは，第三級アミンやホスフィンの存在下，アクリル酸エステルのような電子求引基で活性化されたアルケンとアルデヒドが反応して付加体を生じる反応である．

森田–Baylis–Hillman 反応は基質と反応剤に加えて第三級アミン β-ICD 触媒の 3 種を混合して放置するだけで進行し，原子効率に優れ，合成化学的に有用な生成物を生じるため，不斉反応が精力的に検討されている．次に，その例を示す．

アルデヒドをイミンに代えると，不斉アザ森田–Baylis–Hillman 反応が可能になるが，この場合，N-ジフェニルホスフィノイルイミンを使うと選択性がよい．

19・8 酸無水物の速度論的光学分割

K. B. Sharpless の不斉ジオール化反応で使われているシンコナアルカロイド誘導体 $(DHQD)_2AQN$ を触媒として用い，アミノ酸のラセミ体から誘導したウレタン保護 N-カルボキシアミノ酸無水物（UNCA）を，加アルコール分解すると速度論的光学分割によって，光学活性アミノ酸誘導体を効率よく得ることができる．

また，環状酸無水物でも加アルコール分解による速度論的光学分割を行うと，非対称化が可能になり，光学活性カルボン酸エステルが効率よく得られる．

第二級アルコールのラセミ体を速度論的に分割するには，これまでは酵素を用いる方法が主流であったが，光学活性1,2-ジアミン触媒と酸塩化物を用いてアシル化することによって，両鏡像異性体を分割することができる．

19・9 不斉アミノオキシ化反応

ニトロソ化合物は，反応条件に応じて求核剤が酸素または窒素を攻撃する．Lewis酸やBrønsted酸などの酸触媒を用いると，通常，酸素での反応が優先する．さらに光学活性Lewis酸やBrønsted酸を用いると，不斉アミノオキシ化体が得られる．プロリンを触媒とする反応を次に示す．

一方，ヒドロキシ基をもつ触媒を用いて，ニトロソベンゼンとの弱い水素結合を利用すると，N-アルキル化が起こる．特に分子内にヒドロキシ基二つとアミノ基が共存する光学活性第二級アミンを触媒として利用すると，アルデヒド類の不斉ヒドロキシアミノ化が可能になる．この手法を用いると，各種の光学活性 α-アミノアルデヒド類や α-アミノアルコール類が合成できる．

19・10 不斉エポキシ化反応

チタン-酒石酸錯体を利用したアリルアルコールの不斉エポキシ化（香月-Sharpless エポキシ化），およびマンガンサレン錯体を利用したシス体のアルケンの不斉エポキシ化（香月-Jacobsen エポキシ化）などの金属錯体による不斉エポキシ化反応はきわめて有用である．これらの不斉酸化反応と相補的な方法として，光学活性ケトンを用いるアルケンの不斉エポキシ化反応がある．オキソン®（$2KHSO_5 \cdot KHSO_4 \cdot K_2SO_4$ の複合塩，DuPont社の登録商標でおもにプールの水の浄化に塩素系殺菌剤と併用されている）を酸化剤として，スチルベン類を不斉エポキシ化する際に光学活性ケトンを触媒として用いると，エナンチオ選択的エポキシ化を実現できる．D. Yang の軸不斉型の光学活性ケトンよりも，Y. Shi が D-フルクトースから誘導した光学活性ケトンのほうが，いろいろなアルケンの不斉エポキシ化を 90%以上のエナンチオ選択性で達成するので実用性はきわめて高い．

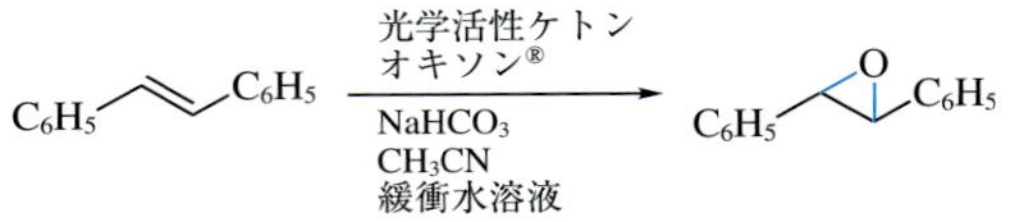

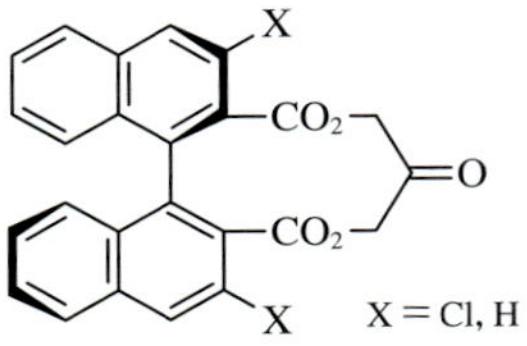

Yang の光学活性ケトン
76% ee

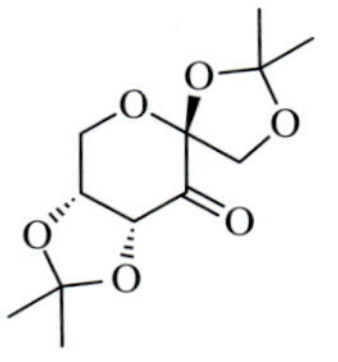

Shi の光学活性
ケトン　>95% ee

反応は次のように進むと考えられている．まず酸化剤である $KHSO_5$ が光学活性ケトンに求核付加し，この付加体から SO_4^{2-} が脱離するとともに，エポキシ化の真の活性種であるジオキシランが生成する．図 19・8 に示す蝶形遷移状態を通ってアルケンと反応し，エポキシ化を達成するとともに自身は還元されてケトンが再生する．

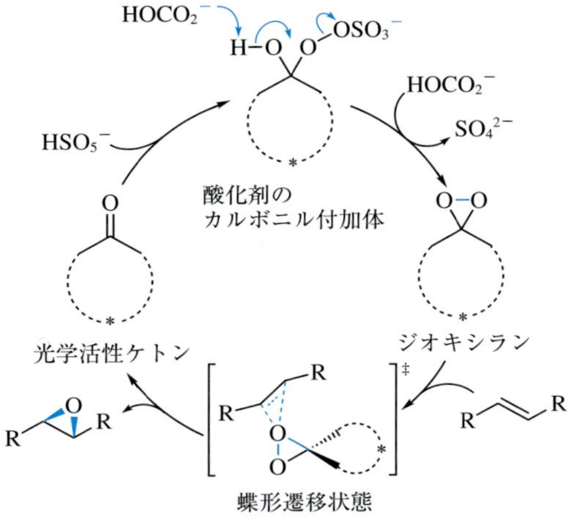

図 19・8　不斉エポキシ化反応の触媒サイクル

Yang の触媒が，狭心症および高血圧治療薬であるジルチアゼム塩酸塩の鍵中間体を工業的規模で製造する際に利用されている．

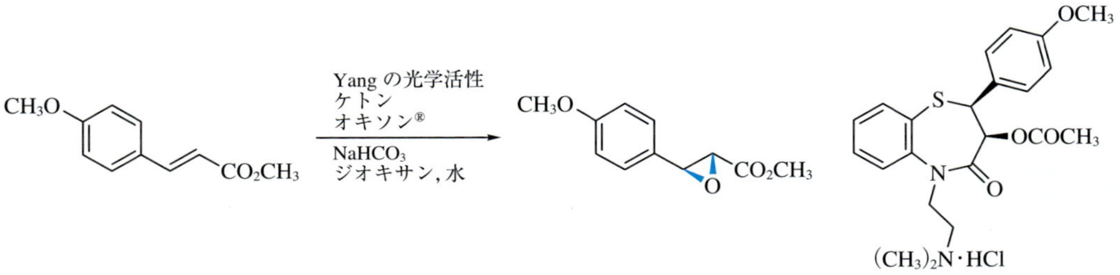

ジルチアゼム塩酸塩

19・11 酸 化 反 応

石井康敬らは，飽和炭化水素の炭素−水素結合の切断には，*N*-ヒドロキシフタルイミド（NHPI，§10・4 参照）触媒が有効な有機分子触媒として働くことを見つけた．§10・4 でも述べたように飽和炭化水素類を酸素酸化して官能基化することができる．ここではシクロヘキサンのアジピン酸への酸化を紹介する．

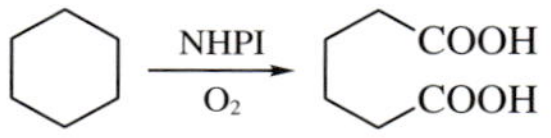

19・11 酸化反応

この反応では，まず，NHPI 触媒が酸素分子と反応して N-オキシラジカルが生成し，シクロヘキサンの水素原子を引抜く．生じたシクロヘキシルラジカルが酸素分子と反応してヒドロペルオキシド，つづいてアルコール，ケトンを経て，最終的にアジピン酸に至る経路をとる．

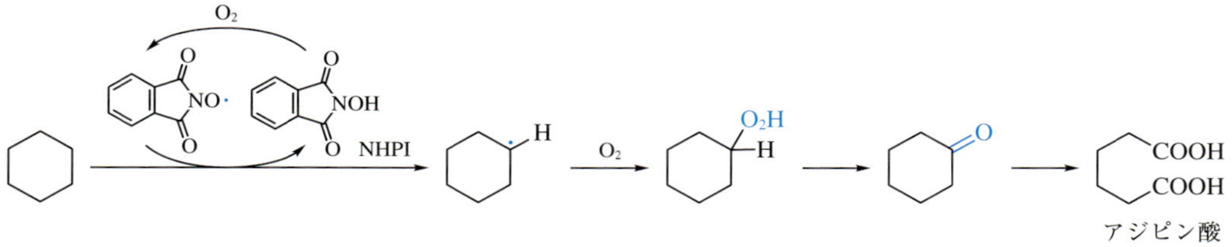

この反応は，ラジカル触媒による自己酸化の反応ともいえる．飽和炭化水素類の自己酸化反応を緩和な条件で行えるため，高い選択率と収率が実現している．アルカンのニトロ化，スルホン化，ラジカル触媒的な炭素－炭素結合生成反応など多くの変換が可能である．

アルコールを TEMPO (2,2,6,6-テトラメチルピペリジン-1-オキシル) を用いて酸化する場合，第一級アルコールが選択的に酸化される．TEMPO は触媒量に減じ，安価で環境負荷の少ない NaOCl 水溶液を酸化剤として化学量論量用いて反応が行える利点がある．触媒サイクルを図 19・9 に示す．

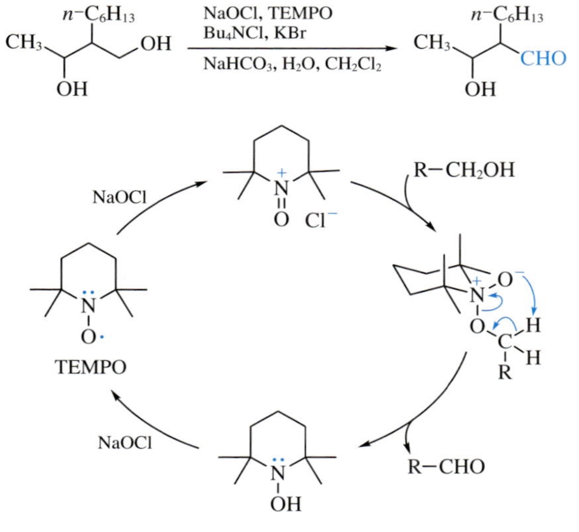

図 19・9 TEMPO を用いる第一級アルコールの酸化の触媒サイクル

過酸化水素を酸化剤に使う触媒反応は，フラビン酵素の活性部位だけを抽出した分子触媒として過塩素酸 5-エチル-3,7,8,10-テトラメチルイソアロキサジニウム（フラビン触媒）を用いると，可能である．30%過酸化水素を使うだけで，アミンやスルフィドの酸化，ケトンの Baeyer-Villiger 反応が円滑に進行する．

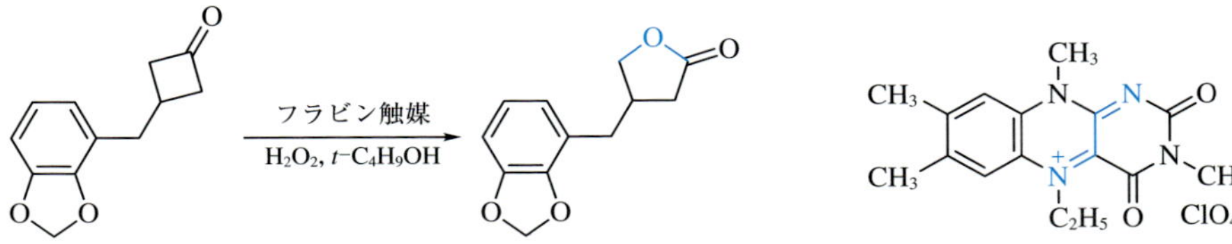

フラビン触媒

19・12 *N*-複素環状カルベンの触媒反応

環を構成する元素として窒素原子を最低一つ含む 5 員環芳香族化合物を総称して**アゾール**（azole）とよぶ．アゾールの芳香族性に寄与しない窒素の非共有電子対をアルキル化すると，アゾリウム塩に変換できる．このアゾリウム塩を塩基で処理することにより，*N*-複素環状カルベン（NHC）が生成する（5 章参照）．次にチアゾールを複素環化合物とした場合の具体例を示す．

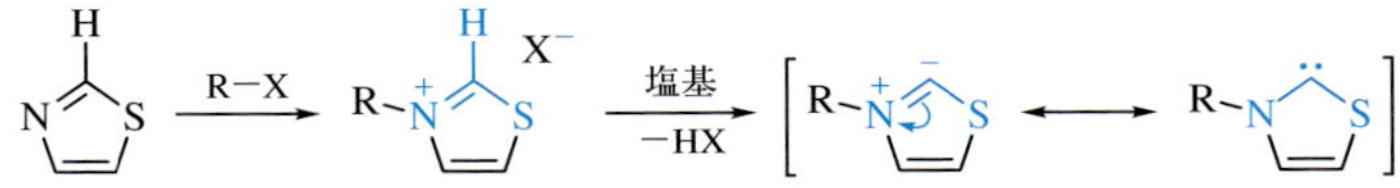

チアゾール　　チアゾリウム塩　　*N*-複素環状カルベン

N-複素環状カルベン触媒が初めて利用されたのは，鵜飼貞二によるベンズアルデヒドの二量化（**ベンゾイン縮合反応**）である．この触媒は，チアゾリウム塩を塩基で処理することで得られる．

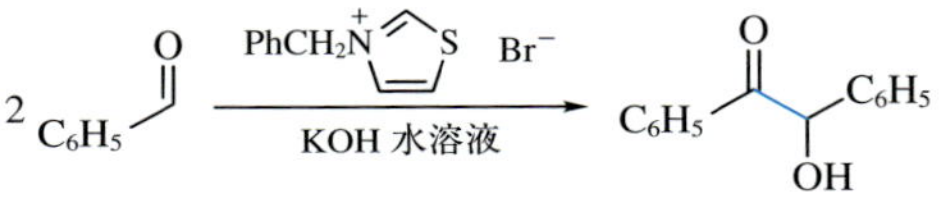

実際，チアゾリウム塩を重水中に溶解させると，2 位の水素が速やかに重水素と交換する．

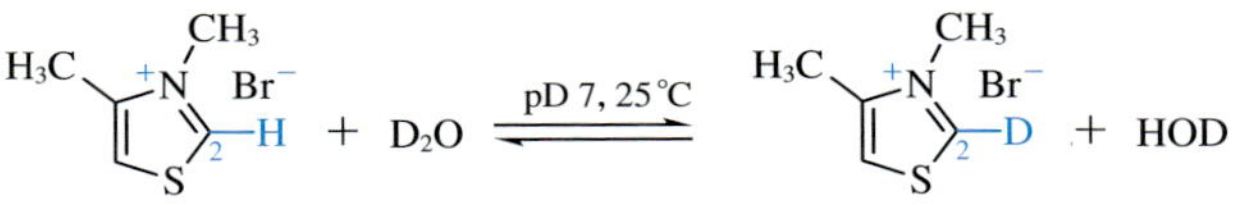

この事実をもとに，R. Breslow は生体内反応の素過程として重要なピルビン酸の脱炭酸反応が，補酵素であるチアミン二リン酸によって触媒されると提案した．その機構を図 19・10 に示す．すなわち，チアミン二リン酸から発生するイリドがピルビン酸を攻撃し，プロトン移動と脱炭酸を経てベタイン

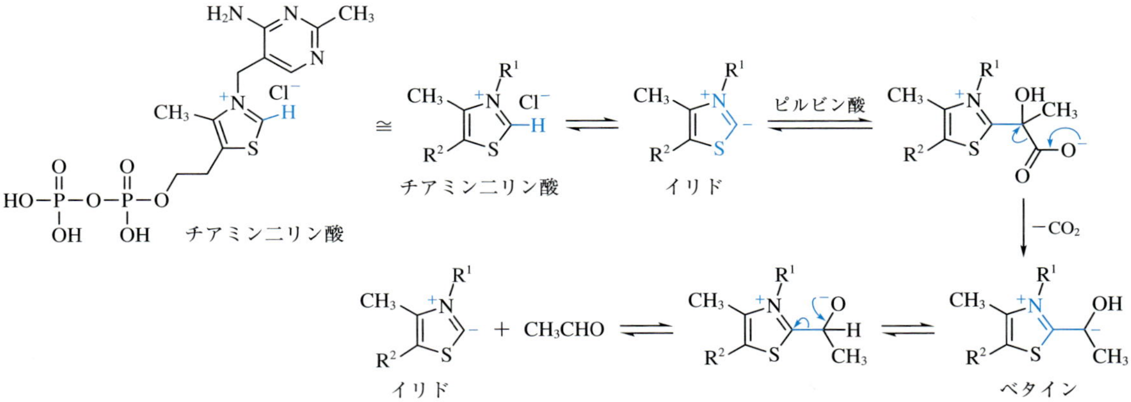

図 19・10 Breslow によるピルビン酸の脱炭酸の反応機構

が生成する．さらに，プロトン移動と脱離反応を経てアセトアルデヒドが生成し，イリドが再生する．

この知見をもとに，ベンゾイン縮合反応の触媒サイクルとして図 19・11 に示す機構が提案されている．

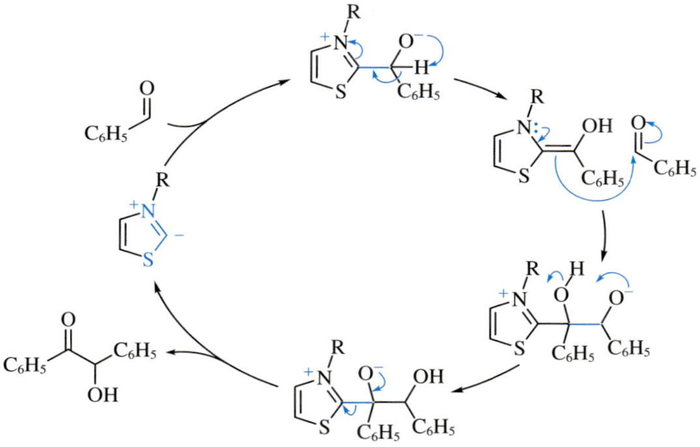

図 19・11　ベンゾイン縮合の触媒サイクル

N-複素環状カルベンの骨格に光学活性部位を導入した触媒を用いる不斉ベンゾイン縮合反応が研究された．チアゾリウム塩のほかにトリアゾリウム塩を N-複素環状カルベン触媒の前駆体として用いることにより，高活性触媒反応が実現されている．ベンゾイン縮合だけでなく，N-複素環状カルベン触媒の関与する特徴的な反応機構を利用した新規合成法が盛んに研究されている．

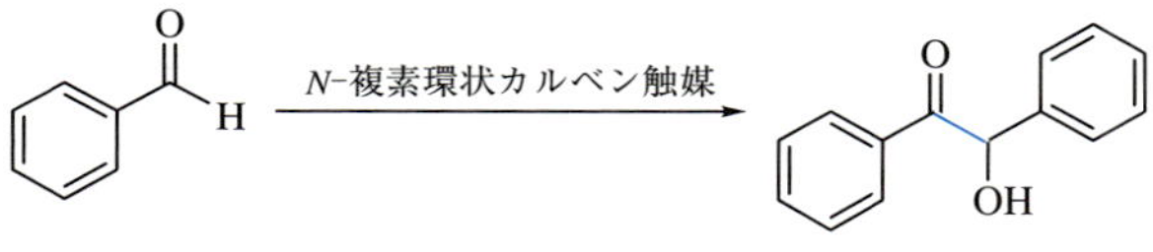

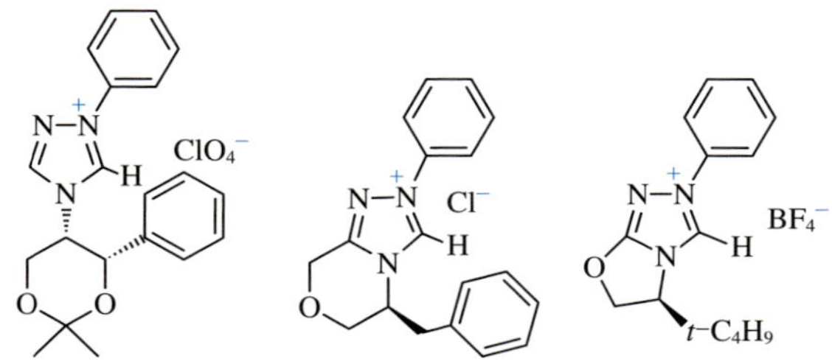

75% ee　　80% ee　　90% ee

問題 19・1　§19・4 のケイ皮アルデヒドと N-メチルピロールの不斉 Friedel-Crafts 反応の機構を示せ．

問題 19・2　第三級アミン R_3N の存在下，アクリル酸エステルとアルデヒドによる森田-Baylis-Hillman 反応の機構を示せ．

問題 19・3　フラビン分子触媒と過酸化水素を用いるスルフィド $(PhCH_2)_2S$ のスルホキシドへの酸化反応の機構を示せ．

20

工業的に重要な化合物とその利用

　炭素を中心に，水素，酸素，窒素といった元素をおもに扱う有機化学工業は，20世紀初めの石炭から得られるコールタールを原料とする産業に始まる．1950年代を境に，日本でも石油を原料とする石油化学工業がスタートし，有機化学工業の原料の主役は石炭から石油に代わった．石油は石炭に比べると，より良質な炭化水素原料であること，また，液体なので採掘や運搬が容易で価格が安いことなどがその理由である．いまでは化学工業原料の95％は石油（ないし天然ガス）から製造されている．

　油田から掘り出された黒褐色の原油は，炭化水素を主成分とし，酸素や硫黄を含む複雑な化合物も混ざっている．その元素組成は原産地によりあまり違いはなく，おおよそ，炭素82〜87％，水素11〜15％，窒素0〜1％，酸素0〜2％，硫黄0〜4％である．原油はまず，含まれている無機塩を除去した後（脱塩），気体成分を除き，沸点により大まかに分けられる（分留）．沸点の軽いものから順に，粗製ガソリン，灯油，軽油，残渣油（重油ほか）などが得られる．なかでも沸点が30〜200℃のものは粗製ガソリン（別名ナフサ）とよばれており，これが石油化学工業の原料となっている．ナフサには炭素の数が5〜12程度の炭化水素が含まれている．なお，石油に含まれている硫黄はこの分留の後に取除かれる（脱硫）．コンビナートにある精油所（石油精製工業）ではこれらの操作が行われている（図20・1）．

　分留しただけのナフサは，まだ構造異性体を多く含む混合物であり，そのままでは，たとえば枝分かれのない長鎖ポリエチレンを合成する原料にはならない．そこで，さらに小さな基本単位となる石油化学基礎製品に分解する．ナフサを固体触媒を用い700〜800℃に熱すると，熱分解（クラッキング）を起こして基礎製品であるエチレン（エテン），プロピレン（プロペン）などのガス状の分子ができる．この作業を行っているのが石油化学工業である．コンビナートでは，得られたエチレンを蒸留で分けるための高い塔がよくみられる．石油化学工業で用いる重要な基礎製品は，このエチレン，プロピレンのほか，ブタジエン，イソプレンなどのアルケンと，ベンゼン，トルエン，キシレンなどの芳香族炭化水素（ベンゼン，キシレン，トルエンの頭文字をとってBTXと略称する）である．これらから出発して，さまざまな化学製品が合成されている．工業的に大量に生産されている化合物は，

石油の大半がエネルギー源として消費されている

　石油は枯渇が懸念されている化石原料である．このため，化成品を非石油原料から合成する方法が検討されている．しかし，化成品原料として利用されている石油は，その全体消費量に比べると，実はあまり大きな割合ではない．たとえば2007年のわが国における石油消費量は510メガトンである．これに対し，代表的な化成品原料のエチレン，プロピレン，BTXの生産量はそれぞれ，7.7，6.3，12.8メガトンであり，合計しても26.8メガトンと石油消費全量の5.3％にすぎない．現在の石油の消費の大半はエネルギー用途であり，エネルギー用に消費されている石油を化学原料として用いられるよう，代替エネルギーの開発が求められている．
（経済産業省HP参照）

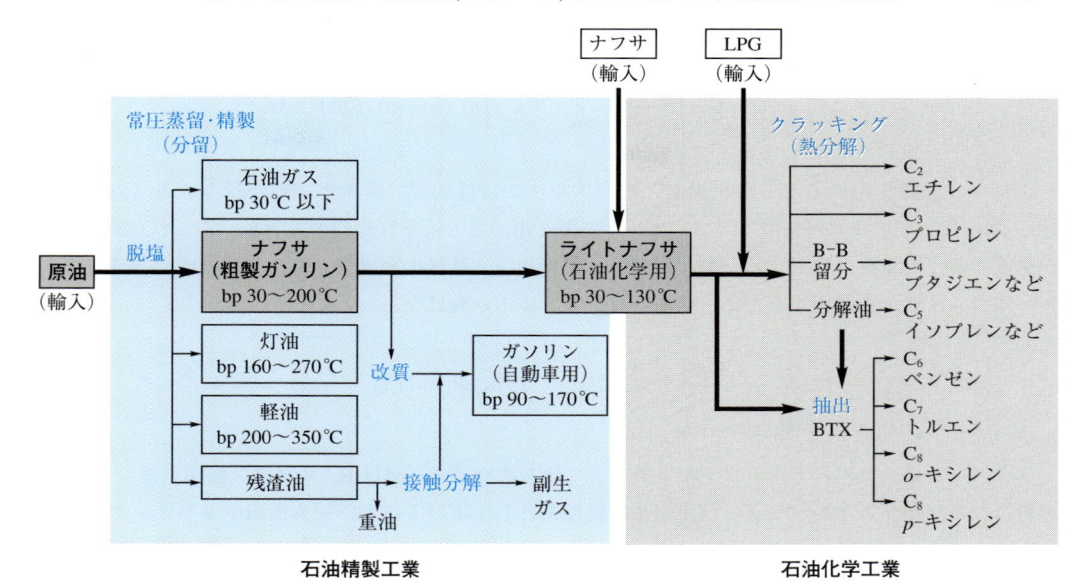

図 20・1 石油精製工業と石油化学工業

その合成がきわめて経済効率の高いものになっており，有機合成の観点からみれば最良の方法である．こうした観点から工業基礎製品の有機合成を見直すことは意義深い．以下，各基礎製品ごとに，その利用法を紹介する．

20・1　C1 組成物（一酸化炭素，メタノール，ホルムアルデヒド）を原料とする化成品

　石炭の炭素と水から，水性ガス生成（不均一水性ガス反応）によって合成ガス（一酸化炭素と水素の混合ガス）が得られる．この反応は吸熱反応であるため，同時に石炭を不完全燃焼させて一酸化炭素へ変換し，その発熱を利用する．石炭の代わりに石油や天然ガスなどの水素含量の多い原料を用いると，水素の比率の高い合成ガスが得られる．

$$\mathrm{C + H_2O \rightleftharpoons CO + H_2} \qquad \Delta H = -119 \ \mathrm{kJ \, mol^{-1}}$$
$$\mathrm{2\,C + O_2 \rightleftharpoons 2\,CO} \qquad \Delta H = +246 \ \mathrm{kJ \, mol^{-1}}$$

　合成ガスは，§18・2・1 で述べたようにアルケンのオキソ反応（ヒドロホルミル化反応）によるアルデヒドの合成に用いられている．プロピレンのオキソ反応で得られる C_4 アルデヒドは，位置異性体であるブタナールと 2-メチルプロパナールの混合物である．それぞれ水素化して 1-ブタノールと 2-メチル-1-プロパノールとして用いる．これらのアルコールはそのまま，あるいは低級脂肪酸エステルに変換したのち溶剤として用いられている．一般には直鎖体の需要が高い．オキソ法で合成したアルデヒドは，酸化してカルボン酸としても利用されている．合成ガスはメタノールの合成や，Fischer–Tropsch 反応により炭化水素（人造石油）の合成にも用いられている．また，長鎖末端アルケンのオキソ法で得られる長鎖アルデヒドはアルキルスルホン酸に変換し，洗剤として用いられている．

$$\mathrm{R{-}CH{=}CH_2 + CO + H_2 \longrightarrow R{-}CH_2CH_2CHO \xrightarrow{H_2} R{-}CH_2CH_2CH_2OH \longrightarrow R{-}CH_2CH_2CH_2OSO_3H}$$
$$\mathrm{R = \textit{n}\text{-}CH_3(CH_2)_{9\sim14}} \qquad \qquad \text{アルキルスルホン酸}$$

　一酸化炭素を，水，アルコール，あるいはアミンと反応させると，ギ酸，ギ酸エステル，あるいは

ホルムアミドが得られる．

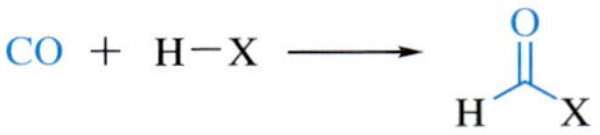

$$CO + H-X \longrightarrow \underset{H}{\overset{O}{\|}}{C}-X \quad X = OH, OMe, NH_2, NHMe, NMe_2$$

ニッケル触媒を用いると一酸化炭素と水がアルケンに付加してカルボン酸が得られる（Reppe 反応）．水に代えてアルコールやアミン，カルボン酸を用いると，それぞれエステル，アミド，酸無水物が生成する．アルケンに対する一酸化炭素と水の付加は，強酸の触媒でも進行する（Koch 反応）．カルベニウムイオンを経由するため，生成物は分枝カルボン酸になる．

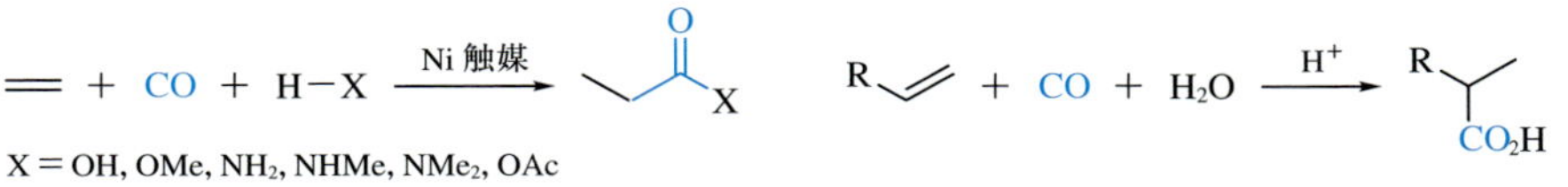

$$=\!=\; + \; CO \; + \; H-X \xrightarrow{Ni \; 触媒} \underset{}{\overset{O}{\|}}{C}-X \qquad R\!-\!\!=\!= \; + \; CO \; + \; H_2O \xrightarrow{H^+} R\underset{CO_2H}{\overset{}{\diagup}}$$

X = OH, OMe, NH₂, NHMe, NMe₂, OAc

メタノールは，ホルムアルデヒドやメチル *t*-ブチルエーテル（MTBE, オクタン価向上剤），酢酸の原料になる．ホルムアルデヒドは消毒用や防腐助剤として用いるほか，尿素樹脂やメラミンの原料にもなる．また，フェノールとの縮合によってフェノール樹脂（ベークライトなど）や，メラミンとの縮合によってメラミン樹脂の製造に使われている．

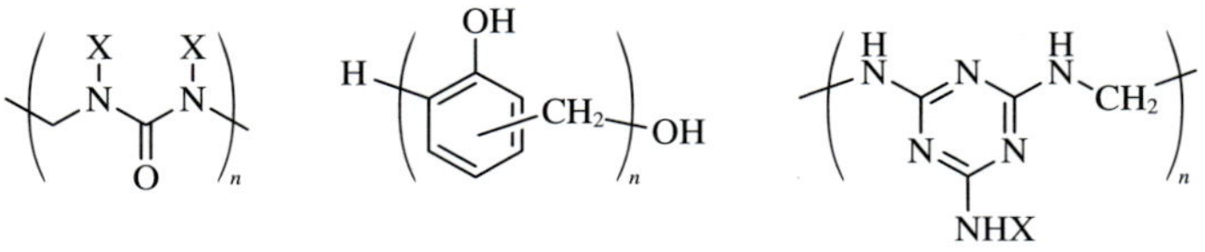

尿素樹脂
X = H, −CH₂OH, −CH₂−

フェノール樹脂

メラミン樹脂
X = H, −CH₂−

メタンをアンモニア存在下で酸化すると，シアン化水素（青酸）が得られる．シアン化水素は，プロピレンのアンモ酸化（§20・3・5）の副生成物としても得られる．

20・2 C2 組成物（エチレンおよびその酸化生成物とアセチレン）を原料とする化成品

エチレンとプロピレンは最も大量に生産・消費されている有機基礎製品である．エチレンやプロピレンは，現在主として，天然ガス，精油所ガス，あるいは原油留分の熱分解によって得られている．エチレンとプロピレンはそれぞれポリエチレンとポリプロピレンに使われている量が最も多い．

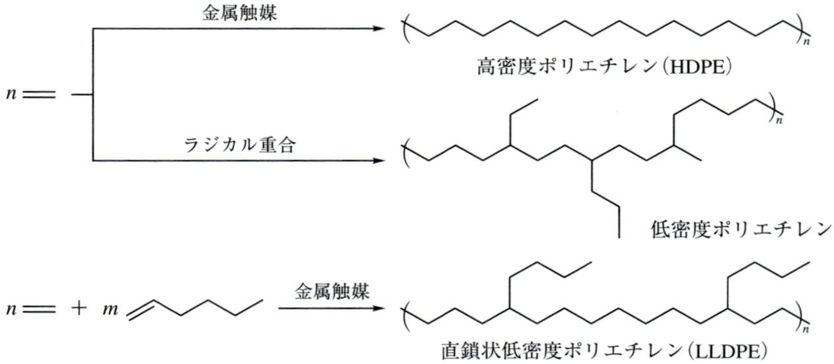

図 20・2 ポリエチレンの種類

20・2・1 ポリエチレン

ポリエチレン（PE）は構造の違いにより，おおまかに，高密度ポリエチレン（HDPE），低密度ポリエチレン（LDPE），直鎖状低密度ポリエチレン（LLDPE）の三つに分けられる（図 20・2）．HDPE は，Ziegler-Natta 触媒に代表される金属触媒を用いて製造されており，直線状の構造をもつ．LDPE は高圧条件下でのラジカル重合によって得られる．頻繁にラジカル連鎖反応が起こるため，分枝構造をもつ．エチレンと 1-アルケンを金属触媒を用いて共重合させると LLDPE が得られる．これらポリエチレンのおもな用途は，各種フィルム，成形剤（ボトル，パイプ）などである．

20・2・2 エチレンオキシドとその誘導体

エチレンを酸素酸化して得られるエチレンオキシドは，広く基礎原料として用いられている．エチレンオキシドを加水分解するとエチレングリコールになる．直接加水分解するよりも，いったんエチレンカーボネート（環状炭酸エステル）としてから加水分解するほうが収率がよい．エチレングリコールの最も重要な用途は，ポリエチレンテレフタレートの原料である．また，自動車ラジエーターの不凍液としても用いられている．エチレンオキシドを開環重合させて得られるポリエチレングリコールのうち，低分子量のもの（PEG とよばれる）はウレタン原料として，一方，高分子量のもの（PEO とよばれる）はリチウムイオンポリマー二次電池の絶縁体および電解質溶媒としての用途がある．金属イオンをテンプレート（鋳型）として重合させると環状体ができる．環状の三量体から六量体は**クラウンエーテル**（crown ether）とよばれ，これはアルカリ金属塩を有機溶媒に可溶化させることができる．

エチレンカーボネートは高沸点溶媒として用いられるだけでなく，アンモニアやアミンと反応させてカルバメート（carbamate）合成の原料にも用いられている．

20・2・3 エタノール

エタノールの製法には，発酵法と化学合成法がある．合成エタノールは主としてエチレンの水和で合成されている．近年，化石資源由来の原料からの脱却を図るため，発酵法によるエタノール（バイオエタノール）の合成研究が盛んに行われており，エチレンを基軸とする現在の化成品の樹形図を，エタノールを出発とする案が提唱されている．

20・2・4 アセトアルデヒド

アセトアルデヒドの代表的な製法は，1) エタノールの酸化，2) エチレンの酸化（Höchst-Wacker 法，§10・2・3 参照），3) アセチレンの水和の 3 種類である．

わが国では 1950 年代まではアセチレンの水和反応でアセトアルデヒドを大量に合成していた．このアセトアルデヒドはさらに酢酸に変換して多目的に使用されていた．アセチレンの水和には軟らかい Lewis 酸である硫酸水銀(II)が触媒として使われた．反応で用いた触媒の効率がしだいに悪くなると"新鮮な"触媒を加え，"無機水銀化合物でも薄めれば大丈夫だろう"と安易に考えて古い触媒を川に流した．これが当時は知られていなかった微生物の作用で神経毒のメチル水銀に変化し，食物連鎖で濃縮された結果，水俣病の原因物質となった．水俣病の悲劇が認識されるようになった時期と，石

油化学工業で大量に合成される安価なエチレンからアセトアルデヒドを合成することができるHöchst-Wacker法が日本で始まった時期がちょうど重なる．1960年代になるとエチレンからアセトアルデヒドを合成するプロセスに一気に置き換わった．

20・2・5 酢　酸

酢酸は，アセトアルデヒドをマンガン触媒を用いて酸素で酸化して合成されてきたが，最近ではおもにメタノールのカルボニル化（Monsanto法あるいはCativa法，メタノール-酢酸法）で合成されている（§18・2・3参照）．酢酸は溶剤としての用途のほか，酢酸ビニルに変換後，重合によりポリ酢酸ビニルやエチレン酢酸ビニル共重合体に使われている．これらのポリマーは，多くの場合，重合後に酢酸エステル部分を加水分解してポリビニルアルコールやエチレンビニルアルコール共重合体として利用されている．また，酢酸は酢酸セルロースとして，繊維，フィルムに用いられる．酢酸セルロースは，かつては写真フィルムに使われていたが，いまは液晶テレビの偏光膜としての用途が大きい．

$$CH_3OH + CO \xrightarrow{\text{Rh または Ir 触媒}} CH_3CO_2H$$

20・2・6 アセトアルデヒド，酢酸の誘導体

酢酸エチル，酢酸ブチル，酢酸イソブチル，酢酸メチルなどは塗料や溶剤として広く用いられている．なかでも酢酸エチルは，アセトアルデヒドから$Al(OC_2H_5)_3$を触媒として用いる**Tishchenko反応**（ティシュチェンコ）で合成されている．Tishchenko反応の電子の動きはMPV還元（9章）と似ている（図20・3）．アルミニウムがLewis酸として働き，電子を受取ってオクテットをみたすアート錯体になる．このあとアルミニウム上の置換基が転位して，もとの6電子の状態に戻る反応が2回起こっている．

$$2\,CH_3CHO \xrightarrow{Al(OCH_2CH_3)_3} CH_3CO_2CH_2CH_3$$

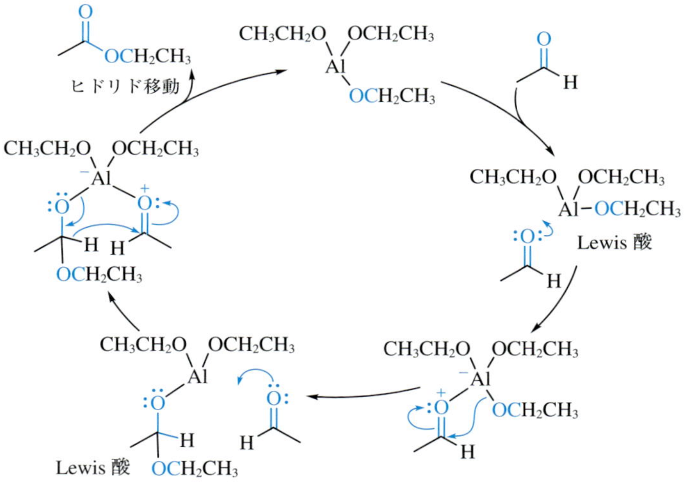

図 20・3　Tishchenko 反応

アセトアルデヒドをアルドール反応で二量化して脱水すると，クロトンアルデヒドが生じる．これを還元するとプロピレンのオキソ法生成物であるブタナールと，1-ブタノールが得られる（§18・2・1参照）．ブタナールをアルドール縮合させたのち水素化して得られる2-エチルヘキサノール（オクタノールともいう）はフタル酸のジエステルにして，ポリ塩化ビニルなどの可塑剤として用いられている（次ページ囲み参照）．

$$2\ CH_3CHO \xrightarrow[-H_2O]{\text{塩基}} \text{CHO} \xrightarrow{H_2} \text{CHO} \xrightarrow{H_2} \text{OH}$$

アルドール反応

$$2\ \text{CHO} \xrightarrow[-H_2O]{\text{塩基}} \text{CHO} \xrightarrow{2\ H_2} \text{2-エチルヘキサノール}$$

アルドール反応

アセトアルデヒドをホルムアルデヒド 3 分子と交差アルドール反応を行うと，アセトアルデヒドのメチル水素三つがヒドロキシメチル基に置換したアルデヒドが生じる．ここで，さらに反応条件を厳しくすると，**Cannizzaro 反応**（カニッツァロ）が進行し，ホルムアルデヒドの $^-$OH 付加体により残っているアルデヒドが還元され（下式のヒドリド移動を参照）ペンタエリトリトールが生成する．グリセリンのヒドロキシ基をニトロ化したニトログリセリンは火薬の原料であるが，このペンタエリトリトールは 1 分子にヒドロキシ基が四つあり，より強い火薬の原料となる．

$$CH_3CHO \xrightarrow[\text{アルドール反応}]{\text{塩基, 3 HCHO}} \underset{\text{CHO}}{\overset{HO}{\underset{HO}{\diagdown}}}\!\!\text{OH} \xrightarrow[-HCO_2H]{\text{塩基, HCHO}} \text{ペンタエリトリトール}$$

Cannizzaro 反応

Cannizzaro 反応　ヒドリド移動

20・2・7 塩化ビニル

ポリ塩化ビニルのモノマーである塩化ビニルのほとんどは，1,2-ジクロロエタン（EDC）の熱分解により製造されている．1,2-ジクロロエタンの製造は，エチレンに塩素を付加させる **EDC 法**あるいはエチレンに酸素（空気）と塩化水素を作用させる**オキシ塩素化法**によっている（図 20・4）．なお最近では，エタンから出発する方法も開発されている．オキシ塩素化法を並用すると熱分解のときに生じる塩化水素が回収され，同じプロセスで再使用できるので，工場から外に出るものは酸化で生じる水だけとなる．

20・2・8 アセチレン

消石灰とコークスの混合物を電気炉で約 2000 °C に加熱するとカルシウムカーバイド（炭化カルシ

プラスチックと可塑剤

プラスチック (plastic) ということばの語源はギリシャ語の "plastikos"，樹脂のように柔らかくどのような形にも成形できるということに由来する．ポリ塩化ビニルは水道管などいろいろな形で使われていることから，プラスチックの代表のように思えるが，厳密に言うと，ポリ塩化ビニル自身はプラスチックではない．それは，ポリ塩化ビニルを柔らかくする化合物，たとえばフタル酸ジエステルを混ぜていろいろなプラスチックの性質をもたせているからである．この添加剤を**可塑剤**

といい，プラスチック消しゴムにも入っている．消しゴムのカスがいつの間にか付いていて，プラスチック製の筆箱が溶けて跡が残ってしまった記憶があるかもしれない．あれも可塑剤の作用である．一時期，フタル酸ジエステルが，いわゆる "環境ホルモン（内分泌攪乱物質）" であるとしてバッシングを受けたが，その後の研究によりこの報道がまちがいであることがわかった．事実をしっかり調べて発表することの大切さを教えてくれた事件であった．

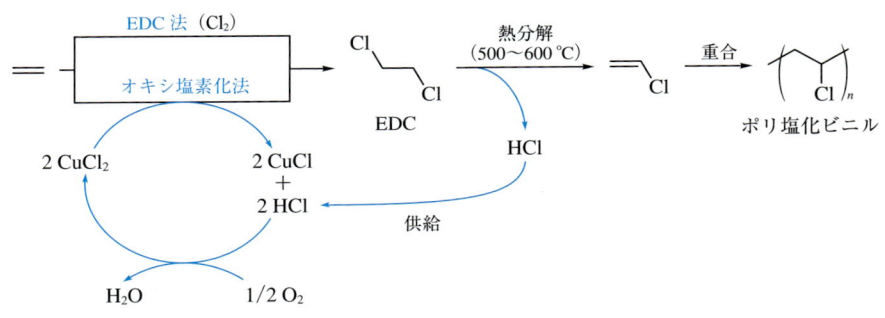

図 20・4 塩化ビニルとポリ塩化ビニルの製造法

ウム) CaC_2 が合成できる．このとき大量の電力を必要とする．カルシウムカーバイドに水を加えるとアセチレンガスが発生する．また，最近では，固体触媒を用いてメタンを部分酸化してアセチレンを得る方法も研究されている．1950 年代半ばまでは，アセチレンが化学産業の基礎原料であったが，現在は前述のエチレンを基礎原料とする製造体系に置き換わっている．

$$CaC_2 + 2H_2O \longrightarrow HC\equiv CH + Ca(OH)_2$$

20・3 C3 組成物(プロピレンおよびその酸化生成物)を原料とする化成品

20・3・1 ポリプロピレン

ポリプロピレン (PP) には，側鎖のメチル基の相対的な関係により，主鎖をまっすぐに並べたときにメチル基が常に紙面の一方向になるイソタクチック体，交互に逆向きになるシンジオタクチック体，向きがばらばらのアタクチック体などがある．工業的に合成されているポリプロピレンのほとんどはイソタクチック体である．イソタクチック体は融点が高く (160 °C 以上)，剛性と耐熱性が高い．

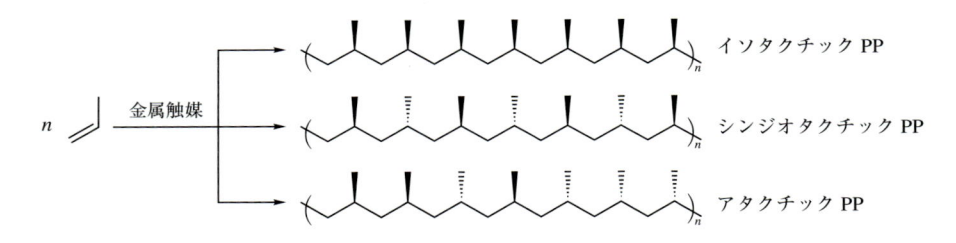

20・3・2 イソプロピルアルコール

プロピレンを酸性条件で水和してイソプロピルアルコール (IPA) が製造されている．以前は，IPA からアセトンをつくっていたが，現在はクメン法 (§10・3, §20・6・2 参照) がアセトン合成の主流である．IPA は医療機関などで消毒用として用いられている．エタノールに比べると安全性にやや劣るが，酒税のかかるエタノールよりはるかに安価である．また，燃料タンクの中の水を乳化させて燃料とともに燃焼系に取出す水抜剤としても用いられている．そのほか，そのままであるいは酢酸エステルとして溶剤に用いられている．

20・3・3 プロピレンオキシド

プロピレンを酸化するとプロピレンオキシドが得られる．エチレンと同じ酸化法を適用するとアリル位が酸化される (§20・3・5) ので，クロロヒドリン経由の方法を使うかアルデヒドとともに空気酸化する方法が採用されている．用途の範囲は，エチレンオキシドに準ずる．

20・3・4 アセトン

アセトンの合成には，プロピレンの酸化や IPA の脱水素などがあるが，工業的に最も生産量の多いのはクメン法（§10・3, §20・6・2 参照）である．アセトンは多くの化成品の出発原料である．なかでもメタクリル酸メチルとして用いられる量が最も多い．アセトンに対してシアン化水素を付加させて 1 炭素増炭し，ニトリル部分を加水分解してアミドにしたのち，メチルエステルへ導く．脱水反応をどの段階で行うかによって二通りの合成法がある．メタクリル酸メチルはそのほとんどが，アクリルガラスの製造に用いられている．硬度が高く，耐破壊性に優れ，化学的に安定で透明な有機ガラスである．軽くて丈夫なため水族館の水槽に使われている．また，光学レンズとしても広く用いられている．

アセトンをアルドール縮合させたのち，水素化して得られるメチルイソブチルケトン（MIBK, 4-メチル-2-ペンタノンともいう）は優れた溶剤として塗料をはじめ用途が広い．

アセトン 1 分子に対してフェノール 2 分子を Friedel–Crafts 反応させるとビスフェノール A が得られる（§20・6・2 参照）．

20・3・5 アクリル酸およびアクリロニトリル

プロピレンを空気酸化するとアリル位がまず酸化されてアクロレインが生じ，さらに酸化するとアクリル酸が得られる．また，プロピレンをアンモニア存在下に酸素で酸化するとプロピレンのアリル位の水素が窒素に置換してアクリロニトリルが得られる．モリブデン，ビスマス，鉄などを含む固体酸触媒で行うこの方法を**アンモ酸化**（SOHIO 法）という（§10・2・4 参照）．この反応では，副生成物としてシアン化水素やアセトニトリルができる．アクリロニトリルは，アクリル繊維としての用途が最も多く，ついで合成樹脂，合成ゴムのコモノマーとして用いられている（コモノマーとは，他のモノマーと共重合させて共重合体合成に用いるモノマーのこと）．ABS 樹脂（高い耐衝撃性をもつ熱可塑性樹脂）は，アクリロニトリル，ブタジエン，スチレンの共重合体で，広範囲に用いられている．ポリアクリロニトリルを高温で炭化させると炭素繊維（カーボンファイバー）になる．炭素繊維はプラスチックの強化剤として広く用いられており，航空機や車の軽量化に大きく貢献している．

20・3・6 ブタノール

プロピレンをヒドロホルミル化（オキソ法）し，続いて水素化反応を行うとブタノールが得られる（§18・2・1 参照）．また，プロピレンに一酸化炭素と水を作用させる（Reppe 反応）と，穏やかな条件でプロピレンからブタノールが直接得られる．

20・4 C4 組成物(ブテン，ブタジエン)を原料とする化成品

ナフサの熱分解で得られる C4 留分は，ブテンとブタジエンに分けて用いられている．ブテンには，異性体として 1-ブテン，2-ブテン，イソブテン (2-メチルプロペン) があり，分留によって分ける．これらのブテン類は一般に水和あるいはヒドロホルミル化に続く水素化により C5 のアルコールに導かれる．1-ブテンと 2-ブテンは酸化により無水マレイン酸になる．最近ではブタンを無水マレイン酸に酸化する方法もある．イソブテンを酸化するとメタクリル酸になる．また，イソブテンとメタノールからは t-ブチルメチルエーテル (MTBE) が得られる．この反応でメタノールにかえてエタノールを用いて得られるエーテルは，バイオエタノール燃料でガソリン代替として利用されている．

1,3-ブタジエンはきわめて重要な基礎化学製品である．単独重合においては，用いる触媒をかえることにより，1,4-シス体，1,4-トランス体，1,2 体をつくり分けることができる．1,4-シス体はゴムや樹脂の原料として用いられている．また，他のコモノマーとの共重合によって広範な性質のエラストマーが得られる．特に，スチレンとの共重合体であるスチレンブタジエンゴム (SBR) と，アクリロニトリルとブタジエンとスチレンから合成される ABS 樹脂はきわめて広範囲に利用されている．ブタジエンに塩素を付加させたのち脱塩化水素を行うと，クロロプレンが得られる．その重合体はクロロプレンゴムとして用いられている．

このほか，ブタジエンからはテトラヒドロフランや 1,4-ブタンジオール，スルホランなどの溶媒が合成されている．また，ブタジエンをニッケル触媒で環化三量化させてから水素化，酸化するとシクロドデカノールとシクロドデカノンの混合物となり，いずれもポリエステルやポリアミドの原料になる．ブタジエンの二量化では，シクロオクタジエンやビニルシクロヘキセン，ジビニルシクロブタンも得られる．

20・5 C5 以上の組成物を原料とする化成品

C5 以上のアルケンは異性体の数が多すぎるため,工業的に分離されて使われているのはイソプレンとシクロペンタジエンのみである.イソプレンは 1,4-cis-ポリイソプレンゴムとして用いられるほか,スチレンやアクリロニトリルとの共重合体合成のコモノマーとしても用いられている.

直鎖 1-アルケンを得るためにはエチレンのオリゴマー化が利用されている.C6〜18 のアルケンはヒドロホルミル化と水素化によって高級アルコールに導かれている.C6〜11 のアルコールは可塑剤アルコール,C12〜18 のアルコールは洗剤アルコールと通称されている.C12 以上のアルコールは,天然の脂肪酸の水素化によっても多く合成されている.

20・6 ベ ン ゼ ン

ベンゼン,トルエン,キシレン(略称 BTX)や,ナフタレン,アントラセンなどの縮合多環芳香族化合物は,かつては石炭タールから分離精製されていたが,現在は石油の熱分解によってつくられている.ベンゼンの用途は,1) エチルベンゼン(さらにスチレン),2) クメン(さらにフェノール),3) シクロヘキサン(さらにナイロン-6)への変換が大半を占める.

20・6・1 エチルベンゼン

酸触媒存在下,ベンゼンをエチレンで Friedel-Crafts アルキル化して,エチルベンゼンにする.その後,エチルベンゼンを脱水素してスチレンを得る.スチレンは,ポリスチレンの原料としてだけでなく,前述のように SBR ゴムや ABS 樹脂合成にとってきわめて重要なコモノマーである.

20・6・2 ク メ ン

クメン(イソプロピルベンゼン)は,ベンゼンをプロピレンで Friedel-Crafts アルキル化して得る.クメンを空気酸化すると,フェノールとアセトンになる.ベンゼンの直接酸化も検討されているが,現在のところはクメン法がフェノール合成の主流である(§10・3 参照).フェノールは,ホルムアルデヒドと縮合させてフェノール樹脂として用いるほか,アセトンに対して 2 分子を付加させ,ビスフェノール A に導く.ビスフェノール A は,エポキシ樹脂やポリカーボネートとして広く用いられている.ビスフェノール A とエピクロロヒドリンから得られるエポキシ樹脂($n=0, 1, 2\cdots$,アラルダイト®)は,ジアミンやポリオールなどの硬化剤と混合することによってすばやく硬化する瞬間接着剤である.航空機や電子機器内部の接着に始まり,自動車や船舶用塗料,橋梁や建物のコンクリートのひび割れ劣化防止剤など,いろいろなところで大量に使われている.ビスフェノール A とホスゲンからできるポリカーボネートは透明性が高く,CD や DVD,家電製品,光ファイバー,航空機の窓,アーケードの天井などその用途はきわめて広い.最近,猛毒のホスゲンを用いることを避けることができる,二酸化炭素から導いたジフェニルカーボネートとビスフェノール A を反応させる方法が工業化された.

20・6・3 シクロヘキサン

ベンゼンを固体触媒で水素化するとシクロヘキサンが得られる．シクロヘキサンを空気や過酸化水素で酸化するとシクロヘキサノンが合成できる．また，フェノールを水素化してもシクロヘキサノンやシクロヘキサノールを得ることができる．シクロヘキサノンはオキシムに変換したのち酸触媒でBeckmann 転位させて，ε-カプロラクタムに導く．ε-カプロラクタムの開環重合で合成するナイロン-6 は最も重要な合成繊維の一つである．

シクロヘキサンからシクロヘキサノンオキシムに1段階で変換する方法が東レの光ニトロソ化法である．塩化ニトロシルに光を当てると塩素原子とニトロシルラジカルにホモリシスを起こす．塩素原子によるシクロヘキサンからの水素ラジカルの引抜きと，これに続くシクロヘキシルラジカルとニトロシルラジカルのカップリングが起こり，最後に互変異性によりシクロヘキサノンオキシムが生成する．工業的に光反応を使っている数少ない例の一つである．

シクロヘキサノンあるいはシクロヘキサノール，シクロヘキサジエンを酸化するとアジピン酸が得られる．アジピン酸をアンモニアと反応させてアミドとし，これを脱水してアジポニトリルにしてから還元するとヘキサメチレンジアミンになる．アジポニトリルは，ブタジエンへのシアン化水素の付加やアクリロニトリルの電気化学的プロセスでの還元的二量化によっても合成されている．アジピン

酸とヘキサメチレンジアミンを重縮合するとナイロン-6,6 が得られる．

20・7 トルエン

トルエンのジニトロ化は，メチル基が電子供与性であるため，ベンゼンよりも進行しやすい．ジニトロトルエンは 2,4 体と 2,6 体の混合物として得られる．このジニトロトルエンの混合物を還元し，ジイソシアナートとしたのち，エチレングリコールあるいはプロピレングリコールと反応させると，ウレタンが得られる．トリニトロトルエンは火薬として使われている．トルエンの酸化によってもフェノールが得られる．

20・8 キシレンおよびナフタレン

キシレンは，その置換様式によって異なる用途があり三つの異性体は，分留による分離ののち利用されている．o-キシレンと p-キシレンは次に示すように用途が広いが，m-キシレンは溶媒以外に目立った用途がない．このため，m-キシレンの多くは o-, m-, p- の混合物間の平衡により異性化させ，再度分離操作にかけられている．

o-キシレンあるいはナフタレンを酸化すると，無水フタル酸が得られる．フタル酸の高級アルキルエステルは，ポリ塩化ビニルなどの可塑剤として広く用いられている．

同様に p-キシレンを酸化すると，テレフタル酸が得られる．テレフタル酸とエチレングリコールとの脱水縮合で得られるポリエチレンテレフタレート（PET）は，プラスチックボトル，繊維としてきわめて多くの需要がある．

一般に，芳香族ポリアミドや芳香族ポリイミドは耐熱性に優れ，高い強度をもつ熱可塑性樹脂である．エンジニアリングプラスチック（エンプラ）あるいはスーパーエンプラに分類されている．パーソナルコンピューターや携帯電話などの電子機器類の重要な構成要素であり，これらの小型化・軽量化の担い手である．

テレフタル酸と脂肪族ジアミンを脱水縮合させて得られるポリアミド（ジェネスタ®）は，耐熱性に優れており，摩擦に強く，吸湿性が低い．車の燃料噴射部や携帯電話の差込口など，広く用いられている．このプラスチックを用いた電子部品は，回路基盤に直接ハンダ付けできるため，鉛フリーのハンダが使えるようになった．

ピロメリト酸（ベンゼン-1,2,4,5-テトラカルボン酸）二無水物と芳香族ジアミンを脱水縮合させて得られるポリイミドは，きわめて優れた強度と耐熱性を示す．絶縁性も高いため，電子回路の絶縁フィルム，液晶配向膜として広く用いられている．ポリイミドは溶解性が低いため，重縮合で得られたポリアミドの状態でフィルム状に成形し，その後さらに脱水してポリイミドフィルムにする．

問題 20・1 金属触媒を用いるエチレンの重合では直鎖状の構造をもつポリエチレンが生成するのに対し，ラジカル重合条件下では分枝構造をもつポリエチレンが生成する．この違いを説明せよ．

問題 20・2 アセトアルデヒド 1 分子とホルムアルデヒド 3 分子との交差アルドール反応の生成物を示せ．

問題 20・3 プロピレンからクロロヒドリンを経由してプロピレンオキシドを得る方法を示せ．

21

逆合成と全合成

　1章では有機合成の基本事項を述べ，2章から前章まででいろいろな方法論を解説した．最終章では，標的化合物をどうつくればよいか，これを考えよう．歴史的にみると，全合成によって自然界の動植物から単離した生物活性物質の構造を確認する時代が続いた．これはいまでも重要な研究分野であり，特に天然物としてごく微量しか入手できない高活性物質をいろいろな生物試験に供するためには全合成に頼るしかない．

　全合成が達成されて合成経路が確立できると，その中間体や構造の一部を改変することにより，天然にはない生物活性物質を創製し，数多くの新薬がうみだされている．この間，構造と生物活性との相関の一般性を調べると，創薬の理論化が可能になってくる．

　一方，目標の機能・物性をもつ構造を理論的あるいは経験的な方法によって案出し，この構造を有する分子を合成する研究も成功例が数多くある．特に有機機能材料の創製において，有機合成の果たす役割がどんどん大きくなっている．そこでは，どのような構造，どのような官能基が必要なのか，という疑問に答える分子設計が鍵となってくる．したがって，物性に関する理解も有機合成に携わる者に求められている．

21・1 標的化合物の逆合成

21・1・1 逆合成解析

　合成を実施する経路は，標的化合物から逆に始めて可能な限りの前駆体を想定する．この作業を**逆合成**（retrosynthesis）という．合成（synthesis）の反対語である．さらにその前駆体を可能な限り想定する．このプロセスを**逆合成解析**（retrosynthetic analysis）といい，この過程を順次繰返すことによって，いろいろな中間体を想定することができる．なお，合成反応は ⟶ で表すが，逆合成は ⟹ で表す．

$$\text{標的化合物} \underset{\text{合成}}{\overset{\text{逆合成}}{\rightleftarrows}} \text{前駆体}$$

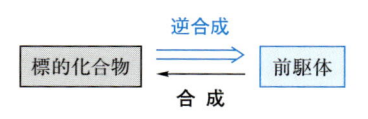

　逆合成解析を重ねていって入手容易な化合物に到達すると，これが出発物となる．これらの関係を図示すると，あたかも標的化合物を頂点とする進化の系統樹のように見えるため，これを**合成樹**（synthetic tree）とよぶこともある（図21・1）．

　逆合成の各段階を E. J. Corey はトランスフォーム（transform）とよんで，合成と区別している．ある構造をつくるには，前駆体に何を選べばよいか，の疑問に対する答を定式化することができる．すなわち，いろいろなトランスフォームを一般化してコンピューターに入力しておけば合成経路をコン

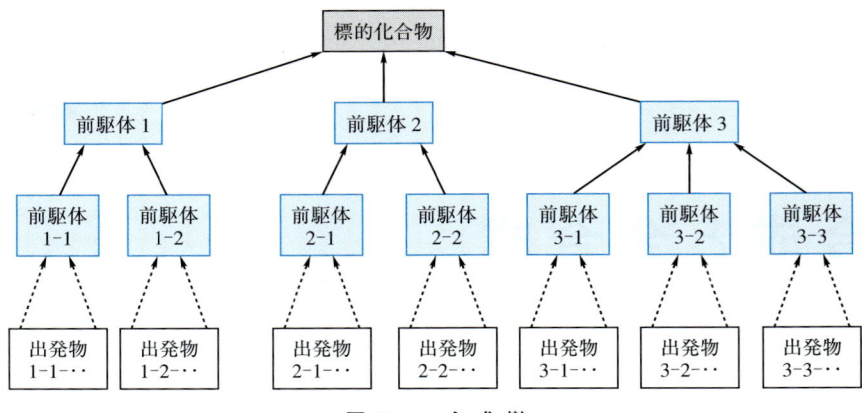

図 21・1 合 成 樹

ピューターが検索してくれるようになる．人が考えると可能性の探索が嗜好によって左右されたり，知識不足による漏れが必ず生じるが，コンピューターならすべて等しく検討して表示してくれる利点がある．Corey はこの分野で画期的な貢献をした．彼は，合成経路探索をコンピューター化するために，仮想的等価体である**シントン**（synthon）の概念を導入し，実際に使うべき化合物を**合成等価体**（synthetic equivalent）とよんだ．

21・1・2　官能基変換とその等価性

たとえば，ある標的化合物を二つの前駆体に逆合成するとしよう．適当な結合を**切断**（disconnection）して，一方をカチオン（求電子剤），他方をアニオン（求核剤）に分解するトランスフォームをヘテロリシス（heterolysis）といい，電気的に中性のラジカル二つに分解することをホモリシス（homolysis）とよぶ．また，結合が二つ同時に切断する分解を協働的開裂（concerted transform）という．

ヘテロリシスの例として，エステルの合成を考えよう．これをたとえば，求電子剤にアシルカチオンをシントンとして選び，求核剤としてアルコラートアニオンをシントンとして選ぶと，アシルカチオンのシントンとしてハロゲン化アシルが合成等価体として浮かんでくるし，アルコラートアニオンのシントンの等価体としてアルコールと塩基の組合わせが浮かんでくる．実際，これらを使ってエステル化が達成できる．カチオンシントンは求核剤と反応する際に電子対を受け入れるので，受容体シントンということもできる．

一方，アシルアニオンをシントンとする逆合成では，1,3-ジチアンのアニオンが等価体として浮かんでくる．硫黄二つに安定化されたアニオンを対応するアルデヒドジチオアセタールとブチルリチウムから簡単に生成させ，求電子剤と反応させたのち，ジチオアセタールの加水分解によってカルボニル基が再生するからである．あたかもアシルアニオンが反応したとみなせる変換である．同じアシル基でもアシルカチオンからアシルアニオンに極性を逆転させたので，この過程を**極性転換**（umpolung）とよぶ．また，アニオンシントンは求電子剤と反応するときに電子対を与えるので，電子供与体シン

表 21・1 代表的な電子受容体シントン

シントン	合成等価体	シントン	合成等価体
R^+（アルキルカチオン, カルベニウムイオン）	RX, ROTs	$R_2\overset{+}{C}-OH$（ヒドロキシカルベニウムイオン）	$R_2C=O$
Ar^+（アリールカチオン）	$ArN_2^+ X^-$	$\underset{O}{\overset{\|\|}{CH_2CH_2C}}-R$	$\underset{O}{\overset{\|\|}{CH_2=CH-C}}-R$
$>C=\overset{+}{C}H$（アルケニルカチオン）	$>C=CH-\overset{+}{I}-C_6H_5$（ヨードニウムイオン）	$\overset{+}{CH_2}-CH_2-C\equiv N$	$CH_2=CH-C\equiv N$
$R\overset{+}{C}=O$（アシリウムイオン）	$\underset{O}{\overset{\|\|}{RC}}-X$ （R=H, アルキル, X=X, NR'_2, OR'）	$\overset{+}{CH_2}-CH_2-OH$	$\overset{O}{\underset{\triangle}{}}$
$HO-\overset{+}{C}=O$（アシリウムイオン）	CO_2	$\underset{O}{\overset{\|\|}{CH_2C}}-CH_2R$	$Br\underset{O}{\overset{\|\|}{}}R$
$R\overset{+}{C}H-OH$（ヒドロキシカルベニウムイオン）	$RCH=O$ （R=H, アルキル）		

表 21・2 代表的な電子供与体シントン

シントン	典型的な例	合成等価体
R^-（カルボアニオン）	RMgBr, RLi, R_2CuLi	$R-X + Mg(Li)$
^-CN（シアン化物イオン）	$NaC\equiv N$, $(CH_3)_3SiCN$	$HCN + NaOH$ $(CH_3)_3SiCN + F^-$
$RC\equiv C^-$（アセチリド）	$RC\equiv CLi$ $RC\equiv CMgBr$ $RC\equiv CSi(CH_3)_3$	$RC\equiv C-H + C_2H_5MgBr(n-C_4H_9Li)$
$CH_3\overset{O}{\overset{\|\|}{C}}CH_2^-$（ケトンエノラート）	$CH_3\overset{O-M}{\overset{\|}{C}}=CH_2$ （M=Li, BR_2, SiR_3）	$CH_3\overset{O}{\overset{\|\|}{C}}CH_3 + LDA$
$^-CH_2CO_2R$（エステルエノラート）	$M-CH_2COOR$ （M=Li, Mg, XZn）	$CH_3CO_2R + LDA$ $BrCH_2CO_2R + Zn$
$^-CH_2CN$（アセトニトリルアニオン）	$M-CH_2CN$ （M=Li, Mg）	$CH_3CN + LDA$ $CH_3CN + Mg(NR_2)_2$
$(C_6H_5)_3\overset{+}{P}-C<$（イリド）	$[(C_6H_5)_3\overset{+}{P}-\overset{/}{C}\overset{\backslash}{H}]X^-$	$>CHX + P(C_6H_5)_3$/塩基
$(C_6H_5)_3\overset{+}{P}-CHCH_2-R$（イリド）	$[(C_6H_5)_3\overset{+}{P}-CH_2CH_2-R]X^-$	$(C_6H_5)_3\overset{+}{P}-CH=CH_2 + R^-$
$R\diagup\hspace{-0.5em}\underset{NO_2}{\diagdown}^-$（ニトロナートイオン）	$R\diagup\hspace{-0.5em}\diagdown_{NO_2}$	$\diagup\hspace{-0.5em}\diagdown_{NO_2} + R^-$
$R'\underset{O}{\diagup\hspace{-0.5em}\diagdown}\hspace{-0.3em}^R$（エノラートイオン）	$R'\underset{O}{\diagup\hspace{-0.5em}\diagdown}\hspace{-0.3em}^R$	$R'\underset{O}{\diagup\hspace{-0.5em}\diagdown} + R^-$

トンといえる．アシルアニオンとともに必要なアルコキシカチオンも一般に安定でないうえ生成がむずかしい．さらに等価体自身も安定でないので，この逆合成は合理的といえず，実施は容易でない．よく使われている電子受容体シントンと供与体シントンの例を表 21・1 および表 21・2 に示す．

逆合成でホモリシスを考える場合，炭素ラジカルのシントンとして不対電子をもった電気的に中性の二つの部品を考える．実際には，ラジカルどうしの結合確率が通常は高くないので，ラジカル受容体として不飽和化合物を利用することが多い．例を二つ示す．

逆合成の際に有効な概念として逆合成等価体**レトロン**（retron）がある．たとえば標的分子にシクロヘキセン環があれば，1,3-ジエンとアルケンとに分解できる．Diels-Alder 反応によって合成が可能だからである．このときシクロヘキセン部は Diels-Alder 反応トランスフォームのレトロンという．いわば逆合成解析の定石化である．表 21・3 に代表的なものをまとめておく．このほかにも，HO−C−C−C=O はアルドール反応のレトロンであるし，O=C−C−C−C−C=O の部分構造はエノラートの共役付加のレトロンといえる．

また，HO−C−C−OH があるとこれは C=C のレトロンとみなすことができる．この場合，逆も成立する．すなわち，1,2-ジオールはアルケンと等価体である．また，C=C−C−OH は C=C−C−H のレトロンといえる．実際，アリル位に水素をもつアルケンを SeO_2 で酸化するとアリルアルコールが生じる．シクロペンテノンは 1,4-ジケトンや 1,4-ケトアルデヒドのレトロンになる．これらはいわば逆合成解析の定石である．

π 電子系二つが σ 結合三つでつながっている場合，これは Cope 転位や Claisen 転位，Ireland-Claisen 転位がレトロンになる．反応が主としていす形遷移状態を経て進むので，出発物の立体化学が生成物の立体化学に反映されることになる．

もし，これらの官能基が一目でわかりにくい場合，意図的にアルケンやカルボニル基のような不飽和結合を加えたり，あとで官能基化が可能なものは，官能基のない基質を想定したりして，これらの定石が使える形に誘導することはしばしば行われている．このよい例としてアルケンメタセシス（オレフィンメタセシス）がある．水素化と組合わせると，炭素－炭素結合の逆合成切断が格段に容易になり，次に述べる合成戦略に革新をもたらしている．

表 21・3 結合切断による逆合成の代表例

標的化合物	シントン	合成等価体	反応形式
(構造式)	(構造式)	iBu-MgX + H₂C=O	1,2 付加反応
(構造式)	(構造式)	iPr-MgX + エポキシド	付加反応
(構造式)-CN	(構造式) + ⁻CN	R-X + NaCN	S_N2 アルキル化
(構造式)	(構造式)	(構造式)	エステルのアルドール反応
(構造式)	(構造式) + ⁻CH₂-CO₂CH₃	シクロペンテノン + CH₃CO₂CH₃	1,4 付加反応 Michael 反応
(構造式) CO₂R	(構造式) + Ph₃P=CHCO₂R	(構造式) + Ph₃P-CH₂CO₂R X⁻	Wittig 反応
(構造式)	ブタジエン + (構造式)		Diels–Alder 反応

21・1・3 合成戦略と合成戦術

a. 重要中間体の選定

全合成では，必ずといってよいほど，予想しなかった問題にぶつかる．したがって，合成を実際に成功させるには，問題に直面したときに柔軟に対処できる戦略をたてることが必須である．たとえば，保護基は，反応させたくない官能基を一時保護したのち目的の変換を行い，簡単な操作で基本骨格や他の官能基を変化させずに除去できるものでなければならない．これに何を選び，いつ導入し，いつ除くか．こうなると，反応工程が増えて多段階の変換になってしまうが，それでも全収率が不当に低くならないよう工夫することが重要である．したがって，適切な出発物の選定と合理的な合成経路を計画することが必須である．合成経路にいくつかの可能性が含まれていると柔軟な戦略がとれるので，そのほうが望ましい．保護基の詳細は 12 章で解説した．

b. 直線型合成と収束型合成

合成を実施する戦略として**直線型合成**（linear synthesis）と**収束型合成**（divergent synthesis）に分類することができる．直線型合成戦略は，出発物を反応させて得られる生成物を次の変換に用いる手順を次つぎと行って標的化合物を合成するものである．高分子担体の上で合成するペプチドや核酸の自動合成は，この手法に従っている．図 21・2 の例で各工程の収率を 95% と仮定すれば，7 工程であるので $(0.9)^7 = 0.698$，すなわち全収率は 70% と見積もることができる．

一方，収束型合成戦略では，標的化合物をいくつかの主要部分に分解する逆合成に基づき，それぞれを別べつに合成したのち，大きな部品どうしを結合させて組上げていく手法である．一般に最長工程数が減るので効率がよいうえ，万一どこかで失敗してもやり直しが容易であるなど柔軟性に富むので，失敗の危険性を減少させる点が有利である．収束型合成での全収率は最長工程について求めるの

がふつうである．図21・3の例では最長のものが3工程であるので，各段階を95%と仮定すれば，全収率は $(0.95)^3 = 0.857$ すなわち約86%となり，収束型のほうが有利であることがわかる．ただし，これは反応させるものが当量反応である場合であり，もし一方（分子量の小さいもの）を多めに使う場合は，直線型合成戦略も捨てがたい．固相合成の利点はまさにここにある．

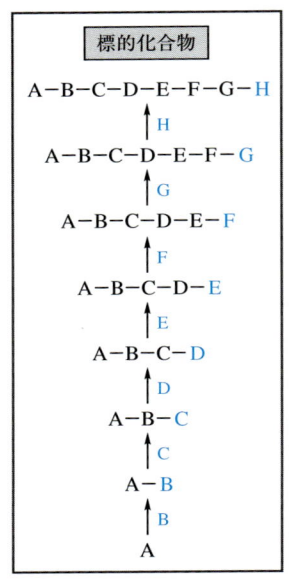

図 21・2　直線型合成経路

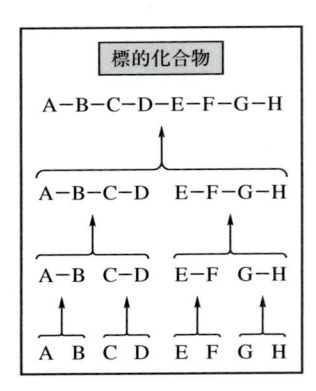

図 21・3　収束型合成経路

c. 官能基変換

逆合成において十分注意を払う必要があるのは，単に炭素骨格の構築のみならず，立体配置の制御（相対配置だけでなく，絶対配置についても），どんな官能基をいつ導入するか，官能基の保護・脱保護をいつどの条件でするのかなど，入念に計画する必要がある．保護にも関係するが，官能基を随時反応性の低いものから高いものに変換したり，この順を逆にして次の反応に備えることが多々ある（図21・4）．⇔で表す**官能基の相互変換**（functional group interconversion: FGI）の概念がここに生じる．

$-CH_2X \iff -CH_2OH \iff -CHO \iff -COOH \iff -COOR \iff -CONR_2 \iff -CN$

図 21・4　官能基の相互変換

d. 合成方法論

以上は，いわば戦略に該当する．これに対し，個々の合成を実際に行うには合成反応を利用する．これは，いわば戦術に該当する．合成手法には有機化学の叡知が込められている．そこでは反応の立体選択性や立体特異性の特徴が明確にされているし，官能基の選択が考慮されている．もちろん反応収率は有機合成の効率を左右する最大関心事である．さらに出発物の入手容易さ，大量合成が可能な

反応条件であるか，すなわち，有毒な物質（反応剤）を使わないか，危険を伴う反応条件がないか，有害な廃棄物を出さず環境に優しいクリーンな条件で合成を達成できるか，副生物がなく，生成物の単離・精製が容易であるか，などの因子をいろいろな角度から考察する．特に生成物が結晶になれば，再結晶で精製できるので，特に大量合成ではきわめて有利である．最近では，このクリーンな合成・製造法について，化学企業は"将来にわたって持続可能な（sustainable）社会"をめざし，**グリーンケミストリー**あるいは**サスティナブルケミストリー**とよんで，この目標に沿う研究開発に特に力を入れている．

最近の合成手法の目覚ましい進歩に，複数の結合を一挙に形成する手法がある．**ドミノ反応**（domino reaction），**カスケード反応**（cascade reaction）または**タンデム反応**（tandem reaction）ともよばれているもので，あらかじめ官能基を揃えておき，起点となる反応を開始させることによって第二，第三の結合を相ついでつくらせるものである．いわば引金さえ引けば，あとは予定した（プログラム化した）反応順に従うのみである．この手法により，縮合多環化合物を一挙にかつ立体選択的に合成することができるようになった．次の例では，σ結合が一挙に五つ生じ，ステロイド様の5環性化合物が一度に得られる．

21・2 全 合 成

有機天然物には，その生成過程に応じて，きわめて多様な構造をもつものがたくさんある．なかでも，ごく少量で生物活性に著しく影響を及ぼすものに注目が集まる．中国やインドのような何千年の歴史と文明を維持してきた国では，陸上の動植物が長らく漢方薬として利用されてきた．それらは3員環から大員環の炭素環構造をもつものが多い．微生物の代謝物も研究対象になって久しい．有名な例は，第二次大戦中に青カビから単離されたペニシリンやセファロスポリンにみられる4員環構造をもつβ-ラクタムである．数十年前からは，海洋動植物が探索研究の対象となり，ごく少量で顕著な細胞毒性を示す化合物を中心に探索が続けられた．構造的にきわめて美しいもの，きわめて複雑なものが多数見つかっている．ポリエーテル型天然物と称されている一群の化合物が代表的である．いまや，構造さえわかれば，全合成は必ず達成できると断言してもよいくらい，合成化学の力量は向上している．ここでは，全合成の一例をあげ，全合成が創薬に直結していることを紹介する．取上げる化合物は**ハリコンドリンB**（**1**）である．名古屋大学の平田義正，上村大輔らがクロイソカイメンから初めて単離・構造決定した化合物であり，がん細胞に対して強い細胞毒性を示す．その構造はポリエーテル型天然物といえるが，きわめて特徴的な構造をしている．

21・2・1 ハリコンドリンBの逆合成

ハリコンドリンBの全合成は岸 義人らが1992年に達成した．標的分子の構造（図21・5）からわかるように，キラル中心が33箇所あり，エーテルあるいはアセタール酸素が14，ヒドロキシ基が3，エステル基が一つある．図21・5に示す逆合成を考えると，この構造のうち，アセタール部分は酸触媒による分子内アセタール化によって構築できるので，ケトンとジオールに分解できる．これは，エステルを対応するアルコールとカルボン酸に分解するのと同じく一般的な逆合成法である．したがっ

て，C14 と C38，C44 をそれぞれケトンに戻せばよい．また，C1 のエステル部はアルコール部（**5**）と酸部（**6**）との縮合によって形成できる．

　アルコール部と酸部は，それぞれ適当な部品をつくって構築するが，この標的化合物は酸素官能基が隣どうしあるいは連続する炭素に置換していてキラル中心を形成しているので，この炭素－炭素結合生成反応が重要になってくる．特にカルボニル付加を実施する場合，β 位にエーテル官能基が置換している基質では，エノラートが生じると，ただちに脱離してしまう．したがって，アルドール反応の典型的な塩基性条件はなかなか使えない．酸性条件でも，すでに含まれているアセタール官能基やカルボニル基の β 位にある酸素官能基が損なわれてしまう．これらを十分勘案すると，ほとんど中性条件で炭素－炭素結合生成を可能にする低原子価クロムとニッケル触媒を用いる反応（Cr−Ni 反応，野崎-檜山-岸反応あるいは略して NHK 反応ともいう，§16・6 参照）以外に満足する反応はない．実際の合成は図 21・6 のように達成されている．

　中間体（**10**）を別途合成し，この C21 のヒドロキシ基を Dess-Martin 酸化によってアルデヒドに変換したのち，β-ケトホスホン酸エステル（**9**）と縮合させ，生じた共役エノンを水素化銅還元剤（Stryker 還元剤）で共役還元したのち生じたカルボニル化合物を水素化ホウ素ナトリウムで還元，立体異性体の分離ののちメシル化して（**8**）に変換した．メシラート基を含むこのヨードアルケンをアルデヒド（**7**）に付加させるには，Cr−Ni 反応がきわめて有効であり，反応ののち付加体のヒドロキシ基でメシラートを分子内求核置換させると 6 員環エーテルが形成し，（**5**）を得る．

　上で得た中間体（**5**）の C14 位のピバル酸エステルをアルコールに還元したのちアルデヒドに酸化し，生じたアルデヒドにヨードアルケン（**6**）を用いて Cr−Ni 反応したのち，生じたアリルアルコールをケトンに酸化する．つづいて MPM 基を DDQ で酸化的に除去してアルコールに戻したのち，（**6**）にあったメチルエステルを LiOH で加水分解し，この両官能基間を山口法（§11・5・2）でマクロラクトン化することによって（**4**）に導いている．

　ラクトン（**4**）の TBS 保護基をすべて TBAF で除去して，酸性条件に戻すと，C12〜C14 のエノンへの C9 ヒドロキシ基の共役付加，C8 ヒドロキシ基と C11 ヒドロキシ基が C14 のケトンとアセタールをつくる．こののち，いったん C38 の第一級アルコールを p-ニトロ安息香酸エステルとして保護し，反応性の低い C35 の第二級アルコールを TBS 保護したのち，加水分解によって C38 のエステル保護基を除去してヒドロキシ基に戻して（**3**）にしている．

　アルコール（**3**）をアルデヒドに酸化し，中間体（**2**）と三度目の Cr−Ni 反応によって結合させたのち，生じた第二級アルコールを Dess-Martin 酸化し，C35 ほか C51，C53，C54 の TBS を TBAF で除去する．最後にカンファースルホン酸（CSA）で酸性にすると，C38 と C44 で分子内アセタール化が起こって，ハリコンドリン B が生成する．

　化合物の構造的特徴に合致する酸化法，保護基の種類の選択，炭素－炭素結合形成法がみごとに選択されていることがよくわかる．さらに，構造が正しければ，単に酸性条件にするだけで，分子内アセタール化が起こる特徴をみごとに利用している．

21・2・2　天然物全合成から創薬に

　ハリコンドリン B はがん細胞の微小管の伸長を阻害することによって細胞周期を停止させ，細胞分裂を抑制する．こうして著しい抗腫瘍活性を示すが，この活性にはおもに C1〜C38 の部位が関与することが明らかになり，この部分の構造簡略化と活性向上を図るべく，構造活性相関の研究が実施された．生体内での安定性を高めるためにエステルをケトンにかえ，水溶性を向上させるためにアミノアルコールを導入することによって，大環状ケトン構造を有するエリブリン（eribulin，開発番号 E7389，**11**）にたどり着いた．このがん治療薬は 2010〜2011 年に欧米日で認可された．特に悪性乳がんに著

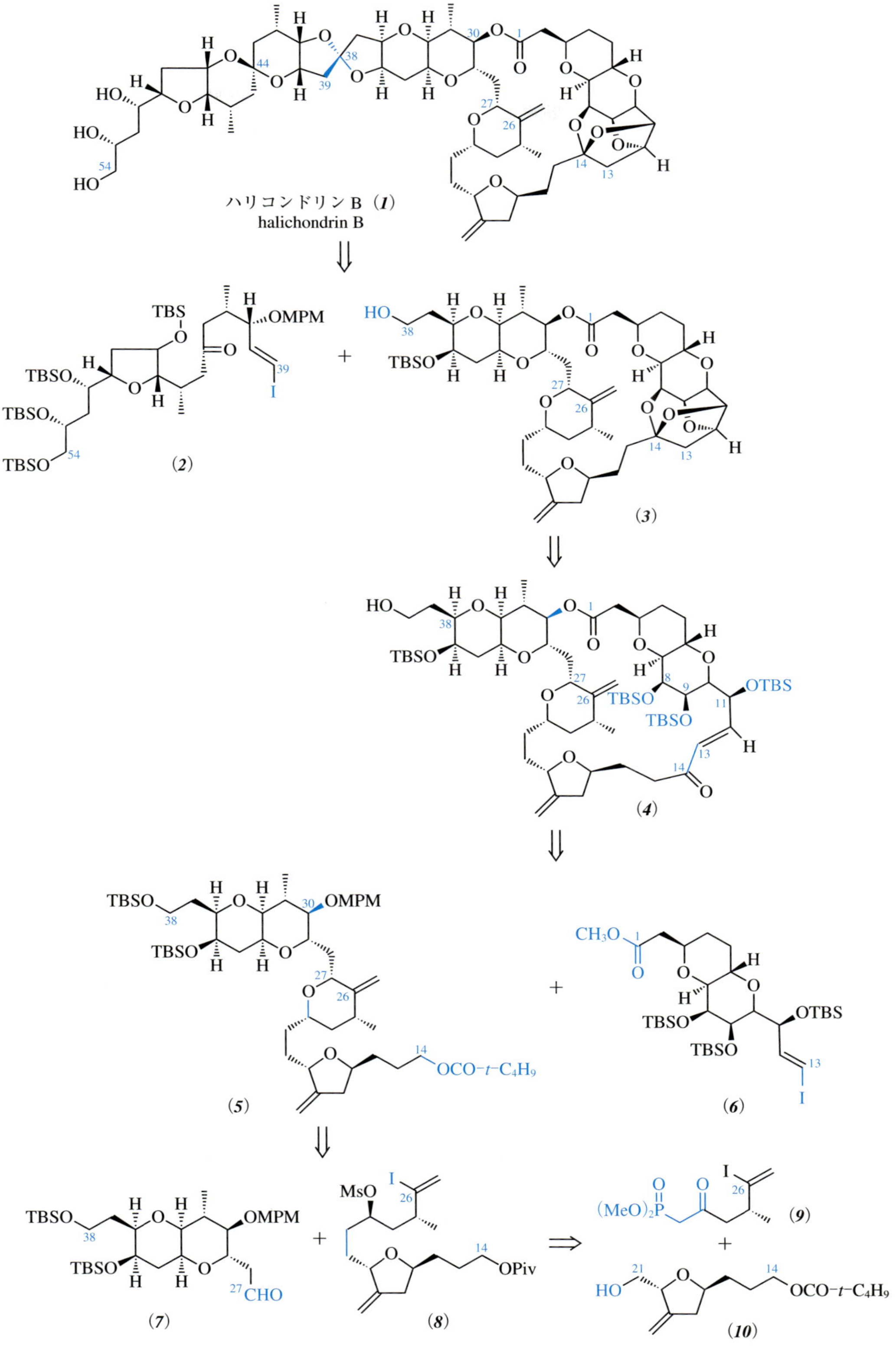

図 21・5 ハリコンドリン B の逆合成

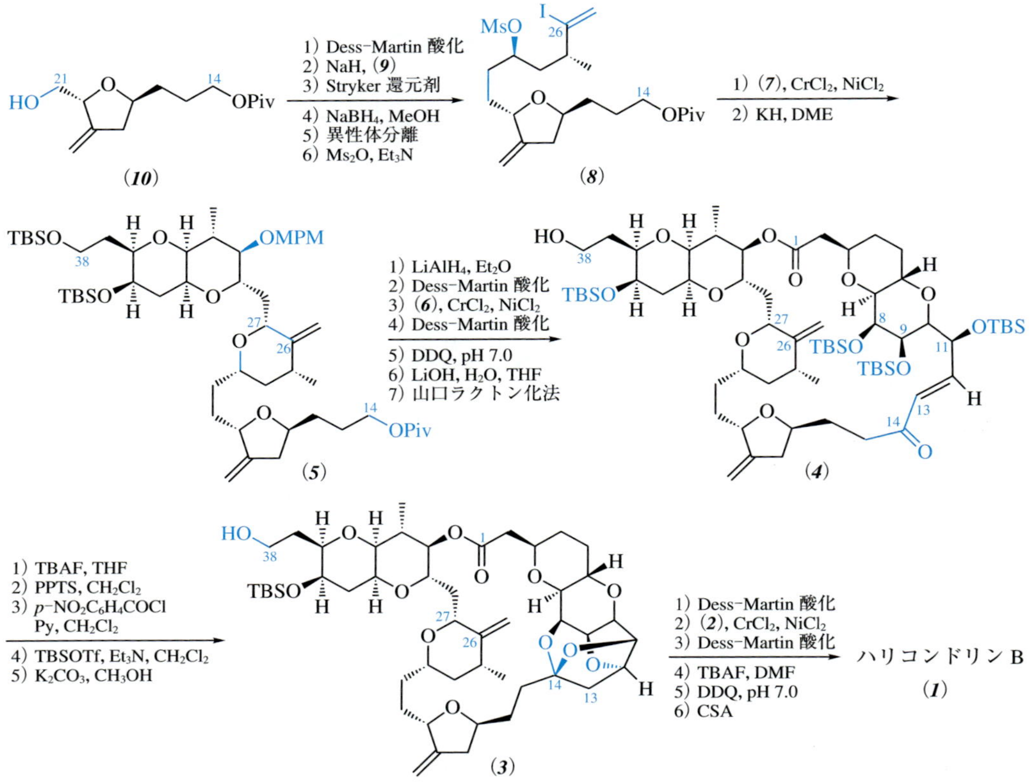

図 21・6 ハリコンドリン B の全合成

効であり，タキソールに耐性をもつがんにも有効である．

ここで，エリブリンの逆合成と実際の合成を紹介しよう．

エリブリンの構造的特徴は，ハリコンドリン B のエステル部 −OCO− を −CH₂CO− に変換していること，ハリコンドリン B の C29〜C33 の 6 員環エーテルを 5 員環に変更し，炭素三つのアミノアルコール側鎖をつけていること，C31 のメチル基をメトキシ基にかえていること，などがあり，中央から右側はもとの構造をほとんど保っている．

その逆合成は図 21・7 のように行うことができる．

ハリコンドリン B の場合と同じく，C12 のエーテル部と C14 のアセタール部は，エノンへのヒドロキシ基の共役付加と分子内アセタール化によって実現できるので，適宜ヒドロキシ基を保護した (12) の構造が前駆体になる．C13−C14 の結合形成は大員環形成を伴って行うので，困難が予想されるが，幸運にも，ネオカルチオスタチンなどのエンジイン中員環構造を閉環させて合成する際にきわめて有効な Cr−Ni 反応が，アルケンの立体配置を保持したまま，円滑に進む．アルケニルクロムが生じると，共存するアルデヒドに速やかに付加するので，アルケニルクロムの塩基性が高くないこととあいまって高度希釈が必要でない．また，ケトン合成が容易なように，フェニルスルホニル基をケトンのα位に導入しておくと，(13) の構造に帰着できる．ケトン合成は対応するアルデヒド (14) とスルホン体 (15) に逆合成することができる．(14) はアルデヒドとエステルの違いはあるが，基本的には (6) と同じである．(15) のスルホン基はスルフィン酸塩による求核置換反応で導入すると計画すれば，C14 のヒドロキシ基をピバル酸エステルで保護した (16) に帰着できる．これの C26−C27 結合をハリコンドリン B の場合と同じように Cr−Ni 反応で形成することを計画すると，アルデヒド (17)

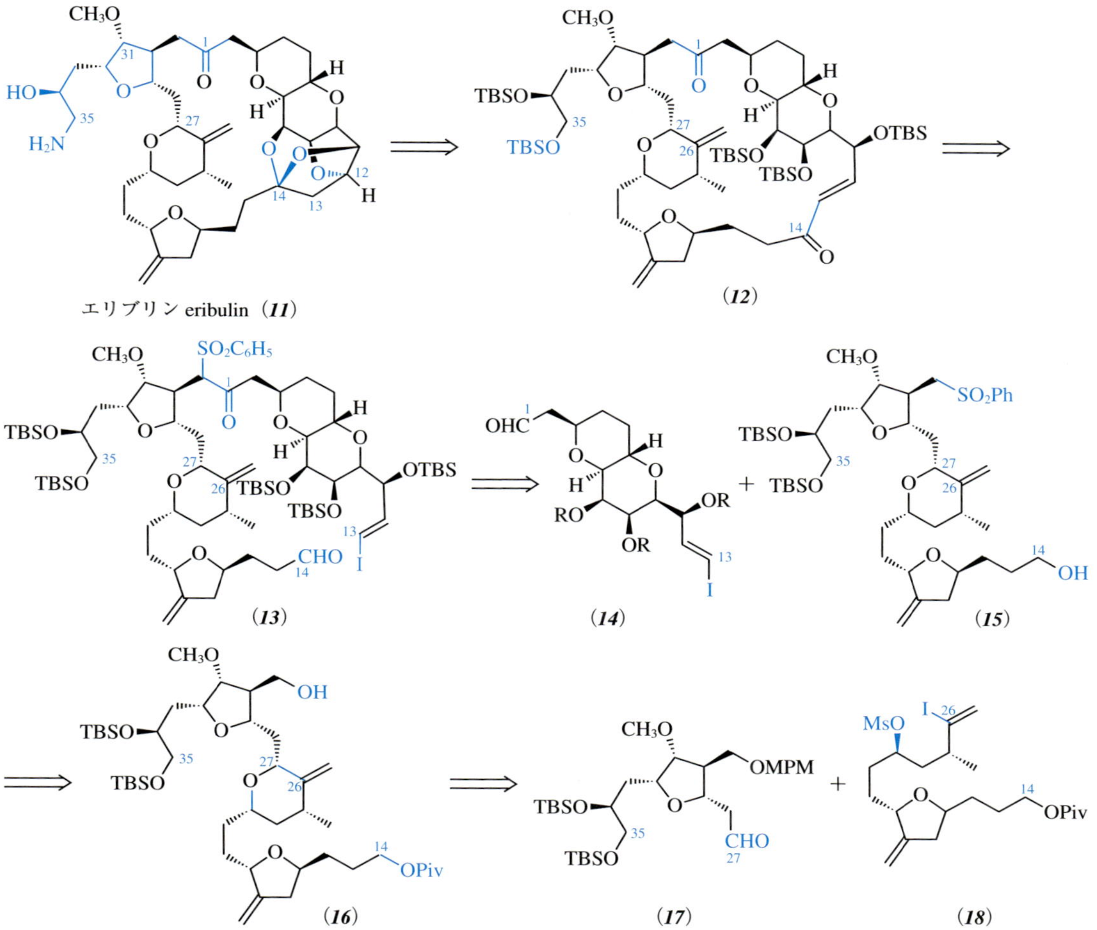

図 21・7 エリブリンの逆合成

とヨードアルケン (**18**) に逆合成できる.
　では，実際の合成を解説しよう.
　(S)-4-ペンチン-1,2-ジオールの 3-ペンタノンアセタールをリチウムアセチリドに変換したのち，三フッ化ホウ素共存下にキラルエポキシドと反応させると，アルキンが位置選択的にエポキシドに付加する（図 21・8）. 生じた内部アルキンを Lindlar 還元，ヒドロキシ基のアセチル化，シス-アルケンのシンジオール化を行ったのち，生じた 1,2-ジオールをジメシラートに変換する. ついでアセチル基を Triton B で加水分解すると，5 員環の環化が起こり，テトラヒドロフラン体が生じる. アセタールの脱保護，生じたジオールの TBS 化，ベンジルエーテルの還元的除去ののち，第一級アルコールの酸化によってアルデヒド (**17**) が得られる.
　中間体 (**18**) は，図 21・9 に示すように，不斉合成によってつくる. 4-ベンゾイルオキシブタナールにメシラート基を含むヨードアルケンを光学活性クロム錯体（触媒 A）共存下に Cr–Ni 反応で付加させ，ベンゾイル基を除去したのち炭酸カリウムで分子内求核置換反応によってジアステレオマー比 9:1 で光学活性テトラヒドロフラン環を形成する. このジアステレオマー比は付加の際の立体選択性を反映していることに注目しよう. 残ったヒドロキシ基を酸化してアルデヒドに変換したのち，ジヨードアルケンを Co フタロシアニンと触媒 A の鏡像異性体を用いて Cr–Ni 反応することによって

図 21・8 エリブリンの全合成 1: 中間体 (**17**) の構築

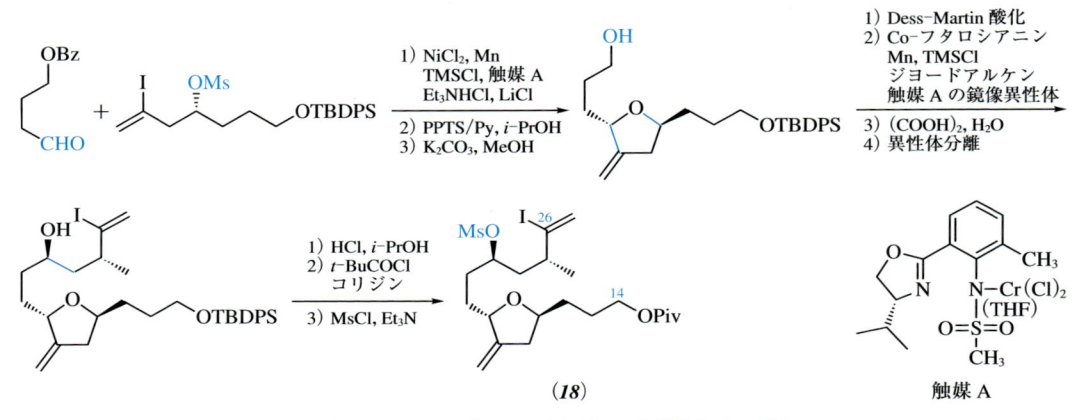

図 21・9 エリブリンの全合成 2: 中間体 (**18**) の構築

C23–C24 結合をジアステレオ選択的 (5.3:1) に形成する．この光学活性触媒を用いると，Cr–Ni 反応を不斉に実施する際，高い選択性とともに生成物の絶対配置を信頼性よく予測することができる．

　中間体 (**14**) の合成を図 21・10 で説明する．L-マンノース-γ-ラクトンをシクロヘキサノンでビスアセタールに変換し，ラクトンのカルボニル基を低温で DIBAL 還元してアルデヒドを得る．Wittig 反応で 1 炭素伸長したエノールエーテルに変換して，Sharpless のシンジオール酸化，つづいてアセチル化を行う．生じたジアセタートのうち一つは，アノマー位に脱離基 AcO が置換しているので，三フッ化ホウ素触媒とアリルシランを用いるアリル化を行うと，嵩高い 6 位置換基と反対側のアキシアル方向から炭素-炭素結合が生成する．メトキシドアニオンによる脱アセチル化，二重結合の異性化，アルコキシドの共役付加が一度に起こって，テトラヒドロピラニル環が縮環した二環構造ができあがる．

　酢酸-水によるアセタールの選択的加水分解ののち，生じた 1,2-ジオールの過ヨウ素酸酸化によって 1 炭素短いアルデヒドを得る．これをヨードビニルシランと Cr–Ni 反応させると，シリル置換アリルアルコールが得られる．さらにシクロヘキシリデンの脱保護，生じたジオールの TBS 化，トリメチルシリル基をヨウ素に変換すると (**6**) になる．これを低温での DIBAL 還元によって，アルデヒド (**14**) を得る．

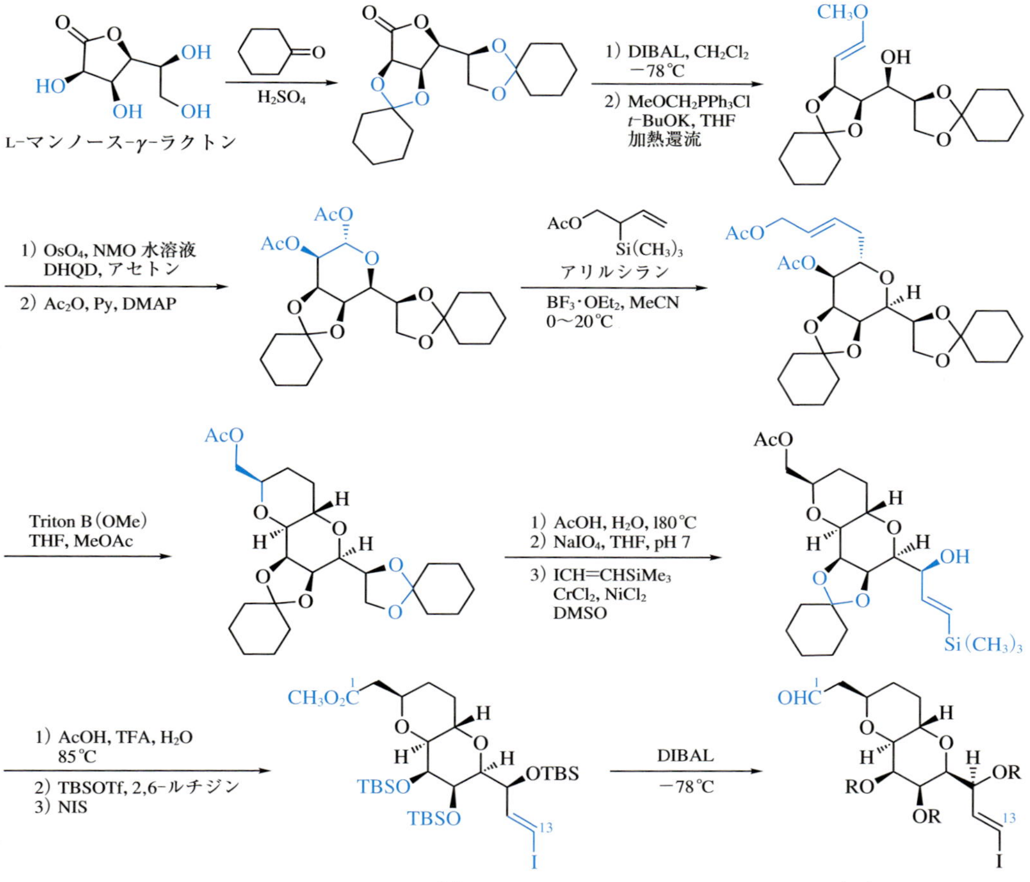

図 21・10 エリブリンの全合成 3：中間体 (14) の構築

各部品の組立てを図 21・11 に示す．アルデヒド (17) とヨードアルケン (18) とを Cr-Ni 反応で結合させ，立体異性体比 3：1 のアルデヒド付加体を得る．主生成物を分子内求核置換によってテトラヒドロピラン環に導いたのち，MPM 基を DDQ で酸化的に除去する．これをいったんメシラートに変換し，塩基性条件下チオフェノールによって求核置換したのち，TPAP 触媒 NMO 酸化でスルホンを得る．ピバル酸エステルを DIBAL 還元でアルコールに戻すと (15) になる．

生じた (15) のスルホニル基の隣をリチオ化したのち，アルデヒド (14) に付加させ，生じたアルコールと C14 ヒドロキシ基を酸化して，ケトアルデヒド (13) を得る．

不要になったスルホニル基は Sm(II) で還元除去する．つづいて分子内 Cr-Ni 反応によって大員環形成を行う．ここでは Ni 触媒が関与して Cr(II) からの一電子還元を繰返してビニルクロムが生じるや否やカルボニル付加をする．したがって金属反応剤の濃度は必然的に低く保たれていて，高度希釈をしなくても大員環ができあがる．生じたアリルアルコールを酸化してエノン (12) を得る．これの TBS 保護基を TBAF で除去してから，酸性条件でヒドロキシ基の共役付加，アセタール化を行い，C14 の官能基を整える．つづいて C35 のヒドロキシ基を脱離基（トシラートあるいはメシラート）に変換したのち，アンモニアで求核置換することによってエリブリンを得る．薬剤としては，水溶性を向上させたメタンスルホン酸塩として供されている．

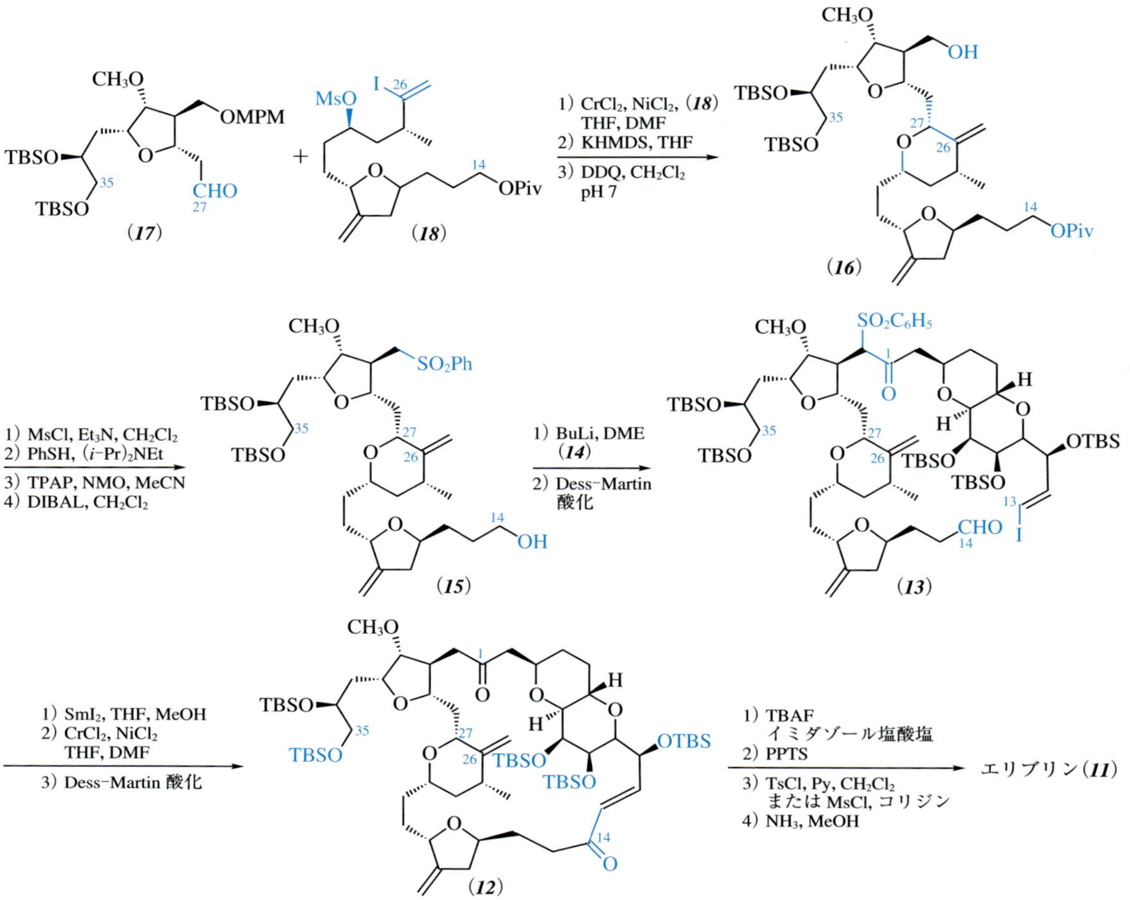

370   21. 逆合成と全合成

図 21・11　エリブリンの全合成 4

これらの合成プロセスが工場で実施されていることを鑑みると，合成化学のもつ力量がいかに創薬の成否を左右するか，よくわかる．

問題 21・1　次の反応の機構を示せ．

問題 21・2　次の反応の機構を示せ．

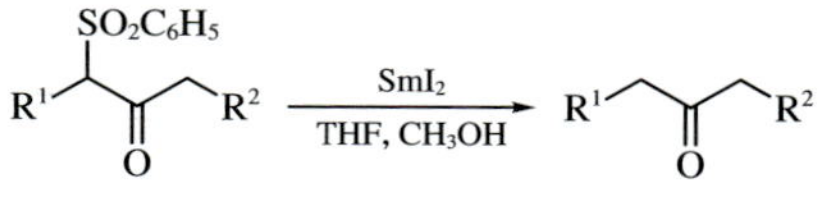

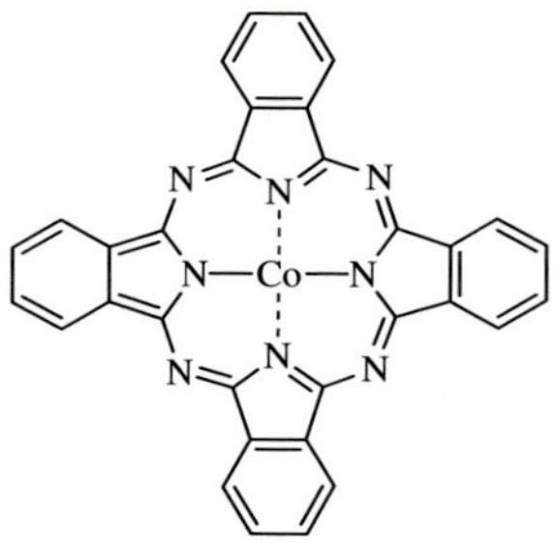

Co-フタロシアニン

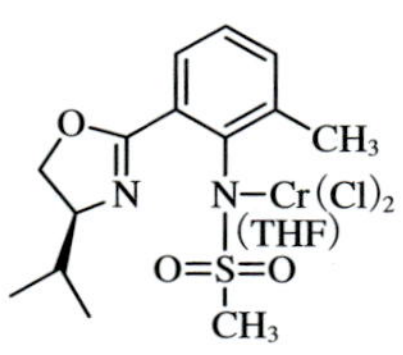

触媒 A

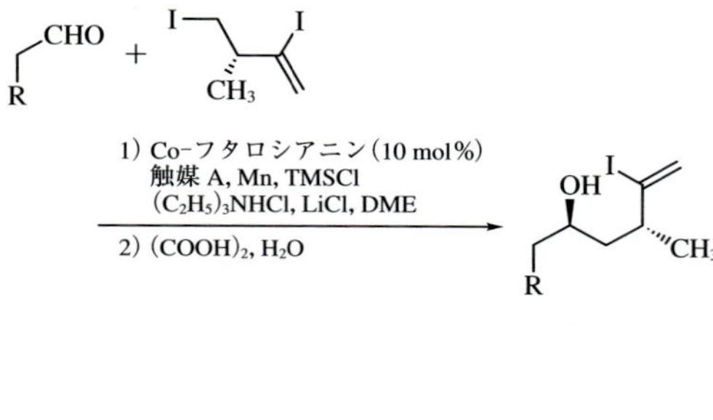

略 号 表

Ac	acetyl	DMSO	dimethyl sulfoxide
acac	acetylacetonato	DOPA	β-(3,4-dihydroxyphenyl)alanine
AIBN	2,2′-azobisisobutyronitrile	DPPF	1,1′-bis(diphenylphosphino)ferrocene
Ar	aryl	dr	diastereomeric ratio
9-BBN	9-borabicyclo[3.3.1]nonane	DuPHOS	substituted 1,2-bis(phospholano)-benzene
BINAP, binap	2,2′-bis(diphenylphosphino)-1,1′-binaphthyl	EDC	1-ethyl-3-(3-dimethylaminopropyl)carbodiimide
BINOL	1,1′-bi(2-naphthol)	ee	enantiomeric excess
Bn	benzyl	ESR	electron spin resonance
Boc	t-butoxycarbonyl	Et	ethyl
BOM	benzyloxymethyl	FGI	functional group interconversion
BPO	benzoyl peroxide	Fmoc	9-fluorenylmethoxycarbonyl
Bu	butyl	HDPE	high-density polyethylene
Bz	benzoyl	HMPA	hexamethylphosphoric triamide
CAN	cerium(IV) ammonium nitrate	HOBt	1-hydroxybenzotriazole
Cbz	benzyloxycarbonyl	HOMO	highest occupied molecular orbital
CoA	coenzyme A	HSAB	hard and soft acids and bases
COD, cod	1,5-cyclooctadiene	IPA	isopropyl alcohol
Cp	cyclopentadienyl	IPP	isopentenyl pyrophosphate, isopentenyl diphosphate
Cp*	1,2,3,4,5-pentamethylcyclopentadienyl	KHMDS	potassium hexamethyldisilazide
CSA	camphor-10-sulfonic acid	LA	Lewis acid
Cy	cyclohexyl	LDA	lithium diisopropylamide
DABCO	1,4-diazabicyclo[2.2.2]octane	LDPE	low-density polyethylene
DAT	dialkyl tartrate	LLDPE	linear low-density polyethylene
dba	dibenzylideneacetone	LUMO	lowest unoccupied molecular orbital
DBU	1,8-diazabicyclo[5.4.0]-7-undecene	mCPBA	m-chloroperbenzoic acid
DCC	dicyclohexylcarbodiimide	Me	methyl
DDQ	2,3-dichloro-5,6-dicyano-p-benzoquinone	MEM	2-methoxyethoxymethyl
de	diastereomeric excess	Mes	mesityl
DEAD	diethyl azodicarboxylate	MIBK	methyl isobutyl ketone
DET	diethyl tartrate	MOM	methoxymethyl
DFT	density functional theory	MOP	2-(diphenylphosphino)-2′-alkoxyl-1,1′-binaphthyl
DHP	dihydropyran	MPM	4-methoxyphenylmethyl
DHQ	dihydroquinone	Ms	methanesulfonyl, mesyl
DHQD	dihydroquinidine	MS 4A	molecular sieves 4A
DIBAL-H	diisobutylaluminium hydride	MTBE	methyl t-butyl ether
DIOP, diop	2,2-dimethyl-4,5-bis(diphenylphosphinomethyl)-1,3-dioxolane	MTM	methylthiomethyl
DIPAMP	1,2-bis[(o-methoxyphenyl)-phenylphosphino]ethane	nbd	norbornadiene
DMA	N,N-dimethylacetamide	NBS	N-bromosuccinimide
DMAP	4-(N,N-dimethylamino)pyridine	NCS	N-chlorosuccinimide
DMB	2,4-dimethoxybenzyl	NHC	N-heterocyclic carbene
DME, dme	1,2-dimethoxyethane	NHPI	N-hydroxyphthalimide
DMF, dmf	N,N-dimethylformamide	NIS	N-iodosuccinimide
DMPU	1,3-dimethyltetrahydropyrimidin-2(1H)-one, N,N-dimethylpropylene urea	NMO	N-methylmorpholine N-oxide
		NMR	nuclear magnetic resonance
		Ns	p-nitrobenzenesulfonyl

PCC	pyridinium chlorochromate	TBS	*t*-butyldimethylsilyl
PDC	pyridinium dichromate	TEMPO	2,2,6,6-tetramethylpiperidine-1-oxyl
PET	poly(ethylene terephthalate)	TES	triethylsilyl
Ph	phenyl	Tf	trifluoromethanesulfonyl
Phth	phthaloyl	TFA	trifluoroacetic acid
Piv	pivaloyl	THF, thf	tetrahydrofuran
PMB	*p*-methoxybenzyl	THP	2-tetrahydropyranyl
PP	polypropylene	TIPS	triisopropylsilyl
PPTS	pyridinium *p*-toluenesulfonate	TMB	2,4,6-trimethoxybenzyl
PTC	phase-transfer catalyst	TMEDA	N,N,N',N'-tetramethylethylenediamine
Py	pyridine	TMP	2,2,6,6-tetramethylpiperidide
	pyridyl		tetra-2,4,6-trimethylphenylporphyrin
RCM	ring-closing metathesis	TMS	trimethylsilyl
ROM	ring-opening metathesis	Tol	tolyl
SET	single electron transfer	TPAP	tetrapropylammonium perruthenate
SOMO	singly occupied molecular orbital	TPP	tetraphenylporphyrin
TBAF	tetrabutylammonium fluoride	Tr	triphenylmethyl, trityl
TBDMS	*t*-butyldimethylsilyl	Troc	2,2,2-trichloroethoxycarbonyl
TBDPS	*t*-butyldiphenylsilyl	Ts	*p*-toluenesulfonyl, tosyl
TBHP	*t*-butyl hydroperoxide		

参 考 文 献

1 章 有機合成の基礎
- J. Clayden, N. Greeves, S. Warren, P. Wothers, "Organic Chemistry", Oxford University Press（2001）.［"ウォーレン有機化学（上, 下）", 野依良治, 奥山 格, 柴﨑正勝, 檜山爲次郎監訳, 東京化学同人（2003）.］
- R. K. Parashar, "Reaction Mechanisms in Organic Synthesis", Blackwell Publishing Limited, Chichester（2009）.［"合成有機化学——反応機構によるアプローチ", 柴田高範, 小笠原正道, 鹿又宣弘, 斎藤慎一, 庄司 満訳, 東京化学同人（2011）.］
- 奥山 格, 杉村高志, "電子の動きでみる有機反応のしくみ", 東京化学同人（2005）.
- "大学院講義有機化学 I, II", 野依良治, 柴﨑正勝, 鈴木啓介, 玉尾皓平, 中筋一弘, 奈良坂紘一編, 東京化学同人（1999）.
- G. S. Zweifel, M. H. Nantz, "Modern Organic Synthesis: An Introduction", W. H. Freeman and Company, New York（2007）.［"最新有機合成法", 檜山爲次郎訳, 化学同人（2009）.］
- Nguyen Trong Anh, "Les Règles de Woodward-Hoffmann", Ediscience S. A.（1970）.［"ウッドワード-ホフマン則", 三田 達訳, 東京化学同人（1975）.］
- R. B. Grossman, "The Art of Writing Reasonable Organic Reaction Mechanisms", 2nd Ed., Springer-Verlag New York Inc.（2003）.［"有機反応機構の書き方——基礎から有機金属反応まで", 奥山 格訳, 丸善（2010）.］

2 章 カルボカチオンの化学
- A. Fürstner, P. W. Davies, *Angew. Chem. Int. Ed.*, **46**, 3410（2007）.
- 西沢麦夫, 今川 洋, 有機合成化学協会誌, **64**, 744（2006）.
- G. A. Olah, *Angew. Chem., Int. Ed. Engl.*, **34**, 1393（1995）.
- T. Laube, *Acc. Chem. Res.*, **28**, 399（1995）.

3 章 有機ラジカル反応
- S. Zard, "Radical Reactions in Organic Synthesis", Oxford University Press（2004）.
- "Comprehensive Organic Synthesis", ed. by B. M. Trost, I. Fleming, Vol. 4, p. 715, Pergamon Press, Oxford（1991）.
- "Encyclopedia of Radicals in Chemistry, Biology, and Materials", ed. by C. Chatgilialoglu, A. Studer, John Wiley & Sons, Chichester（2012）.

4 章 カルボアニオン
- "Organometallics in Synthesis: A Manual", ed. by M. Schlosser, John Wiley & Sons, Chichester（1996）.
- "Organometallics in Synthesis: A Manual", 2nd Ed., ed. by M. Schlosser, John Wiley & Sons, Chichester（2002）.
- M. Schlosser, *Angew. Chem. Int. Ed.*, **44**, 376（2005）.
- D. Hoppe, T. Hense, *Angew. Chem., Int. Ed. Engl.*, **36**, 2282（1997）.
- M. B. Smith, J. March, "March's Advanced Organic Chemistry: Reactions, Mechanisms, and Structure", 6th Ed., John Wiley & Sons, Hoboken（2007）.
- J. Clayden, "Organolithiums: Selectivity for Synthesis", Tetrahedron Organic Chemistry Series, Vol. 23, Pergamon, Oxford（2002）.
- "Main Group Metals in Organic Synthesis", ed. by H. Yamamoto, K. Oshima, Wiley-VCH, Weinheim（2004）.

5 章 二価炭素, カルベンとカルベノイドの生成と反応
- R. Knorr, *Chem. Rev.*, **104**, 3795（2004）.
- R. H. Grubbs, A. G. Wenzel, A. K. Chatterjee, 'Olefin Cross-Metathesis' in "Comprehensive Organometallics Chemistry III", ed. by R. H. Crabtree, D. Michael, P. Mingos, Vol. 11, Chap. 6, Elsevier, Amsterdam（2007）.
- 富岡秀雄, "最新のカルベン化学", 名古屋大学出版会（2009）.

6 章 ベンザインの化学
- H. Pellissier, M. Stantelli, *Tetrahedron*, **59**, 701（2003）.
- A. M. Dyke, A. J. Hester, G. C. Lloyd-Jones, *Synthesis*, **2006**, 4093.
- A. Bhunia, S. R. Yetra, A. T. Biju, *Chem. Soc. Rev.*, 印刷中.

7 章 環状炭素化合物の合成 I
- R. B. Woodward, R. Hoffmann, "The Conservation of Orbital Symmetry", Verlag Chemie/Academic Press（1970）.

- "大学院講義有機化学 I, II", 野依良治, 柴﨑正勝, 鈴木啓介, 玉尾皓平, 中筋一弘, 奈良坂紘一編, 東京化学同人 (1999).
- 井本 稔, "分子軌道法を使うために——実験有機化学者のための解説", 化学同人 (1986).
- 井本 稔, "有機電子論解説——有機化学の基礎", 第 4 版, 東京化学同人 (1990).
- I. Fleming, "Pericyclic Reactions", Oxford University Press (1999). ["ペリ環状反応", 鈴木啓介, 千田憲孝訳, 化学同人 (2002).]

8 章　環状炭素化合物の合成 II：アニュレーションと中員環・大員環合成
- M. Jung, *Tetrahedron*, **32**, 3 (1976).
- R. E. Gawley, *Synthesis*, **1976**, 777.
- B. E. Maryanoff, H.-C. Zhang, J. H. Cohen, I. J. Turchi, C. A. Maryanoff, *Chem. Rev.*, **104**, 1431 (2004).
- R. L. Danheiser, D. J. Carini, D. M. Fink, A. Basak, *Tetrahedron*, **39**, 935 (1983).
- E. Negishi, C. Copéret, S. Ma, S.-Y. Liou, F. Liu, *Chem. Rev.*, **96**, 365 (1996).
- A. Michaut, J. Rodriguez, *Angew. Chem. Int. Ed.*, **45**, 5740 (2006).
- L. Yet, *Chem. Rev.*, **100**, 2963 (2000).
- G. Mehta, V. Singh, *Chem. Rev.*, **99**, 881 (1999).
- N. A. Petasis, M. A. Patane, *Tetrahedron*, **48**, 5757 (1992).

9 章　還元反応
- "酸化と還元 II (新実験化学講座 15)", 日本化学会編, 丸善 (1977).
- "大学院講義有機化学 II", 野依良治, 柴﨑正勝, 鈴木啓介, 玉尾皓平, 中筋一弘, 奈良坂紘一編, 3 章, 東京化学同人 (1998).
- "有機化合物の合成 VII 不斉合成・ラジカル反応 (実験化学講座 19)", 第 5 版, 日本化学会編, 丸善 (2004).
- 大嶌幸一郎, 内本喜一朗, 有機合成化学協会誌, **47**, 40 (1989).

10 章　酸化反応
- "酸化と還元 I-1, I-2 (新実験化学講座 15)", 日本化学会編, 丸善 (1976).
- "大学院講義有機化学 II", 野依良治, 柴﨑正勝, 鈴木啓介, 玉尾皓平, 中筋一弘, 奈良坂紘一編, 3 章, 東京化学同人 (1998).
- "有機化合物の合成 V 酸化反応 (実験化学講座 17)", 第 5 版, 日本化学会編, 丸善 (2004).
- 佐藤一彦, 北村雅人, "酸化還元反応 (化学の要点シリーズ 1)", 日本化学会編, 共立出版 (2012).

11 章　官能基変換：縮合
- "大学院講義有機化学 II", 野依良治, 柴﨑正勝, 鈴木啓介, 玉尾皓平, 中筋一弘, 奈良坂紘一編, 東京化学同人 (1998).
- "有機化合物の合成 IV カルボン酸・アミノ酸・ペプチド (実験化学講座 16)", 第 5 版, 日本化学会編, 丸善 (2005).
- "Handbook of Reagents for Organic Synthesis, Reagents for Glycoside, Nucleotide, and Peptide Synthesis", ed. by D. Crich, John Wiley & Sons, Chichester (2005).

12 章　保護基
- P. G. M. Wuts, T. W. Greene, "Greene's Protective Groups in Organic Synthesis", 4th Ed., John Wiley & Sons, Hoboken (2006).
- P. J. Kocieński, "Protecting Groups", 3rd Ed., Georg Thieme Verlag, Stuttgart (2005).
- R. W. Hoffmann, "Elements of Synthesis Planning", Springer, Berlin (2009).

13 章　エノラートの化学
- R. Mahrwald, *Chem. Rev.*, **99**, 1095 (1999).
- M. Shibasaki, N. Yoshikawa, *Chem. Rev.*, **102**, 2187 (2002).
- S. Kobayashi, M. Sugiura, H. Kitagawa, W. W.-L. Lam, *Chem. Rev.*, **102**, 2227 (2002).
- J. d'Angelo, *Tetrahedron*, **32**, 2979 (1976).
- "Modern Aldol Reactions", ed. by R. Mahrwald, Wiley-VCH, Weinheim (2004).

14 章　転位反応
- "Comprehensive Organic Synthesis", ed. by B. M. Trost, I. Fleming, Vol. 3, 5, 7, Pergamon Press, Oxford (1991).
- Y. Chai, S.-P. Hong, H. A. Lindsay, C. McFarland, M. C. McIntosh, *Tetrahedron*, **58**, 2905 (2002).

15 章　ヘテロ元素を活用する合成反応：リン, 硫黄, セレンの化学
- 秋葉欣哉, "有機典型元素化学", 講談社サイエンティフィク (2008).

- "Modern Carbonyl Olefination", ed. by T. Takeda, Chap. 1, 2, Wiley-VCH, Weinheim (2004).

16 章　金属－炭素 σ 結合を利用する炭素骨格形成

- "Organometallics in Synthesis: A Manual", 2nd Ed., ed. by M. Schlosser, John Wiley & Sons, Chichester (2002).
- "Organozinc Reagents: A Practical Approach", ed. by P. Knochel, P. Jones, Oxford University Press (1999).
- "有機金属反応剤ハンドブック——$_3$Li から $_{83}$Bi まで", 玉尾皓平編著, 化学同人 (2003).

17 章　遷移金属化合物を利用する炭素骨格形成

- L. S. Hegedus, B. C. G. Söderberg, "Transition Metals in the Synthesis of Complex Organic Molecules", 3rd Ed., University Science Books, Sausalito (2010). ["ヘゲダス遷移金属による有機合成", 第 3 版, 村井眞二訳, 東京化学同人 (2011).]
- 山本明夫, "有機金属化学（化学選書）", 裳華房 (1982).

18 章　遷移金属触媒反応

- "大学院講義有機化学Ⅰ", 野依良治, 柴﨑正勝, 鈴木啓介, 玉尾皓平, 中筋一弘, 奈良坂紘一編, p. 421, 東京化学同人 (1999).
- 山崎博史, 岩槻康雄, "有機金属の化学（新化学ライブラリー）", 内田安三, 干鯛真信, 日本化学会編, p. 83, 大日本図書 (1989).
- J. F. Hartwig, "Organotransition Metal Chemistry: From Bonding to Catalysis", University Science Book, Sausalito (2010).
- "有機合成のための触媒反応 103", 檜山爲次郎, 野崎京子編, 東京化学同人 (2004).
- 辻 二郎, "有機合成のための遷移金属触媒反応", 有機合成化学協会編, 東京化学同人 (2008).
- J. Tsuji, "Transition Metal Reagents and Catalysts: Innovations in Organic Synthesis", John Wiley & Sons, Chichester (2000).

19 章　有機分子触媒反応

- "有機分子触媒の新展開", 柴﨑正勝監修, シーエムシー出版 (2006).
- "進化を続ける有機触媒——有機合成を革新する第三の触媒（化学フロンティア 21）", 丸岡啓二編, 化学同人 (2009).
- A. Berkessel, H. Grøger, "Asymmetric Organocatalysis: From Biomimetic Concepts to Applications in Asymmetric Synthesis", Wiley-VCH, Weinheim (2005).
- "Enantioselective Organocatalysis: Reactions and Experimental Procedures", ed. by P. I. Dalko, Wiley-VCH, Weinheim (2007).
- "Asymmetric Organocatalysis (Topics in Current Chemistry)", ed. by B. List, Springer-Verlag, Berlin (2010).

20 章　工業的に重要な化合物とその利用

- "有機工業化学", 第 2 版, 園田 昇, 亀岡 弘編, 化学同人 (1993).
- K. Weissermel, H.-J. Arpe, "Industrial Organic Chemistry", 4th, Completely Revised Edition, Wiley-VCH Verlag GmbH & Co. KGaA (2003). ["工業有機化学——主要原料と中間体", 第 5 版, 向山光昭監訳, 東京化学同人 (2004).]

21 章　逆合成と全合成

- "天然物全合成の最新動向", 北 泰行監修, シーエムシー出版 (2009).
- "創薬化学——有機合成からのアプローチ", 北 泰行, 平岡哲夫編, 東京化学同人 (2004).
- "天然物合成で活躍した反応", 有機合成化学協会編, 化学同人 (2011).
- "天然物の全合成：2000〜2008（日本）", 有機合成化学協会編, 化学同人 (2009).
- K. C. Nicolaou, E. J. Sorensen, "Classics in Total Synthesis: Targets, Strategies, Methods", Wiley-VCH, Weinheim (1996).
- K. C. Nicolaou, S. A. Snyder, "Classics in Total Synthesis II: More Targets, Strategies, Methods", Wiley-VCH, Weinheim (2003).
- K. C. Nicolaou, J. S. Chen, "Classics in Total Synthesis III: New Targets, Strategies, Methods", Wiley-VCH, Weinheim (2011).
- "Pharmaceutical Process Chemistry", ed. by T. Shioiri, K. Izawa, T. Konoike, Wiley-VCH, Weinheim (2010).

章末問題の解答

1章

1・1

1・2

1・3

2章

2・1 各触媒がアルキンに配位して求電子種をつくることがきっかけになっている．各原著論文 *J. Am. Chem. Soc.*, **122**, 6785 (2000); *Angew. Chem. Int. Ed.*, **45**, 6029 (2006); *ibid.*, **45**, 5878 (2006) を参照すると理解が深まるだろう．

2・2 次の遷移状態を考えるとつじつまが合う．

3章

3・1

3・2

4章

4・1

4・2 (a) の −78℃でのジシリル化合物による捕捉のee値からS体のリチオ化合物が21% eeで生成していたと考えられる．これが速度支配の比率である．このリチオ化合物をいったん −25℃まで昇温すると，熱力学的平衡状態となり，より安定なS体のリチオ化合物が増え，これがジシリル化合物で捕捉されることによってR体のeeが82%に向上した．(b)は，いったんR体のリチオ化合物が生成すると，(−)-スパルテインがあっても −78℃では平衡状態にはなっておらず，比率が全く影響を受けないこと，しかし，−25℃まで昇温すると平衡状態となり，より安定なS体のリチオ化合物の割合が増えることが確認できる．

5章

5・1 一重項カルベンは2電子のスピンが対をなしているので，2電子授受の挙動，すなわち，空のp軌道に2電子受取り，2電子対が相手に求核攻撃する．このような二つの反応性をあわせもつ．アルケンと付加環化してアルケンの立体配置を保持したままシクロプロパン環をつくる．

これに対し，三重項カルベンは二つの軌道に1電子ずつ入っているので，ビラジカルとしての性質を示す．アルケンとの反応でシクロプロパン環をつくるが，アルケンの立体化学は保持しない．C−H結合への挿入もラジカル経由で進行する．

5・2 カルベン炭素が求電子性をもつ典型例はFischer型錯体（§17・4参照）である．カルボニル配位子が五つもありCr=C結合はカルボニル基O=Cと同じように分極していると考えてよい．塩基によって隣の水素が引抜かれ，生じた負電荷はカルボニル基に非局在化して，安定化を受ける．求核剤はカルベン炭素を攻撃する．いわばカルボニル基への求核付加と同じ反応である．求電子剤はエーテル酸素と反応し，R'OHの攻撃を受けて，RO基の交換を促進する．

求核カルベン錯体の典型はSchrock型錯体（§17・4参照）である．Taの置換基RCH_2が三つあり，誘起効果によってTaに電子を押し込んで，Ta=C結合の電子をカルベン炭素に偏らせている．この炭素はイリドと同様の反応性を示す．カルベン炭素と結合する水素は塩基で引抜くことができる．

5・3

ヒドロキシ基の関与で亜鉛カルベノイドがヒドロキシ基側からアルケンをメチレン化する．

5・4

まずWolff転位が起こってケテンが生じ，これにアミンが付加することにより，アミドが生じる．

6章

6・1 ブチルリチウムによるヨウ素-リチウム交換は低温でも非常に速やかに進行し，オルト位に脱離基をもつアリールリチウム(A)を効率よく生成する．低温では(A)のベンザインへの脱離反応はヨウ素-リチウム交換よりも遅く，ブチルリチウムをヨウ化物と当量用いれば，ブチルリチウムはすべてヨウ素-リチウム交換に消費されるため，反応するものは残っていない．

6・2

6・3

7章

7・1 1,3-ペンタジエンのメチル基は電子供与基なので，アクリル酸メチルと反応することにより，エンド選択的遷移状態を経由して，シス体の生成物が得られる．

7・2 この反応では，塩基としてのトリエチルアミンが塩化ジクロロアセチルのα水素を引抜き，エノラートが生成した後，塩化物イオンが抜けてジクロロケテンを生じる．

7・3 まずエトキシアニオンがエステルのα水素を引抜き，生じたエノラートがもう一方のエステルカルボニル基を攻撃し，環化が起こる．つづいて，エトキシアニ

オンが脱離し，生成したβ-ケトエステルのα水素がプロトンとしてエトキシアニオンで引抜かれ，安定なエノラートが生じる．反応終了後，塩酸水溶液を加えると，環状β-ケトエステルが再生する．

7・4 まず置換アセチレン2分子がシクロペンタジエニルコバルト触媒と反応して，コバルトを含むジアルキル置換5員環中間体が生じる．つづいて，第三のアセチレン分子がコバルト金属に配位して，[4+2]付加環化反応生成物あるいはコバルト–炭素結合に挿入した7員環化合物を生じる．最後にコバルト触媒が還元的脱離して置換型ベンゼンになる．

8 章

8・1 アリルシランが α,β-不飽和ケトンに共役付加するとβ-シリルカチオンが生成する．ここからシリル基が1,2転位して第一級カチオンを生成する．このカチオンはβ位にシリル基をもっており，σ–π共役により安定化されることに注目しよう．これにチタンエノラートが攻撃して5員環生成物が得られる．シリル基の立体障害が小さい場合にはβ-シリルカチオンに対する求核攻撃（この場合には塩化物イオンが求核剤となる）が速やかに起こり，アリル化した生成物が得られる．

8・2 まず，より立体障害の少ない第二級アルコールが選択的にトシル化される．つづいて，第三級アルコールの酸素から非共有電子対が押し出され転位が進行する．転位できる基が二つあるが，アルキル基よりもアルケニル基のほうが転位しやすい．

9 章

9・1 まずケトンとアミンが反応してイミンが生成する．これを $NaBH_3CN$ が還元しアミンが生成する．

9・2

9・3

10章

10・1

ジメチルスルホキシド + ジシクロヘキシルカルボジイミド → 活性化された DMSO → (+ RCH₂OH) → ジシクロヘキシル尿素 + アルコキシスルホニウム塩 → (リン酸の共役塩基) → 硫黄イリド → RCH=O + CH₃-S-CH₃

10・2 ジオールの第一級アルコールをシリルエーテルで保護し,残った第二級アルコールをシリル基とは異なる保護基,たとえばアセチル基で保護する.次に第一級アルコールの保護基を除去し,酸化してアルデヒドを得る.最後に酢酸エステル部分を加水分解して第二級アルコールの保護基を除去し,目的物に導くことができる.

HO-CH(CH₃)-(CH₂)₇-OH ⟹
AcO-CH(CH₃)-(CH₂)₇-OSi(CH₃)₂-t-Bu →(F⁻)
AcO-CH(CH₃)-(CH₂)₇-OH →(酸化) AcO-CH(CH₃)-(CH₂)₇-CHO →(脱保護) HO-CH(CH₃)-(CH₂)₇-CHO

10・3

CH₃CH=CH₂ →(PdCl₂) CH₃CH=CH₂·PdCl₂ →(H₂O)

CH₃CH(OH)-CH₂-PdCl → CH₃CH(OH)-CH₂-PdCl-H → CH₃C(OH)-CH₃-PdCl

→ CH₃-CO-CH₃ + HPdCl

10・4 第一級アルキル基よりも第二級アルキル基のほうが転位しやすいので,次に示すラクトンが生成する.

(ラクトン構造)

11章

11・1 図に示すように,カルボン酸,酸触媒,アルコールとの間に平衡が成立する.平衡を右(生成物)側に偏らせるには,水を抜いてやること,アルコール(またはカルボン酸)を大過剰使うことが必要である.逆にみれば,エステルに大過剰の水と酸触媒を作用させれば,加水分解が可能であることがわかる.

(平衡反応式)

11・2

(ケトンとHONH₂からピリジン誘導体への反応機構)

11・3 アミノ酸のアミノ基が活性化されたカルボニル基を求核攻撃するが,その塩基性が強いとカルボニル基のα位の水素を引抜いてラセミ化をひき起こす.そこで,よりよい脱離基を導入することによって穏和な条件でもアミノ基が求核攻撃/置換を起こせるよう,活性エステル中間体形成時に中性の分子が脱離するよう,またアミドが生成するときに塩基性の強いアニオン種が生じないように分子設計したものがラセミ化抑制剤である.

12章

12・1 (a) RhCl(PPh₃)₃, DABCO, C₂H₅OH あるいは Pd/C, H₃O⁺, CH₃OH   (b) H₃O⁺   (c) F⁻   (d) Zn

12・2

出発物 →(光) (中間体) →(H₂O) → 生成物

12・3 芳香族求核置換反応で進行する.

(反応機構の図)

13 章

13・1

13・2
ケイ素上の置換基が嵩高いとヨウ化物イオンのケイ素に対する求核攻撃が遅くなる．求核攻撃の代わりにヨウ化物イオンにより脱プロトンすることによって別のシリルエノラートが生成する．

13・3
生成したケトエステルに対してエトキシドイオンが付加することによって逆 Claisen 縮合が進行し開環する．

14 章

14・1

14・2

14・3

15 章

15・1

15・2

16 章

16・1 ア, イ (構造式)

16・2 (構造式)

16・3 安定なE体のクロチル亜鉛とアルデヒドとの反応ではジアステレオ選択性がない，あるいはE体とZ体のクロチル亜鉛とアルデヒドとの反応の速度に差がない，と考えられるが，詳細は不明である．しかし，生成比をみると，アリル異性体間の平衡がアルデヒドへの付加反応よりも速いと考えられる．

(平衡式)

16・4 嵩高いアルミニウムアミドのアルミニウムにオキセタンの酸素が配位する．アルミニウム上の窒素の塩基性が増し，立体障害のより少ない安定な配座から水素を引抜くためE体が優先して生成する．

脱離基 (OMs) がネオペンチル位にあるため，ヒドリドによる S_N2 型の還元反応は立体障害により進行しない．

16・5 (構造式)

16・6 (構造式)

16・7 (構造式)

16・8 根岸の合成 *Tetrahedron Lett.*, **32**, 6683 (1991) 参照.

16・9 White の全合成 *J. Org. Chem.* **66**, 5217 (2001) 参照.

17 章

17・1 $Cr(CO)_3$ が紙面の手前に配位しているので，すべての求核攻撃は紙面の裏側から起こる．なお，クロチルシラン付加におけるメチル基の立体配置は立体障害により 3:1 程度の選択性が生じる．[*J. Am. Chem., Soc.*, **113**, 5441 (1991) 参照.]

(反応スキーム, dr = 3:1)

17・2 立体障害により求核攻撃は面の下側から起こる．

(構造式)

光学活性アリルホウ素化合物 (§16・5参照) を用いているので，右側のアルデヒドとの反応が進行する．

[W. R. Roush et al., *Tetrahedron Lett.*, **35**, 7351 (1994) 参照.]

17・3 1) Shapiro 反応 (§16・6参照) で右のアルケニルリチウムが生成．

2) クロムカルベン錯体の生成 (§17・4参照)

3) Dötz 環化反応と酸化処理によるクロムカルボニルの除去 (§17・4参照)

[*Tetrahedron Lett.*, **31**, 5221 (1990) 参照.]

17・4
(a) (反応スキーム: β水素脱離, HCl, $-Cp_2ZrCl_2$, $-H_2$)

章末問題の解答   383

(b)

[*J. Org. Chem.*, **59**, 5633 (1994) 参照.]

17・5 D. L. J. Clive の全合成 *J. Am. Chem. Soc.*, **112**, 3018 (1990) 参照.

18 章
18・1

[W. J. Zuercher, M. Scholl, R. H. Grubbs, *J. Org. Chem.*, **63**, 4291 (1998) 参照.]

18・2

18・3 これは溝呂木-Heck 反応であり，Pd 触媒を塩基と組合わせて用いる．実際には Pd(OCOCF$_3$)$_2$(PPh$_3$)$_3$ および 1,2,2,6,6-ペンタメチルピペリジン (PMP) が，それぞれ触媒および塩基として用いられている．

[C. Y. Hong, N. Kado, L. E. Overman, *J. Am. Chem. Soc.*, **115**, 11028 (1993) 参照.]

19 章
19・1 この反応の触媒サイクルでは，まず光学活性第

二級アミン触媒のトリフルオロ酢酸塩が脱水を伴って α,β-不飽和アルデヒドとイミニウム塩を形成する．その結果，基質の LUMO が低下し，ピロール誘導体の求電子付加反応が起こる．最後に生成した付加体のイミニウム塩が加水分解することにより，Friedel-Crafts 型の生成物が得られ，触媒が再生する．

19・2 この反応の触媒サイクルでは，アミン求核触媒による可逆的な Michael 付加-アルドール-逆 Michael 付加反応過程を経る触媒サイクルが提唱されており，律速段階は，エノラートがアルデヒドを攻撃する段階か，触媒が離脱する段階であるといわれている．

19・3 フラビン触媒による過酸化水素酸化触媒サイクルは次のようになる．

20 章

20・1 金属触媒を用いる重合では，炭素－金属間にエチレン分子が順次挿入することによって重合が起こり，そのため生成するポリエチレンは直線状となる（§18・2・2参照）．一方ラジカル重合条件下では，分子間のラジカル付加で反応が進行していく．その成長末端は第一級炭素ラジカルであり，より安定な第二級炭素ラジカルへのラジカル引抜き反応が起こるため，そこからも重合が進行し，分枝構造をもったポリエチレンが生成する．

ラジカル重合

20・2

$CH_3CHO \xrightarrow{OH^-} {}^-CH_2CHO \xrightarrow{HCHO}$ ...

20・3

主生成物

21 章

21・1 Sm(II) からカルボニル基に一電子移動が起こり，スルフィニルアニオンを脱離させて，エノールラジカルが生じる．もう一度一電子移動が起こってエノラートになり，溶媒からプロトンを拾ってエノール，続いてケトンに互変異性して生成物であるケトンになる．この種の還元はカルボニル基の α 位に脱離基をもつものでしばしば起こる．Reformatsky 反応剤の生成も同様の機構を経る．

21・2 Co(I) からヨウ化アルキルに一電子移動してヨウ化物イオンを放出してアルキルコバルト種が生じ，これが Cr(III) と金属交換してアルキル Cr(III) が生じる．こののちカルボニル付加をして，付加体のアルコラート基はトリメチルシリル化を受ける．Co(II) は Cr(II) で還元されて Co(I) に戻り，Cr(III) は Mn で還元されて，もとの Cr(II) に戻る．詳細は *J. Am. Chem. Soc.*, **131**, 15387 (2009) 参照．カルボニル基への付加の立体化学についても考察がある．

索 引

あ 行

Ireland–Claisen 転位　231
亜鉛　214
亜鉛アート錯体　262
亜鉛エノラート　208
亜鉛カルベノイド　68
アキシアル位　9
アキシアル攻撃　129
アキシアル付加　7
アクリル酸
　――の合成　351
アクリル酸エステル　337
アクリロニトリル　159
　――の合成　351
アクロレイン　150, 159, 351
アザ Claisen 転位　116, 231
アザ Diels–Alder 反応　90, 91
アジド　98
アジド化剤　177
アジピン酸　313, 354
アジポニトリル　354
アシルアニオン　358
アシルアニオン等価体　72, 73, 238
アシルカチオン等価体　238
N-アシル尿素　178
アシルラジカル　49
アシロイン縮合　109
アシロキシルラジカル　48
アスコルビン酸　321
アステリスカノリド (asteriscanolide)
　　　　93
アセタール
　――による保護　193
　――の合成　166
　――の脱保護　194
　――の隣接基効果　200
アセタール化　185, 193
アセチル CoA　170
アセチレン　350
アセトアルデヒド
　――の製法　347
　――の Höchst–Wacker 法による
　　　　合成　156
アセトン
　――の合成　351

アゾビスイソブチロニトリル　40, 122
アゾメチンイリド　96
アゾール (azole)　342
アタクチックポリプロピレン　350
アート錯体　217, 258, 262
アトムエコノミー (atom economy)　14
アニュレーション (annulation)　106
アネレーション → アニュレーション
アプリロニン A (aplyronine A)　190
アミド
　――の合成　176, 181
アミノスルホンアミド　331, 332
アミン
　――の保護　197
アミン触媒　332, 333
アライン (aryne)　77
アラナート　254
アリルアルコール　159
　――の Swern 酸化　144
　――の選択的エポキシ化　152
　――の不斉エポキシ化　339
アリルインジウム　267
アリルエーテル　185
アリルカチオン　16, 25
アリル金属化合物
　――による炭素骨格の形成　263～
　　　　269
　――のカルボニル化合物への付加
　　　　267
アリルクロム　263, 264
アリルシラン　265, 267
　――によるアニュレーション　107
アリルスズ
　――とキノンの反応　267
アリル銅　268
π-アリルパラジウム中間体　218
アリルバリウム　267, 268
アリルホウ素　264
アリルボロン酸エステル　264
ROM → 開環メタセシス
ROM–CM → 開環メタセシス–クロス
　　　　メタセシス
ROMP → 開環メタセシス重合
アルキリデン化　276
アルキル亜鉛化合物　249
アルキル化
　エナミンの――　220
　エノラートの――　217
　活性メチレン化合物の――　218

N-メタロエナミンの――　220
アルキル金属化合物　246
アルキルリチウム
　――とクロム–アレーン錯体の反応
　　　　285
アルキン
　――の環化三量化　102, 313
　――のヒドロエステル化　317
アルキン錯体　295～299
アルキンメタセシス (alkyne
　　　　metathesis)　105
アルケニルエーテル　302
アルケニル Grignard 反応剤　269
アルケニルシラン　277
アルケニルボロン酸エステル　277
アルケニルリチウム化合物　269
アルケン　235
　――の合成　274
アルケンメタセシス　103, 314, 360
アルコール
　――のクロム酸酸化　141
　――の保護　185, 186
アルコール脱水素酵素　149
RCM → 閉環メタセシス
アルデヒド
　――の保護　193
アルドール縮合　169
　分子内――　107
アルドール反応 (aldol reaction)　169,
　　　　202, 330
　Evans の――　191, 211
　シリルエノラートの――　210
　不斉――　211～215, 328, 330
　ホウ素エノラートの――　209
　リチウムエノラートの――　208
α 脱離　74
アルミニウム
　――の結合解離エネルギー　256
アルミニウムアルコキシド　148
Arndt–Eistert 反応　227, 229
アレニルシラン　107
アレン　68, 115
アンタラ → 逆面
アンチ　14
アンチクリナル　8
アンチペリプラナー (anti-periplanar)
　　　　8, 112, 222

安定イリド　234
安定ラジカル　38

索引

アンモ酸化（SOHIO法） 159, 351
ee → 鏡像異性体過剰率
硫黄イリド 237
β-イオノン 132
イオン結合性
　金属－炭素結合の―― 246, 247
イオン対 32
鋳型効果 112
鋳型合成 111
いす形配座 9
異性化 316
イソオキサゾール 97
イソシアナート 75
イソタクチックポリプロピレン 350
イソプレゴン 143
イソプレン 353
イソプロピルベンゼン → クメン
イソボルネオール
　――のカンフェンへの変換反応 223
E値（E factor） 14
一重項カルベン 65, 67
位置選択性（regioselectivity） 14
　金属－アルキン錯体挿入の―― 298
　Birch還元による―― 125
位置選択的メタル化（directed metalation） 56
一電子移動（single electron transfer） 47
一分子求核置換反応 → S_N1反応
一酸化炭素 253
　――の配位 283
EDC → 1,2-ジクロロエタン
EDC法 349
E1反応 6
E1cB反応 6
E2反応 5
E2c反応 6
イブプロフェン 313
イミニウムイリド 69
イミニウム塩 330
イミン
　――の合成 169
イリド（ylide） 66, 234, 342
（S）-インダクリノン 335
インドール
　――の合成 232, 302
　――の不斉Friedel-Crafts反応 334
Wittig型アルケン合成 273
［2,3］Wittig転位 232
Wittig反応 234, 274, 368
Wheland中間体 4
Williamsonエーテル合成 165
Wilkinson錯体 → Wilkinson触媒
Wilkinson触媒 117, 118, 281
Werner型錯体 283
Wolff-Kishner還元 137
Wolff転位 71, 227
Woodward-Hoffmann則 17
Ullmann反応 323

AIBN → アゾビスイソブチロニトリル
エキソ選択性 333

エクアトリアル位 10
エクアトリアル攻撃 129
エクアトリアル付加 7
Ac 186
SEM 186, 187
SET → 一電子移動
S_N2反応 3
S_N1反応 3
s軌道 15
エステル
　――の合成 172
エステル化 172, 185, 195
エストロン 319
SBR → スチレンブタジエンゴム
sp^2混成軌道 16
sp^3混成軌道 15
エタン
　――の立体配座 8
A値 10
エチルベンゼン 353
エチレン
　――のDiels-Alder反応 86, 87
　――の配位 283
　多置換―― 260
エチレンオキシド 150, 347
エチレンカーボネート 347
エチレングリコール 347
Eschenmoser開裂 13, 113
Eschenmoser環拡大反応 → Eschenmoser開裂
Eschenmoser-Claisen転位 232
Eschenmoser反応剤 215
HSAB則（hard and soft acids and bases principle） 27, 131, 248
HATU 180
HMG-CoA → ヒドロキシメチルグルタリルCoA
HMG-CoA還元酵素 35
HOBt → 1-ヒドロキシベンゾトリアゾール
HWE反応 → Horner-Wadsworth-Emmons反応
HDPE（高密度ポリエチレン） 347
（R）-ATBN-F 20, 257
エーテル
　――の合成 165
エーテル化 185
エナミン 330
　――形成 330
　――のアルキル化 220
　――の合成 169
エナンチオ選択性（enantioselectivity） 14, 333
エナンチオ選択的還元 131
エナンチオ選択的ラジカル反応 50
エナンチオトピックな水素 287
Ns → p-ニトロベンゼンスルホニル
NHK反応 → 野崎-檜山-岸反応
NHC → N-複素環状カルベン
NHPI → N-ヒドロキシフタルイミド
NAD^+ 329
NADH 329
NMO → N-メチルモルホリンN-オキシド

NBS → N-ブロモスクシンイミド
エノラート（enolate） 202
　――のアルキル化 217
エノラートイオン 168
エノール（enol） 168, 202
Evansアルドール反応 191, 211
ABS樹脂 351
FAMSO → メチル（メチルスルフィニルメチル）スルホキシド
FAD → フラビンアデニンジヌクレオチド
FADH → フラビンアデニンジヌクレオチド
FOMP 180
FGI → 官能基変換
Fmoc → 9-フルオレニルメトキシカルボニル
α,β-エポキシエステル 235
エポキシ化 151
エポキシ樹脂 353
エポキシド 237
　――の開環 31
MIBK → メチルイソブチルケトン
mRNA（messenger ribonucleic acid） 176
MEM 186, 187
MABR 257
MOM → メトキシメチルエーテル
mCPBA → m-クロロ過安息香酸
MTBE → メチルt-ブチルエーテル
MPM → メトキシフェニルメチルエーテル
MPV還元 → Meerwein-Pondorf-Verley還元
エリブリン（eribulin） 364
LA → Lewis酸
LLDPE（直鎖状低密度ポリエチレン） 347
LDA → リチウムジイソプロピルアミド
LDPE（低密度ポリエチレン） 347
エンイン 29, 294
　1,2-―― 253
　1,6-―― 318
エンインメタセシス（enyne metathesis） 105
塩化N-t-ブチルアレーンスルフィンイミドイル 145
塩化ルテニウム 160
塩基性 23, 247
エンジイン 83
オキサザボロリジン 132
オキサゾリジノン 211
オキサホスフェタン 234, 235
オキシ塩素化法 349
オキシCope転位 116, 230
β-オキシドホスホニウム塩 234
オキシラン 140
オキシDiels-Alder反応 90
オキソニウムイリド 66
オキソ反応 → ヒドロホルミル化
オクタラクチンA（octalactin A） 174
オクテット則 280

索　引

オゾニド　155
オゾン分解　154, 155
Oppenauer 酸化　148
OTf → トリフルオロメタンスルホナート
OBO → 2,6,7-トリオキサビシクロ[2.2.2]オクタン
オルト配向性　56
オルトリチオ化　56
オレフィン閉環メタセシス → 閉環メタセシス
オレフィンメタセシス → アルケンメタセシス

か　行

加アルコール分解　338
開環メタセシス(ring opening metathesis)　104
開環メタセシス-クロスメタセシス(ring opening metathesis-cross metathesis)　104
開環メタセシス重合(ring opening metathesis polymerization)　104
解離(dissociation)　118
解離イオン対　24, 32
開裂反応(fragmentation)　113
核酸合成　175
重なり形配座　8
過酸化ベンゾイル　40
カスケード反応(cascade reaction)　363
カスペン　301
可塑剤　348, 349
カチオン環化　28, 33
Cativa 法　348
香月-Sharpless エポキシ化　339
香月-Sharpless 酸化　152
香月-Jacobsen エポキシ化　339
活性メチレン化合物　218
カテキン(catechin)　150
価電子数　280
　　錯体の―　281
Cannizzaro 反応　349
カプネレン(capnellene)　268
Gabriel アミン合成　198
ε-カプロラクタム　354
カーボンファイバー → 炭素繊維
加溶媒分解(solvolysis)　24
Kharasch, M. S.　258, 312
Kharasch 反応　48, 50
カリオフィレン　113
カリチェアミシン(calicheamicin)　83
カルシウムカーバイド　349
過ルテニウム酸テトラプロピルアンモニウム　145
カルバマート(carbamate)　347
カルバミン酸エステル　75
カルベノイド(carbenoid)　66, 114
カルベン(carbene)　65, 67, 114, 227
　　―の挿入反応　70
　　―の転位反応　71

カルベン錯体　66, 67, 103, 290
　　タングステン―　292
カルボアニオン(carbanion)　52
　　―のシス-トランス異性化　60
　　―の生成　52
　　―の立体化学　61
カルボアニオン等価体　53
カルボアルミニウム化　326
カルボカチオン(carbocation)　24, 223
　　―の共鳴安定化　25
カルボスタンニル化　326
カルボニルイリド　69
カルボニル化　317, 319
カルボニル化合物
　　―の還元　127
　　―の合成　168
カルボニル基
　　―と還元剤の反応性　128
　　―の還元　137
　　―の求核攻撃されやすさ　193
カルボニル錯体　281
カルボメタル化　244, 272, 326
　　末端アルキンの―　272
カルボン酸
　　―の保護　195
β-カロテン　302
環拡大反応　112
環化三量化
　　アルキンの―　102, 313
Kahne グリコシル化　167
還元
　　1,2-―　130
　　1,4-―　130
　　アルコールの―　139
　　エナンチオ選択的―　131
　　カルボニル化合物の―　127
　　ハロゲン化アルキルの―　138
　　溶解金属による―　124
還元剤
　　―とカルボニル基の反応性　128
還元的脱離　118, 308, 309
官能基選択性(chemoselectivity)　14
官能基選択的還元　127
官能基の相互変換(functional group interconversion) → 官能基変換
官能基変換　362
環ひずみ　9
カンフェン　223

菊　酸　99
菊酸エステル　237
キサントゲン酸メチル　139
基質制御による反応(substrate-control reaction)　200
キシレン　355
北原-Danishefsky ジエン　90
軌道対称性保存則　18
o-キノジメタン　289
キノン　149, 163
逆アルドール反応(retro-aldol reaction)　203
逆供与(back-donation)　283, 308
逆 Claisen 縮合　113
逆合成(retrosynthesis)　357

　　結合切断による―　361
逆合成解析(retrosynthetic analysis)　357
逆合成等価体 → レトロン
逆旋(disrotatory)　17, 84
逆電子要請型　19
逆平行(anti-parallel, anti-periplanar)　5, 112, 222
逆 Michael 反応　6
逆 Markovnikov 型付加　250
逆面(antarafacial)　18, 98
CAN　51, 147, 293
求エン体 → ジエン成分
求核性　23, 247
求核置換反応　3, 223
求核転位　8
求核付加反応　226
求核ラジカル　44
求ジエン体(dienophile)　87
求双極子体(dipolarophile)　96
求電子置換反応　4
求電子ラジカル　44
鏡像異性体過剰率(enantiomeric excess)　14
協働的開裂(concerted transform)　358
共役エノン　107
共役ジエン
　　―の保護　288
共役付加　333(1,4 付加もみよ)
供与(donation)　283
供与電子数　282
極性転換(umpolung)　199, 358
キラル中心(chiral center)　2
ギルボカルシン V(gilvocarcin V)　81
Gilman 反応剤　258
キレート型モデル　129, 130
キレトロピー反応(cheletropic reaction)　98
均一系触媒　117
金触媒　28
金属の酸化電位　124
金属-アルキン錯体　295
　　―挿入の位置選択性　298
金属-アルケニリデン錯体　292
金属交換　124, 244, 307
金属ー水素結合
　　―のイオン結合性　246, 247
金属ヒドリド　120

空気酸化　146, 160
熊田-玉尾-Corriu カップリング　322
クメン　353
クメン法　160
Claisen-Cope 転位　231
Claisen 縮合　101, 109, 169
　　―による脂肪酸生合成経路　170
　　交差―　169
Claisen 転位　20, 115, 231, 257
　　Ireland-―　231
　　アザ―　231
　　Eschenmoser-―　232
　　脂肪族―　231
　　Johnson-―　232
　　パラ―　231

クラウン形配座　10
クラッキング → 熱分解
Grubbs, R. H.　104
Grubbs 触媒　104, 277, 315
Cram の配位モデル　200
グリコシド　166
グリコシル化　166
　　——の活性化条件　168
　　　　Kahne——　167
　　　　Königs-Knorr——　167
Grignard, V.　243
Grignard 反応剤　136, 242〜245
　　——の調製　245
グリーンケミストリー　363
Kulinkovich 反応　300
Curtius 転位　229
Clemmensen 還元　137
クロスカップリング反応　312, 321
クロスメタセシス(cross metathesis)
　　　　　　　　　　　105, 277
クロチルシラン　266
Grob 分解反応　12
クロム-アレーン錯体　284
　　——とアルキルリチウムの反応
　　　　　　　　　　　　285
　　——の生成　284
　　——の反応　284
クロム-カルベン錯体　290
　　——の生成　291
　　——の反応　291
クロムカルボニル　284
　　——の酸化的除去　285
クロム-ケテン錯体　294
クロム酸酸化　141
Cr–Ni 反応 → 野崎-檜山-岸反応
クロラニル　163
クロラミン T　156
クロロクロム酸ピリジニウム　143
クロロプレン　352

軽　油　344
ケチルラジカル(ketyl radical)　47
結合解離エネルギー　39
　　アルミニウムの——　256
結合組替え
　　——とその反応形式　308
結合性軌道　16
ケテン　71, 94
α-ケトカルベン　71
ケトン
　　——の酸化　162
　　——の保護　193
　　エノール化しやすい——　286
Königs-Knorr グリコシル化　167
ゲラニオール　144, 152
原子移動型ラジカル反応(atom-transfer
　　　　　　　radical reaction)　48
原子軌道　15

光学活性アセタール　31
光学活性アミノスルホンアミド　331
光学活性 1,2-ジアミン　135, 339
光学活性相間移動触媒　335
光学活性チオ尿素　334

光学活性銅錯体　99
光学活性ビナフチルアミノ酸　331
光学活性ビナフトール　213, 336
光学活性ビフェニルアミノ酸　331
光学活性リン酸　332, 334
光学活性 Lewis 塩基　211
光学活性 Lewis 酸　212
光学純度　14
高希釈条件　108
交差アルドール反応(cross-aldol
　　　　　　　　reaction)　202
交差カップリング反応 → クロスカッ
　　　　　　　プリング反応
交差 Claisen 縮合　169
高次銅アート錯体(higher-order
　　　　　　　　cuprate)　259
合成ガス(synthesis gas, syngas)　310,
　　　　　　　　　　　　345
合成樹(synthetic tree)　357
合成戦略(synthetic strategy)　1
合成等価体(synthetic equivalent)　358
合成方法論(synthetic methodology)　1
高配位ケイ素　79
CoA → 補酵素 A
ゴーシュ　8
Koch 反応　346
コバルト-アルキン錯体　295
コバルト錯体　133, 314
Cope 転位　116, 230
　　オキシ——　116, 230
Corey, E. J.　173, 184, 357
Corey-Kim 法　144
Corey-Chaykovsky 反応剤 →
　　ジメチルスルホキソニウムメチリド
Collins 反応剤　143
コレステロール　36
混合酸無水物法　174, 177

さ　行

最高被占軌道(highest occupied
　　　　molecular orbital)　16, 44, 85, 93
再酸化剤　161
最低空軌道(lowest unoccupied
　　　　molecular orbital)　16, 44, 85, 93
サイレニン(sirenin)　262
酢　酸　348
酢酸ビニル
　　——の Höchst-Wacker 法による合
　　　　　　　　　　成　158
錯　体
　　——の価電子数　281
サスティナブルケミストリー　363
サマリウム　304
サーモクロミズム　263
酸アジド法　177
酸　化
　　アリル位の——　158
　　ケトンの——　162
　　微生物や酵素による——　148
　　フェノールの——　149
　　飽和炭化水素の——　161

酸化還元電位
　　低原子価金属の——　245
酸化クロム(Ⅵ)-ピリジン錯体　159
酸化数　280
酸化的環化　309
酸化的付加　118, 308
酸化電位
　　金属の——　124
酸化ルテニウム　160
残渣油　344
三重結合
　　——の保護　295
三重項カルベン　65, 67
三置換エチレン　273
サンドイッチ化合物　281
ジアキシアル攻撃　10
1,3-ジアキシアル相互作用　10, 129
ジアキシアル付加　7
1,8-ジアザビシクロ[5.4.0]-7-
　　　　　　　　　ウンデセン　145
1,4-ジアザビシクロオクタン
　　　　　　　　(DABCO)　53
ジアジリン　66
ジアステレオ選択性(diastereo-
　　　　　　　　selectivity)　14
ジアステレオマー過剰率　32
ジアゾアルカン　65
α-ジアゾケトン　227
ジアゾメタン　227
ジアニオン中間体　126
ジアミン　333
ジアリールカルベン　67
α,α-ジアルキルアミノ酸　336
ジイソシアナート　355
ジイミド　127
1,6-ジイン　318
CAN　51, 147
C–H 結合活性化　316
ジエノン-フェノール転位　227
CM → クロスメタセシス
ジエン　333
　　——の反応性　87
ジエン錯体　288
ジエン成分(enophile)　87
ジオール
　　——の酸化開裂　155
　　——の保護　190
vic-ジオール　154
σ 結合　15
σ 結合メタセシス(σ-bond metathesis)
　　　　　　　　　　　307
σ 錯体　157
σ 対称　84
シグマトロピー転位　19, 229
[3,3]シグマトロピー転位　115, 229,
　　　　230, 232(Claisen 転位もみよ)
σ-p 共役　24
1,5-シクロオクタジエン　93
シクロオクテン　10
シクロプロパノール　300
シクロプロパン化　67, 98, 294
　　不斉——　99, 100
シクロプロピルアミン　300

索　引

シクロヘキサン
　　──のアジピン酸への酸化　340
　　──の合成　354
シクロヘキシルラジカル　45
シクロヘキセノン　107
シクロペンタジエニルコバルト触媒
　　102
シクロペンタジエン　333, 353
シクロペンテノン　296
gem-ジクロム反応剤　276
ジクロロアジリジン　69
1,2-ジクロロエタン　349
ジクロロカルベン　65, 68
2,3-ジクロロ-5,6-ジシアノ-1,4-ベン
　　ゾキノン　163
自己酸化　341
四酢酸鉛　155
四酸化オスミウム　154
四酸化ルテニウム　145
ジシアミルボラン　250
ジシクロヘキシルカルボジイミド
　　144, 172, 177, 195
s-シス配座　87
C_2対称　84
1,3-ジチアン　195, 238
ジチオアセタール　199, 276
シトクロム P-450　161
シトロネラール　143
シトロネロール　143
Shi の光学活性ケトン　340
Cbz → ベンジルオキシカルボニル
1,4-ジヒドロキシベンゼン → ヒドロ
　　キノン
ジヒドロキニジン　155
ジヒドロピラン　187
ジフェニルホスホリルアジド　177
ジ-t-ブチルペルオキシド　40
ジブロモケトン　92
脂肪族 Claisen 転位　231
ジボラン　120, 127, 250
4-ジメチルアミノピリジン　174, 189,
　　195
ジメチルジオキシラン　153
ジメチルスルホキシド　143
ジメチルスルホキソニウムメチリド
　　68
N,N'-ジメチルプロピレン尿素　54
Si 面　119
Simmons-Smith 反応　68
Shapiro 反応　137, 269
Sharpless, K. B.　98, 155
Sharpless エポキシ化　191, 339
Sharpless 酸化　152
臭化アリル　158
重縮合　181
臭素化
　ベンゼンの──　5
収束型合成 (divergent synthesis)　361
周辺状反応 → ペリ環状反応
酒気帯び運転取締まり　143
縮合多環芳香族化合物
　　──の還元　125
縮合反応 (condensation reaction)　165
酒石酸　15

酒石酸ジアルキル　152
Julia オレフィン化　191, 274
Schlosser の超塩基　55
Schrock 型カルベン錯体　290
Schrock 型金属-アルキリデン錯体
　　275
Schwartz 反応剤　271
準 Favorskii 転位　226
小員環化合物　9
　　──の構築法　11
触媒回転効率　133, 134
触媒的不斉 Michael 付加反応　219
Jones 反応剤　141, 143
Johnson-Claisen 転位　232
シラスタチン　100
シラン　122
シリカート　140
シリルエーテル　147, 185, 189
　　──の安定性　189
シリルエーテル化　185
シリルエノラート　203
　　──を用いるアルドール反応　210
ジルコナシクロペンタン　299
ジルコナシクロペンテン　299
ジルコニウム-アルキン錯体　296
ジルコノセン錯体　296
　　──-アルキン錯体の生成　296
ジルチアゼム塩酸塩　340
シン　14
ジンカート → 亜鉛アート錯体
シンクリナル　8
シンコナアルカロイド誘導体　338
シンコニジン　335
シンコニン (cinchonine)　335
シンジオタクチックポリプロピレン
　　350
シンジオール化　367
シントン (synthon)　358, 359
シンペリプラナー　8
水素化　117
　アルケンの不斉──　119
　Wilkinson 触媒による──　118
　Lindlar 触媒による──　120
水素化アルミニウムリチウム　127
水素化ジイソブチルアルミニウム
　　122, 190
水素化スズ　123, 138
水素化トリブチルスズ　42, 45
水素化反応　111, 117
水素化ホウ素ナトリウム　127
水素引抜き反応　40
水和反応　142
スクアレン　34, 36
鈴木-宮浦カップリング　249, 322
スズ-リチウム交換　269
スチレン　353
スチレンブタジエンゴム　352
Steglich 法　195
Stetter 反応　72
Stryker 還元剤　364
スパルテイン (sparteine)　62
スピルコスタチン A (spiruchostatin A)
　　174

スピロ化合物　289
スピン量子数　15
スプラ → 同面
Swern 酸化　144

ゼアラレノン (zearalenone)　173
生体触媒　135
節 (分子軌道の)　15
接触イオン対　24, 26, 32
切断 (disconnection)　358
Z → ベンジルオキシカルボニル
節　面　15
セミピナコール転位　224
セレノキシド　239
セレン　239, 240
遷移金属錯体
　　──を用いたアミド合成　181
遷移金属触媒反応　110, 307
選択性　13
　電子環状反応の──　85

相間移動触媒　328
　光学活性──　335
相間移動触媒反応 (phase transfer
　　catalysis reaction)　334
1,3 双極子 (1,3-dipole)　95
1,3 双極付加反応 (1,3-dipolar addition)
　　95
　分子内──　96
総触媒回転数　134
増炭 (homologation)　70
挿入反応　118, 308
　カルベンの──　70
速度支配エノラート (kinetic enolate)
　　56
速度論的光学分割　135, 146, 338
速度論分割 (kinetic resolution)　153
粗製ガソリン　344
薗頭-萩原反応　323
薗頭反応 → 薗頭-萩原反応
SOHIO 法 (Standard Oil of Ohio) →
　　アンモ酸化
Thorpe-Ingold 効果　110
SOMO → 半占軌道

た　行

大員環　11
　　──化合物の構築法　13
大環状ラクトン　172
第三級カルボカチオン　24
対称性　14
対称要素　15
DIBAL-H → 水素化ジイソブチル
　　アルミニウム
DIBAL 還元　368
(R,R)-DIPAMP　119
脱水素反応　163
脱離反応　5
ターフェニル誘導体　80
DABCO → 1,4-ジアザビシクロオク
　　タン

ダミー配位子　259
炭化カルシウム → カルシウムカーバイド
タングステン-カルベン錯体　292
炭素酸　53
　──の pK_a　54
C-H 結合活性化　316
炭素繊維　351
炭素–炭素二重結合生成法　273
タンタル-アルキン錯体　297, 298
タンデム反応 (tandem reaction)　363
タンデムラジカル環化反応　47

チアゾール　342
チアミン二リン酸　329, 342
チエナマイシン (thienamycin)　228
チオ尿素　334
置換基定数　25
Ziegler, K.　242, 311
Ziegler-Natta 触媒　103, 311
チタン-アルキン錯体　297
チタン-プロペン錯体　297
中員環化合物　10
　──の構築法　12
Chugaev 反応　6
超塩基 (super base)　55
超共役　24
超脱離基　3
直接的アルドール反応　214
直接法　243
直線型合成 (linear synthesis)　361
Zimmerman-Traxler モデル　264

Zeise 塩　281, 283
辻-Trost 反応　110, 218, 320

TIPS　186
Tr → トリチルエーテル
Troc → 2,2,2-トリクロロエトキシカルボニル
de → ジアステレオマー過剰率
TES　186
Teoc → 2-(トリメチルシリル)エトキシカルボニル
Ts → p-トルエンスルホニル
$(DHQD)_2$PHAL　156
$(DHQ)_2$PHAL　156
THP → テトラヒドロピラニルエーテル
DHP → ジヒドロピラン
DAT → 酒石酸ジアルキル
TMEDA → N,N,N',N'-テトラメチルエチレンジアミン
TMS　186, 189
DMSO → ジメチルスルホキシド
DMAP → 4-ジメチルアミノピリジン
TMB　188
DMB　188
DMPU → N,N'-ジメチルプロピレン尿素
TON → 総触媒回転数
TOF → 触媒回転効率
Dakin-West 反応　228
Dieckmann 環化 → Dieckmann 縮合

Dieckmann 縮合　101, 169
Dieckmann 反応 → Dieckmann 縮合
低原子価金属　244
DCC → ジシクロヘキシルカルボジイミド
Tischenko 反応　348
DDQ → 2,3-ジクロロ-5,6-ジシアノ-1,4-ベンゾキノン
d 電子数　282
TPAP → 過ルテニウム酸テトラプロピルアンモニウム
TBS　186, 189
TBHP → t-ブチルヒドロペルオキシド
TBDMS → TBS
DPPA → ジフェニルホスホリルアジド
DPPH (1,1-ジフェニル-2-ピクリルヒドラジル)　38
DBU → 1,8-ジアザビシクロ[5.4.0]-7-ウンデセン
Tiffeneau-Demjanov 転位　224
　──の立体化学　225
Diels-Alder 反応　19, 85, 87
　──による環化　111
　──のエンド選択性　88
　アザ──　90, 91
　エチレンの──　86, 87
　オキソ──　90
　ブタジエンの──　86, 87
　分子内──　89
　ヘテロ──　90
　ベンザインの位置選択的──　81
　無水マレイン酸の──　87
デオキシハリングトニン (deoxyharringtonine)　96
デカリン　11, 113
テキシルボラン　250
Dess-Martin 酸化　144, 191, 364
Dess-Martin 反応剤　145
鉄-オキシアリル錯体　289
鉄カルボニル錯体　287
　──の酸化的除去　288
鉄-ジエン錯体　287
Dötz 環化反応　293
鉄-トリメチレンメタン錯体　289
Tebbe 錯体 → Tebbe 反応剤
Tebbe 反応剤　115, 275, 278
テトラヒドロピラニルエーテル　186
N,N,N',N'-テトラメチルエチレンジアミン (TMEDA)　53
2,2,6,6-テトラメチルピペリジン-1-オキシル → TEMPO
テトロドトキシン　75
テルペン　272
テレフタル酸　356
転 位　222
　1,2-──　71
　カルベンの──　71
電気陰性度
　金属の──　246, 247
電子環状反応 (electrocyclic reaction)　17, 84
　──の選択性　85
18 電子則　280
デンドロビン　306

TEMPO (2,2,6,6-テトラメチルピペリジン-1-オキシル)　38, 51, 341
銅アート錯体　258
　──とハロゲン化物との反応　261
糖供与体　167
糖受容体　167
同旋 (conrotatory)　17, 84
等電子構造　23
同平行 (syn-paralle, syn-periplanar)　6
同面 (suprafacial)　18, 98
灯 油　344
渡環相互作用 (transannular interaction)　11
渡環反応 (transannular reaction)　13
渡環反発　108
トシル化　165
(S)-DOPA
　──の合成　119
ドミノ反応 (domino reaction)　363
トランスアニュラー反発 → 渡環反発
s-トランス配座　87
トランスフォーム (transform)　357
トランスメタル化 → 金属交換
トリアゾール　98
トリエチルボラン　40, 123
2,6,7-トリオキサビシクロ[2.2.2]オクタン　196
2,2,2-トリクロロエチルエーテル　188
2,2,2-トリクロロエトキシカルボニル　198
トリシクロブタベンゼン　81
トリシクロブタベンゼンテトラオン　81
トリストリメチルシリルシラン　42
トリチルエーテル　188
トリニトロトルエン　355
トリフェニルホスフィン　118, 166, 234
トリフェニルメチルエーテル → トリチルエーテル
トリフェニルメチルカチオン　25
トリフルオロメタンスルホナート　318
トリメチルオキソニウム-テトラフルオロホウ素錯体　290
2-(トリメチルシリル)エトキシカルボニル　198
トリメチルシリルジアゾメタン　70
トリメチレンメタン　108, 289
トルエン　355
p-トルエンスルホニル　198
p-トルエンスルホン酸ピリジニウム　187
トロパンアルカロイド　92

な 行

ナイロン-6　354
ナイロン-6,6　182, 355
Nazarov 環化　12, 298
Natta, G.　311

索　引

7員環合成　91
ナフサ → 粗製ガソリン
ナフタレン
　　——の合成　356
ナプロキセン(naproxen)　119, 317
二環性化合物　92
二クロム酸ピリジニウム　143
ニコチンアミドアデニンジヌクレオチド　329
Nicolaou, K. C.　173
Nicholas 反応　295
ニッケル触媒　93, 151, 236
ニトリルオキシド　97
ニトレン(nitrene)　74, 75
ニトロシルサレンルテニウム錯体　146
ニトロニルニトロキシド　38
p-ニトロベンゼンスルホニル　198
二分子求核置換反応 → S_N2 反応
尿素樹脂　346
根岸カップリング　260, 322
根岸法　272
ねじれ形配座　8
ねじれ舟形配座　9
熱反応　84
熱分解(クラッキング)　163, 344
熱力学支配エノラート(thermodynamic enolate)　56
野崎-檜山-岸反応　110, 270, 364
野依良治　119, 132

は　行

π-アリルイリジウム錯体　316
π-アリル錯体　320
π-アリル銅中間体　261
配位(association)　118
配位子交換　118
配位飽和錯体　282
バイオエタノール　347
配座異性体　8
π 錯体　121, 156
BINAP　119, 327
(R)-BINOL　20
Baeyer-Villiger 酸化　162, 228
Baeyer-Villiger 転位 → Baeyer-Villiger 酸化
Hajos-Parrish-Eder-Sauer-Wiechert 反応　328
Vaska 錯体　281
8員環合成　93
Birch 還元　125
パチュロリド C(patulolide C)　174
パッカード配座　9
C-1027 発色団　174
Barton エステル　48
Barton 反応　42
Barton-McCombie 反応　139

Hammett, L. P.　25
パラ Claisen 転位　231
パラジウム触媒(反応)　108, 219, 289, 312
ハリコンドリン B　363, 364
　　——の逆合成　363
パリトキシン　271
Paal-Knorr 合成　171
Barbier, P.　242, 243
ハロゲン化アリール
　　——の反応　122, 318
ハロゲン化アルキル
　　——の還元　138
ハロゲン化アルケニル
　　——の反応　122, 318
ハロゲン-金属交換反応　57
反結合性軌道　15, 16
Hunsdiecker 反応　48
半占軌道(singly occupied molecular orbital)　16, 44, 93
Hantzsch ピロール合成　171
PE → ポリエチレン
PET → ポリエチレンテレフタレート
非 Werner 型錯体　283
BHA → ブチル化ヒドロキシアニソール
BHT → ブチル化ヒドロキシトルエン
Phth → フタロイル
Bn → ベンジル
PMB → メトキシフェニルメチルエーテル
BOM　186, 187
ビオチン(biotin)　321
光ニトロソ化法　354
光反応　84, 354
p 軌道　15
pK_a　53
　　炭素酸の——　54
非古典的カルボカチオン　25
PCC → クロロクロム酸ピリジニウム
ビスフェノール A　27, 183, 353
Bz　186
Peterson 反応　274
ビタミン A　279
BTX　163, 344, 353
PDC → 二クロム酸ピリジニウム
ヒドラジン　127
ヒドロアルミニウム化　122, 297
ヒドロエステル化
　　アルキンの——　317
ヒドロキシアミノ化　156
β-ヒドロキシ-α-アミノ酸　337
N-ヒドロキシフタルイミド　49, 162, 340
ヒドロキシベタイン　72
1-ヒドロキシベンゾトリアゾール　178
ヒドロキシメチルグルタリル CoA　35
ヒドロキシルラジカル　49
ヒドロキノン　149
ヒドロシラン　138

ヒドロシリル化　122, 325
ヒドロジルコニウム化　122, 271
ヒドロスタンニル化　43, 123
ヒドロ炭素化　327
ヒドロチタン化　297
ヒドロパラジウム化　157
ヒドロホウ素化　120, 250, 251, 325
ヒドロホルミル化　310, 345
ヒドロメタル化　120, 244, 272, 325
ピナコール　224
ピナコールカップリング　47, 137, 303
　　クロス——　304
ピナコール転位　116
ピナコール-ピナコロン転位　30, 224, 255
ピナコロン　224
ビナフチルアミノ酸　331
ビニルエーテル
　　——の合成　276
ビニルジヒドロピラン　257
ピバル酸無水物　136
PP → ポリプロピレン
9-BBN　207, 250
BPO → 過酸化ベンゾイル
PPTS → p-トルエンスルホン酸ピリジニウム
ビフェニルアミノ酸　331
ビフェニルホスフィン配位子　80
非プロトン性溶媒(aprotic solvent)　53
檜山カップリング　322
Huisgen 環化　98
標的化合物　357
ピリドキサミンリン酸　329
ピリドキサールリン酸　329
ピルビン酸
　　——の脱炭酸の反応機構　342
ピロメリト酸　356
ピロール誘導体　333
PyTOP　180
Favorskii 転位　225
ファルネシル二リン酸
　　——の生合成　35
不安定イリド　234
Fischer インドール合成　232, 302
Fischer エステル化　172
Fischer 型カルベン錯体　290
　　——の反応性　291
Fischer-Tropsch 反応　310
封筒形配座　9
フェナレニル　38
フェニル金属反応剤　248
フェニルセレノキシド　240
フェニルチオメチルリチウム　239
フェノール　160
　　——の酸化　149
フェノール樹脂　346
Felkin-Anh モデル　130, 209
フェロセン　282
フォトクロミズム　18
付　加　7
　　1,4-　208, 259, 333
　　逆 Markovnikov 型——　250
　　ベンザインの[2+2]——　78

付加環化反応(cycloaddition reaction)
　　　　　　　　　　　18, 85, 308
　　[$m+1$]——　98
　　[2+2]——　81, 93, 94
　　[2+2+2]——　314
　　[3+2]——　95
　　[4+2]——　91
　　[4+4]——　93
　　[4+4+4]——　314
　　[4+6]——　93
　　ジブロモケトンとフランとの——　92
不均一系触媒　117
複素環
　　——の合成　171
N-複素環状カルベン　72, 74, 342
不斉アザ Friedel-Crafts 反応　334
不斉アミノオキシ化体　339
不斉アリル化反応　266
不斉アルドール反応　211〜215, 328〜330
不斉エポキシ化　18, 339, 340
不斉還元　131, 132, 135
不斉酸化　153, 339
不斉シクロプロパン化　99, 100
不斉ジヒドロキシル化　155
不斉水素化
　　アルケンの——　119
　　光学活性触媒を用いる——　133
不斉 Diels-Alder 反応　332, 333
不斉ヒドロキシアミノ化　339
不斉 Friedel-Crafts 反応　333
不斉補助基　200
　　——を用いるアルドール反応　211
不斉 Michael 付加反応　219
不斉 Mannich 反応　331
不斉森田-Baylis-Hillman 反応　337
ブタジエン　352
　　——の Diels-Alder 反応　86, 87
　　——の分子軌道　84
　　——の閉環反応　85
ブタノール
　　——の合成　351
フタル酸無水物　161
フタロイル　198
ブタン
　　——のポテンシャルエネルギー　9
　　——の立体配座　9
ブチル化ヒドロキシアニソール　150
ブチル化ヒドロキシトルエン　150
t-ブチルヒドロペルオキシド　152, 176
普通環(common ring)　10
　　——の構築法　12
ブテン　352
t-ブトキシカルボニル　197
舟形配座　9
α, β-不飽和エステル　236
プミリオトキシン C (pumiliotoxin C)　91, 255
フムレン　278
Brown, H. C.　242, 251
プラットホーミング(改質操作)　163
プラテノン(bullatenone)　29

フラノン合成　29
フラビンアデニンジヌクレオチド　329
フラビン酵素　341
フラーレン　82
　　——への官能基導入法　96
Frankland, E.　242
ブリオスタチン類縁体　174
Friedel-Crafts 反応　26
Prins 反応　210
9-フルオレニルメトキシカルボニル　199
Bürgi-Dunitz 攻撃角度(Bürgi-Dunitz trajectory)　7
ブレベトキシン　271
Brønsted 酸　332
プロキラル炭素(prochiral carbon)　118
プロゲステロン(progesterone)　33
プロスタグランジン
　　——E$_2$　260
　　——の合成　7
プロピレンオキシド　350
N-ブロモスクシンイミド　158, 195
プロリン　214, 328
　　——を触媒とする分子内不斉アルドール反応　328
フロンティア軌道(frontier orbital)　17
分子軌道　15
分子内アルドール縮合　107
分子内 1,3 双極付加反応　96
分子内 Diels-Alder 反応　89
分子内不斉アルドール反応　329
分子内メタセシス反応　276
分留　344

閉環メタセシス(ring closing metathesis)　104
ヘキサトリエン
　　——の閉環反応　86
ヘキサメチルリン酸トリアミド　53, 206
Höchst-Wacker 法　156, 157, 347
ベークライト → フェノール樹脂
ベタイン　235, 313, 343
β 水素脱離　146, 157
β 脱離　308
Heck, R. F.　323
Beckwith 遷移状態モデル　46
Beckmann 転位　228, 255
ヘテロアライン(heteroaryne)　83
ヘテロクプラート(heterocuprate)　259
ヘテロ Diels-Alder 反応　90
ヘテロリシス(heterolysis)　23, 358
ペプチド結合形成剤　179
ペプチド結合生成法　177, 178
ペプチド合成　176
ヘミカルセランド　78
ペリ環状反応(pericyclic reaction)　84
ペルメトリック酸　99
ベンザイン(benzyne)　77
　　——の単離　78
　　——の Diels-Alder 反応　81
　　——の[2+2]付加環化反応　81
　　——の[2+2]付加反応　78

——の分子軌道　77
ベンジリデンルテニウム錯体　104
ベンジル(benzil)　226
ベンジル位
　　——の安定化　285
ベンジルエーテル　185, 187
　　——の脱保護　188
ベンジルオキシカルボニル　198
ベンジルカチオン　25
ベンジル酸転位　226
ベンジル-ベンジル酸転位 → ベンジル酸転位
ベンゼン　353
　　——の臭素化　5
ベンゾイン縮合　73, 342, 343
1,4-ベンゾキノン　150
ベンゾシクロブテン　81
ペンタエリトリトール　349
ペンタジエニルアニオン　126
HMPA → ヘキサメチルリン酸トリアミド
ホウ素エノラート　207
　　——を用いるアルドール反応　209
ホウ素-炭素結合切断　251
飽和炭化水素
　　——の酸化　161
保護(protection)　184
　　アミンの——　197
　　アルコールの——　185
　　アルデヒドの——　193
　　カルボン酸の——　195
　　ケトンの——　193
　　三重結合の——　295
補酵素(coenzyme)　170, 328, 329
補酵素 A　34, 170, 329
保護基(protecting group)　184
　　——を用いる不斉反応　200
　　共役ジエンの——　288
ホスト-ゲスト相互作用　112
ホスホロアミダイト法　175
細見-櫻井反応　107
Pauson-Khand 反応　12, 296, 299, 317
Boc → t-ブトキシカルボニル
Horner-Wadsworth-Emmons 反応　109, 191, 236
Hofmann 転位　229
HOMO → 最高被占軌道
ホモエノラート(homoenolate)　215
ホモリシス(homolysis)　23, 39, 358
ボラート　121, 251, 252
9-ボラビシクロ[3.3.1]ノナン → 9-BBN
ボラン　121
ボランジメチルスルフィド錯体　250
ボラン-THF 錯体　250
ポリイミド　356
ポリエステル　182
ポリエチレン　346, 347
ポリエチレングリコール　347
ポリエチレンテレフタレート　182, 347, 356
ポリカーボネート　182
ポリカルボアニオン　63

ポリ乳酸　74
ポリフェノール(polyphenol)　150
ポリプロピレン　350
Baldwin 則　101, 102
ポルフィリン　162
ボロントリフラート　207

ま　行

Michael 付加　107
マグネシウム-エン反応　268
McMurry カップリング　13, 137, 300
マクロラクトン化(macrolactonization)
　　　　　109, 364
マクロリド　109
正宗-Bergman 環化　83
マロン酸エステル合成　218
マンガンサレン錯体　153, 339
Mannich 反応　215, 331

右田-小杉-Stille カップリング　43,
　　　　　322
ミクロシスチン LA(microcystin-LA)
　　　　　180
溝呂木-Heck 反応　319
光延反応　166

向山アルドール反応　205, 331
向山-Corey-Nicolaou ラクトン化法
　　　　　173
向山光昭　173
向山-McMurry カップリング →
　　McMurry カップリング
無水フタル酸　355
無水マレイン酸　352
　　──のDiels-Alder 反応　87
ムスコン(muscone)　114, 315

メソ体　15
メタクリル酸　352
メタクリル酸メチル　351
m-クロロ過安息香酸　151
メタセシス(metathesis)　103～105,
　　　　　110, 315, 360
N-メタロエナミン
　　──のアルキル化　220
メチルイソブチルケトン　351
メチルエーテル　185
メチルカチオン　24
メチルチタン反応剤　248
メチルトリオキソレニウム　151
2-メチル-6-ニトロ安息香酸無水物
　　──を用いるラクトン化　174
メチル t-ブチルエーテル　346
メチル(メチルスルフィニルメチル)
　　　　　スルホキシド　238
N-メチルモルホリン N-オキシド　145
メチルリチウム化合物　248
メチレン化
　　ケトンの──　286
メトキシフェニルメチルエーテル
　　　　　185, 186, 188

p-メトキシベンジルエーテル →
　　メトキシフェニルメチルエーテル
メトキシメチルエーテル　186, 187
メビノリン　306
Meerwein-Pondorf-Verley 還元　136,
　　　　　148
メラミン樹脂　346
Merrifield 固相合成　180
面性キラリティー　286

Moffatt 酸化　144
森田-Baylis-Hillman 反応　337
モリブデン-カルボニル錯体　292
モロゾニド　155
Monsanto 法　311, 348

や～わ

Jacobsen-香月エポキシ化　339
山口法　109, 174, 196
山口ラクトン化 → 山口法
Yang の光学活性ケトン　340

有機亜鉛反応剤　259
有機アルミニウム化合物　254
有機化合物
　　──の酸化段階　142
有機ジルコニウム反応剤　259
有機スズ化合物　244
有機セレン化合物　239
有機チタン化合物　249
有機銅反応剤　258, 259
有機ハロゲン化物
　　──の還元　138
　　──の反応　318
有機分子触媒　328
　　──によるラジカル反応の制御　51
有機マグネシウム化合物　53, 244
　　　　　(Grignard 反応剤もみよ)
有機リチウム化合物　53, 244
　　──の調製　58

溶解金属(dissolving metal)　124
　　──による還元　124
幼若ホルモン　272
ヨウ素-Mg 交換　270
溶媒介在イオン対　24, 32
浴槽形(bathtub)　10
ヨードラクトン化反応　7
4 員環化合物　94

ラウリマリド(laulimalide)　266
ラクトン　162, 172
　　──の合成　172～174
ラクトン化 → マクロラクトン化
ラジカル開始剤(radical initiator)　40,
　　　　　138
ラジカルカチオン　51
ラジカル環化反応　46, 111
ラジカル還元反応　42, 138
ラジカル受容体　359
ラジカル時計(radical clock)　41

ラジカル付加反応
　　──の相対速度　45
ラジカル連鎖機構　39
ラセミ化　177
ラセミ化抑制剤　178
ラセミ体　3, 15
ラノステロール
　　──の生合成　34
ランタノイドトリフラート　210
ランタン　214, 219

Rieke, R. D.　246
Rieke 法　246, 268
リチウムエノラート　205, 206, 217
　　──を用いるアルドール反応　208
リチウムカルベノイド　115
リチウムジイソプロピルアミド　205
リチウムジ(4-t-ブチル)ビフェニル
　　　　　58
Li-DBB → リチウムジ(4-t-ブチル)
　　ビフェニル
リチウムナフタレニド　58
リチオジチアン　285
立体選択性(stereoselectivity)　14
立体選択的還元　129
立体選択的反応(stereoselective
　　　　　reaction)　14
立体選択的ラジカル反応　50
立体中心 → キラル中心
立体電子効果　112
立体特異性(stereospecificity)　14
立体特異的反応(stereospecific
　　　　　reaction)　14
立体配座　8
　　エタンの──　8
　　小員環化合物の──　9
　　7～10 員環化合物の──　11
　　ブタンの──　9
リファマイシン S　92
Re 面　119
リンイリド(phosphorus ylide)　234,
　　　　　274
リン酸エステル結合　175
隣接基効果
　　アセタールの──　200
Lindlar 還元　367
Lindlar 触媒　120, 125

Lewis 塩基　211
Lewis 酸　26, 27, 205, 210, 265
Lewis 酸・塩基の分類
　　HSAB 則に基づく──　28
ルタマイシン B　279
ルテニウム錯体　104, 133, 134, 145,
　　　　　161, 181, 277, 315
　　──-BINAP 錯体　119, 133
　　──-ベンジリデン錯体　104
LUMO → 最低空軌道

レスベラトロール(resveratrole)　150
レチノイド(retinoid)　316
Reppe 反応　317, 346, 351
レトロン(retron)　360
Reformatsky 反応　208

連続メタセシス反応　105

ロジウムエノラート　213

ロジウム錯体　118, 134, 213, 310
Rosenmund 還元　136
Robinson 環化　106

Weinreb アミド　191
Wagner–Meerwein 転位　3, 19, 30, 223

桧山 爲次郎
　1946年 大阪に生まれる
　1969年 京都大学工学部 卒
　現 中央大学研究開発機構 教授
　京都大学名誉教授
　専攻 有機合成化学，有機金属化学
　工学博士

大嶌 幸一郎
　1947年 兵庫県に生まれる
　1970年 京都大学工学部 卒
　現 京都大学特任教授
　京都大学名誉教授
　専攻 有機合成化学，有機工業化学
　工学博士

第1版第1刷　2012年3月30日発行

有 機 合 成 化 学

Ⓒ 2012

編 著 者　　桧 山 爲 次 郎
　　　　　　大 嶌 幸 一 郎
発 行 者　　小 澤 美 奈 子
発　　行　　株式会社 東京化学同人
　　　　　　東京都文京区千石3丁目36-7(〒112-0011)
　　　　　　電話 (03)3946-5311・FAX (03)3946-5316
　　　　　　URL: http://www.tkd-pbl.com/

印　刷　中央印刷株式会社
製　本　株式会社 青木製本所

ISBN978-4-8079-0760-1
Printed in Japan
無断複写，転載を禁じます．